21世纪高等学校计算机专业
核心课程规划教材

U0227547

Visual C#.NET程序设计

（第2版）

◎ 刘秋香　王 云　姜桂洪　刘树淑　编著

清华大学出版社
北京

内 容 简 介

本书以 Visual Studio 2012 为程序设计环境，采用案例方式对 Visual C#.NET 进行了全面阐述。

全书共分为 15 章，系统地介绍 Visual C#.NET 语法基础、Windows 窗体与控件、三种基本结构的程序设计、面向对象的程序设计基础、面向对象的高级程序设计、程序调试与异常处理、界面设计、键盘和鼠标操作、数据库编程基础、文件操作、ActiveX 控件、部署 Windows 应用程序等。每章均配有一定数量的习题，以方便学生巩固所学知识。

本书可作为高等院校计算机及其相关专业的本、专科学生的教材，也可作为初学编程人员的自学用书。为配合教学，本书还配有辅导教材《Visual C#.NET 程序设计实践与题解》，可帮助读者进一步巩固所学的 Visual C#.NET 知识。

图书在版编目（CIP）数据

Visual C#.NET 程序设计/刘秋香，王云，姜桂洪，刘树淑编著. —2 版. —北京：清华大学出版社，2017（2024.8重印）

（21 世纪高等学校计算机专业核心课程规划教材）

ISBN 978-7-302-46510-2

Ⅰ. ①V…　Ⅱ. ①刘…　②王…　③姜…　④刘…　Ⅲ. ①C 语言 – 程序设计　Ⅳ. ①TP312.8

中国版本图书馆 CIP 数据核字（2017）第 025417 号

责任编辑：魏江江　王冰飞
封面设计：刘　键
责任校对：胡伟民
责任印制：刘　菲

出版发行：清华大学出版社
　　　　网　　　址：https://www.tup.com.cn, https://www.wqxuetang.com
　　　　地　　　址：北京清华大学学研大厦 A 座　　　邮　　编：100084
　　　　社 总 机：010-83470000　　　　　　　　邮　　购：010-62786544
　　　　投稿与读者服务：010-62776969，c-service@tup.tsinghua.edu.cn
　　　　质 量 反 馈：010-62772015，zhiliang@tup.tsinghua.edu.cn
印 装 者：三河市龙大印装有限公司
经　　销：全国新华书店
开　　本：185mm×260mm　　　印　张：25.75　　　字　数：645 千字
版　　次：2011 年 8 月第 1 版　　2017 年 5 月第 2 版　　印　次：2024 年 8 月第 11 次印刷
印　　数：29701～30900
定　　价：49.50 元

产品编号：069492-01

前 言

　　Visual C#.NET 是 Microsoft 公司推出的.NET 开发平台上一种面向对象的编程语言。利用这种面向对象的可视化编程语言，结合事件驱动的模块设计，可以使程序设计变得高效快捷。Visual Studio 2012 是一套完整的工具，用于生成高性能的 Windows 桌面应用程序和企业级 Web 应用程序。

　　本书从教学实际需求出发，结合初学者的认知规律，由浅入深、循序渐进地介绍 Visual C#.NET 程序设计的相关知识。全书体系完整、例题丰富、可操作性强，所有的例题全部通过调试。

　　全书共分为 15 章，主要内容包括程序设计概述与 Visual Studio.NET 简介、Visual C#.NET 语法基础、Windows 窗体与控件、顺序结构程序设计、选择结构程序设计、循环结构程序设计、面向对象的程序设计基础、面向对象的高级程序设计、程序调试和异常处理、界面设计、键盘和鼠标操作、数据库编程基础、文件操作、ActiveX 控件、部署 Windows 应用程序。

　　本书具有如下特色：

　　（1）简单易学，本书在编排上尽量简明扼要，不需要读者具有任何程序设计方面的基础知识。

　　（2）本书知识点与实例紧密结合，全书提供几十个实例，读者可以随学随用，轻松掌握相关知识。

　　（3）考虑到初学者的需要，本书实例中的操作均以明确的步骤和图表来说明。

　　（4）本书每章的最后都给出了习题，可以进一步巩固知识点和掌握编程技巧。

　　本书可作为高等院校相关专业的教材，完成教学的学时数为 64 学时（40 学时讲授，24 学时上机）左右。

　　本书由刘秋香、王云、姜桂洪和刘树淑编写，编写过程中融入了编者的教学和项目开发经验。刘秋香编写第 3～6、10、11、14、15 章，王云编写第 7～9、13 章，姜桂洪编写第 1、2 章，刘树淑编写第 12 章，全书由刘秋香统稿。

　　此外，本书还配有辅导教材《Visual C#.NET 程序设计实践与题解》，内容包括了本书所有习题的详细参考答案、按本书章节顺序配备的实验指导、课程设计指导和模拟试题及答案。

　　由于时间仓促和编者水平有限，书中错误与纰漏之处在所难免，敬请读者批评指正。

作　者

2017 年 3 月

目 录

第 1 章

概述

Visual C# 2012 是微软公司开发的 Visual Studio 2012 套件中的一种现代化的编程语言，也是.NET 平台的主要程序设计语言之一。Visual Studio 2012 是一套完整的开发工具集，它提供了在设计、开发、调试和部署 Web 应用程序和 Windows 应用程序时所需的工具。

本章主要介绍面向对象的程序设计基础、.NET 基本概念、Visual Studio 2012 集成开发环境，Visual C# 2012 的基础知识以及 C#应用程序开发的方法和步骤。

1.1 程序设计基础

要进行程序设计，必然要使用一定的程序设计语言和程序设计方法。程序设计语言和程序设计方法是整个软件开发过程中不可缺少的因素。

目前流行的编程语言，如 C#、C++、Java 和 Visual Basic，都使用面向对象编程（Object Oriented Programming，OOP）的方式进行软件开发。在 OOP 模型中，程序不再面向过程，不再遵循某种顺序的逻辑，编程人员无须控制和决定执行的顺序，而是采用事件驱动的方式，通过按键、单击窗口中的各种按钮等进行操作。例如，用户单击一个按钮，该动作导致此按钮的 Click 事件发生，因此程序自动跳转到所编写的执行计算的某个方法。

本书介绍的 Visual C#就是一种目前广泛应用的面向对象编程语言。

1.1.1 程序设计方法

1. 结构化程序设计方法

结构化程序设计方法是一种传统的程序设计方法。结构化程序设计方法从编程思想上要求自顶向下，逐步求精；从程序的具体结构上要求程序是模块化的，要求程序语言中有直接实现顺序结构、选择结构和循环结构这三种基本结构的语句，要求程序代码由三种基本结构组成，复杂的结构应该由基本结构进行组合嵌套来实现，整个程序或程序中的模块或控制结构只有一个入口和一个出口。

对于简单的结构化程序设计，一般都遵循 3 个步骤：输入数据，对数据进行处理，输出程序的执行结果。对于较为复杂的程序设计，则必须遵循一定的方式才能编写出"具有良好的结构、容易阅读和理解、效率较高、结果正确"的程序。

用三种基本结构组成的程序必然是结构化的程序，这种程序易于编写、阅读、修改和维护。这样就减少了程序出错的机会，提高了程序的可靠性，保证了程序的质量。

结构化程序设计强调程序设计风格和程序结构的规范化，提倡清晰的结构。结构化程序设计方法的基本思路是：把一个复杂问题的求解过程分阶段进行，每个阶段处理的问题都控制在人们容易理解和处理的范围内。

2．面向对象程序设计方法

面向对象程序设计方法是一种把面向对象的思想应用于软件开发过程来指导开发活动的系统方法，是建立在对象概念基础上的方法学。

面向对象程序设计方法是在传统方法的基础上发展起来的。面向对象程序设计方法并不绝对排斥结构化程序设计方法，而将结构化程序设计方法中的三种基本结构变为其程序设计中局部代码设计的基本结构。

面向对象程序设计方法把对象作为数据和操作的组合结构，用对象分解取代了传统方法的功能分解，把所有对象都划分为类，把若干个相关的类组织成具有层次结构的系统，即下层的子类继承上层的父类所具有的数据和操作，而对象之间通过发送消息相互联系。

面向对象的程序设计大多采用可视化的方式。可视化是在程序开发的集成环境中，将类和对象以可见的图形及文字方式显示出来，通过对图形的操作即可由类创建对象。

面向对象的程序设计通过类、对象、封装、继承、多态等机制形成一个完善的编程体系。可以采用如下的式子来概括：

面向对象=对象+类+继承+消息通道

面向对象程序设计的基本步骤可以描述如下：

（1）分析并确定在问题空间和解空间出现的全部对象及其属性。

（2）确定应施加于每个对象的操作，即对象固有的处理能力。

（3）分析对象间的联系，确定对象彼此间传递的消息。

（4）设计对象的消息模式，消息模式和处理能力共同构成对象的外部特性。

（5）分析各个对象的外部特性，将具有相同外部特性的对象归为一类，从而确定所需要的类。

（6）确定类间的继承关系，将各对象的公共性质放在较上层的类中描述，通过继承来共享对公共性质的描述。

（7）设计每个类关于对象外部特性的描述和每个类的内部实现（数据结构和方法）。

（8）创建所需的对象，实现对象间应有的联系。

1.1.2　类和对象

对象是由数据和对数据的操作组成的封装体，与客观实体有直接对应关系；一个类定义了具有相似性质的一组对象；而继承性是对具有层次关系的类的属性和操作进行共享的一种方式。所谓面向对象，就是基于对象概念、以对象为中心、以类和继承为构造机制，来认识、理解、刻画客观世界和设计、构建相应的软件系统。

1．类和对象的基本概念

（1）类（Class）。类是用来创建对象的模板，是对一组对象的抽象。类包含所有可用属性、方法和事件的定义。每当创建新对象时，都必须基于某个类进行。在 Visual Studio 2012 中，工具箱中的一个个控件，是被图形化、文字化的类。

（2）对象（Object）。如果把类比作一种模板，对象则是根据模板所创建的实例，即对象是类的实例。类是对事物概念的定义，而对象则是对一个具体的事物的定义。在 Visual Studio 2012 中，把工具箱中的控件添加到窗体设计器中后，窗体设计器中的控件就是对象。

（3）属性（Property）。任何一个对象都具有一定的特征，这种特征称为属性。属性告知某些相关的事情，或者控制对象的行为，如对象的名称、颜色、大小和位置。可以把属性看作描述对象的形容词。C#中对象的属性可以看作是表现对象特征的数据的扩展。在面向对象的编程中，控件对象的常见属性有名称（Name）、文本（Text）、背景色（BackColor）、字体（Font）等。

（4）事件（Event）。大多对象都具有可识别的动作，这种动作称为事件。事件是指预先定义好的、能够被对象识别的动作，如单击（Click）事件、双击（DoubleClick）事件、加载（Load）事件等。不同类型的对象，能够识别的事件不完全相同，可以编写特定事件发生时要执行的方法。当用户采取某种操作时（如单击按钮、按某键、滚动或关闭窗口），就有事件发生。事件还可以由其他对象的动作触发，如重画某个窗体或定时器到达预置点。

事件方法是为对象响应事件而编写的一段代码，也称为事件处理程序。当事件由用户或系统触发时，对象就会执行该事件方法，以实现特定的功能。

（5）方法（Method）。任何一个对象都具有一定的行为，这种行为称为方法。方法是面向对象编程的动词，完成某一特定功能，典型的方法有 Show、Close、Hide 和 Clear 等。每个预定义的对象都有一组可以使用的方法，还可以编写其他方法在自己的程序中执行动作。

对象的事件方法与方法的相同点：用一段代码完成特定的功能。

对象的事件方法与方法的不同点：对象的事件方法是固定的，不能由用户增加，用户可以为之添加所需代码，事件方法由于事件的发生而被自动调用；系统预定义的对象的方法，其代码对用户是隐藏的、不可修改的，而且对象的方法必须在代码中显式调用。

2．类和对象的关系

类和对象的概念本身较为抽象，不容易理解。理解类和对象概念的关键所在是循序渐进，首先应该抓住它们概念的本质。类是对象的抽象，不能进行直接的操作。对象是类的实例，对象可以通过事件驱动实现程序的运行。对象的属性、事件和方法来自类的继承，可以自己进行修改和调用，类和对象的关系示意图如图 1.1 所示。

综上可知，在面向对象程序设计方法中，对象和传递消息分别表现事物及事物间相互联系的概念，类和继承是适应人们一般思维方式的描述范式，方法是允许作用于该类对象上的各种操作。这种对象、类、消息和方法的程序设计范式的基本点，在于对象的封装性和类的继承性。通过封装能将对象的定义和对象的实现分开，通过继承能体现类与类之间的关系，以及由此带来的动态联编和实体的多态性，从而构成了面向对象的基本特征。

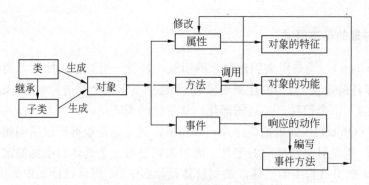

图 1.1　类和对象的关系示意图

1.2　了解 Visual Studio.NET

1.2.1　.NET 基本概念

.NET 的全称是 Microsoft .NET，是一个新的开发平台，.NET Framework（框架）是其核心部分。C#与 Visual Basic、C++等开发语言一起被集成到 Microsoft.NET 平台中，以统一的用户界面和安全机制为开发人员提供服务。因此，学习 C#开发就必须对.NET 平台和.NET Framework 有充分的理解。

.NET 构建于开放的 Internet 协议和标准之上，并提供工具和服务，以新的方式整合计算和通信。.NET 定义的公用语言子集（Common Language Subset，CLS）为符合其规范的语言和类库提供了无缝的集成，其统一的编程类库提供了对可扩展标记语言（Extensible Markup Language，XML）的完全支持。

.NET 为开发人员提供了一种新的软件开发模型,即所有程序都从源代码被编译成与处理器无关的中间语言（Microsoft Intermediate Language，MSIL），只有当程序运行时，才在即时编译器（Just-In-Time，JIT）的编译下，由中间语言代码编译成本机机器代码运行，实现了程序的可移植性。.NET 也允许开发者创建基于 Web 的应用程序，这些应用程序能够发布到多种不同的设备上。.NET 开发平台的分层示意图如图 1.2 所示。

.NET 平台是下一代软件的基础，主要包括底层操作系统、.NET 企业服务器、Microsoft XML Web 服务构件、.NET 框架、.NET 开发工具 5 个组成部分。

（1）底层操作系统。由于 Web 服务和使用 Web 服务的应用程序运行在计算机上，操作系统仍然是必需的，如微软提供的几种操作系统 Windows XP、Windows 2003、Windows 7、Windows 8 等。Visual Studio 2012 只能安装在 Windows 7 及更高版本的操作系统之上。

（2）.NET 企业服务器。.NET Enterprise Servers 是 Microsoft 公司推出的进行企业集成和管理所有基于 Web 服务应用的系列产品（如 Microsoft SQL Server 等），这些产品为企业的信息化和信息集成提供了帮助。

（3）Microsoft XML Web 服务构件。微软作为一个 Web 服务的底层技术提供商，提供了一些公共性的 Web 服务，包括身份认证、发送信息、密码认证、日历、个性化服务、软件传输等。Microsoft XML Web 服务构件提供了一系列高度分布、可编程的公用性网络服务，它可以从任何支持 SOAP 的平台上访问，也可以从内部局域网或以 Internet 的方式发布和访问。

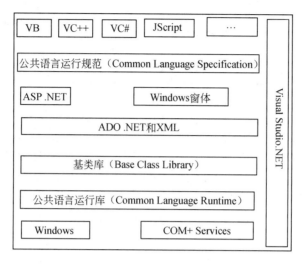

图 1.2　.NET 开发平台

（4）.NET 框架。.NET 框架（.NET Framework）是.NET 平台最关键的部分，是整个.NET平台的基础，也是.NET 应用程序开发和部署所依赖的技术。简单地说，.NET 框架就是.NET 平台的一个运行、执行环境。.NET 框架支持各种各样的应用程序，包括 Windows 窗体、Web 窗体、XML Web 服务、实用程序及独立的组件模块等。.NET 框架是一个多语言应用程序执行环境，主要由两部分组成：公共语言运行库（Common Language Runtime，CLR，也称为公共语言运行时）和 Framework 类库（Framework Class Library，FCL），如图 1.3 所示。

图 1.3　.NET 框架

（5）.NET 开发工具。.NET 开发工具主要包括集成开发环境 Visual Studio.NET 和.NET编程语言。Visual Studio 的含义是"可视化工作室"，也称为"视觉工作室"。Visual Studio.NET是微软为配合.NET 战略而提供的一套完整的应用程序开发工具集，其发展历史如表 1.1 所示。在 Visual Studio 2012 这个工具集中，可以用 Visual C#、Visual C++、Visual Basic 和Visual F#等语言进行开发。其中，C#是.NET 平台上最主要的开发语言。

表 1.1　Visual Studio 的发展历史

Visual Studio 名称	内部版本	发布日期	支持的.NET Framework 版本	主要语言
引入.NET Framework 前				
Visual Studio	4.0	1995-04	—	Visual C++、Visual Basic、Visual FoxPro
Visual Studio 97	5.0	1997-02	—	Visual C++、Visual Basic、Visual J++、Visual FoxPro

Visual Studio 名称	内部版本	发布日期	支持的.NET Framework 版本	主要语言
Visual Studio 6.0	6.0	1998-06	—	Visual C++、Visual Basic、Visual J++、Visual FoxPro
引入.NET Framework 后				
Visual Studio.NET 2002	7.0	2002-02	1.0	Visual C++、Visual C#、Visual Basic、Visual J#
Visual Studio.NET 2003	7.1	2003-04	1.1	Visual C++、Visual C#、Visual Basic、Visual J#
Visual Studio 2005 （将.NET 由产品名称中去除）	8.0	2005-11	2.0	Visual C++、Visual C#、Visual Basic、Visual J#
Visual Studio 2008	9.0	2007-11	2.0、3.0、3.5	Visual C++、Visual C#、Visual Basic （去除 J#）
Visual Studio 2010	10.0	2010-04	2.0、3.0、3.5、4.0	Visual C++、Visual C#、Visual Basic、Visual F#
Visual Studio 2012	11.0	2012-08	2.0、3.0、3.5、4.0、4.5	Visual C++、Visual C#、Visual Basic、Visual F#
Visual Studio 2013	12.0	2013-10	2.0、3.0、3.5、4.0、4.5、4.5.1、4.5.2	Visual C++、Visual C#、Visual Basic、Visual F#
Visual Studio 2015	14.0	2014-11	2.0、3.0、3.5、4.0、4.5、4.5.1、4.5.2、4.5.5、4.6	Visual C++、Visual C#、Visual Basic、Visual F#

综上所述，.NET 平台的主要组成结构可由图 1.4 表示。

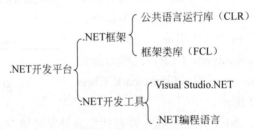

图 1.4   .NET 平台的组成结构图

1.2.2   Visual Studio.NET 集成开发环境

1. 创建项目

创建项目的过程非常简单，下面以创建"Windows 窗体应用程序"为例，介绍如何创建项目。

首先要启动 Visual Studio 2012 开发环境。选择"开始"→"所有程序"→Microsoft Visual Studio 2012→Visual Studio 2012 命令，即可进入 Visual Studio 2012 开发环境，如图 1.5 所示。

图 1.5 Visual Studio 2012 起始页面

提示：

> 第一次启动时，需要几分钟来自动配置环境，然后会弹出"选择默认环境设置"窗口，选择"Visual C#开发设置"选项后，单击"启动 Visual Studio"按钮，即可进入如图 1.5 所示的 Visual Studio 2012 起始页面。

启动 Visual Studio 2012 开发环境之后，可以通过两种方法创建项目：一种是通过"起始页"→"新建项目"命令完成，另一种是通过"文件"→"新建"→"项目"命令。选择其中一种方法创建项目，将弹出如图 1.6 所示的"新建项目"对话框。

图 1.6 "新建项目"对话框

依次选择 Windows 模板和"Windows 窗体应用程序"类型后，用户可以对所要创建的项目进行命名、选择保存文件的位置、是否创建解决方案目录的设置，也可以对项目所在的解决方案命名。在命名时可以使用用户自定义的名称，如 Windows_1，也可使用默认名称 WindowsFormsApplication1，可以单击"浏览"按钮设置项目保存的位置，然后单击"确定"按钮完成项目的创建，进入窗体设计器，如图 1.7 所示。

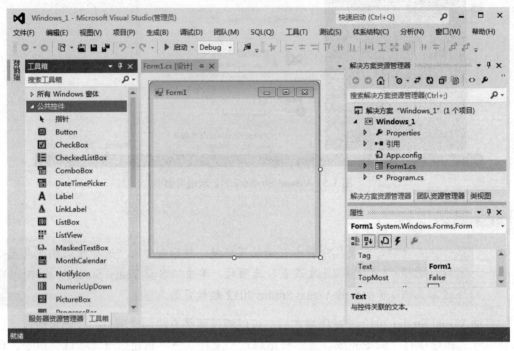

图 1.7　窗体设计器

 提示：

（1）创建项目的同时会创建一个解决方案，而一个解决方案可以包括多个功能相关的项目；可以通过选择"文件"→"添加"命令为当前解决方案添加项目。

（2）如果要打开现有项目，可以利用三种方法：第一种是启动 Visual Studio 2012 后通过"起始页"→"打开项目"命令完成；第二种是启动 Visual Studio 2012 后通过"文件"→"打开"→"项目"命令；第三种是找到项目所在位置后双击扩展名为.sln 的解决方案文件。

2. Visual Studio 2012 窗口环境

在创建或打开项目后，可以在 Visual Studio 2012 窗口的工作区中对应用程序进行设计和编辑。在图 1.7 中，构成用户界面的窗口包括 3 个部分：左侧是工具箱（默认情况下不显示，折叠在窗口左侧的灰色部分），中间是窗体设计器，右侧是解决方案资源管理器和属性窗口。当前显示的是 Form1 的窗体设计器界面，可以拖动该窗体的尺寸手柄（窗体右边和下边的小方框）以改变窗体的大小。在该窗体区域中显示的对象包括"窗体设计器"、"代码编辑器"、"起始页"和"对象浏览器"等。单击窗体区域顶部排列的标签，可以在打开的文档之间进行切换，或者使用相应的"关闭"按钮关闭任何已打开的文档。下面介绍 Visual Studio 2012 窗口环境中的常用工具。

（1）菜单栏。菜单栏显示了所有可用的命令。通过鼠标单击可以执行菜单命令，也可以通过按 Alt 键加上菜单项上的字母执行菜单命令。

（2）工具栏。为了操作更方便、快捷，菜单项中常用的命令按功能分组，分别放入相应的工具栏中。通过工具栏可以迅速地访问常用的菜单命令，常用的工具栏有标准工具栏、布局工具栏、调试工具栏等。标准工具栏包括大多数常用的命令按钮，如新建项目、打开文件、保存、全部保存等；布局工具栏包括对控件进行布局的快捷按钮，如对齐、间距、叠放次序等；调试工具栏包括对应用程序进行调试的快捷按钮，如启动调试、停止调试、全部中断、逐过程、逐语句等。将鼠标移动到某个工具栏按钮上，系统会给出该按钮的提示。

选择"视图"→"工具栏"命令可以显示或隐藏相应的工具栏；也可以在菜单栏或工具栏处右击，在弹出的快捷菜单中对各类工具栏进行隐藏或显示。

（3）解决方案资源管理器。"解决方案资源管理器"窗口显示方案中所有项目以及项目中所有文件的列表，利用该窗口可以添加、删除或重命名项目及文件。Visual Studio 2012 集成开发环境的标题栏显示解决方案的名称，在图 1.7 中，解决方案的名称是 Windows_1。

（4）属性。"属性"窗口是 Visual Studio 2012 中一个重要的工具，该窗口为 Windows 窗体应用程序的开发提供了简单的属性修改和事件管理。对窗体应用程序开发中的各个对象的属性设置，都可以由"属性"窗口完成。

"属性"窗口上方是一个下拉列表框，其中列出了当前窗体对象及其内部的控件对象，可以从中选择要设置属性的对象。对象选择下拉列表框的下方是 5 个按钮，分别对应"按分类顺序"、"字母顺序"、"属性"、"事件"和"属性页"命令。

"属性"窗口不仅提供了属性的设置功能，还提供了事件的管理功能。单击"属性"窗口的"事件"按钮，可以切换到事件列表来管理对象的事件，方便编程时对事件的处理。

"属性"窗口采用了两种方式管理属性和事件，分别是按分类排序方式和按字母顺序方式，用户可以根据自己的习惯采用不同的方式。

窗口的下方还有简单的说明，方便开发人员理解对象的属性和事件。"属性"窗口的左侧是属性或事件的名称，相对应的右侧是属性值或事件方法名称。

（5）工具箱。"工具箱"提供了进行 Windows 窗体应用程序开发所必需的控件。通过工具箱，开发人员可以方便地进行可视化的窗体设计，简化了程序设计的工作量，提高了工作效率。Visual Studio 2012 中根据控件功能的不同，将工具箱中 Windows 窗体控件划分为 12 个选项卡，如图 1.8 所示。

如果单击某个选项卡，显示该选项卡下的所有控件。当需要某个控件时，可以通过双击所需要的控件直接将控件加载到窗体上，也可以先选择需要的控件，再将其拖动到设计窗体上。"工具箱"窗口中的控件可以通过工具箱的右键菜单来控制，如设置控件的排序、删除、添加、显示方式等。

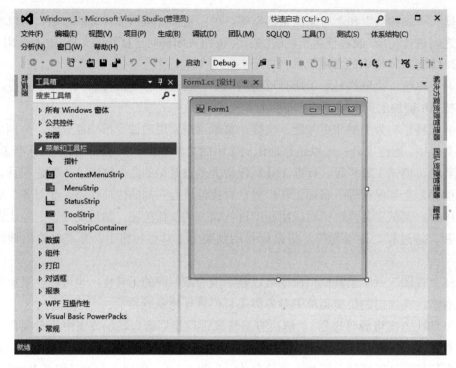

图 1.8 工具箱

 提示：

"工具箱"、"解决方案资源管理器"和"属性"窗口的右上角，都有 3 个控制按钮：窗口位置、自动隐藏和关闭。"窗口位置"按钮可以设置该窗口的状态，如浮动、可停靠、自动隐藏、隐藏等；图钉形状的"自动隐藏"按钮可以设置该窗口是否自动隐藏，纵向图钉表示该窗口为显示状态，横向图钉表示该窗口为自动隐藏状态；"关闭"按钮可以关闭该窗口。

3. 常用子窗口的操作

（1）设计时、运行时和调试时。C#有三种不同的工作模式——设计、运行和调试。当设计用户界面和编写代码时，是处于设计模式；当测试和运行程序时，是处于运行模式；如果出现运行时错误或者使程序中断，是处于调试模式。Visual Studio 2012 窗口环境的标题栏如果指示"正在运行"或"正在调试"，则表明程序不是在设计时。

（2）"错误列表"窗口。"错误列表"窗口为代码中的错误提供了即时的提示和可能的解决方法。例如，当某句代码结束时忘记了输入分号，错误列表中会显示如图 1.9 所示的错误。错误列表如同一个错误提示器，它可以将程序中的错误代码及时地显示给开发人员，并通过提示信息指出错误代码的位置，双击错误说明还可以定位到错误代码。如果启动调试时程序存在错误，该窗口会自动出现在窗体设计器下方，也可以通过"视图"→"错误列表"命令打开该窗口。

图 1.9 "错误列表"窗口

（3）"输出"窗口。"输出"窗口用于提示项目的生成情况，在实际编程操作中，开发人员会无数次地看到该窗口，其外观如图 1.10 所示。"输出"窗口相当于一个记事器，它将程序运行的整个过程以数据的形式进行显示，这样可以让开发者清楚地看到程序各部分的加载与操作过程。可以通过"视图"→"输出"命令打开该窗口。

图 1.10 "输出"窗口

4．使用 Visual Studio.NET 的帮助

（1）MSDN。Visual Studio.NET 中提供了一个广泛的帮助工具，简称 MSDN（Microsoft Developer Network，微软开发者网络），下载 MSDN 软件后安装即可离线使用。在 MSDN 中，用户可以查看任何 C#语句、类、属性、方法、事件、编程概念及一些编程的例子。帮助工具包括用于 Visual Studio IDE、.NET Framework、C#、J#、C++等的参考资料，用户可以根据需要进行筛选，使其只显示某方面（C#）的相关信息。帮助工具还包括几本书、技术文章及 Microsoft 知识库（常见问题及其答复的数据库）。

"帮助"包括完整的参考手册以及许多编码示例。通过"帮助"菜单的"查看帮助"命令，可以打开帮助窗口来使用搜索、索引和目录等功能，也可以通过 MSDN 网站（http://msdn.microsoft.com）在线获取相关内容。

（2）智能感知。除了 MSDN，Visual Studio.NET 还提供了"智能感知"的帮助方式。这种帮助方式体现在代码编写过程中，当访问类或对象的成员时会动态显示成员列表，当调用方法时会动态显示该方法的功能和用法，用户可以通过选择完成输入。例如，要输入代码"this.Text = "我的第一个窗体";"，当输入"this.te"后，智能感知定位到 Text（如图 1.11 所示），此时用鼠标双击 Text 或者按 Enter 键即可完成代码"this.Text"，也可以直接按=键完成代码"this.Text ="。"智能感知"的帮助方式不仅可以节省输入的时间，还可以避免用户的输入错误。

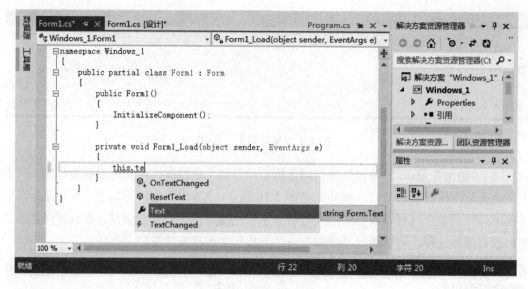

图 1.11　智能感知

1.3　创建简单的 C#程序

1.3.1　Visual C#.NET 语言

　　Visual C#.NET 语法简洁、功能强大、类型安全、与 Web 紧密结合、具有完整的安全性与错误处理、较强的灵活性与兼容性，是一种高效的面向对象程序设计语言。

1．C#语言的特点

　　与其他开发语言相比，C#具有一些突出的特点，这些特点主要体现在以下几个方面。

- 具有较高的效率与安全性。
- 简洁的语法，并支持现有的网络编程新标准。
- 良好的面向对象设计，能够与 Web 紧密结合。
- 具有完整的错误处理信息系统。
- 扩展交互性强。
- 具有较强的灵活性与兼容性。
- 商业过程和软件实现的更好对应。

2．C#应用程序

　　C#应用程序称为解决方案（Solution），可以由一个或多个项目组成。每个项目可以包含一个或多个程序文件。有的项目只有一个窗体，有的项目包含多个窗体和附加文件。以项目名为 HelloWorld 的 Windows 窗体应用程序为例，C#应用程序创建的文件类型及其说明如表 1.2 所示。

表 1.2　Visual C#.NET 中常用的文件类型

文件名类型	文件图标	说　　明
HelloWorld.sln		解决方案文件；该文件记录着与解决方案及所含项目有关的信息，这是解决方案的主文件，打开该文件才能处理或运行项目；图标右上角的数字 11 代表 Visual Studio 2012 的内部版本号
HelloWorld.suo		解决方案用户选项文件；该文件存储与环境状态有关的信息，以使每次打开解决方案时都可以恢复所有定制的选项
HelloForm.cs		.cs（C#）文件；该文件包含为窗体编写的方法代码，可以在任何编辑器中将其打开，除非正在使用 Visual Studio 环境中的编辑器不应修改该文件
HelloForm.Designer.cs		.cs（C#）文件；该文件包含窗体及其控件的定义；不应修改该设计器生成的代码文件中的语句，而应使用窗体设计器做出任何所需的修改
HelloForm.resx		窗体的资源文件；该文件定义窗体使用的所有资源，包括文本串、数字及图形
HelloWorld.csproj		项目文件；该文件描述项目，并列出项目中包括的文件
App.config		应用程序配置文件；该文件是标准的 XML 文件，用户可以在其中自定义一些配置信息（如数据库连接）
Program.cs		.cs（C#）文件；该文件包含自动生成的、在执行程序时首先运行的代码

3．C#源代码的执行过程

.NET 平台上所有的程序都从源代码被编译成与处理器无关的中间语言（通常具有.exe 或.dll 扩展名），只有当程序执行时，CLR 才进行即时编译，由中间语言代码编译成本机机器代码运行。整个过程可以由图 1.12 表示，在此过程中，CLR 除了进行即时编译，还提供自动垃圾回收、异常处理、资源管理等服务。由 CLR 执行的代码称为"托管代码"，而不由 CLR 管理的代码则称为"非托管代码"。

图 1.12　.NET 源代码的执行过程

C#源代码的执行也遵循上述过程。图 1.13 阐释了 C#源代码文件、.NET Framework 类库、程序集和 CLR 编译时及运行时的关系。语言互操作性是 .NET Framework 的主要功能。由 C#编译器生成的 IL 代码可以与 Visual Basic、Visual C++等语言的代码交互，从而实现了程序的跨平台和可移植性。

1.3.2　应用程序开发的一般步骤

当编写 C#程序时，一般要按照 3 个步骤来规划并完成项目：设计用户界面、设置属性、编写代码。具体描述如下。

（1）设计用户界面：创建窗体对象，并为之添加所需的控件对象。

Visual C#.NET 程序设计（第 2 版）

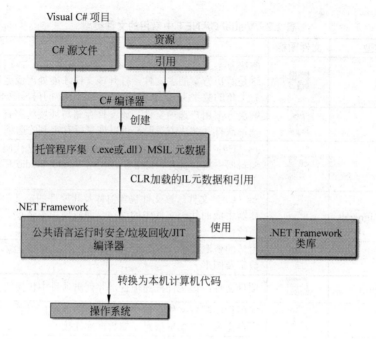

图 1.13　从 C#源代码到计算机执行

（2）设置属性：赋予每个对象名称，并定义诸如标签内容、文本大小，以及按钮上和窗体标题栏上出现的文字等属性。

（3）编写代码：使用 C#编程语句来执行程序所需要的操作。

提示：

> 在规划代码时，可以使用伪代码，即描述动作的英语表达式或注释，来写出这些动作；当实际编写 C#代码时，必须遵守语言的语法规则。

1.3.3　三种常用的应用程序

C#支持三种基本的应用程序：控制台应用程序、Windows 窗体应用程序和 Web 窗体应用程序。

1. 控制台应用程序

控制台应用程序是指没有图形化的用户界面，Windows 使用命令行方式与用户交互，文本输入、输出都是通过标准控制台实现的程序。下面是一个典型的控制台应用程序。

【例 1-1】　控制台输出文字。

示例说明：在控制台窗口输出一行文字"Hello，World!"。

具体步骤如下：

（1）选择"开始"→"程序"→Microsoft Visual Studio 2012→Visual Studio 2012 命令，启动 Visual Studio 2012。

（2）选择"文件"→"新建"→"项目"命令，出现"新建项目"对话框，如图 1.14 所示。

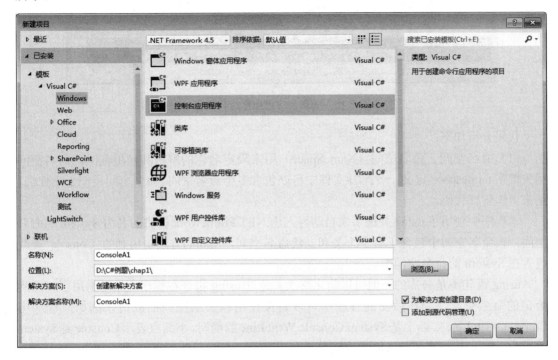

图 1.14　"新建项目"对话框

（3）在"新建项目"对话框左侧"模板"栏中选择 Windows 选项，在中间选择"控制台应用程序"类型，输入项目名称"ConsoleA1"，选择项目文件存放位置，单击"确定"按钮，进入编程界面。

（4）在代码窗口中找到 Main 方法输入相应代码，Program.cs 文件的所有代码如下：

```csharp
using System;
using System.Collections.Generic;
using System.Linq;
using System.Text;
using System.Threading.Tasks;
namespace ConsoleA1
{
    class Program
    {
        //程序的入口
        static void Main(string[] args)
        {
            //从控制台输出"Hello,World!"
            Console.WriteLine("Hello,World!");
            //下面输入语句的实际作用是暂停程序来查看之前的数据
            Console.ReadLine();
        }
    }
}
```

（5）单击"启动调试"按钮或按 F5 键运行程序，控制台应用程序运行界面如图 1.15 所示。

图 1.15   控制台应用程序运行界面

代码分析如下：

（1）命名空间。命名空间（NameSpace）用来限定名称的解析和使用范围，命名空间用关键字 namespace 定义。一个 C#文件中可以包含多个命名空间。命名空间类似于文件夹，用来组织管理代码。

本程序中使用了 using 关键字来自动导入由.NET Framework 提供的名为 System 的命名空间，该命名空间中包含了若干个类和二级命名空间，Main()方法中用到的 Console 类就包含在 System 的命名空间中。

using 语句不是必需的，但可以简化层次。通过 using 指令在程序开始时引用了一系列给定的命名空间，则在后面的程序中可以直接使用该命名空间的成员。例如，程序中 Console.WriteLine 实际上是 System.Console.WriteLine 的简写，小圆点表示 Console 是 System 的成员，WriteLine 是 Console 类的成员。

除了.NET Framework 提供的命名空间，还可以自定义命名空间。例如，程序中 namespace ConsoleA1，ConsoleA1 就是一个命名空间。创建项目时，会自动创建一个以项目名命名的命名空间。

（2）类。C#程序中的每个对象都必须属于一个类，类用关键字 class 定义。本程序中声明了一个类，类名为 Program。大括号"{"和"}"分别用于标识某个代码块的开始和结束，主要用来对语句进行分组。

（3）注释语句。为了保持程序良好的可读性，保障应用程序开发完成后的可维护性，需要开发人员养成良好的代码注释习惯。注释有两种：一种是单行注释，即写在每一行中双斜杠（//）后面，不跨行；另一种是多行注释，以斜杠加星号（/*）开头，星号加斜杠（*/）结束，中间注释的内容可以跨越多行。编译器在编译程序时，会主动忽略注释符的注释范围，只对程序进行编译。

选择"视图"→"工具栏"→"文本编辑器"命令，显示"文本编辑器"工具栏。利用该工具栏中的"注释选中行"按钮和"取消对选中行的注释"按钮，可以快速注释或取消注释。选定需注释的内容，单击"注释选中行"按钮，可以进行快速的注释；单击"取消对选中行的注释"按钮，则可快速取消注释。

（4）Main()方法。每个 C#程序都必须含有且只能含有一个 Main()方法，用于指示编译器从此处开始执行程序。Main()在类或结构的内部声明，是一个静态方法，用 static 修饰符声明。静态方法不同于实例方法，前者在类对象创建之前可以被调用，而后者需要使用关键字 this 来引用特定的对象实例。由于 Main()在程序开始运行时就要调用，因此必须是静态方法。声明 Main()时可以使用参数，也可以不使用参数，参数可以作为从零开始索引的命令行参数来读取。例如：

```
static void Main()
static int Main()
static void Main(string[] args)
```

void 表示 Main()方法无返回值；Main()方法也可以是 int 类型的。

（5）程序的输入和输出。程序输入和输出功能是由 Console 类的不同方法来完成的。Console.WriteLine()方法和 Console.Write()方法用于在输出设备上输出，区别是 WriteLine()方法在输出后自动换行而 Write()不换行。例如：

```
Console.WriteLine("要输出的字符串");    //从控制台输出指定字符串并换行
```

Console.ReadLine()方法和 Console.Read()方法用于从键盘读入信息，返回值都是字符串类型。两者的区别是 ReadLine()方法读取一行字符，而 Read()方法读取一个字符。

（6）其他需要注意的问题：C#语言区分大小写；C#中所有语句都以分号作为结束；书写 C#代码时，注意尽量用缩进来表示代码的结构层次。

 提示：

> 控制台应用程序通常只是在学习 C#的初级阶段使用，主要用于练习 C#的语法和代码编写，不用于软件开发。

2．Windows 窗体应用程序

Visual Studio.NET 中开发 Windows 窗体应用程序是使用图形用户界面开发工具来进行设计的，优点是能加快开发进度，控制软件质量。

【例 1-2】　在 Windows 窗体中利用对话框显示文字。

创建一个 Windows 窗体应用程序，运行时在消息框中显示"Hello，World!"。程序运行界面如图 1.16 所示。

具体步骤如下。

（1）启动 Visual Studio 2012。

（2）选择"文件"→"新建"→"项目"命令，打开"新建项目"对话框。

（3）在左侧"模板"栏中选择"Windows"选

图 1.16　Windows 窗体应用程序运行界面

项，在中间选择"Windows 窗体应用程序"类型，输入项目名称"WindowsA1"，选择项目文件存放位置，单击"确定"按钮，进入到项目的设计界面，如图 1.17 所示。

（4）单击左侧的"工具箱"将隐藏的工具箱显示出来，从工具箱中将 Button 控件拖到 Form1 中生成一个按钮对象 button1，并按照图 1.16 所示调整其大小和位置。

（5）右击 button1，在弹出的快捷菜单中选择"属性"命令，在"属性"窗口中把按钮的 Text 属性改为"显示"，Font 属性设置为黑体、小四号。

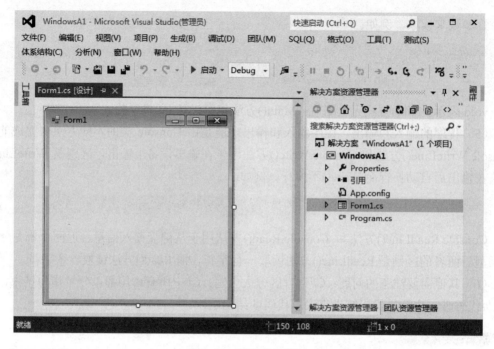

图 1.17　程序设计界面

（6）双击 button1，为按钮添加单击事件处理程序，同时切换到代码窗口。窗口中大部分为自动生成的 C#语句，为它添加一行代码"MessageBox.Show("Hello,World !");"。

添加后的代码窗体所有内容如下：

```csharp
using System;
using System.Collections.Generic;
using System.ComponentModel;
using System.Data;
using System.Drawing;
using System.Linq;
using System.Text;
using System.Threading.Tasks;
using System.Windows.Forms;
namespace WindowsA1
{
    public partial class Form1 : Form
    {
        public Form1()
        {
            InitializeComponent();
        }
        private void button1_Click(object sender, EventArgs e)
        {
            MessageBox.Show("Hello,World!");   //显示消息框
        }
    }
}
```

（7）至此，一个简单的基于 Windows 窗体的"Hello,World!"程序开发完成。单击工具栏上的"启动调试"按钮或按 F5 键启动程序，运行显示一个窗体界面，单击窗体中的"显示"按钮，弹出消息框，内容为"Hello,World!"，如图 1.16 所示。

代码分析如下：

（1）System.Windows.Forms。System.Windows.Forms 命名空间包含用于创建基于 Windows 的应用程序的类，以充分利用 Microsoft Windows 操作系统中提供的丰富的用户界面功能。该命名空间中的大多数类都是从 Control 类派生的，Control 类是定义控件（带有可视化表示形式的组件）的基类，它为在 Form 中显示的所有控件提供基本功能。

（2）public partial class Form1 : Form。public 是访问修饰符，表示类 Form1 的访问权限是公共的。partial 表示类 Form1 是分部类，可以将类的定义拆分到两个或多个源文件中。class Form1 : Form 表示类 Form1 继承自 Form 类（Form 类表示应用程序内的窗口，而继承是面向对象程序设计特有的机制，具体使用方法将在第 8 章中详细讨论）。

（3）private void button1_Click(object sender, EventArgs e)。private 是访问修饰符，表示事件方法 button1_Click 的访问权限是私有的，仅能在 Form1 类内部使用。当单击 button1 按钮时，便会触发一个单击事件（Click），程序自动调用相应的事件方法进行处理。事件方法的基础代码由系统自动提供，具体内容则需要用户自己填写。

可以使用属性窗口查看位于设计器中某个对象的所有事件，以及查看和设置处理这些事件的方法。本例中也可以选定 button1 对象，在属性窗口的工具栏上单击"事件"按钮，便可看见 button1 的所有事件，双击 Click 即可进入按钮的 Click 事件方法代码。

（4）消息框。MessageBox 类是.NET 框架类库中的类，位于 System.Windows.Forms 命名空间中，用于显示包含文本、按钮、图标等内容的消息框。MessageBox.Show()方法中的参数决定消息框内需要显示的信息。

提示：

① Windows 窗体应用程序属于 C/S（Client/Server，客户端/服务器）开发模式。
② 在熟练编写 Windows 窗体应用程序的基础上，还可以学习 WPF（Windows Presentation Foundation）应用程序，WPF 应用程序提供了全新的多媒体交互用户图形界面，如动画、3D 效果等。

3．Web 窗体应用程序

使用 C#不仅可以编写功能强大的 Windows 窗体应用程序，也可以开发高性能的 Web 窗体应用程序。ASP.NET Web 应用程序，也就是网站，是由 Web 窗体（网页）、控件、代码模块和服务组成的集合。Visual Studio 2012 中开发 Web 窗体应用程序也是使用图形用户界面开发工具来进行设计的。

【例 1-3】 在 Web 窗体中利用标签显示文字。

创建一个 Web 窗体应用程序，运行时在标签中显示"Hello，World!"。程序运行界面如图 1.18 所示。

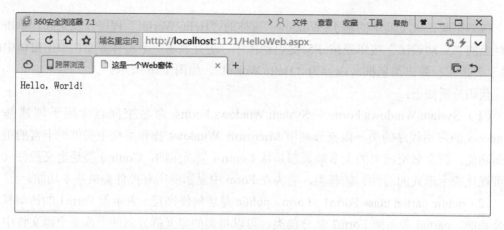

图 1.18　Web 窗体应用程序运行界面

具体步骤如下。

（1）启动 Visual Studio 2012，选择"文件"→"新建"→"项目"命令，出现"新建项目"对话框，如图 1.19 所示。

（2）在左侧"模板"栏中选择 Web 选项，在中间选择"ASP.NET 空 Web 应用程序"类型，输入项目名称 WebA1，选择项目文件存放位置，单击"确定"按钮，进入如图 1.20 所示的界面。

图 1.19　"新建项目"对话框

（3）添加 Web 窗体。在解决方案管理器中右击项目 WebA1，在弹出的快捷菜单中选择"添加"→"Web 窗体"命令，出现"指定项名称"对话框，输入窗体名称"HelloWeb"，单击"确定"按钮，即可生成 Web 窗体文件 HelloWeb.aspx 及与之相关联的后台代码文件 HelloWeb.aspx.cs 等，如图 1.21 所示。

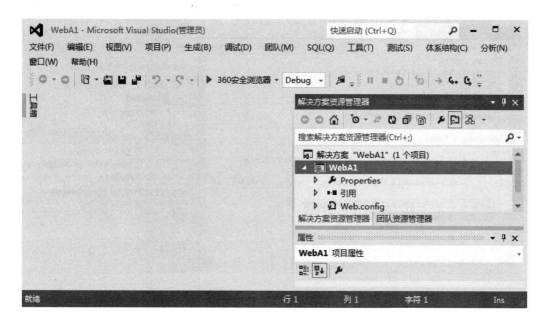

图 1.20 Web 窗体应用程序

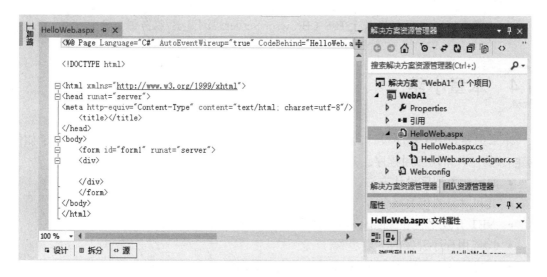

图 1.21 Web 窗体文件

（4）添加标签。单击 Visual Studio 2012 左下角的"设计"按钮，由源代码切换到设计器视图，在工具箱中双击 Label 控件，即可在 Web 窗体上添加标签对象 Label1。

（5）编辑源程序。右击 Visual Studio 2012 的设计器，在弹出的快捷菜单中选择"查看代码"命令，将 Web 窗体的设计器视图切换为后台代码文件 HelloWeb.aspx.cs 的代码视图，在相应位置添加代码，如图 1.22 所示。

（6）调试和运行程序。在解决方案管理器中，右击 HelloWeb.aspx，在弹出的快捷菜单中选择"在浏览器中查看"命令，Visual Studio 2012 将启动 C#语言编辑器编译源程序，并执行 Web 窗体应用程序，将结果输出到浏览器，如图 1.18 所示。

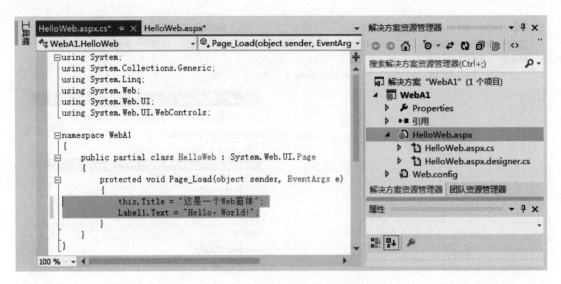

图 1.22 程序后台代码界面

提示：

> Web 窗体应用程序属于 B/S（Browser/Server，浏览器/服务器）开发模式。

1.4 本章小结

本章主要介绍了程序设计的基础知识和 .NET 相关技术，并通过 3 个示例讲解了如何创建 C#的三种常用应用程序。本章重点内容如下：

- 面向对象程序设计方法。
- 类和对象的相关概念。
- .NET 开发平台和 Visual Studio.NET 集成开发环境。
- C#应用程序开发的一般步骤。
- 创建控制台应用程序和 Windows 窗体应用程序。

习   题

1. 选择题

（1）公共语言运行库即（   ）。

    A．CRL   B．CLR   C．CRR   D．CLS

（2）.NET 平台是一个新的开发框架，（   ）是.NET 的核心部分。

    A．C#   B．.NET Framework   C．VB.NET   D．操作系统

（3）项目文件的扩展名是（   ）。

A．csproj　　　　　B．cs　　　　　　C．sln　　　　　　D．suo

（4）利用 C#开发应用程序，通常有三种类型，不包括（　　）。

A．控制台程序　　B．Web 应用程序　　C．SQL 程序　　D．Windows 程序

（5）运行 C#程序可以通过按（　　）键实现。

A．F5　　　　　　B．Alt+F5　　　　C．Ctrl+F5　　　　D．Alt+Ctrl+F5

2．思考题

（1）简述面向对象程序设计的特点。

（2）简述类和对象的关系。

（3）简述面向对象的基本特征。

（4）说明 Visual C#.NET 和 Visual Studio.NET 的关系。

（5）简述创建 Windows 窗体应用程序的步骤。

3．上机练习题

（1）创建一个控制台应用程序，输出字符串"C#.NET 程序设计"。

（2）创建一个 Windows 窗体应用程序，在窗体中输出字符串"After all, it still flows east."。

（3）创建一个 Web 窗体应用程序，在窗体中输出字符串"ASP.NET Web 窗体"。

第2章 Visual C#.NET 语法基础

设计 C#程序的主要目的是完成数据的运算与管理，C#支持丰富的数据类型、运算符及控制流程的语句，是实现这一目的的基本保证。在编写 C#程序时，不同类型的数据都必须遵循"先定义，后使用"的原则。运算符用于指示计算机执行某些数学和逻辑操作，从而与各种常量、变量、函数等构成数学或逻辑表达式。控制流程语句表示实现数据操作的过程，决定数据运算的结果。

本章主要介绍 C#程序的基本结构，以及基本数据类型、常量、变量、运算符和表达式等基础知识。

2.1 C#程序结构

2.1.1 程序的组成要素

C#程序支持控制台应用程序、Windows 窗体应用程序和 Web 窗体应用程序三种基本程序，其中控制台应用程序是字符界面的，其余两类应用程序是图形界面。这三种应用程序的操作模式基本相同，也具有相同或相近的组成要素。

1. 标识符

标识符（Identifier）是 C#程序员为类型、方法、变量、常量等所定义的名称，可以由字母、数字、下画线（_）、汉字等 Unicode 字符组成。标识符以字母、下画线、汉字开头，不能以数字开头，不能包含空格。关键字不可以用作普通标识符，但可以用@前缀来避免这种冲突。

例如，abc、Abc 和_abc 三者是合法的标识符，而 Abc-abc 和 3abc 两者是非法的标识符。因为 Abc-abc 中使用了减号而非下画线，3abc 是以数字开头。

在 C#语言中，标识符是区分大小写的，Myabc 和 myabc 是两个完全不同的标识符。

2. 关键字

关键字（Keyword）是 C#程序语言保留作为专用的有特定意义的字符串，不能作为通常的标识符来使用。关键字也称为保留字，在 C#语言中主要有如下关键字：

```
abstract、as、base、bool、break、byte、case、catch、char、checked、class、const、
continue、decimal、default、delegate、do、double、else、enum、event、explicit、
extern、false、finally、fixed、float、for、foreach、get、goto、if、implicit、
in、int、interface、internal、is、lock、long、namespace、new、null、object、
operator、out、override、params、private、protected、public、readonly、ref、
return、sbyte、sealed、set、short、sizeof、stackalloc、static、string、struct、
switch、this、throw、true、try、typeof、uint、ulong、unchecked、unsafe、using、
value、virtual、volatile、while
```

3．语句

语句是应用程序中执行操作的一条命令。C#代码由一系列语句组成，每条语句都必须以分号结束。可以在一行中书写多条语句，也可以将一条语句书写在多行上。

C#是一个块结构的语言，所有的语句都是代码块的一部分。这些块用一对花括号"{"和"}"来界定，一个语句块可以包含任意多条语句，或者根本不包含语句。花括号字符本身不加分号且最好独占一行，花括号字符必须成对出现，"}"自动与自身之前的且最临近的"{"进行匹配。花括号是一种范围标识，是组织代码的一种方式。花括号可以嵌套，以表示应用程序中的不同层次。

 提示：

> 为了表示代码的结构层次，要注意语句的缩进。虽然缩进在程序格式中不是必需的，但缩进可以清晰地显示出程序的结构层次，这是一种良好的编程习惯。

4．注释

注释是一段解释性文本，是对代码的描述和说明。通常在处理比较长的代码段或者处理关键的业务逻辑时，将注释添加到代码中，C#添加注释的方式有以下三种。

（1）行注释：使用行注释标识符"//"，表示该标识符后的"一行"为注释部分。

（2）块注释：分别以"/*"和"*/"为开始和结束标识符，在此中间的内容，均为注释的部分。

（3）文档注释：用"///"符号来开头，也称为 XML 注释。在一般情况下，编译器也会忽略它们，但可以通过配置相关工具，在编译项目时提取注释后面的文本，创建一个特殊格式的文本文件，该文件可用于创建文档说明书。

提示：

> 可以利用菜单"项目"→"项目属性"命令，打开项目属性页，在"生成"选项的"输出"部分选中"XML 文档文件"，然后编译项目即可提取文档注释。

5．命名空间

命名空间有两种：系统命名空间和用户自定义命名空间。系统命名空间是一个逻辑的命名系统，用来组织庞大的系统类资源，让开发者使用起来结构清晰、层次分明、使用简

单。同时，用户也可以使用自定义的命名空间以解决应用程序中可能出现的名称冲突。

（1）定义命名空间。在 C#语言中定义命名空间的语法格式如下：

```
namespace SpaceName
{
    ⋮
}
```

上述格式中，namespace 为声明命名空间的关键字，SpaceName 为命名空间的名称。在花括号中间的内容都属于名称为 SpaceName 的命名空间的范围，其中可以包含类、结构、枚举、委托和接口等可在程序中使用的类型。

（2）嵌套命名空间。命名空间内包含的可以是类、结构、枚举、委托和接口，同时也可以在命名空间中包含其他命名空间，从而构成树状层次结构。 例如：

```
namespace DotNet
{   namespace ProCSharp
    {   namespace Basics
        {    class ClassExample
             { //Code for the class here...}
        }
    }
}
```

每个类名的全称都由它所在命名空间的名称与类名组成，这些名称用“.”隔开，首先是最外层的命名空间，最后是它自己的短名。所以 ProCSharp 命名空间的全名是 DotNet.ProCSharp，ClassExample 类的全名是 DotNet.ProCSharp.Basics.ClassExample。

（3）using 语句。当出现多层命名空间嵌套时，输入起来很烦琐，为此，要在文件的顶部列出类所在的命名空间，前面加上 using 关键字。在文件的其他地方，就可以使用其类型名称来引用命名空间中的类型了。例如：

```
using System;
using DotNet.ProCSharp.Basics;
```

所有的 C#源代码都以语句“using System;”开头，因为 Microsoft 提供的许多有用的类都包含在 System 命名空间中。

6．类的定义和类的成员

每一个 C#应用程序都必须借助于.NET Framework 类库实现，因此必须使用 using 关键字把.NET Framework 类库相应的命名空间引入到应用程序的项目中来。例如，设计 Windows 窗体应用程序时需要引用命名空间 System.Windows.Forms。

C#的源代码必须存放到类中，一个 C#应用程序至少要包括一个自定义类。自定义类使用关键字 class 声明，其名称是一个标识符。

类的成员包括属性、方法和事件，主要由方法构成。例如，控制台应用程序或 Windows 窗体应用程序必须包含 Main()方法，Main()方法是应用程序的入口。程序的运行时，从 Main() 方法的第一条语句开始执行，直到执行完最后一条语句为止。

7．C#程序中的方法

C#应用程序中的方法一般包括方法头部和方法体。

方法头部主要包括返回值类型、方法名、形式参数（简称"形参"）类型及名称，若方法中包含多个形参，形参之间用逗号分隔。

方法体使用一对"{}"括起来，通常包括声明部分和执行部分。声明部分用于定义变量，执行部分可以包含赋值运算、算法运算、方法调用等语句或语句块。

2.1.2　语法格式中的符号约定

表 2.1 列出了 Visual C#.NET 参考的语法格式中常用的符号约定。

表 2.1　Visual C#.NET 语法格式中的符号约定

符　　号	含　　义
<>	必选参数表示符，尖括号中的内容为必选参数
[]	可选参数表示符，方括号中的内容视具体情况可以省略而采用默认值
|	多中取一表示符，竖线分隔的多个选项，具体使用时只能选择其中一项
[,…]	指示前面的项可以重复多次，每一项由逗号分隔

2.2　基本数据类型

根据数据的复杂程度，C#的数据类型可分为基本数据类型和复合数据类型。基本数据类型也称为标准数据类型或简单数据类型，包括数值类型、字符类型、布尔类型和对象类型；复合数据类型是在基本数据类型的基础上构建的，包括数组、枚举、结构、类、接口、委托等。

2.2.1　数值类型

数值类型可以分为整数类型和实数类型。

1．整数类型

C#中支持 8 种整数类型：sbyte、byte、short、ushort、int、uint、long、ulong。这 8 种类型通过其占用存储空间的大小以及是否有符号来存储不同极值范围的数据，根据实际应用的需要，选择不同的整数类型。

整数类型的相关说明如表 2.2 所示。

表 2.2　C#的整数类型

类　　型	别　　名	取 值 范 围	说　　明
sbyte	System.Sbyte	−128～127	一个字节的有符号整数
byte	System.Byte	0～255	一个字节的无符号整数

续表

类　　型	别　　名	取 值 范 围	说　　明
short	System.Int16	−32 768～32 767	两个字节的有符号整数
ushort	System.Uint16	0～65 535	两个字节的无符号整数
int	System.Int32	−2 147 483 648～2 147 483 647	4 个字节的有符号整数
uint	System.Uint32	0～4 294 967 295	4 个字节的无符号整数
long	System.Int64	−9 223 372 036 854 775 808～ 9 223 372 036 854 775 807	8 个字节的有符号整数
ulong	System.Uint64	0～18 446 744 073 709 551 615	8 个字节的无符号整数

2．实数类型

实数类型包括浮点型和小数型（decimal），浮点型又包括单精度浮点型（float）和双精度浮点型（double）。

浮点型数据一般用于表示一个有确定值的小数。计算机对浮点数的运算速度大大低于对整数的运算速度，数据的精度越高，对计算机的资源要求越高。因此，在精度要求不是很高的情况下，尽量使用单精度类型（占用 4 个字节）。如果精度要求较高的情况，则可以使用双精度类型（占用 8 个字节）。

因为使用浮点型表示小数的最高精度只能够达到 16 位，为了满足高精度的财务和金融计算领域的需要，C#提供了小数型（占用 12 个字节）。

实数类型数据的相关说明如表 2.3 所示。

表 2.3　C#的实数类型

类　　型	别　　名	近似最小值	近似最大值	精　　度
float	System.Single	$\pm 1.5 \times 10^{-45}$	$\pm 3.4 \times 10^{38}$	7 位
double	System.Doulbe	$\pm 5.0 \times 10^{-324}$	$\pm 1.7 \times 10^{308}$	15～16 位
decimal	System.Decimal	$\pm 1.0 \times 10^{-28}$	$\pm 7.9 \times 10^{28}$	28～29 位

 提示：

> 所谓精度，就是精确程度，指小数点后面保留几位小数。小数型取值范围比浮点型小，但更精确。

2.2.2　字符类型

字符类型包括字符型（char）和字符串型（string）。字符包括数字字符、英文字母、表达式符号等，C#提供的字符类型按照国际上公认的标准，采用 Unicode 字符集。

字符型是指单个字符，一个 Unicode 的标准字符长度为 16 位，占用两个字节。char是类 System.Char 的别名。

字符串型是指多个字符，其占用字节根据字符数量而定（允许不包含字符的空字符串）。string 是类 System.String 的别名。

2.2.3　布尔类型和对象类型

布尔类型（bool）是用来表示"真"和"假"这两个概念的。该类型数据只有两种取值：true 和 false。布尔类型主要应用于数据运算的流程控制中，辅助实现逻辑分析和推理。bool 是类 System.Boolean 的别名，占用一个字节。

对象类型（object）可以表示任何类型的数据，其占用字节根据具体表示的数据类型而定。object 是类 System.Object 的别名，是所有其他类型的基类，C#中的所有类型都直接或间接地从 object 类中继承。

2.3　变量与常量

在程序处理数据的过程中，常量和变量用来标识数据。

2.3.1　变量

在程序运行过程中，其值可以改变的量称为变量。变量可以用来保存从外部或内部接收的数据，也可以保存在处理过程中产生的中间结果或最终结果。在 C#语言中，每一个变量都必须具有变量名、存储空间和取值等属性。

1．变量的声明

要使用变量，就必须声明它们，即给变量指定一个名称和一种类型。变量命名应遵循标识符的命名规则，如必须以字母、下画线等 Unicode 字符开头，不能以数字开头，不能包含空格。声明了变量后，编译器才会申请一定大小的存储空间，用来存放变量的值。

一个语句可以定义多个相同类型的变量，变量间用逗号分隔，标识符和变量类型之间至少要有一个空格。定义变量的语句以分号结束，例如：

```
int a,b,c;
float m,n;
char ch1,ch2;
```

下面给出一些非法的变量名的例子：

```
int 3a;                //不合法，以数字开头
float namespace;       //不合法，与关键字名称相同
```

2．变量的赋值

在 C#语言中，变量必须赋值后才能引用。为变量赋值，一般使用等号"="。例如：

```
char ch1,ch2;
ch1 = 'O';  ch2 = 'K';
int a,b,c;
```

```
a = b = c = 0;
```

3. 变量的初始化

变量的初始化就是在定义变量的同时给变量赋初值，其一般形式为：

```
数据类型   变量名1 = 初值1 [，变量名2 = 初值2，...];
```

例如：

```
double a=1.25, b=3.6, c;
```

【例 2-1】 变量的定义和使用。

创建一个控制台应用程序 Console0201，在 Main 方法中输入相应代码，具体代码如下：

```
static void Main(string[] args)
{
    int a = 10, b = 12, c, d, e;
    c = a + b; d = a - b; e = a * b;
    Console.WriteLine("c={0}    d={1}    e={2}", c, d, e);
    Console.ReadLine();
}
```

单击"启动调试"按钮或按 F5 键运行该控制台程序，运行结果如图 2.1 所示。

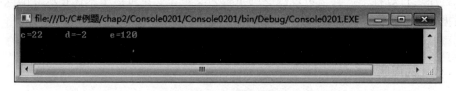

图 2.1   例 2-1 程序运行结果

2.3.2   常量

在程序运行过程中，其值保持不变的量称为常量。常量类似于数学中的常数。常量可分为直接常量和符号常量两种形式。

1. 直接常量

所谓直接常量，就是在程序中直接给出的数据值。在 C#语言中，直接常量包括整型常量、浮点型常量、小数型常量、字符型常量、字符串常量和布尔型常量。

（1）整型常量。整型常量分为有符号整型常量、无符号整型常量和长整型常量，有符号整型常量写法与数学中的常数相同，直接书写，无符号整型常量在书写时添加 u 或 U 标记。长整型常量在书写时添加 l 或 L 标记。 例如，3、3U、3L 分别代表有符号整型常量、无符号整型常量和长整型常量，它们虽然数值相同，但存储形式却不一样。

（2）浮点型常量。浮点型常量分为单精度浮点型常量和双精度浮点型常量。单精度浮点型常量在书写时添加 f 或 F 标记，双精度型常量添加 d 或 D 标记。 例如，7f、7d 分别为单精度浮点型常量和双精度浮点型常量。

　　需要注意的是，以小数形式直接书写而未加标记时，系统将自动解释成双精度浮点型常量。例如，9.0 即为双精度浮点型常量。

　　（3）小数型常量。在 C#语言中，小数型常量的后面必须添加 m 或 M 标记，否则就会被解释成标准的浮点型数据。C#语言中的小数和数学中的小数是有区别的。例如，5.0M 就是一个小数型常量。

　　（4）字符型常量。字符型常量是一个标准的 Unicode 字符，使用两个单引号来标记。例如，'5'、'd'、'昱'、'#'都是标准的字符型常量。

　　C#语言还允许使用一种特殊形式的字符型常量，即以反斜杠 "\" 开头，后面跟字符的字符序列，这种字符型常量被称为转义字符常量。该形式的常量可以表示控制字符或不可见字符，当然也可以表示可见字符。例如，'\n'表示换行符，而'\x41'则表示字符 A。C#语言中常用的转义字符如表 2.4 所示。

表 2.4　C#语言中常用的转义字符

转 义 序 列	产生的字符	字符的 Unicode 值
\'	单引号	0x0027
\"	双引号	0x0022
\\	反斜杠	0x005c
\0	空字符	0x0000
\a	响铃（警报）符	0x0007
\b	退格符	0x0008
\f	换页符	0x000c
\n	换行符	0x000a
\r	回车符	0x000d
\t	水平制表符	0x0009
\v	垂直制表符	0x000B
\0dd	使用八进制形式的 ASCII 字符	
\xhh	使用十六进制形式的 ASCII 字符	
\uhhhh	使用十六进制形式的 Unicode 字符	

　　（5）字符串常量。字符串常量表示若干个 Unicode 字符组成的字符序列，使用两个双引号来标记。例如，"5"、"abc"、"清华大学"都是字符串。因此，需要注意字符串常量与字符常量的区别。字符串"\r\n"表示 Windows 中的回车换行。

　　（6）布尔型常量。布尔型常量只有两个：一个是 true，表示逻辑真；另一个是 false，表示逻辑假。

2．符号常量

符号常量使用 const 关键字定义，格式为：

```
const 类型名称 常量名 = 常量表达式;
```

　　"常量表达式"不能包含变量、函数等值会发生变化的内容，可以包含其他已定义常量。如果在程序中非常频繁地使用某一常量，可以将其定义为符号常量，例如：

```
const double PI = 3.14159;
```

【例 2-2】 不同类型的常量格式测试。

创建一个控制台应用程序 Console0202，在 Main 方法中输入相应代码，具体代码如下：

```
static void Main(string[] args)
{
    //利用 GetType()方法获取当前数据的类型
    Console.WriteLine((1).GetType());              //有符号的 32 位整型常量
    Console.WriteLine((1U).GetType());             //无符号的 32 位整型常量
    Console.WriteLine((1L).GetType());             //64 位的长整型常量
    Console.WriteLine((1F).GetType());             //32 位的浮点型常量
    Console.WriteLine((1D).GetType());             //64 位的双精度型常量
    Console.WriteLine((1M).GetType());             //128 位的小数型常量
    Console.WriteLine(('1').GetType());            //16 位的字符型常量
    Console.WriteLine(("1").GetType());            //字符串常量
    Console.WriteLine((1.0).GetType());            //64 位的双精度型常量
    Console.WriteLine((true).GetType());           //布尔型常量
    Console.WriteLine(('\u0041').GetType());       //16 位的字符型常量
    Console.ReadLine();
}
```

单击"启动调试"按钮或按 F5 键运行该控制台程序，运行结果如图 2.2 所示。

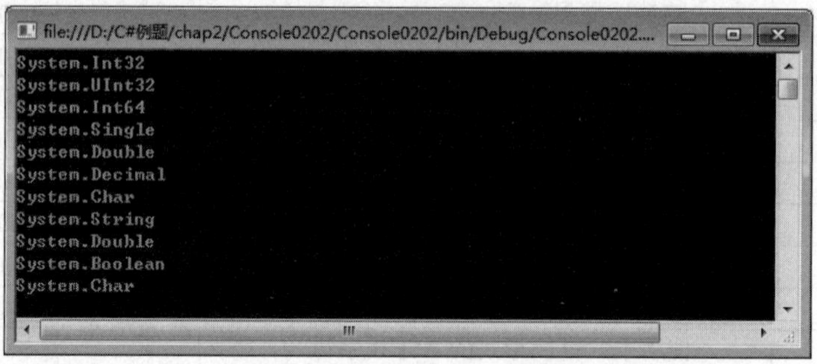

图 2.2 例 2-2 程序运行结果

2.3.3 类型转换

在程序处理数据的过程中，经常需要将一种数据类型转化为另一种数据类型。数据类型的转换方式有隐式转换和显式转换两种。

1. 隐式转换

隐式转换一般发生在数据进行混合运算的情况下，是由编译系统自动进行的，不需要加以声明。在该过程中，编译器无须对转换进行详细检查就能够安全地执行转换。隐式转换一般不会失败、不会出现致命隐患或造成信息丢失。例如：

```
short s = 1;     //定义 short 类型变量 s，初值为 1
int i = s;       //将 s 的值转换为整型，并赋给 int 型变量 i
```

需要注意的是，隐式转换无法完成由精度高的数据类型向精度低的类型转换。例如：

```
int i = 1;
short s = i;    //错误
```

此时编译器将提示出错：无法将类型 int 隐式转换为 short。此时，如果必须进行转换，就应该使用显式类型转换。具体来说，隐式转换需要遵循如下规则。

（1）参加运算的数据类型不一致，先转换成同一类型，再进行计算。不同类型数据进行转换时，按照数据长度增加的方向进行，以保证数据精度不降低。例如，int 型数据与 long 型进行运算，则先把 int 型数据转换成 long 型再计算。

（2）整数类型和 float 型数据，与 double 型进行运算时，都是以双精度型进行的。例如，表达式 5*3.5f*2.8d 的 3 项先全部转换成双精度再进行运算。

（3）byte 和 short 型数据参与运算时，必须先转换成 int 型数据。

（4）char 类型可以隐式转换成 ushort、int、uint、long、ulong、float、double 或 decimal 类型，但其他类型不能隐式转换成 char 类型。

2．显式转换

显式类型转换又称为强制类型转换，该方式需要用户明确地指定转换的目标类型，该类型转换的一般形式为：

```
(类型说明符) (需要转换的表达式)
```

例如：

```
short s = 7;
int i = (int)s;    //将 s 的值显式转化为 int 类型，并赋值于 int 类型变量 i
```

显式转换包含所有的隐式类型转换，即把任何编译器允许的隐式类型转换成显式转换都是合法的。显式类型转换并不一定总是成功，且转换过程中可能会出现数据丢失。

需要注意的是：使用显式转换时，如果要转换的数据不是单个变量，需要加圆括号；在转换过程中，仅仅是为本次运算的需要对变量的长度进行临时性转换，而不是改变变量定义的类型。例如：

```
float a = 3.5f ;
int i = (int)(a+5.1) ;
//把表达式 a+5.1 的结果转换为 int 型，但 a 的类型为 float，值仍然是 3.5f
```

3．使用方法进行数据类型的转换

（1）Parse 方法。Parse 方法可以将特定格式的字符串转换为数值，其使用格式为：

```
数值类型名称.Parse(字符串型表达式)
```

例如：

```
int i = int.Parse("100");      //字符串符合整型格式，转换成功
int j = int.Parse("100.0");    //字符串不符合整型格式，转换出错
```

（2）Convert 类的方法。Convert 类提供了常用的方法将数字字符串转化为相应的数值，如 ToBoolean、ToByte、ToChar、ToInt32、ToSingle 等方法；Convert 类还提供了 ToString 方法将其他数据类型转换为字符串，提供了 ToChar 方法将整型的 ASCII 码值转换为对应字符。例如：

```
string s = "97";
int n = Convert.ToInt32(s);        //n = 97
char c = Convert.ToChar(n);        //ASCII 码为 97 的字符是 a，即 c = 'a'
```

（3）ToString 方法。ToString 方法可将其他数据类型的变量值转换为字符串类型，其使用格式为：

```
变量名称.ToString( )
```

其中，"变量名称"也可以是某个方法的调用。例如：

```
int n = 97;       string s = n.ToString( );    //s = "97"
string t = Convert.ToChar(n).ToString();    //t = "a"
```

【例 2-3】 数值字符串与数值之间的转换。
创建一个控制台应用程序 Console0203，在 Main 方法中输入相应代码，具体代码如下：

```csharp
static void Main(string[] args)
{
    double d = 75.2;  string str = "135";
    //利用 ToString()函数将 double 类型变量转化为 string 类型，并输出
    Console.WriteLine("d={0} ",d.ToString());
    //将 string 类型转化为 int 类型
    if (int.Parse(str) == 135)
        Console.WriteLine("str convert to int successfully.");
    else
        Console.WriteLine("str convert to int failed.");
    Console.ReadLine();
}
```

单击"启动调试"按钮或按 F5 键运行该控制台程序，运行结果如图 2.3 所示。

图 2.3 例 2-3 程序运行结果

2.4 运算符与表达式

2.4.1 运算符与表达式类型

运算符用于对操作数进行特定的运算，而表达式则是运算符和相应的操作数按照一定

的规则连接而成的式子。常见的运算符有算术运算符、字符串运算符、关系运算符和逻辑运算符等。相应的表达式也可分为算术表达式、字符串表达式、关系表达式和逻辑表达式等。

1．算术运算符和算术表达式

算术运算符有一元运算符与二元运算符。一元运算符包括+（取正）、−（取负）、++（自增）、−−（自减）。二元运算符包括+（加）、−（减）、*（乘）、/（除）、%（求余）。

"+"与"−"只能放在操作数的左边，"++"与"−−"只能用于变量。当"++"或"−−"运算符置于变量的左边时，称为前置运算，表示先进行自增或自减运算再使用变量的值；而当"++"或"−−"运算符置于变量的右边时，称为后置运算，表示先使用变量的值再自增或自减运算。

二元运算符的意义与数学意义相同，其中%（求余）运算符是以除法的余数作为运算结果，求余运算也称为求模。例如：

```
int x=7/2+5%3-1;                    //x 的值为 4
```

2．字符串运算符与字符串表达式

字符串运算符只有一个，即"+"运算符，表示将两个字符串连接起来。例如：

```
string s1 = "abc" + "123";          //s1 的值为"abc123"
```

"+"运算符还可以将字符串型数据与一个或多个字符型数据连接在一起，例如：

```
string s2 = "Hello" + '你' + '好';  //s2 的值为"Hello 你好"
```

3．关系运算符与关系表达式

关系运算又称为比较运算，实际上是逻辑运算的一种，关系表达式的返回值总是布尔值。关系运算符用于对两个操作数进行比较，以判断两个操作数之间的关系。C#中定义的比较运算符有==（等于）、!=（不等于）、<（小于）、>（大于）、<=（小于或等于）、>=（大于或等于）。

关系表达式的运算结果只能是布尔型值，要么是 true，要么是 false。

例如，设置变量 i=1、j=2，则关系表达式 i !=j 的结果为 true。

4．逻辑运算符与逻辑表达式

C#语言提供了 4 类逻辑运算符：&&（条件与）或&（逻辑与）、||（条件或）或|（逻辑或）、!（逻辑非）和^（逻辑异或）。其中，&&、&、||、| 和 ^ 都是二元操作符，要求有两个操作数；而! 为一元操作符，只有一个操作数。它们的操作数都是布尔类型的值或表达式。

&&或&表示对两个操作数的逻辑与操作，其区别在于：利用"&&"计算时，当第 1 个操作数为 false 时，不再计算第 2 个操作数的值；而利用"&"计算时，还要计算第 2 个操作数的值。

||或 | 表示对两个操作数的逻辑或操作，其区别在于：利用"||"计算时，当第 1 个操

作数为 true 时，不再计算第 2 个操作数的值；而利用"|"计算时，还要计算第 2 个操作数的值。

！表示对某个布尔型操作数的值求反，即当操作数为 false 时，运算结果为 true。

^ 表示对两个布尔型操作数进行异或运算，当两个操作数不一致时，其结果为 true，否则为 false。

操作数为不同的组合时，逻辑运算符的运算结果可以用逻辑运算的"真值表"来表示，如表 2.5 所示。

表 2.5　逻辑运算的真值表

a	b	!a	a && b	a || b	a ^ b
true	true	false	true	true	false
true	false	false	false	true	true
false	true	true	false	true	true
false	false	true	false	false	false

提示：

> 在 C#语言中，"&"、"|"、"^"三个运算符可用于将两个整型数以二进制方式进行按位与、按位或、按位异或运算；"~"运算符可以进行按位取反运算，"<<"和">>"分别用于左移位和右移位。这种运算符称为"位运算符"。

5. 其他运算符与表达式

（1）typeof 运算符。typeof 运算符用于获取类型的 System.Type 对象。具体使用方法如下：

```
static void Main()
{
    Console.WriteLine(typeof(int));            //输出 System.Int32
    Console.WriteLine(typeof(System.Int32));   //输出 System.Int32
    Console.WriteLine(typeof(float));          //输出 System.Single
    Console.WriteLine(typeof(double));         //输出 System.Double
}
```

在 C#语言中，标识一个整型变量时，使用 int 和 System.Int32 是同一个效果，typeof 运算符就是将 C#中的数据类型转化为.NET 框架中的类型。

（2）new 运算符。new 运算符用于创建一个新的类型实例，通常用于创建一个类的实例。例如：

```
Form frm = new Form();
```

（3）条件运算符。条件运算符"? :"也称为三元运算符。对条件表达式 b? x: y，先计算条件 b，然后进行判断，如果 b 的值为 true，计算 x 的值，运算结果为 x 的值；否则，计算 y，运算结果为 y 的值。条件运算符绝不会既计算 x 又计算 y。

条件运算符是从右至左结合的。例如，表达式 a? b: c? d: e 将按 a? b: (c? d: e)形式执行。

2.4.2　运算符的优先级

运算符的优先级是指当一个表达式中包含多种类型的运算符时，先进行哪种运算。表 2.6 总结了常用运算符从高到低的优先级顺序。

表 2.6　运算符的优先级

优先级顺序	类　别	运　算　符
1	初级运算符	()　　new　typeof
2	一元运算符	+（正）　 –（负）　 !　 ∼　 ++ ––
3	乘除运算符	*　　/　　%
4	加减运算符	+　　–
5	位运算符	<<　>>
6	关系运算符	<　　>　　　　<=　　>=
7	关系运算符	==　!=
8	逻辑与	&
9	逻辑异或	^
10	逻辑或	|
11	条件与	&&
12	条件或	||
13	条件运算符	? :
14	赋值运算符	=　*=　/=　%=　+=　–=　<<=　>>=　&=　^=　|=

2.5　引用类型

从数据存储的角度，C#的类型可分为值类型和引用类型。一个具有引用类型的数据并不驻留在栈内存中，而是存储于堆内存中。在堆内存中分配内存空间直接存储所包含的值，而在栈内存中存放定位到存储具体值的索引位置编号。当访问一个具有引用类型的数据时，需要到栈内存中检查变量的内容，而该内容指向堆中的一个实际数据。C#的引用类型包括类、接口、委托、数组、字符串和对象型等。

2.5.1　类

类（class）是 C#面向对象程序设计中最重要的组成部分，是最基本的编程单位，它由若干个数据成员、方法成员等组成。如果没有类，所有使用 C#编写的程序都不能进行编译。由于类声明创建了新的引用类型，因此就生成了一个类类型（class types）。类类型中包含了数据、函数和嵌套类型，数据又可以包括常数、字段和事件，而函数则包括了方法、属性、索引器、操作符、构造器及析构器，类还可以嵌套。

在 C#语言中，类类型只能单继承，即一个对象的基类（父类）不能有多个。所以，类只能从一个基类中派生出来，并具有它的部分或全部属性。不过，C#语言中一个类可以派生自多个接口。

C#语言中的类需要使用 class 关键字来进行表示和声明，一个完整的类的定义示例如下：

```
class Student
{
    int no;
    string name;
    char sex;
    int score;
    public string Answer()
    {
        string result = "该考生信息如下: ";
        result += "\n 学号: " + no;
        result += "\n 姓名: " + name;
        return result;
    }
}
```

其中，Student 是类名，no、name、sex、score 是类 Student 的字段，分别表示考生的学号、姓名、性别和入学成绩；Answer 是类 Student 的方法，表示输出学生的信息。

 提示：

> 类的默认访问符是 internal，类的方法默认访问符是 private（示例中显式声明为 public），关于访问修饰符将在第 7 章详细介绍。

2.5.2　接口

接口（interface）是一种特殊的数据类型，接口与类的关系是：接口负责声明类的标准行为，而类负责实现这些行为。使用接口来设计程序的最大好处是实现了软件设计的规范化和标准化。在 C#语言中，接口类型使用 interface 进行标识。

接口类型仅仅是声明了一个抽象成员，而结构和类应用接口进行操作时，就必须获取这个抽象成员。接口中可以包含方法、属性、索引器和事件等成员。C#的接口只有署名，没有实现代码，接口能完成的事情只有名称，所以只能从接口衍生对象而不能对接口进行实例化。

从面向对象的角度考虑，使用接口最大的好处就是，它使对象与对象之间的关系变为松耦合。对象之间可以通过接口进行调用，而不是直接通过函数。接口就相当于对象之间的协议一样，在调用接口时可以不关心接口的具体实现方法。这样某个对象进行改变时，其他对象不用进行任何修改还可正常运行。一个完整的接口示例如下：

```
interface IStudent    //声明接口
{
    string Answer();
}
```

其中，IStudent 是接口名，Answer 是接口 IStudent 声明的方法。注意，方法中不能够包含任何语句。

提示：

> 接口的默认访问符是 internal，接口成员的默认访问符只能是 public。

2.5.3　委托

C#代码在托管状态下不支持指针操作，为了弥补去掉指针对语言灵活性带来的影响，C#引入了一个新的类型——委托（delegate），通过委托机制来实现内存中的数据访问和方法调用。委托相当于 C++中指向函数的指针，但与 C++的指针不同，委托完全是面向对象的，它把一个对象实例和方法都进行封装，所以委托是安全的。

C#使用 delegate 来标记一个委托，其一般形式如下：

```
delegate 返回值类型 委托名称([方法参数列表])
```

一个完整的委托示例如下：

```
delegate void MyDelegate();    //声明委托
```

其中，MyDelegate 是委托的名称，void 表示该委托所指向的方法无返回结果，圆括号中没有方法参数列表，表示该委托指向的方法不需要参数。

委托的一个有用的特性是，它不知道或不关心它引用的对象的类。只要方法的声明与委托的声明一致，任何对象都可以。这使得委托适合作匿名"调用"。

【例 2-4】　委托的简单应用。

本例创建一个控制台应用程序 Console0204，首先定义一个 HelloWorld 类，包含 HelloAA 和 HelloCC 两个方法；然后在 Program 类中添加一个委托 MyDelegate()，在主方法 Main()中使用委托 MyDelegate 调用 HelloWorld 类的方法。程序具体代码如下：

```
namespace Console0204
{
    class HelloWorld
    {
        public string HelloAA()
        {
            return "青海长云暗雪山。";
        }
        public string HelloCC()
        {
            return "After all, it still flows east..";
        }
    }
    class Program
    {
        delegate string MyDelegate();                //声明委托
        static void Main(string[] args)
        {
            HelloWorld hello = new HelloWorld();      //创建对象
            //创建委托对象并指向一个方法
```

```
        MyDelegate h = new MyDelegate(hello.HelloAA);
        //通过委托对象调用所指向的方法
        Console.WriteLine(h());
        h = new MyDelegate(hello.HelloCC);
        Console.WriteLine(h());
        Console.ReadLine();
    }
  }
}
```

单击"启动调试"按钮或按 F5 键运行该控制台程序，运行结果如图 2.4 所示。

图 2.4   例 2-4 程序运行结果

提示:

委托的默认访问符是 internal。

2.5.4   数组

数组（Array）是指同类数据组成的集合，它是数据最常用的存储方式之一。数组中包含的变量称为数组的元素，数组元素可以是包括数组类型在内的任何类型。数组元素的个数称为数组的长度，数组长度为 0 表示该数组是空数组。数组元素没有名称，只能通过索引（或称为下标）来访问。数组索引从 0 开始计数，具有 n 个元素的数组索引范围为 $0 \sim n-1$。

C#支持一维和多维数组，一维数组只需一个索引就可以确定元素的位置，多维数组则需要多个索引才能确定元素的位置。

数组能够存储整型、字符串等类型的数据，但是不论数组存储了多少个数据，其中的数据必须是同一种类型。

1. 数组的声明

C#语言中的数组实际上是一个对象，可以使用 new 运算符来创建，一维数组声明的一般格式如下：

```
数组类型[ ] 数组名 = new 数组类型[数组长度];
```

其中，数组类型可以是任何在 C#中定义的类型，数组类型后面的方括号必不可少，数组名要符合变量命名规则，并且不和其他成员名发生冲突。例如，声明一个具有 10 个整型元素的一维数组 num1：

```
int[] num1 = new int[10];
```

多维数组的定义和一维数组格式差不多，区别只是在不同的维数处理上。多维数组的定义格式为：

> 数组类型[逗号列表] 数组名 = new 数组类型[数组长度列表];

"逗号列表"和"数组长度列表"表示的列数要求一致。例如，声明一个具有 5×4×3 共 60 个整型元素的三维数组 numbers：

```
int[,,] numbers=new int [5,4,3]
```

2．数组的初始化

C#语言中也允许在定义数组时对数组元素进行初始化，数组初始化的形式如下：

> 数组类型[ ] 数组名 = new 数组类型[数组长度]{数组元素初始化列表};

例如，定义 string 类型数组，数组元素分别由"C"、"C++"、"C#"进行初始化：

```
string[ ] arrLanguages=new string[3]{ "C", "C++", "C#" };
```

如果数组采用了这种进行初始化的定义后，也可以不再指出数组的大小。系统会自动把大括号里元素的个数作为数组的长度。

多维数组的初始化方式与一维数组相似。例如，声明一个具有 2×3 的二维数组 arrLangs：

```
string[,] arrLangs=new string[2, 3] { { "C", "C++", "C#" }, { "Java",
    "VB", "Delphi" } };
```

3．数组的使用

每一个数组元素就相当于一个变量，可以在程序中对数组元素进行输入、输出和赋值等操作。使用和访问数组元素的一般形式如下：

> 数组名[索引]

在 C#语言中，通过指定索引方式访问特定的数组元素，即通过数组元素的索引去存取某个数组元素。例如：

```
int i1= num1[2];      //将数组元素 num1 [2]的值赋给变量 i1;
num1[3] = i1+1;       //将表达式 i1+1 的值赋给数组元素 num1[3];
```

对于数组元素的访问，最常用的是遍历，即访问数组包含的所有元素。在 C#语言中，常用 for 循环和 foreach 循环来实现，以后的章节会详细介绍。

需要注意的是，C#的数组类型是从抽象基类型 System.Array 派生的引用类型，System.Array 类提供的 Length 属性可以用来获得数组的长度。System.Array 类提供的 Clear、Copy、Find、Resize、Sort、Reverse 等方法，可用于清空数组元素的值、复制数组元素、搜索数组元素、更改数组长度、对数组元素进行排序和倒置等。

【例 2-5】　数组的简单应用。

本例创建一个控制台应用程序 Console0205，然后在 Program 类的主方法 Main()中应用数组。具体代码如下：

```
static void Main(string[] args)
{
    int[] x, y;                        //声明数组
    x = new int[5] { 11, -5,  2,7,19};    //初始化数组
    y = new int[5];
    Array.Copy(x, y,5);          //将数组 x 的 5 个元素复制到数组 y 中
    Console.WriteLine("将数组 x 复制到数组 y，数组 y 各元素值如下: ");
    Console.Write("{0}\t{1}\t{2}\t{3}\t{4}",y[0],y[1],y[2],y[3],y[4]);
    Array.Sort(x);                //将数组 x 的元素排序
    Console.WriteLine("\n 经过排序后，数组 x 各元素值如下: ");
    Console.Write("{0}\t{1}\t{2}\t{3}\t{4}\n",
    x[0], x[1], x[2], x[3], x[4]);
    Console.ReadLine();
}
```

单击"启动调试"按钮或按 F5 键运行该控制台程序，运行结果如图 2.5 所示。

图 2.5　例 2-5 程序运行结果

2.5.5　字符串

字符串是一个由若干个 Unicode 字符组成的字符数组。字符串常量使用双引号来标记，如"string123" 就是一个字符串常量。

字符串变量使用 string 关键字来声明，如 string name = "山东理工大学"，就是定义一个字符串变量 name。

字符串既然是字符数组，就可以通过索引来提取字符串中的字符。例如：

```
string str1="中华人民共和国";
char c=str1[2];     //字符型变量 c 的值为字符'人'
```

虽然字符串是引用类型，但 C#仍然允许使用关系运算符（==、!=）来比较两个字符串是否相等，实际上是比较字符串中对应字符的编码。例如：

```
string  s1 = "abc", s2 = "ABC";
bool b = (s1!=s2);       //b 的值为 true
```

C#的关键字 string 是.NET Framework 类库中的 System.String 的别名，用于创建不可变的字符串，并包含 System.String 类提供的常用属性和方法。例如，Length 属性和 Copy、IndexOf、LastIndexOf、Insert、Remove、Replace、Split、Substring、Trim、ToUpper、ToLower 等方法，分别用来获得字符串长度、复制字符串、从左边查找字符、从右边查找字符、插入字符、删除字符、替换字符、分割字符串、取子字符串、压缩字符串的空白、全部转换

为大写字母、全部转换为小写字母等操作。

.NET Framework 类库中的 System.Text.StringBuilder 类用来构造可变字符串，包含
Length、Append、Insert、Remove、Replace、ToString 等成员，分别用来获得字符串长度、
追加字符、插入字符、删除字符、替换字符和将 StringBuilder 转换成 string 等操作。

【例 2-6】 字符串的简单应用。

具体步骤如下。

（1）新建一个 C#的 Windows 应用程序 Windows0206，并在窗体中添加一个 Label
控件。

（2）双击窗体，切换到代码窗口并为 Form1 添加 Load 事件处理程序，为之编写代码
如下：

```csharp
private void Form1_Load(object sender, EventArgs e)
{
    string s;                              //定义字符串变量
    StringBuilder sb = new StringBuilder();//创建可变字符串
    sb.Append("青不住,");                   //添加字符串
    sb.Insert(1, "山遮");                    //插入字符串
    s = sb.ToString();                     //把可变字符串对象转化为字符串
    s = s.Insert(s.Length, "毕竟东流去");
    label1.Text = "\"" + s + "\" 长度为" + s.Length;
}
```

（3）单击“启动调试”按钮或按 F5 键运行程
序，运行结果如图 2.6 所示。

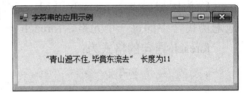

图 2.6　例 2-6 程序运行结果

2.5.6　集合

集合是通过高度结构化的方式存储任意对象
的类。集合不仅能随意调整大小，而且对存储或检索存储在其中的对象提供了更高级的方
法。而数组的类型必须是相同的，且创建时就必须知道数组内含有多少元素，还需要通过
循环索引来访问这些元素。与数组相比，使用集合管理数据会更加方便。实际上，数组是
集合的一种类型。表 2.7 列出了.NET Framework 的常用集合类。

表 2.7　.NET Framework 的常用集合类

集　　合	含　　义	集　　合	含　　义
Array	数组	Queue	队列
List	列表	Stack	栈
ArrayList	动态数组	Sortedlist	有序列表
Hashtable	哈希表	LinkedList	双向链表
Dictionary	字典	SortedDictionary	有序字典

1．集合类的选择

每个集合有其自身的功能及限制，集合专用性越强，其限制就越多。选择集合类时，
一般要考虑以下问题：

（1）是否需要随机访问集合中的元素。此时不能选择 Queue 队列类、Stack 栈类、LinkedList 双向链表类，而其余的集合可以提供随机访问。

（2）是否需要一个序列列表。需要先进先出操作时，可使用 Queue 队列类；而需要后进先出操作时，可使用 Stack 栈类。

（3）是否包含一个值，还是一个键和一个值的集合。其中，"一个值"的集合是一种基于 IList 列表接口派生的集合，"一个键和一个值"的集合是一种基于 IDictionary 字典接口的集合。

（4）是否需要通过索引访问每个元素。常用集合类中，只有 ArrayList 是从索引为零的元素开始逐个访问集合元素；Hashtable、Dictionary 通过元素的键（即元素名字）提供对元素的访问；而 SortedList 通过其元素的从零开始的索引，或者通过其元素的键提供对元素的访问。

（5）是否需要用与输入元素方式不同的方式对元素排序。Hashtable 按其元素的哈希代码对元素排序，SortedList 以及 SortedDictionary 根据 IComparer 接口实现按键对元素的排序，而 ArrayList 提供 Sort 排序方法。

（6）是否需要信息的快速搜索和检索。对于小集合（10 个元素或更少），ListDictionary 比 Hashtable 快，SortedDictionary 提供比 Dictionary 更快的查找。

2．集合的使用

C#为用户提供了 foreach 语句，更好地支持了集合的使用。利用 foreach 语句可以方便地遍历集合中的每一个元素，foreach 语句的表达式的类型必须是集合类型。

foreach 语句的格式为：

```
foreach（类型 标识符 in 表达式）
{
    嵌入语句；
}
```

foreach 语句的"类型"和"标识符"声明该语句的迭代变量，迭代变量是一个其范围覆盖整个嵌入语句的只读局部变量。在 foreach 语句执行期间，迭代变量表示当前正在为其执行迭代的集合元素。

3．集合的创建与操作

经常使用的集合有 ArrayList、Queue、Stack、Hashtable 和 SortedList，这些集合都位于 System.Collections 命名空间中，在使用时需要事先引用该命名空间。

（1）动态数组（ArrayList）。ArrayList 的大小可根据需要自动扩充，允许在其中添加、插入或移除某一范围的元素。ArrayList 的下限始终为零，且始终只是一维的。

创建动态数组对象的一般形式如下：

```
ArrayList 列表对象名 = new ArrayList();
```

ArrayList 常用的方法和功能包括：Add，向数组中添加一个元素；Remove，删除数组中的一个元素；RemoveAt，删除数组中指定索引处的元素；Reverse，反转数组的元素；

Sort，以从小到大的顺序排列数组的元素；Clone，复制一个数组。例如：

```
ArrayList list = new ArrayList();    //创建一个动态数组 list
list.Add("abcdefg");                 //向动态数组 list 中添加一个字符串
list.Add(30);                        //向动态数组 list 中添加一个整数
```

（2）队列（Queue）。队列是一种先进先出的数据结构，当插入或删除对象时，对象从队列的一端插入，从另外一端移除。

创建队列对象的一般形式如下：

```
Queue 队列名 = new Queue([队列长度][，增长因子]);
```

说明：队列长度默认为 32，增长因子默认为 2.0。即每当队列容量不足时，队列长度调整为原来的 2 倍。需要注意的是，由于调整队列的大小需要付出一定的性能代价，因此建议在构造队列时指定队列的长度。

队列包括 Enqueue、Dequeue、Peek、Clear 和 Contains 等方法，主要功能分别是添加队尾数据、移除并返回队头数据、返回队头数据、清空队列和检查是否包含某个数据。其中，Enqueue 和 Dequeue 每操作一次只能添加或删除一个数据。例如：

```
//创建队列 q1，初始长度为 50，容量不足时把队列扩展为原来的 2 倍
Queue q1 = new Queue(50);
q1.Enqueue("网络");                      //在队尾添加字符串"网络"
q1.Enqueue("软件");                      //在队尾添加字符串"软件"
Console.WriteLine(q1.Dequeue());         //输出字符串"网络"
Console.WriteLine(q1.Dequeue());         //输出字符串"软件"
```

上述代码表示在队列 q1 中添加两个字符串，然后重复调用 Dequeue 方法，按先后顺序返回并输出这两个字符串。

（3）栈（Stack）。栈是一种先进后出的数据结构，这种数据结构在插入或删除对象时，只能在栈顶插入或删除。

创建栈对象的一般形式如下：

```
Stack 栈名 = new Stack( );
```

栈包括 Push、Pop、Peek、Clear 和 Contains 等方法，分别可以实现栈顶数据推进、栈顶数据弹出、返回栈顶数据、清空栈和检查栈中是否包含某个数据的操作。其中，Push 和 Pop 每操作一次只能添加或删除一个数据。例如：

```
Stack s1 = new Stack();                  //创建一个栈对象 s1
s1.Push("北京");                         //从 s1 栈顶添加字符串
s1.Push("上海");                         //从 s1 栈顶再添加字符串
Console.WriteLine(s1.Pop());             //输出字符串"上海"
Console.WriteLine(s1.Pop());             //输出字符串"北京"
```

上述代码表示将两个字符串添加到栈 s1 中，然后按照先进后出的原则输出这两个元素。

　　（4）哈希表（Hashtable）。哈希表又称为散列表，表示键/值对的集合。哈希表在保存集合元素时，首先要根据键自动计算哈希代码，以确定该元素的保存位置，再把元素的值放入相应位置所指向的存储桶中。查找时，再次通过键所对应的哈希代码到特定存储桶中搜索，这样可以极大地提高查找一个元素的效率。

　　创建哈希表对象的一般形式如下：

```
Hashtable 哈希表名 = new Hashtable([哈希表长度][,增长因子]);
```

　　说明：哈希表长度默认为 0，增长因子默认为 1.0。

　　哈希表包括 Add、Remove、Clear 和 Contains 等方法，可以实现对哈希表数据的添加、移除、清空和查询。其中，Add 方法需要两个参数，一个是键，一个是值；Remove 方法只需要一个键名参数。例如：

```
Hashtable h1 = new Hashtable();      //创建哈希表对象 h1
h1.Add(1001,"李百军");               //添加键/值对元素
h1.Add(1002,"张艳枫");
h1.Add(1003,"刘沙海");
h1.Remove(1002);                     //删除指定键元素
Console.WriteLine(h1[1001]);         //输出指定键元素值
Console.WriteLine(h1[1003]);
```

　　上述代码表示将 3 个键/值对添加到哈希表 h1 中，然后删除第 2 个键/值对，输出剩余的两个元素。

　　（5）有序列表（SortedList）。SorterList 类表示"键/值对"的集合，这些键和值按键排序并可按照键和索引访问。SortedList 最合适对一列键/值对进行排序，在排序时，是对键进行排序。

　　SortedList 是 Hashtable 和 Array 的混合。当使用 Item 索引器属性按照元素的键访问元素时，其行为类似于 Hashtable。当使用 GetByIndex 或 SetByIndex 方法按照元素的索引访问元素时，其行为类似于 Array。例如：

```
SortedList mySL = new SortedList();              //创建一个 SortedList 对象
mySL.Add("First", "Hello");                      //添加键/值对元素
mySL.Add("Second", "World");
mySL.Add("Third", "!");
Console.WriteLine("mySL");                       //输出 SortedList 的相关内容
Console.WriteLine("  Count:{0}", mySL.Count);    //输出 Count:3
Console.WriteLine("  Capacity:{0}", mySL.Capacity);//输出 Capacity:16
```

　　上述代码表示为 SortedList 对象 mySL 添加 3 个元素，再输出 mySL 的元素数和容量大小。

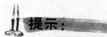 提示：

　　SortedList 的 Capacity 属性，表示有序列表的容量，默认为 0。随着元素添加到 SortedList 中，在需要时可以通过重新分配自动增加容量（如 16,32,64，…）。

2.6　值类型

引用类型用于存储对实际数据的引用，而值类型用于存储数据的值。值类型可以进一步划分为简单类型、枚举类型和结构类型，而简单类型包括前面介绍的整型、实数型、char型和 bool 型。本节介绍枚举类型、结构类型及值类型和引用类型之间的装箱与拆箱操作。

2.6.1　枚举

1．枚举类型的定义和使用

枚举实际上是为一组在逻辑上密不可分的整数值提供便于记忆的符号，是一些取了名字的常量集合。例如：

```
//定义一个表示星期的枚举类型 WeekDay
enum WeekDay {Sunday,Monday,Tuesday,Wednesday,Thursday,Friday,Saturday};
WeekDay day;  //声明一个 WeekDay 枚举类型的变量 day
```

枚举可以在命名空间中直接定义，也可以嵌套在类或结构中。枚举类型定义好之后，就可以用来声明变量。枚举类型的变量在某一时刻只能取枚举中某一个元素的值，如 day 的值要么是 Sunday 要么是 Monday 或其他元素，但它在一个时刻只能代表具体的某一天，也不能是枚举集合以外的其他元素。

枚举元素的数据值是确定的常量，一旦声明就不能在程序的运行过程中更改。枚举元素的个数是有限的，同样一旦声明就不能在程序的运行过程中增减。

在默认情况下，每个枚举成员都会根据定义的顺序（从 0 开始），自动赋给对应的基本类型值（默认基本类型为 int）。上面例子中，Sunday 的值为 0，Monday 的值为 1，以此类推。

也可以给枚举成员赋一个基本类型值，而没有赋值的枚举成员也会自动获得一个值，它的值是比最后一个明确声明的值大 1 的序列。例如：

```
enum orientation{north = 6, south, east = 10,  west }
//south 的值为 7, west 的值为 11
```

由此可知，枚举类型成员可以比较大小，顺序号大的其值就大。当然，枚举成员的类型一致时才能进行比较。

 提示：

> 枚举的默认访问符是 internal，枚举成员的默认访问符只能是 public。

2．枚举类型的转换

每个枚举类型都有一个相应的整数类型，称为枚举类型的基本类型。常见的基本类型有 byte、sbyte、short、ushort、int、uint、long 或 ulong 等，默认的基本类型是 int。也可以使用 bool 类型的枚举变量。

有时需要进行枚举类型和整数类型之间进行转换，将枚举类型数据强制转换为 int。例如，下面的语句可以将枚举数 Sunday 转换为 int 类型数据：

```
int x = (int)WeekDay.Sunday;
```

开发人员合理地使用枚举结构，可以提高工作效率。使用枚举比使用无格式的整数具有以下优势：一是枚举使得代码易于维护，有助于确保给变量指定合法的、期望的值；二是枚举使得代码更为清晰，枚举允许使用描述性的名称表示整数值，而不是用含义模糊的数字来表示；三是枚举使得代码更易于输入，这主要得力于 Visual Studio 2012 的智能感知功能。

2.6.2　结构

结构类型是一种可以自己定义的数据类型，是一种可以包含不同类型数据成员的数据结构，通常用来封装小型变量组。在结构类型中可以声明多个不同数据类型的组成部分，这些组成部分被称为结构体的成员。结构体允许嵌套。

1. 结构类型的定义

结构类型必须使用 struct 来标记。结构类型包含的成员类型没有限制，任何合法的成员都可以包含在一个结构体内。其中，数据成员表示结构的数据项，方法成员表示数据项的操作。一个完整的结构体定义示例如下：

```
public struct CoOrds    //坐标
{
  public int x, y;
  public void Cos1(int p1, int p2)
  {
    x = p1;
    y = p2;
  }
}
```

其中，CoOrds 是结构类型的名称，x、y 是结构数据成员，Cos1 是方法成员。

提示：

> 结构的默认访问符是 internal，结构成员的默认访问符是 private，且不能声明为 protected，因为结构不支持继承。

C#内置的结构类型主要有 DateTime 和 TimeSpan。DateTime 表示某个时间点，其成员主要包括 Year、Month、Day、Hour、Minute、Second、Today 和 Now 等，分别代表年、月、日、时、分、秒、今天和现在时间。TimeSpan 代表某个时间段，其成员主要有 Days、Hours、Minutes、Seconds，分表示整天数、整时数、整分数和整秒数。

2．结构类型的示例

【例 2-7】 结构类型的简单应用。

具体步骤如下。

（1）新建一个 C#的 Windows 窗体应用程序 Windows0207，并在窗体中添加一个 Label 控件。

（2）双击 Label 控件，切换到代码窗口，为 label1 添加 Click 事件处理程序，并在 Form1 类中定义一个结构类型 Student，具体代码如下：

```
public partial class Form1 : Form
{
    public Form1()
    {   InitializeComponent();   }
    struct Student                          //声明结构型
    {
        //声明结构型的数据成员
        public int no;
        public string name;
        public char sex;
        public int score;
        //声明结构型的方法成员
        public string Answer()
        {
            string result = "当前学生的信息如下：";
            result += "\n 学号：" + no;  result += "\n 姓名：" + name;
            result += "\n 性别：" + sex; result += "\n 成绩：" + score;
            return result;                  //返回结果
        }
    };
    private void label1_Click(object sender, EventArgs e)
    {
        Student stu;                        //使用结构型
        stu.no = 10101;  stu.name = "刘海巡";
        stu.sex = '女';   stu.score = 777;
        label1.Text = stu.Answer();         //显示该生信息
        label1.Text += "\n\n" + DateTime.Now;  //显示当前时间
    }
}
```

（3）单击"启动调试"按钮或按 F5 键运行程序，在窗体上单击 label1，运行结果如图 2.7 所示。

代码分析：该程序在窗体类中声明一个结构 Student，其内含有 4 个数据成员（no、name、sex、score）和一个方法成员 Answer。在 label1_Click 事件方法中定义结构 Student 类型的变量 stu，在为 stu 的成员赋值之后，调用 stu 的方法成员 Answer 输出数据内容。

图 2.7 例 2-7 程序运行结果

2.6.3　装箱与拆箱

在 C#的程序设计中，值类型可以通过隐式或显式转换方法进行数据类型转换。对于引用类型，则可以将任何类型转换为对象，或将任何类型的对象转换为与之类型兼容的数据类型。

C#把任何值类型转换为对象的操作称为装箱，而把对象转换为与之类型兼容的值类型的操作称为拆箱。

1. 装箱

装箱是指将一个值类型变量转换为一个引用类型的变量。装箱的过程首先创建一个引用类型的实例，然后将值类型变量的内容复制给该引用类型实例。

在.NET 中，Object 类是所有类型的基类。所以，装箱意味着把一个值类型的数据转换为一个对象（object）类型的数据。

装箱过程是隐式转换过程，由系统自动完成，一般在赋值运算前完成。例如：

```
int i = 123;
object boxing = i;
```

上述代码运行时，先声明一个 Object 对象 boxing，然后系统临时创建一个没有名称的 Object 对象，将整型变量 i 的值复制给它，再赋值给 Object 对象 boxing。

2. 拆箱

拆箱与装箱在逻辑上是一对互逆的过程。拆箱是指将一个引用类型显式地转换成一个值类型。需要指出的是，装箱操作可以隐式进行，但拆箱操作必须是显式的。

拆箱过程分成两步：首先检查这个对象实例，看它是否为给定的值类型的装箱值；然后把这个实例的值复制给相应值类型的变量。例如：

```
int val = 100;
object boxing = val;            //装箱
int i = (int)boxing +100;       //拆箱
```

拆箱意味着把一个对象类型数据转换为一个值类型数据，拆箱过程必须是显式转换过程。拆箱时先检查对象所引用的数据的类型，确保拆箱前后的数据类型相同，再复制出一个值类型数据。

2.7　本章小结

本章主要介绍了 C#的语法基础，重点内容如下：

- C#程序的组成要素。
- 基本数据类型。

- 变量、常量及数据的类型转换。
- 运算符和表达式。
- 引用类型、值类型及装箱与拆箱。

习　　题

1．选择题

（1）下列标识符不合法的是（　　）。

    A．abc　　　　　B．abc123　　　　　C．abc-1　　　　　D．a3b

（2）转义字符不可以表示（　　）。

    A．任何字符　　　B．字符串　　　　　C．字母　　　　　D．小数点

（3）表达式 5/2+5%2–1 的值是（　　）。

    A．4　　　　　　B．2　　　　　　　C．3.5　　　　　　D．2.5

（4）下列数值类型的数据精度最高的是（　　）。

    A．int　　　　　B．flaot　　　　　C．decimal　　　　D．ulong

（5）常用集合类不包括（　　）。

    A．数组　　　　　B．结构　　　　　C．列表　　　　　D．字典

2．思考题

（1）说明 C#值类型与引用类型数据的区别。

（2）简述枚举型、结构型、数组和委托 4 种数据类型的区别。

（3）简述常用集合类的特点。

（4）什么是装箱和拆箱？

3．上机练习题

（1）编程求指定半径 r 的圆的面积和周长，并输出计算结果。

（2）已知有枚举类型定义：enum　MyEn{a=101,b,c=207,d,e,f,g}，编程输出第 5 个枚举元素的序号值。

（3）如果 m=3、n=5，编程输出下列表达式的值以及 m 和 n 的值：

```
(m==m++)&&(n==n--)
(m==++m)||(n==--n)
```

（4）给定如下这些初始变量的声明和赋值语句：

```
int a = 1, b = 2, c = 3;
```

编程计算下面的表达式的值：

```
((((c++ + --a) * b) != 2) && true)
```

第 3 章

Windows 窗体与控件

Windows 窗体是以.NET Framework 为基础的一个新平台，主要用来开发 Windows 窗体应用程序（简称 Windows 应用程序）。一个 Windows 应用程序通常由窗体对象和控件对象构成，即使开发一个最简单的 Windows 应用程序，也必须了解窗体对象和控件对象的使用。

本章主要介绍 Windows 窗体的结构和常用属性、方法与事件，以及 Label、LinkLabel、TextBox、Button 几种常用控件的使用。

3.1 窗体

窗体（Form）就是平常所说的窗口，各种控件对象必须建立在窗体上。窗体对象是 Visual C#应用程序的基本构造模块，是运行 Windows 应用程序时与用户交互操作的实际窗口。窗体有自己的属性、方法和事件，用于控制其外观和行为。

3.1.1 窗体的结构

窗体是包含所有组成程序用户界面的其他控件的对象。在创建 Windows 应用程序项目时，Visual Studio 2012 会自动提供一个窗体，其组成结构如图 3.1 所示。

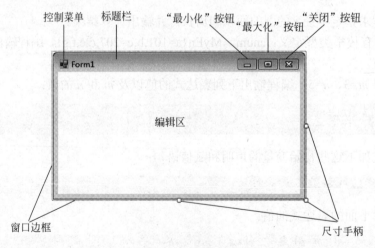

图 3.1　窗体的结构

窗体的结构与 Windows 的标准窗口一样，包含有控制菜单、标题栏、控制按钮、编辑区和窗口边框。

1．控制菜单

控制菜单是 Visualc#.NET 固有的一个菜单，在程序运行时，单击窗体左上角的图标将会显示该菜单。一般包含还原、移动、大小、最小化、最大化、关闭等菜单项。

2．标题栏

标题栏显示窗体的标题，标题一般为应用程序的名称。在创建 Windows 应用程序时，Visual Studio 2012 会将窗体的标题栏设置为 Form1。

3．控制按钮

控制按钮一般包括"最小化"按钮、"最大化"/"还原"按钮、"关闭"按钮。在程序运行时，单击"最小化"按钮可以把窗体最小化到任务栏成为一个按钮，单击"关闭"按钮则关闭窗体。单击"最大化"按钮可以使窗体扩大至整个屏幕，此时该按钮变为"还原"按钮，再次单击该按钮，可以使窗体恢复至初始状态。

4．编辑区

窗体的编辑区占据了窗口的大部分，是容纳控件对象的区域。在程序的设计模式下，可以编辑控件对象；在程序运行时，可以操作控件对象与程序进行交互。

5．窗口边框

在程序运行时，当鼠标指针指向窗口边框时，鼠标指针会变为双向箭头，拖动鼠标指针可以改变窗体大小。在程序的设计模式下，当鼠标指针指向尺寸手柄时，鼠标指针也会变为双向箭头，拖动鼠标指针可以改变窗体大小。

在创建 Windows 应用程序时，Visual Studio 2012 会将窗体文件命名为 Form1.cs（图 3.2），建议编程人员将其改为能够描述程序用途的名称。

在"解决方案资源管理器"中选择 Form1.cs，在"属性"窗口中显示出相应文件属性，在"文件名"属性框的右侧区域输入新的文件名即可。也可以直接在"解决方案资源管理器"中右击 Form1.cs，在弹出的快捷菜单中选择"重命名"选项，输入新的文件名即可。

图 3.2　改变窗体的文件名

 提示：

将应用程序的窗体文件名改为能够描述程序用途的名称，是一个良好的编程习惯。

3.1.2　窗体的属性

窗体有一些表现其特征的属性，可以通过设置这些属性控制窗体的外观。窗体的主要属性如表 3.1 所示。

表 3.1　窗体的主要属性

属　　　性	说　　　明
AcceptButton	窗体的"确定"按钮，当用户按 Enter 键时相当于单击了该按钮
Backcolor	窗体的背景颜色
BackgroundImage	窗体的背景图像
BackgroundImageLayout	窗体的背景图像的布局方式
CancelButton	窗体的"取消"按钮，当用户按 Esc 键时相当于单击了该按钮
ControlBox	指示是否显示窗体的控制菜单图标与控制按钮
Enabled	指示是否启用窗体
Font	窗体中控件的文本的默认字体
ForeColor	窗体中控件的文本的默认颜色
FormBorderStyle	窗体的边框和标题栏的外观与行为
Icon	窗体的图标
Location	窗体相对于屏幕左上角的位置
MaximizeBox	指示窗体右上角的标题栏是否具有"最大化" / "还原"按钮
MinimizeBox	指示窗体右上角的标题栏是否具有"最小化"按钮
Opacity	窗体的不透明度，默认值为 100%，表明完全不透明
ShowIcon	指示是否在窗体的标题栏中显示图标
ShowInTaskbar	指示窗体是否在任务栏中显示
Size	窗体的大小（宽度和高度）
StartPosition	窗体第一次出现时的位置
Text	窗体标题栏上显示的内容
TopMost	指示该窗体是否处于其他窗体之上
WindowState	窗体的初始可视状态（正常、最大化、最小化）

属性值的设置有两种方式：一种是在设计程序时，通过"属性"窗口实现；另一种是在运行程序时，通过代码实现。

通过代码设置对象属性的一般格式是：

```
对象名.属性名 = 属性值;
```

对于代码所在的窗体设置属性的格式是：

```
this.属性名 = 属性值;
```

3.1.3　窗体的方法

窗体具有一些方法，调用这些方法可以实现特定的操作。窗体常用的方法如表 3.2 所示。

表 3.2　窗体常用的方法

方　　法	说　　明
Close( )	关闭窗体
Hide( )	隐藏窗体
Show( )	以非模式化的方式显示窗体
ShowDialog( )	以模式化的方式显示窗体

关闭窗体与隐藏窗体的区别在于：关闭窗体是将窗体彻底销毁，之后无法对窗体进行任何操作；隐藏窗体只是使窗体不显示，可以使用 Show 或 ShowDialog 方法使窗体重新显示。

模式窗体与非模式窗体的区别在于：模式窗体在其关闭或隐藏前无法切换到该应用程序的其他窗体；非模式窗体则可以在窗体之间随意切换。

调用方法的一般格式为：

```
对象名.方法名（[参数列表]）
```

如果要对调用语句所在的窗体调用方法，则用 this 关键字（表示当前类的对象）代替对象名，即：

```
this.方法名([参数列表]);
```

在面向对象的程序设计中，还有一种特殊的方法称为静态方法，这种类型的方法通过类名调用。调用的一般格式为：

```
类名.静态方法名([参数列表]);
```

3.1.4　窗体的事件

窗体作为对象，能够执行方法并对事件做出响应。窗体的常用事件如表 3.3 所示。

表 3.3　窗体的常用事件

事　　件	说　　明
Load	当用户加载窗体时发生
Click	在窗体的空白位置，单击鼠标时发生
Activated	当窗体被激活，变为活动窗体时发生
Deactivate	当窗体失去焦点，变为不活动窗体时发生
FormClosing	当用户关闭窗体时，在关闭前发生
FormClosed	当用户关闭窗体时，在关闭后发生

如果要为窗体对象添加事件处理程序，首先在设计器窗口选中窗体对象，然后在"属性"窗口的事件列表中找到相应的事件并双击它，即可在代码窗口看到该窗体的事件处理程序。以 Form1 的 Load 事件为例，其事件处理程序的格式为：

```
private void Form1_Load(object sender, EventArgs e)
{
```

```
      //程序代码
  }
```

　　其中，Form1_Load 是事件处理程序的名称，所有对象的事件处理程序默认名称都是"对象名_事件名"；所有对象的事件处理程序都具有 sender 和 e 两个参数，参数 sender 代表事件的源，参数 e 代表与事件相关的数据。

3.1.5　创建应用程序的操作界面

　　应用程序的操作界面由各个对象组成，创建操作界面就是在窗体上绘制代表各个对象的控件。

1．添加控件

　　向窗体中添加一个控件的步骤如下（以按钮为例）。

　　（1）单击"工具箱"中的"公共控件"选项卡，出现各种控件。

　　（2）将鼠标移到 Button 控件上单击，然后移到中间的窗体，这时会看到鼠标指针变成十字线的形状。

　　（3）将十字线放在窗体的适当位置，单击窗体并按住鼠标左键不放，拖动鼠标画出一个矩形。

　　（4）松开鼠标左键，会看到一个 Button 控件被创建在窗体上，如图 3.3 所示。

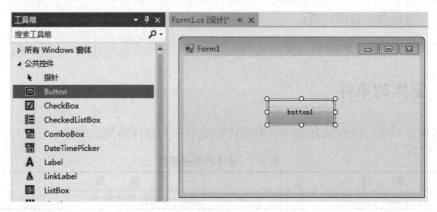

图 3.3　向窗体中添加 Button 控件

 提示：

　　向窗体中添加控件的另一个简单方法，是双击工具箱中的控件。这样会在窗体的默认位置（如果先选定了某个控件对象，应是在该对象右下方位置，否则在窗体左上角）创建一个具有默认尺寸的控件，然后可以将该控件移到窗体中的其他位置。

2．选择控件

　　一个窗体上通常有多个控件，可以一次选择一个或多个控件。

如果要选择一个控件，单击该控件，即可选中该控件。

如果要选择多个控件，常用的方法有两种。一种方法是先选择第一个控件，然后按下 Shift 键（或 Ctrl 键）不放，依次单击要选择的其他控件，选择完毕后松开鼠标即可；另一种方法是在窗体的空白位置，单击窗体并按住左键不放，拖动鼠标画出一个矩形，然后松开鼠标，则该矩形区域内的控件都会被选中。

如果要撤销被选择的多个控件中的某个控件，只需按住 Shift 键（或 Ctrl 键）不放，单击要撤销的被选择控件。

3. 调整控件的尺寸和位置

调整控件的尺寸和位置，可以通过设置控件的相应属性来实现。但在对控件尺寸和位置要求的精确度不高的情况下，最快捷的方法是在窗体设计器中直接用鼠标调整控件的尺寸和位置。

用鼠标调整控件尺寸的步骤如下：

（1）单击需要调整尺寸的控件，控件上出现 8 个尺寸手柄。

（2）将鼠标指针定位到尺寸手柄上，当指针变为双向箭头时按下鼠标左键，拖动该尺寸手柄直到控件达到所希望的大小为止。控件角上的 4 个尺寸手柄可以同时调整控件水平和垂直方向的大小，而边上的 4 个尺寸手柄调整控件一个方向的大小。

（3）松开鼠标左键。

提示：

> 也可以按 Shift 键加上箭头键，来调整选定控件的尺寸。

用鼠标调整控件位置的步骤如下：

（1）将鼠标指针指向要移动的控件，当鼠标指针变为十字箭头时，按下鼠标左键不放。

（2）用鼠标把该控件拖动到新位置。

（3）松开鼠标左键。

提示：

> 也可以通过键盘来调整选定控件的位置。每按一次箭头键，控件移动一个像素；如果按 Ctrl 键加上箭头键，控件每次移动一定的距离（多个像素），来与其他控件对齐。

4. 对控件进行布局

对控件进行布局，可以通过"格式"菜单或"布局"工具栏实现。"布局"工具栏如图 3.4 所示。如果"布局"工具栏没有显示，可以通过"视图"菜单下的"工具栏"→"布局"命令来显示"布局"工具栏。如果工具栏上布局按钮没有全部显示，可以通过最右侧的下拉按钮来勾选显示。

图 3.4 "布局"工具栏

布局的内容包括对齐、大小、间距、叠放次序等。当多个控件被同时选中时，控件的所有布局功能都可用；只有一个控件被选中时，只有少数布局功能可用。

5. 设置所有控件的 Tab 键顺序索引

Tab 键顺序是指当用户按下 Tab 键时，焦点在控件间移动的顺序。每个窗体都有自己的 Tab 键顺序，每个控件在窗体上也都有唯一的 Tab 键顺序索引。默认状态下，控件在窗体上的 Tab 键顺序索引与建立控件的顺序一致。如果要设置窗体上控件的 Tab 键顺序索引，可以分别对每个控件设置其 TabIndex 属性，也可以集中设置所有控件的 Tab 键顺序索引。

要集中设置所有控件的 Tab 键顺序索引，可以从"视图"菜单中选择"Tab 键顺序"命令。此时，窗体上每个控件的左上角都有一个蓝底白字的小方框，方框中白色的数字（从 0 开始）就是控件的当前 Tab 键顺序索引。如果需要改变多个控件的 Tab 键顺序索引，按照想设置的顺序依次单击各个控件，被单击过的控件，其左上角小方框变为白底蓝字，所有控件都被单击过之后，左上角小方框又变回蓝底白字。"Tab 键顺序"命令是一个切换命令，因此设置好所有控件的 Tab 键顺序索引之后，再次选择"Tab 键顺序"命令即可结束 Tab 键顺序索引的设置。

6. 锁定所有控件

可以把窗体及该窗体上的所有控件进行锁定，锁定之后，窗体的尺寸及控件的位置和尺寸就无法通过鼠标或键盘操作来改变。锁定控件可以防止已处于理想位置的控件因为不小心而被移动。

如果要进行锁定操作，在窗体编辑区的任意位置右击，从弹出的快捷菜单中选择"锁定控件"命令即可。本操作只锁定选定窗体上的全部控件，不影响其他窗体上的控件。如果要调整锁定控件的位置和尺寸，可以在"属性"窗口中改变控件的 Location 和 Size 属性。"锁定控件"命令是一个切换命令，因此再次选择"锁定控件"命令即可解除锁定。

3.2 几种常用控件

下面介绍几种最常用的基本控件：标签、链接标签、文本框和按钮。

3.2.1 标签

标签（Label）控件的功能是显示不能编辑的文本信息，一般用于在窗体上进行文字说明。标签有 Name（名称）、AutoSize（自动尺寸）、BackColor（背景色）、BorderStyle（边框）、Enabled（可用）、Font（字体）、ForeColor（前景色）、Image（图像）、ImageAlign（图像对齐方式)、Location（位置）、Locked（锁定）、Size（尺寸）、Text（文本）、TextAlign（文本排列）、Visible（可见）等属性。

1．设置标签的名称

任何对象都有名称，Name 属性指示代码中用来表示对象的名称。要设置 Label 控件的名称，首先选择 Label 控件，然后在"属性"窗口中设置 Name 属性为某个标识符即可。例如，有一个要显示"学生姓名"文本的标签，可以设置其 Name 属性为 lblStuName。

2．设置标签的文本

在 Label 控件中显示文本，使用 Text 属性。首先要选择 Label 控件，然后在"属性"窗口中设置该属性为某个字符串即可。

Label 控件中的文本默认的排列方式为靠上左对齐，通过设置 TextAlign 属性可以改变排列方式。TextAlign 属性值是 ContentAlignment 枚举类型，共有 9 个枚举值，默认值是 TopLeft。如果设置 TextAlign 为 TopCenter，排列方式为靠上居中。

3．设置标签的图像

Image 属性用来设置在标签上显示的图像。当在"属性"窗口中设置该属性时，单击该属性条，右端出现"…"按钮后单击它，会打开"选择资源"对话框，如图 3.5 所示。

图 3.5 "选择资源"对话框

在"选择资源"对话框中，根据需要选择"本地资源"或"项目资源文件"，然后单击对应的"导入"按钮，在出现的"打开"对话框中选择所需的图像文件即可。

提示：

> 如果选择“本地资源”，程序运行时从指定位置的图像文件加载图像；如果选择
> “项目资源文件”，导入的图像文件会被复制到项目文件夹中的 Resources 文件夹
> 下，程序运行时从 Resources 文件夹下的图像文件加载图像。

如果在运行时设置 Image 属性，可以使用 Image 类的静态方法 FromFile，格式如下：

```
对象名.Image = Image.FromFile("图像文件的路径及名称");
```

4．自动调整标签大小

AutoSize 属性决定标签文本能否根据文本大小自动调整标签大小。Label 控件的 AutoSize 属性默认值为 true，可以根据 Text 属性指定的文本自动调整标签的大小。如果 AutoSize 属性设置为 false，则标签将保持设计时定义的大小，在这种情况下，如果文本太长，则只能显示其中的一部分。当文本超过 Label 控件的宽度时，文本会自动换行，但在超过控件的高度时，超出的部分将无法显示出来。

5．标签的其他属性

描述 Label 控件的边框的属性是 BorderStyle，默认值为 none（无边框）。如果将该属性设成 FixedSingle，那么 Label 控件就有了一个黑色边框；如果将该属性设成 Fixed3D，那么 Label 控件就有了一个立体边框。

决定 Label 控件是否可见的属性是 Visible，默认值为 true（可见）。如果将该属性设成 false，那么 Label 控件将被隐藏。

还可以通过设置 Label 控件的 BackColor（取值 Transparent 无背景色）、ForeColor、Font 等属性来改变 Label 控件的其他外观；通过设置 Label 控件的 Location、Locked、Size 等属性来影响 Label 控件的位置和尺寸。

提示：

> 运行程序时，Label 控件不接受焦点，无法利用键盘或鼠标对其进行操作。Visual
> Studio 2012 中，如果未设置 Label 对象的 BackColor 属性，当设置了窗体的
> BackColor 属性后 Label 对象的背景色也随之改变。

3.2.2　链接标签

链接标签（LinkLabel）控件的功能是显示带链接的文本信息，可以链接到对象（如其他窗体、本机文件）或网页。利用 LinkLabel 控件，可以向 Windows 窗体应用程序添加 Web 样式的链接。LinkLabel 不仅具有 Label 控件的所有属性，而且还有针对超链接和链接颜色的独特属性。

1．设置链接文本

在 LinkLabel 控件中显示文本，使用 Text 属性。设置好 Text 属性之后，所有文本都属

于链接的范围。如果要将文本的一部分设置为指向某个对象或网页的链接，还需要设置 LinkArea 属性。

LinkArea 属性用于获取或设置激活链接的文本区域（即文本中视为链接的范围）。该属性值是用包含两个数字的 LinkArea 对象表示的，这两个数字分别表示起始字符位置和字符数目。在"属性"窗口中，该属性值可以从键盘输入，也可以单击属性值右侧的小按钮，在弹出的 LinkArea 编辑器中选择要进行链接的文本范围。

2．设置链接颜色

与 LinkLabel 的颜色相关的属性有 3 个，分别是 LinkColor、ActiveLinkColor 和 Visited LinkColor。

（1）LinkColor 属性：获取或设置显示普通链接使用的颜色。

（2）ActiveLinkColor 属性：获取或设置显示活动链接（如单击鼠标时）的颜色。

（3）VisitedLinkColor 属性：获取或设置显示被访问过的链接所使用的颜色。当 Link Visited（链接是否被访问过）属性为 true 时，才能显示该颜色。

3．设置链接行为

LinkBehavior 属性，获取或设置一个表示链接行为的值。利用该属性，可以指定链接在 LinkLabel 控件中显示时的行为。

LinkBehavior 属性值为 LinkBehavior 枚举类型，共有 4 个成员，如表 3.4 所示，默认值为 SystemDefault。

表 3.4　LinkBehavior 枚举成员

成 员 名 称	说 明
SystemDefault	此设置的行为取决于使用"控制面板"或 Internet Explorer 中的"Internet 选项"对话框设置的选项
AlwaysUnderline	该链接始终显示为带下画线的文本
HoverUnderline	仅当鼠标悬停在链接文本上时，该链接才显示带下画线的文本
NeverUnderline	链接文本从不带下画线（仍可使用 LinkColor 属性将该链接与其他文本区分开）

4．LinkClicked 事件

LinkClicked 事件是 LinkLabel 控件的主要事件，当单击 LinkLabel 控件内的链接文本时触发。

在窗体上双击 LinkLabel 控件，将在代码中添加 LinkClicked 事件处理程序的框架，然后在框架内部添加相应代码即可。

 提示：

窗体或控件的大多数事件处理程序，都可以通过"属性"窗口添加。在"属性"窗口中单击"事件"按钮来切换到事件列表，然后双击相应的事件名，即可在代码中添加事件处理程序的框架。

【例 3-1】 标签与链接标签的简单应用。

使用 Label 和 LinkLabel 控件，设计一个打开对象或网页的程序，程序设计界面如图 3.6 所示。

具体步骤如下。

（1）设计界面。新建一个 C#的 Windows 应用程序，项目名称设置为 LinktoObjectAndWeb，向窗体中添加 1 个标签和 3 个链接标签，并按照图 3.6 所示调整控件位置和窗体尺寸。

（2）设置属性。窗体和各个控件的属性设置如表 3.5 所示。

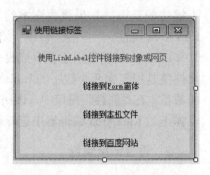

图 3.6 例 3-1 程序设计界面

表 3.5 例 3-1 对象的属性设置

对　　象	属　性　名	属　性　值
Form1	Text	使用链接标签
label1	Text	使用 LinkLabel 控件链接到对象或网页
	ForeColor	Red
linkLabel1	Name	lnkForm
	Text	链接到 Form 窗体
	LinkArea	3，4
linkLabel2	Name	lnkFile
	Text	链接到本机文件
	LinkArea	3，2
linkLabel3	Name	lnkWeb
	Text	链接到百度网站
	LinkArea	3，2

（3）编写代码。依次双击 3 个链接标签，打开代码视图，分别在各个链接标签的 LinkClicked 事件处理程序中添加相应代码：

```
private void lnkForm_LinkClicked(object sender,LinkLabelLinkClicked EventArgs e)
{
    Form f2 = new Form();
    f2.Show();
    lnkForm.LinkVisited = true;
}
private void lnkFile_LinkClicked(object sender,LinkLabelLinkClicked EventArgs e)
{
    lnkFile.LinkVisited = true;
    //使用 Start 方法和一个本机文件路径，启动默认程序打开文件
    System.Diagnostics.Process.Start("Kiya.jpg");
    //此处使用相对路径，"Kiya.jpg"位于项目文件夹下的 bin\Debug 中
}
private void lnkWeb_LinkClicked(object sender,LinkLabelLinkClicked EventArgs e)
{
    lnkWeb.LinkVisited = true;
    //使用 Start 方法和一个 URL，启动默认浏览器打开网页
```

```
        System.Diagnostics.Process.Start("http://www.baidu.com");
    }
```

（4）运行程序。单击"启动调试"按钮或按 F5 键运行程序，在窗体中依次单击链接文本 Form、"本机"、"百度"查看结果。

3.2.3　文本框

文本框（TextBox）控件是程序界面上的主要输入对象，有时也用于输出。其主要功能是接收用户输入的信息，或显示系统提供的文本信息。在程序运行时，用户可以在文本框中编辑文本。

文本框具有标签的大多属性，如 Name、BackColor、BorderStyle、Enabled、Font、ForeColor、Location、Locked、Size、Text、TextAlign、Visible 等属性。

文本框还有一些自己特有的属性，如 MaxLength（最大长度）、Multiline（多行）、PasswordChar（密码字符）、ReadOnly（只读）、ScrollBars（滚动条）、SelectedText（选定的文本）、SelectionStart（选择起始点）、SelectionLength（选择长度）、TextLength（文本长度）、WordWrap（文本换行）等。

1．设计时设置文本框的文本

在 TextBox 控件中显示文本，使用 Text 属性。TextBox 在默认情况下只显示单行文本，且不显示滚动条。如果文本长度超过可用空间，则只能显示部分文本。

通过设置 Multiline、WordWrap 和 ScrollBars 3 个属性，可以改变 TextBox 的外观和行为。把 Multiline 属性设为 true，可以使 TextBox 在运行时接收或显示多行文本。WordWrap 属性的默认值为 true，即允许自动换行。只要没有水平方向滚动条，TextBox 中的多行文本会自动按字换行。ScrollBars 属性的默认值为 none（无滚动条），还有 Horizontal（水平）、Vertical（竖直）、Both（两者）3 个可取值。如果要显示水平滚动条，除了将 ScrollBars 属性值设置为 Horizontal，还需要将 WordWrap 属性值设置为 false。

自动换行省去了用户在行尾插入换行符的麻烦，当一行文本已超过所能显示的长度时，TextBox 自动将文本折回到下一行显示。如果用户因为特殊要求必须使用换行符，在设置 Text 属性时，在属性值处不能直接输入换行符，而需要在"属性"窗口中单击属性值右侧的下拉箭头，然后在下拉列表框中适当的位置输入换行符。

2．运行时设置文本框的文本

当一个 TextBox 首次得到焦点时，TextBox 的所有文本默认是选中的。用户可以用键盘和鼠标移动插入点，当 TextBox 失去焦点而后再得到时，插入点位置与用户最后设置的位置一样。在某些情况下，可能用户有特殊要求，例如，有时希望新字符出现在已有文本后面，有时希望新的输入替换原有文本。

利用 TextBox 的 SelectionStart、SelectionLength 和 SelectedText 属性，可以控制 TextBox 的插入点和选择行为。这 3 个属性不能通过"属性"窗口设置，只能通过代码访问。

SelectionStart 属性是一个数字，代表选择文本的起始点，即 TextBox 文本内的插入点，其中值 0 表示最左边的位置。如果其值大于或等于文本中的字符数，那么插入点将被放在最后一个字符之后。

SelectionLength 属性是一个设置插入点宽度的数值，用于指示选择文本的长度。把 SelectionLength 设为大于 0 的值，会选中并突出显示从当前插入点开始的 SelectionLength 个字符。如果有一段文本被选中，此时用户输入的文字将替换被选中的文本。

SelectedText 属性用于指示选定的文本。可以在运行时通过该属性来获取当前选定的文本，也可以给该属性赋值以替换当前选中的文本。如果没有选中的文本，给 SelectedText 属性赋值将在当前插入点插入文本。

 提示：

> 如果在窗体加载时就让文本框中的文本选中，需要先设置文本框的 TabIndex 属性为 0，然后在窗体的 Load 事件方法中设置 SelectionStart 和 SelectionLength 属性。

3．密码文本框

密码文本框是文本框常用的一种特殊形式，它允许在用户输入密码的同时显示星号（*）之类的占位符。利用文本框的 PasswordChar 和 MaxLength 属性，可以实现密码框的功能。

PasswordChar 属性用于指定显示在文本框中的字符。例如，若希望在密码框中显示星号，则可在"属性"窗口中将 PasswordChar 属性指定为"*"，这样无论用户输入什么字符，文本框中都显示星号。

MaxLength 属性用于指定允许在文本框中输入的最大字符数。如果输入的字符数超过 MaxLength 指定的值，系统不接收多出的字符并发出嘟嘟声。

4．只读文本框

只读文本框不允许用户进行编辑操作，从而可以防止用户更改文本框内容。ReadOnly 属性可以实现只读文本框的功能，只需将该属性值设置为 true 即可。此时，用户可滚动文本框中的文本并将其突出显示，但不能做任何更改。ReadOnly 属性只影响程序运行时的用户交互，在运行时仍然可以通过代码更改文本框的内容。

5．文本框的常用方法

文本框的大多数方法都是用来进行文本操作，常用的方法有 AppendText（追加文本）、Clear（清除所有文本）、Copy（复制选定文本）、Cut（剪切选定文本）、Focus（获得焦点）、Paste（粘贴指定文本）、Select（选择指定范围的文本）、SelectAll（全选）等。

6．文本框的常用事件

文本框可以识别多个事件，常用的事件有 TextChanged（文本更改）、KeyDown（按下键）、KeyUp（释放键）、KeyPress（按下并释放键）、MouseDown（按下鼠标按钮）、MouseUp（释放鼠标按钮）、MouseMove（鼠标指针移过）等。

提示：

> 在窗体上双击 TextBox 控件，将在代码中添加 TextChanged 事件处理程序的框架，
> 然后在框架内部添加相应代码即可。

3.2.4 按钮

按钮（Button）控件是应用程序中使用最多的控件对象之一，常用来接收用户的操作信息，激发相应的事件。

按钮具有标签的大多属性，如 Name、AutoSize、BackColor、Enabled、Font、ForeColor、Image、Location、Locked、Size、Text、TextAlign、Visible 等属性。按钮还有一些自己特有的属性，如 BackgroundImage（背景图像）、FlatStyle（样式）等。

1．创建键盘访问键快捷方式

Text 属性可以用来设置按钮上显示的文本，同时也可以用来创建按钮的访问键快捷方式。要为按钮创建访问键快捷方式，只需在作为访问键的字母前添加一个&符号。例如，要为按钮的文本 OK 创建访问键 O，应在字母 O 前添加连字符，即将按钮的 Text 属性设置为 "&OK"。此时，字母 O 将带下画线，程序运行时按 Alt+O 组合键就相当于用鼠标单击按钮。

2．Click 事件

当用户用鼠标单击按钮时，将触发按钮的 Click 事件，这也是按钮最常响应的事件。

用鼠标单击按钮的过程中，还会触发一系列的事件，如果要在这些相关事件中附加事件处理程序，则应确保操作不发生冲突。单击按钮过程中，按钮相关事件发生的顺序为 MouseEnter、MouseMove、MouseDown、Click、MouseUp、MouseMove、MouseLeave。

提示：

> 在窗体上双击 Button 控件，将在代码中添加 Click 事件处理程序的框架，然后
> 在框架内部添加相应代码即可。

3．增强按钮的视觉效果

可以通过设置 Image 属性给 Button 控件添加图标以增强视觉效果，然后设置 ImageAlign 属性来指定显示图标的位置。

也可以通过设置 BackgroundImage 属性给 Button 控件添加背景图像以增强视觉效果，然后设置 Background ImageLayout 属性来指定背景图像的布局。

【例 3-2】 文本框与按钮的简单应用。

使用 TextBox 和 Button 控件，设计一个显示密码原文的程序，程序设计界面如图 3.7 所示。

图 3.7 例 3-2 程序设计界面

具体步骤如下。

（1）设计界面。新建一个 C#的 Windows 应用程序，项目名称设置为 ShowPassword，向窗体中添加一个文本框和一个按钮，并按照图 3.7 所示调整控件位置和窗体尺寸。

（2）设置属性。窗体和各个控件的属性设置如表 3.6 所示。

表 3.6　例 3-2 对象的属性设置

对　　象	属　性　名	属　性　值
Form1	Text	显示输入的密码（最多 6 位）
textBox1	Name	txtPassword
	PasswordChar	*
	MaxLength	6
button1	Name	btnShow
	Text	显示密码

（3）编写代码。双击按钮，打开代码视图，在按钮的 Click 事件处理程序中，添加相应代码：

```
private void btnShow_Click(object sender, EventArgs e)
{
    //利用消息框 MessageBox 显示密码原文
    MessageBox.Show("输入的密码为："+txtPassword.Text, "密码原文");
    //Show 方法的第一个参数表示消息文本，第二个参数表示消息框标题
}
```

（4）运行程序。单击"启动调试"按钮或按 F5 键运行程序，在文本框中输入密码，单击"显示密码"按钮查看结果，如图 3.8 所示。

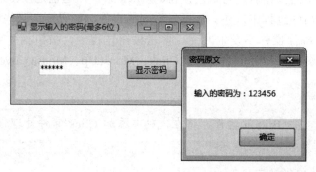

图 3.8　例 3-2 程序运行界面

3.2.5　控件的命名规则

窗体和控件都有自己的名称，可以通过 Name 属性进行命名。为了提高控件名称的可读性，建议在为控件命名时，在控件名称前面加上控件的类型名称缩写作为前缀，如窗体（frm）、标签（lbl）、按钮（btn）等。紧跟在 3 个（少数控件是 4 或 5 个）小写字母后面的则是该控件用途的简短描述，第一个字母建议大写，其他的使用小写；若有多个单词组成

对象名称，则建议每个单词的首字母都采用大写。例如，有一个要显示"学生姓名"文本的 Label 控件，其命名如图 3.9 所示。表 3.7 列出了窗体与常用控件名称的前缀约定。

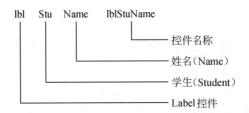

图 3.9 控件命名

表 3.7 窗体与常用控件的名称缩写

中 文 名	英 文 名	名称缩写	命名实例与含义
窗体	Form	frm	frmScore（成绩）
按钮	Button	btn	btnOk（确定）
复选框	CheckBox	chk	chkAgree（同意）
复选列表框	CheckedListBox	chl	chlCourse（课程）
颜色对话框	ColorDialog	cdlg	cdlgBC（背景色）
组合框	ComboBox	cbo 或 cmb	cboStuName（学生姓名）
日期时间选取器	DateTimePicker	dtp	dtpStart（开始）
浏览文件夹对话框	FolderBrowserDialog	fbdlg	fbdlgSave（保存）
字体对话框	FontDialog	fdlg	fdlgText（文本）
分组框	GroupBox	grp	grpColor（颜色）
水平滚动条	HScrollBar	hsb	hsbWidth（宽度）
图像列表	ImageList	img	imgTreeView（树状视图）
标签	Label	lbl	lblStuName（学生姓名）
链接标签	LinkLabel	lnk 或 llb	lnkFile（文件）
列表框	ListBox	lst	lstBook（书籍）
列表视图	ListView	lsv 或 lvw	lsvFiles（文件）
数字微调框	NumericUpDown	nup	nupVal（数值）
打开文件对话框	OpenFileDialog	odlg	odlgPic（图片）
面板	Panel	pnl	pnlInfo（信息）
图片框	PictureBox	pic	picPhoto（照片）
进度条	ProgressBar	prg	prgInstall（安装）
多格式文本框	RichTextBox	rtf 或 rtx	rtfEditor（编辑器）
单选按钮	RadioButton	rad 或 rdo	radSex（性别）
保存文件对话框	SaveFileDialog	sdlg	sdlgDoc（文档）
选项卡	TabControl	tab	tabStu（学生）
文本框	TextBox	txt	txtMoney（钱数）
计时器	Timer	tmr	tmrTraffic（交通）
树视图	TreeView	tvw	tvwBooks（书籍）
垂直滚动条	VScrollBar	vsb	vsbHeight（高度）

3.3 本章小结

本章主要介绍了 Windows 窗体和 Label、LinkLabel、TextBox、Button 几种常用控件，重点内容如下：

- Windows 窗体的结构。
- Windows 窗体的常用属性、方法与事件。
- 创建应用程序的操作界面。
- Label、LinkLabel、TextBox 和 Button 控件的使用。
- 控件的命名规则。

习　题

1．选择题

（1）以模式化的方式显示窗体，需要使用（　　）方法。

  A．Show   B．ShowDialog   C．ShowForm   D．ShowFixed

（2）决定 Label 控件是否可见的属性是（　　）。

  A．Hide   B．Show   C．Visible   D．Enabled

（3）把 TextBox 控件的（　　）属性设为 true，可使其在运行时接收或显示多行文本。

  A．WordWrap   B．Multiline   C．ScrollBars   D．ShowMultiline

（4）利用文本框的（　　）属性，可以实现密码框的功能。

  A．Password   B．Passwords   C．PasswordChar D．PasswordChars

（5）如果要为"取消"按钮的文本"Cancel"创建访问键 C，应将按钮的 Text 属性设置为（　　）。

  A．"&Cancel" B．"%Cancel" C．"@Cancel" D．"^Cancel"

2．思考题

（1）关闭窗体与隐藏窗体有什么区别？

（2）模式窗体与非模式窗体有什么区别？

（3）简述 Label、Button 和 TextBox 控件的作用。

3．上机练习题

（1）编写一个简单的计算器，能够实现正整数的加、减、乘、除 4 种运算，设计界面如图 3.10 所示。

图 3.10　简单计算器

（2）编写一个提供常用网址的程序，可以快速访问"百度"、"新浪"、"腾讯"、"搜狐"、"网易"等网站。

（3）设计一个转换英文大小写的程序，输入字符时，自动将英文字母分别转换为大写和小写两种格式。

提示：

> 使用 Label 和 TextBox 控件设计，利用 TextBox 控件的 TextChanged 事件实现即时转换功能，转换后的两个字符串可以利用两个只读的文本框输出。

第4章 顺序结构程序设计

C#采用面向对象编程思想和事件驱动机制，但在流程控制方面，采用了结构化程序设计中的三种基本结构（顺序、选择、循环）作为其代码块设计的基本结构。顺序结构是最简单、最常用的结构，语句与语句之间，按从上到下的顺序执行。

本章主要介绍赋值语句、控制台应用程序和 Windows 应用程序的输入输出方法，以及消息框、图片框与图片列表控件的使用。

4.1 赋值语句

赋值语句是程序设计中最基本的语句，由于 C#的赋值表达式有多种形式，因此赋值语句也表现出多样性。常用的赋值语句有单赋值语句、复合赋值语句、连续赋值语句。不管是哪种赋值语句，基本格式都有两种。

第一种格式为：

> 变量名 赋值运算符 表达式

【功能】 将表达式的值赋值给变量。

第二种格式为：

> 对象名.属性名 赋值运算符 表达式

【功能】 将表达式的值赋值给对象的属性。

【说明】 表达式的结果与变量或对象的属性属于同一种类型；表达式由文本、常数、变量、属性、数组元素、其他表达式或函数调用的任意组合所构成；赋值语句先计算表达式的值，然后将计算出来的值赋给变量或属性。

1. 单赋值语句

赋值语句中，最常用的是单赋值语句，就是在一条语句中使用一个等号（=）运算符进行赋值的语句。例如：

```
int i=3;  int j=i-1;
label1.Text="姓名";
```

2．复合赋值语句

复合赋值语句是在一条语句中使用+=、−=、*=、/=等复合运算符进行赋值的语句，这种语句首先需要完成特定的运算再进行赋值运算操作。例如：

```
int x = 55;  x -= 50;
string str = "hello";  str += "嗨";
label1.Text += "：";
```

3．连续赋值语句

连续赋值语句是在一条语句中使用多个等号（=）运算符进行赋值的语句，这种语句可以一次为多个变量或属性赋予相同的值。例如：

```
string s1, s2, s3;  s1 = s2 = s3 = "连续赋值";
textBox1.Text = textBox2.Text = textBox3.Text = "";
```

4.2　输入与输出

输入与输出是应用程序进行数据处理过程中的基本功能。按照应用程序的类型，大致分为控制台、Windows、Web 三种应用程序的输入与输出。本书只涉及前两种，下面分别介绍。

4.2.1　控制台应用程序的输入与输出

控制台输入输出，也称为标准输入输出，使用的是标准输入输出设备，即键盘和显示器。控制台应用程序的输入与输出，主要通过 Console 类的静态方法实现。

1．输入方法

控制台应用程序的数据输入，可以通过 Console 类的静态方法 Read 与 ReadLine 实现。
1）Read 方法
格式如下：

```
Console.Read()
```

【功能】　从标准输入流（一般指键盘）读取一个字符，并作为函数的返回值，如果没有可用字符，则为−1。

【说明】　Read 方法只能接收一个字符，返回值是 int 类型；如果输入的字符不是数字，将返回该字符对应的 ASCII 编码。例如：

```
int i = Console.Read();
char c = (char)Console.Read();
```

2）ReadLine 方法

格式如下：

```
Console.ReadLine()
```

【功能】 从标准输入流读取一行字符，并作为函数的返回值，如果没有可用字符，则为 Nothing。

【说明】 ReadLine 方法接收一行字符（即一个字符串，回车代表输入的结束），返回值是 string 类型。例如：

```
string s = Console.ReadLine();
int j = int.Parse(Console.ReadLine());
```

2. 输出方法

控制台应用程序的数据输出，可以通过 Console 类的静态方法 Write 与 WriteLine 实现，这两个方法都没有返回值。

1）Write 方法

第一种格式如下：

```
Console.Write(X)
```

【功能】 将参数 X 指定的数据写入标准输出流（一般指显示器）。

【说明】 参数 X 是任意类型的数据。例如：

```
Console.Write("请输入一个整数: ");
int j = int.Parse(Console.ReadLine());
Console.Write("输入的整数为: "+j);
```

第二种格式如下：

```
Console.Write(格式字符串, 表达式列表)
```

【功能】 按照格式字符串的约定，输出提示字符和表达式的值。

【说明】 格式字符串是由双引号括起来的字符串，里面可以包含{}括起来的数字，数字从 0 开始，依次对应表达式列表中的表达式。例如：

```
int i = 5;  string s = "five";
Console.WriteLine("i={0}, s={1}", i, s);
//输出结果为: i=5, s=five
```

2）WriteLine 方法

第一种格式如下：

```
Console.WriteLine(X)
```

【功能】 将指定的 X 写入标准输出流，并以一个换行符结尾。

第二种格式如下：

```
Console.WriteLine(格式字符串，表达式列表)
```

【功能】 按照格式字符串的约定，输出提示字符和表达式的值，并以一个换行符结尾。

【说明】 WriteLine 方法的功能与 Write 方法基本相同，唯一的区别是 WriteLine 方法调用后要换行。

【例 4-1】 编写一个控制台应用程序，实现分别输入姓名和年龄后再一起输出"××的年龄是××岁"的功能。

使用 Write、WriteLine 和 ReadLine 方法实现输入与输出功能，程序运行界面如图 4.1 所示。

图 4.1　例 4-1 程序运行界面

具体步骤如下。

（1）创建程序。新建一个 C#的控制台应用程序，项目名称设置为 ConsoleNameAge。

（2）编写代码。在打开的代码窗口中，找到 Main 函数并在其中添加相应代码：

```
static void Main(string[] args)
{
    Console.Write("请输入姓名: ");
    string name=Console.ReadLine();
    Console.Write("请输入年龄: ");
    int age = int.Parse(Console.ReadLine());
    Console.WriteLine("{0}的年龄是{1}岁",name,age);
    Console.ReadLine();
}
```

（3）运行程序。单击"启动调试"按钮或按 F5 键运行程序，在运行界面中先按照提示输入姓名并回车，再按照提示输入年龄并回车，查看输出结果后，可以直接按 Enter 键（最后一条语句不输入数据）结束程序的运行。

4.2.2　Windows 应用程序的输入与输出

Windows 应用程序的输入与输出，可以通过多种控件实现，如之前介绍过的 TextBox、Label、LinkLabel，以及下面要介绍的 MessageBox（消息框）、PictureBox（图片框）等。其中，使用频率最高的是 TextBox 和 Label。

从用户操作程序的角度看，TextBox 和 Label 控件的主要区别在于：Label 控件是一个只能显示数据的控件，而 TextBox 控件既可以让用户在其中输入数据，也可以显示输出数据。

【例 4-2】 编写一个 Windows 应用程序，实现分别输入姓名和年龄后再一起输出"××的年龄是××岁"的功能。

使用 TextBox 和 Label 控件实现输入与输出功能，程序运行界面如图 4.2 所示。

具体步骤如下。

（1）设计界面。新建一个 C#的 Windows 应用程序，项目名称设置为 WinNameAge，分别向窗体中添加 3 个标签、两个文本框和一个按钮，并按照图 4.2 所示调整控件位置和窗体尺寸。

（2）设置属性。窗体和各个控件的属性设置如表 4.1 所示。

图 4.2　例 4-2 程序运行界面

表 4.1　例 4-2 对象的属性设置

对象	属性名	属性值
Form1	Text	姓名和年龄的输入输出
label1	Name	lblNameAge
	Text	请输入姓名和年龄
label2	Text	姓名
label3	Text	年龄
textBox1	Name	txtName
textBox2	Name	txtAge
button1	Name	btnOk
	Text	确定

（3）编写代码。双击按钮 btnOk，打开代码视图，在 Click 事件处理程序中，添加相应代码：

```csharp
private void btnOk_Click(object sender, EventArgs e)
{
    lblNameAge.Text = txtName.Text + "的年龄是" + txtAge.Text + "岁";
}
```

 提示：

对于用多个 "+" 连接的字符串表达式，也可以利用 String 类的 Format 方法形成指定格式的一个字符串，其写法为 "Format(格式字符串，表达式列表)"。上述代码也可以写作：lblNameAge.Text = String.Format("{0}的年龄是{1}岁", txtName.Text, txtAge.Text);

（4）运行程序。单击"启动调试"按钮或按 F5 键运行程序，按照标签提示在文本框中输入姓名和年龄，然后单击"确定"按钮查看标签的输出结果。

4.3　消息框

消息框是一个预定义对话框，用于向用户显示与应用程序相关的信息。当应用程序需要显示一段简短信息（如显示出错、警告等信息）时，使用消息框既简单又方便。只有在用户响应该消息框后，程序才能继续运行下去。

1．显示消息框

消息框不存在于工具箱中，也不能在设计器窗口使用，只能通过代码访问。若要显示消息框，必须调用 MessageBox 类的静态方法 Show。消息框可以显示标题、消息、按钮和图标，也可以只显示其中的一项或几项。所以，Show 方法有 21 种之多，消息框的样式及功能由 Show 方法的参数决定，其格式为：

```
MessageBox.Show(参数列表);
```

表 4.2 给出几种常用的 Show 方法。

表 4.2　常用 Show 方法

成 员 名 称	说　　明
Show(string text)	显示具有指定文本的消息框
Show(string text, string caption)	显示具有指定文本和标题的消息框
Show(string text, string caption, MessageBoxButtons buttons)	显示具有指定文本、标题和按钮的消息框
Show (string text, string caption, MessageBoxButtons buttons, MessageBoxIcon icon)	显示具有指定文本、标题、按钮和图标的消息框

可以看出，上述 4 种方法的参数是依次增加的。其中，最后一个方法参数最多，功能也最强，可以显示具有指定文本、标题、按钮和图标的消息框。

各个参数的含义如下。

- text：要在消息框中显示的消息文本。
- caption：要在消息框的标题栏中显示的文本。
- buttons：MessageBoxButtons 枚举值之一，可指定在消息框中显示哪些按钮。
- icon：MessageBoxIcon 枚举值之一，可指定在消息框中显示哪个图标。

2．消息框的按钮

在消息框中，除了默认的"确定"按钮，还可以放置其他按钮，这些按钮可以收集用户对消息框中问题的响应。一个消息框中最多可显示 3 个按钮，可以根据程序要求从 Message-BoxButtons 枚举的成员中选择，如表 4.3 所示。

表 4.3　MessageBoxButtons 枚举成员

成 员 名 称	说　　明
AbortRetryIgnore	消息框包含"中止"、"重试"和"忽略"按钮
OK	消息框仅包含"确定"按钮
OKCancel	消息框包含"确定"和"取消"按钮
RetryCancel	消息框包含"重试"和"取消"按钮
YesNo	消息框包含"是"和"否"按钮
YesNoCancel	消息框包含"是"、"否"和"取消"按钮

3．消息框的图标

默认情况下，消息框不显示图标，但图标可以用来指示消息的重要性，如可以指示消息是错误还是警告。MessageBoxIcon 枚举用于指定消息框中显示什么图标，其成员如表 4.4 所示。

表 4.4   MessageBoxIcon 枚举成员

成员名称	图标	说　　　明
Asterisk		该消息框包含一个符号，该符号是由一个圆圈及其中的小写字母 i 组成的
Error		该消息框包含一个符号，该符号是由一个红色背景的圆圈及其中的白色 X 组成的
Exclamation		该消息框包含一个符号，该符号是由一个黄色背景的三角形及其中的一个感叹号组成的
Hand		该消息框包含一个符号，该符号是由一个红色背景的圆圈及其中的白色 X 组成的
Information		该消息框包含一个符号，该符号是由一个圆圈及其中的小写字母 i 组成的
None		消息框未包含符号
Question		该消息框包含一个符号，该符号是由一个圆圈和其中的一个问号组成的
Stop		该消息框包含一个符号，该符号是由一个红色背景的圆圈及其中的白色 X 组成的
Warning		该消息框包含一个符号，该符号是由一个黄色背景的三角形及其中的一个感叹号组成的

由表 4.4 可以看出，MessageBoxIcon 枚举虽然有 9 个成员，但可供选择的图标只有 4 个。现在不再建议使用 Question 消息图标，原因是该图标无法清楚地表示特定类型的消息，并且问号形式的消息表述可应用于任何消息类型。另外，用户还可能将问号消息符号与帮助信息混淆，系统继续支持此符号只是为了向后兼容。

4．消息框的返回值

单击消息框中的某一按钮时，Show 方法将返回一个 DialogResult 枚举值来指示对话框的返回值。因此，可以通过检查 Show 方法的返回值来确定用户单击了哪个按钮。表 4.5 列出了 DialogResult 的枚举成员。

表 4.5   DialogResult 枚举成员

成　员　名　称	说　　　明
Abort	对话框的返回值是 Abort（通常从标签为"中止"的按钮发送）
Cancel	对话框的返回值是 Cancel（通常从标签为"取消"的按钮发送）
Ignore	对话框的返回值是 Ignore（通常从标签为"忽略"的按钮发送）
No	对话框的返回值是 No（通常从标签为"否"的按钮发送）
None	从对话框返回了 Nothing（这表明有模式对话框继续运行）
OK	对话框的返回值是 OK（通常从标签为"确定"的按钮发送）
Retry	对话框的返回值是 Retry（通常从标签为"重试"的按钮发送）
Yes	对话框的返回值是 Yes（通常从标签为"是"的按钮发送）

下面通过示例，讲解如何使用 Show 方法调用消息框来向用户显示信息。

【例 4-3】 编写一个 Windows 应用程序，实现分别输入姓名和年龄后再通过消息框输出"××的年龄是××岁"的功能。

使用 TextBox 实现输入功能，使用 MessageBox 和 Label 控件实现输出功能，程序运行界面如图 4.3 所示。

具体步骤如下。

图 4.3　例 4-3 程序运行界面

（1）设计界面。新建一个 C# 的 Windows 应用程序，项目名称设置为 WinMsgNameAge，分别向窗体中添加两个标签、两个文本框和一个按钮，并按照图 4.3 所示调整控件位置和窗体尺寸。

（2）设置属性。窗体和各个控件的属性设置参照表 4.1。

（3）编写代码。双击按钮 btnOk，打开代码视图，在 Click 事件处理程序中，添加相应代码：

```
private void btnOk_Click(object sender, EventArgs e)
{
    string msg=txtName.Text + "的年龄是" + txtAge.Text + "岁";
    //调用 MessageBox 类的 Show 方法来显示消息框
    MessageBox.Show(msg, "姓名与年龄", MessageBoxButtons.OK,
        MessageBoxIcon.Information);
}
```

提示：

> MessageBoxButtons 和 MessageBoxIcon 枚举值，可以在输入代码时通过集成环境的智能提示来查看。

（4）运行程序。单击"启动调试"按钮或按 F5 键运行程序，按照标签提示在文本框中输入姓名和年龄，然后单击"确定"按钮查看消息框的输出结果。

4.4　图片框与图像列表

图片框和图像列表用于对图片文件进行操作。图片框是一个控件，而图像列表则是一个组件。本节先简单介绍控件和组件的相关概念，然后再介绍图片框与图像列表的使用。

4.4.1　组件与控件

1．组件

在 Visual Studio.NET 中开发应用程序，总是离不开各种各样的软件组件。在.NET

Framework 中，组件是一种类。在编程中，"组件"这个术语通常用于可重复使用并且可以和其他对象进行交互的对象。

组件有可视化界面组件，也有非可视化组件。可视化组件可以被拖放到窗体上，除非设置其 Visible 属性为 false，否则用户总可以在窗体上看到它们，如前面介绍过的文本框、按钮、标签等。非可视化组件在界面上看不到，它们往往在运行时完成某个功能，如后面要介绍的图像列表、计时器等。

区分一个组件是可视化组件还是非可视化组件的一个粗略方法，是看此组件被拖放到窗体后是被放在窗体上还是组件面板（组件区）上。如图 4.4 所示，标签、文本框、按钮控件被放在窗体上，因而是可视化组件；而图像列表（ImageList）、计时器（Timer）被放在窗体下方的组件区，因而是非可视化组件。

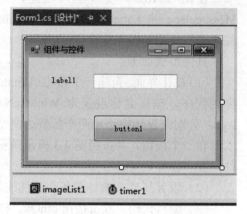

图 4.4　可视化组件与非可视化组件

提示：

组件存放的地方，并不是区分的标准，只是一种大致的分类。例如，菜单（MenuStrip）控件被放在组件区，但却属于可视化组件。

2. 控件

控件是提供或实现用户界面（User Interface，UI）功能的组件。每个控件都是组件，但并不是每个组件都是控件。习惯上，将可视化的组件称为控件，将非可视化的组件仍称为组件。本书均以"控件"来指代可视化的组件。

4.4.2　图片框

图片框（PictureBox）控件用于显示位图、图标、GIF、JPEG 等格式的图像，经常用来在窗体上显示一幅图片。

PictureBox 具有标签的大多属性，如 Name（名称）、BackColor（背景色）、BorderStyle（边框）、Enabled（可用）、Image（图像）、Location（位置）、Locked（锁定）、Size（尺寸）、Visible（可见）等属性。

标签控件的 Image 属性也可以用来显示图片，但图片框显示图片的方法更加灵活，通过设置图片框特有的属性 SizeMode（尺寸模式）可以使图片的显示效果更好。

PictureBox 的众多属性中，与显示图片相关的属性主要有 Image、ImageLocation（图像位置）、 SizeMode、BorderStyle 4 个。

1. 支持的图像格式

PictureBox 控件支持多种格式的图像文件，如位图（.bmp）、图标（.ico）、GIF（.gif）、

JPEG（.jpg）文件等。

2．加载图像

PictureBox 最重要的属性是 Image，用于设置要显示的图像。为 PictureBox 控件加载图像，可以在设计时通过"属性"窗口实现，也可以在运行时通过代码窗口实现，还可以通过"属性"窗口和代码窗口结合来实现。

（1）设计时，在"属性"窗口中单击 Image 属性右侧的小按钮，在弹出的"选择资源"对话框中指定好图像文件，就可将其加载到PictureBox控件中显示；也可以将ImageLocation属性设置为要在 PictureBox 中显示的图像文件的路径或 URL，设计时不显示图像，但运行时会显示。

（2）运行时，在代码窗口，可通过 4 种方法加载图像。

① 设置 PictureBox 控件的 Image 属性，其格式如下：

```
图片框名.Image = Image.FromFile(@"文件路径");
```

或

```
图片框名.Image = new Bitmap(@"文件路径");
```

提示：

> @符号是转义符，对整个字符串中的所有特殊字符（此处是文件路径中的"\"）进行转义；\符号也是转义符，只对其后的单个字符转义。例如，@"d:\My Documents\Images\Kiya.jpg"等价于"d:\\My Documents\\Images\\Kiya.jpg"。

② 设置 PictureBox 控件的 ImageLocation 属性，其格式如下：

```
图片框名.ImageLocation = "文件路径或 URL";
```

③ 使用 PictureBox 控件的带参数的 Load 方法进行同步加载图像，或使用带参数的 LoadAsync 方法进行异步加载，其格式为：

```
图片框名.Load (@"文件路径或 URL ");
```

或

```
图片框名.LoadAsync(@"文件路径或 URL ");
```

④ 设置 PictureBox 控件的 ImageLocation 属性，并使用不带参数的 Load 或 LoadAsync 方法进行加载，其格式为：

```
图片框名.ImageLocation = "文件路径或 URL"; 图片框名.Load ( );
```

或

```
图片框名.ImageLocation = "文件路径或 URL"; 图片框名.LoadAsync( );
```

（3）设计时，在属性窗口设置 ImageLocation 属性；运行时，在代码窗口使用不带参数的 Load 方法同步加载图像，或使用不带参数的 LoadAsync 方法进行异步加载。

提示：

> 只使用 ImageLocation 属性或有参的 LoadAsync 方法，或者同时使用 Image Location 属性和无参的 LoadAsync 方法，都是进行异步加载，图像显示出来会稍微慢一些。

3. 设置图像大小

图像大小用 SizeMode 属性来设置。SizeMode 属性不仅可以设置图像的大小及位置关系，还可能会影响 PictureBox 控件的大小。该属性值为 PictureBoxSizeMode 枚举类型，共有 5 个成员，如表 4.6 所示，默认值为 Normal。

表 4.6　PictureBoxSizeMode 枚举成员

成 员 名 称	说　　　明
Normal	图像保持其原始尺寸，被置于 PictureBox 的左上角。如果图像比包含它的 PictureBox 大，则该图像将被剪裁掉
StretchImage	PictureBox 中的图像被拉伸或收缩，以按 PictureBox 的大小完整填充显示在其中
AutoSize	调整 PictureBox 大小，使其等于所包含的图像大小来显示完整图像
CenterImage	如果 PictureBox 比图像大，则图像将居中显示；如果图像比 PictureBox 大，则图像将居于 PictureBox 中心，而外边缘将被剪裁掉
Zoom	图像大小按其原有的大小比例被增加或减小，使图像的高度或宽度与 PictureBox 相等

4. 设置边框

可以通过设置 PictureBox 的 BorderStyle 属性来设置其边框样式，以改变图片框的外观。BorderStyle 属性值为 BorderStyle 枚举类型，共有 3 个成员：None、FixedSingle 与 Fixed3D。None 是默认值，表示没有边框；FixedSingle 表示单线边框；Fixed3D 表示三维立体边框。

下面通过示例，演示如何利用 PictureBox 控件显示图像。

【例 4-4】 使用 PictureBox 和 Button 控件，设计一个可以按原始比例展示多幅大图片的程序。

示例说明：程序运行界面如图 4.5 所示；窗口中有 1 个图片框和 6 个按钮，图片框默认显示"风景"图片，单击相应按钮切换图片；图片存放在本项目文件夹下的 bin\Debug\pic 子文件夹中，代码中的图片位置采用相对路径；运用多种方法加载图片到图片框；窗口的最大化按钮不可用。

具体步骤如下。

（1）设计界面。新建一个 C#的 Windows

图 4.5　例 4-4 程序运行界面

应用程序，项目名称设置为 ChangePicture；将图片文件夹 pic 存放到本项目文件夹下的 bin\Debug 中；分别向窗体中添加 1 个 PictureBox 和 6 个 Button，并按照图 4.5 所示调整控件位置和窗体尺寸。

（2）设置属性。窗体和各个控件的属性设置如表 4.7 所示。

表 4.7　例 4-4 对象的属性设置

对　象	属 性 名	属 性 值		
Form1	Text	图片切换		
	MaximizeBox	False		
pictureBox1	Name	picChange		
	Image	选择 pic 文件夹下的"风景.jpg"文件		
	SizeMode	Zoom		
	BorderStyle	Fixed3D		
button1～button6	Name	btnRedLeaf btnGirl	btnFruit btnUmbrella	btnFlower btnView
	Text	红叶 肖像	水果 花伞	鲜花 风景

（3）编写代码。依次双击 6 个按钮，打开代码视图，分别在各个按钮的 Click 事件处理程序中添加相应代码：

```
private void btnRedLeaf_Click(object sender, EventArgs e)
{
    picChange.Image = Image.FromFile(@"pic\红叶.jpg");
}
private void btnFruit_Click(object sender, EventArgs e)
{
    picChange.Image = new Bitmap("pic\\水果.jpg");
}
private void btnFlower_Click(object sender, EventArgs e)
{
    picChange.ImageLocation = @"pic\鲜花.jpg";
    picChange.Load();
}
private void btnGirl_Click(object sender, EventArgs e)
{
    picChange.Load("pic\\肖像.jpg");
}
private void btnUmbrella_Click(object sender, EventArgs e)
{
    picChange.ImageLocation = "pic\\花伞.jpg";
    picChange.LoadAsync();
}
private void btnView_Click(object sender, EventArgs e)
{
    picChange.LoadAsync(@"pic\风景.jpg");
}
```

（4）运行程序。单击"启动调试"按钮或按 F5 键运行程序，单击各个按钮查看图片切换的效果。

4.4.3　图像列表

图像列表（ImageList）组件用于存储图像，这些图像随后可由控件显示。ImageList 组件不显示在窗体上，它只是一个图像容器，用于保存一些图像文件。这些图像文件和 ImageList 组件本身可被项目中的其他对象使用，如 Label、Button 等。

1．常用属性

ImageList 组件的常用属性有 Name（名称）、Images（图像集合）、ImageSize（图像尺寸）等。其中最主要的属性是 Images，它是 ImageList 中所有图像组成的集合。ImageSize 用于设置 ImageList 中每个图像的大小（高度和宽度），有效值为 1～256。

ImageList 组件的 Images 属性包含关联的控件将要使用的图像，图像的数量可以通过 Images 集合的 Count 属性获取，每个单独的图像可以通过其索引值或键值来访问。例如，要获取 imageList1 的第 3 个图像（假设文件名称为 pic3.jpg），可以使用 imageList1.Images[2] 或 imageList1.Images["pic3.jpg"]；要获取其键值，可以使用 imageList1.Images.Keys[2]；要获取其索引值，可以使用 imageList1.Images.IndexOfKey("pic3.jpg ")。

2．可关联的控件

可以将 ImageList 组件用于任何具有 ImageList 属性的控件，或用于具有 SmallImageList、LargeImageList 和 StateImageList 属性的 ListView（列表视图）控件。

可与 ImageList 组件关联的常用控件包括 Label、Button、CheckBox（复选框）、RadioButton（单选按钮）、ListView、TreeView（树视图）、TabControl（选项卡）控件。

3．控件显示关联的图像

一个 ImageList 组件可与多个控件相关联。若要使一个控件与 ImageList 组件关联并显示关联的图像，首先将该控件的 ImageList 属性设置为 ImageList 组件的名称，然后将该控件的 ImageIndex（图像索引，即从 0 开始的整数）或 ImageKey（图像键，即图像文件名）属性设置为要显示的图像的索引值或键值。

【例 4-5】 使用 Label、Button 控件和 ImageList 组件，设计一个可以展示多幅小图片（80×80）的程序。

示例说明：程序运行界面如图 4.6 所示；窗口中有 1 个标签和 6 个按钮，标签以 80×80 的大小展示图片，默认显示"风景"图片，单击按钮可以切换图片；要展示的图片是例 4-4 中所用的 6 幅图片，存放在 ImageList 组件中；窗口的最大化按钮不可用。

具体步骤如下。

（1）设计界面。新建一个 C#的 Windows 应用程序，项目名称设置为 ChangePicture2，分别向窗体中添加 1 个 Label、1 个 ImageList 和 6 个 Button，并按照图 4.6 所示调整控件位置和窗体尺寸。

图 4.6　例 4-5 程序运行界面

（2）设置属性。窗体和各个控件的属性设置如表 4.8 所示。

表 4.8　例 4-5 对象的属性设置

对　　象	属 性 名	属 性 值		
Form1	Text	小图片切换		
	MaximizeBox	False		
imageList1	Images	添加 6 幅图片文件		
	ImageSize	80，80		
label1	Name	lblPic		
	AutoSize	False		
	Text	小图片展示		
	TextAlign	TopCenter		
	ImageList	imageList1		
	ImageKey	风景.jpg		
	ImageAlign	BottomCenter		
button1～button6	Name	btnRedLeaf	btnFruit	btnFlower
		btnGirl	btnUmbrella	btnView
	Text	红叶	水果	鲜花
		肖像	花伞	风景

（3）编写代码。依次双击 6 个按钮，打开代码视图，分别在各个按钮的 Click 事件处理程序中添加相应代码：

```
private void btnRedLeaf_Click(object sender, EventArgs e)
{
    lblPic.ImageIndex = 0;
}
private void btnFruit_Click(object sender, EventArgs e)
{
    lblPic.ImageIndex = 1;
}
private void btnFlower_Click(object sender, EventArgs e)
{
    lblPic.ImageIndex = 2;
}
private void btnGirl_Click(object sender, EventArgs e)
{
    lblPic.ImageIndex = 3;
}
private void btnUmbrella_Click(object sender, EventArgs e)
{
    lblPic.ImageIndex = 4;
}
private void btnView_Click(object sender, EventArgs e)
{
    lblPic.ImageIndex = 5;
}
```

（4）运行程序。单击"启动调试"按钮或按 F5 键运行程序，单击各个按钮查看小图片切换的效果。

4.5 本章小结

本章主要介绍了赋值语句、控制台应用程序和 Windows 应用程序的输入/输出方法，以及消息框、图片框与图像列表的使用。本章重点内容如下：

- 赋值语句。
- Windows 应用程序的输入与输出。
- 消息框的使用。
- 组件与控件。
- 图片框与图像列表的使用。

习　题

1．选择题

（1）Windows 应用程序中，最常用的输入控件是（　　）。

    A．Label　　　　　B．TextBox　　　C．Button　　　　D．PictureBox

（2）若要显示消息框，必须调用 MessageBox 类的静态方法（　　）。

    A．Show　　　　　B．ShowDialog　C．ShowBox　　　D．ShowMessage

（3）PictureBox 控件的（　　）属性可以影响图像的大小及位置关系。

    A．Size　　　　　B．Mode　　　　C．SizeMode　　　D．PictureMode

（4）下列控件中，不能与 ImageList 组件关联的是（　　）。

    A．Label　　　　　B．Button　　　C．RadioButton　D．PictureBox

（5）若要使一个控件与图像列表组件关联，需要将该控件的（　　）属性设置为图像列表组件的名称。

    A．Image　　　　　B．Images　　　C．ImageList　　　D．ImagesList

2．思考题

（1）控制台应用程序有哪些输入/输出方法？

（2）TextBox 和 Label 控件的主要区别是什么？

（3）简述消息框的作用。

（4）简述 PictureBox 和 ImageList 的作用。

3．上机练习题

（1）设计一个程序，将用户输入的金钱数额换算成不同票面（100 元、50 元、20 元、10 元、5 元、1 元）的数量。

要求：利用 TextBox 输入数额，利用只读的 TextBox 输出票面的数量；换算时，可利用整除和求余运算；运行界面如图 4.7 所示。

图 4.7　运行界面

（2）设计一个简单的显示图片及图片文件名的程序。

要求：利用 PictureBox 显示图片，利用 Label 显示图片名称，图片文件存放在 ImageList 组件中，设计界面和运行界面分别如图 4.8 和图 4.9 所示。

图 4.8　设计界面

图 4.9　运行界面

（3）设计一个 Windows 窗体应用程序，可以显示具有指定文本和标题的消息框。

要求：利用 Label 控件提示要输入的内容，利用 TextBox 控件输入文本和标题，利用 MessageBox 输出内容。

第 5 章

选择结构程序设计

顺序结构是按照程序中语句的书写顺序依次执行以实现某种功能。然而大多情况下,需要根据条件判断来改变语句的执行顺序以实现某种功能,这就需要用到选择结构和循环结构。

本章介绍选择结构,主要讲解 if 语句和 switch 语句及单选按钮、复选框、分组框、面板、选项卡等相关控件的使用。

5.1 if 语句

选择结构也称为分支结构,一般分为单分支、双分支、多分支 3 种。if 语句用于判断特定的条件能否满足,一般用于单分支和双分支选择,也可以用于多分支选择。

if 语句也称为条件语句,是程序设计中基本的选择语句,它根据条件表达式的值选择要执行的语句块。if 语句一般用于简单选择,即选择项中有一个或两个分支,语句执行过程中根据不同的情况选择其中一个分支执行。

5.1.1 if 语句概述

单分支的 if 语句是最简单的,它根据条件表达式的值决定是否要执行其后的语句块,格式如下:

```
if (条件表达式)
{
    语句块
}
```

【功能】 首先计算"条件表达式"的值,如果其值为 true,则执行"语句块",如果其值为 false,则不执行"语句块"。

【说明】
① 条件表达式可以是关系表达式、逻辑表达式或布尔常量值(true 和 false)。
② "语句块"可以是单语句,也可以是多语句。如果是单语句,大括号可以省略。
下面结合实例介绍 if 语句的使用方法。

【例 5-1】　编写一个 Windows 应用程序，实现如下功能：输入 3 个字符串后，输出最长的字符串及其长度。

利用 TextBox 输入字符串，使用单分支的 if 语句进行计算，利用消息框输出字符串及其长度，程序运行界面如图 5.1 所示。

图 5.1　例 5-1 程序运行界面

具体步骤如下。

（1）设计界面。新建一个 C# 的 Windows 应用程序，项目名称设置为 MaxLength，分别向窗体中添加 1 个标签、3 个文本框和 1 个按钮，并按照图 5.1 所示调整控件位置和窗体尺寸。

（2）设置属性。窗体和各个控件的属性设置如表 5.1 所示。

表 5.1　例 5-1 对象的属性设置

对　　象	属　性　名	属　性　值
Form1	Text	最长的字符串及其长度
label1	Text	请输入 3 个字符串：
textBox1	Name	txtStr1
textBox2	Name	txtStr2
textBox3	Name	txtStr3
button1	Name	btnOk
	Text	计算

（3）编写代码。双击按钮 btnOk，打开代码视图，在 Click 事件处理程序中，添加相应代码：

```
private void btnOk_Click(object sender, EventArgs e)
{
    //声明存储字符串长度的 3 个变量 i、j、k
    int i, j, k, max;    //max 存储最大长度
    TextBox txt;          //txt 指向字符串长度最大的文本框
    i = txtStr1.Text.Length;
    j = txtStr2.Text.Length;
    k = txtStr3.Text.Length;
    max = i; txt = txtSt1;
    if (j > max) { max = j; txt = txtStr2; }
    if (k > max) { max = k; txt = txtStr3; }
    MessageBox.Show("最长的字符串为"" +txt.Text+"",其长度为" +
```

```
        max.ToString(), "结果");
    }
```

（4）运行程序。单击"启动调试"按钮或按 F5 键运行程序，按照标签提示在 3 个文本框中输入字符串，然后单击"计算"按钮查看消息框的输出结果。

5.1.2　if-else 语句

双分支的 if 语句是最常用的，它根据条件表达式的值进行判断，选择其中一个分支执行，格式如下：

```
if (条件表达式)
    {
        语句块 1
    }
else
    {
        语句块 2
    }
```

【功能】　首先计算"条件表达式"的值，如果其值为 true，则执行"语句块 1"，否则执行"语句块 2"。

【说明】

① 条件表达式可以是关系表达式、逻辑表达式（布尔表达式）或布尔常量值（true 和 false）。

② "语句块 1"和"语句块 2"可以是单语句，也可以是多语句。如果是单语句，大括号可以省略。

下面结合示例介绍 if-else 语句的使用方法。

【例 5-2】　编写一个 Windows 应用程序，求一元一次方程式的解。

已知一元一次方程式 $ax+b=0$，输入 a 和 b，计算 x 的值。要求在 a 为零时提示错误，在 a 不为零时输出结果。

利用 TextBox 输入数据，使用双分支 if 语句判断数据是否有效和求方程解，利用消息框输出错误提示或正确结果，程序运行界面如图 5.2 所示。

具体步骤如下。

（1）设计界面。新建一个 C#的 Windows 应用程序，项目名称设置为 SimpleEquation，分别向窗体中添加 3 个标签、两个文本框和一个按钮，并按照图 5.2 所示调整控件位置和窗体尺寸。

（2）设置属性。窗体和各个控件的属性设置如表 5.2 所示。

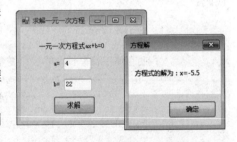

图 5.2　例 5-2 程序运行界面

表 5.2　例 5-2 对象的属性设置

对　象	属 性 名	属 性 值
Form1	Text	求解一元一次方程
label1	Text	一元一次方程式 ax+b=0
label2	Text	a=
label3	Text	b=
textBox1	Name	txtA
textBox2	Name	txtB
button1	Name	btnResult
	Text	求解

（3）编写代码。双击按钮 btnResult，打开代码视图，在 Click 事件处理程序中，添加相应代码：

```
private void btnResult_Click(object sender, EventArgs e)
{
    double a, b,x;
    a = double.Parse(txtA.Text);
    b = double.Parse(txtB.Text);
    if (a != 0)
    {
        x = -b / a;
        MessageBox.Show("方程式的解为：x=" + x.ToString(), "方程解");
    }
    else
        MessageBox.Show("输入的 a 值错误，a 不能等于 0！", "错误");
}
```

（4）运行程序。单击"启动调试"按钮或按 F5 键运行程序，输入 a 值为 0、b 值为任意数值，然后单击"求解"按钮，消息框会提示错误，界面如图 5.3 所示。

5.1.3　if-else if-else 语句

if 语句也可以用于多分支的选择结构，用来对

图 5.3　例 5-2 程序提示错误界面

3 种或 3 种以上的情况进行判断。if-else if-else 语句实际上就是 if 语句的嵌套，一般格式如下：

```
if (条件表达式 1)
{
    语句块 1
}
else if (条件表达式 2)
{
    语句块 2
}
…//其他分支
else if (条件表达式 n)
```

```
    {
        语句块 n
    }
else
    {
        语句块 n+1
    }
```

【功能】　首先计算"条件表达式 1"的值，如果其值为 true，则执行"语句块 1"，否则继续计算"条件表达式 2"的值；如果"条件表达式 2"的值为 true，则执行"语句块 2"，否则继续计算"条件表达式 3"的值，以此类推，直到找到一个值为 true 的条件表达式并执行该条件表达式后面的语句块。如果所有表达式的值都为 false，则执行 else 后面的"语句块 n+1"。

【说明】

① 条件表达式可以是关系表达式、逻辑表达式（布尔表达式）或布尔常量值（true 和 false）。

② "语句块"可以是单语句，也可以是多语句。如果是单语句，大括号可以省略。

③ if 语句可以嵌套，但应注意 if-else 的配对问题；在默认情况下，else 语句总是和最近的 if 语句配对。

④ 不管有几个分支，程序执行了一个分支后，其余分支不再执行；如果多分支中有多个条件表达式同时满足，只执行第一个与之匹配的语句块。

⑤ else if 不能写成 elseif，两个关键字之间有空格。

下面结合实例介绍 if-else if-else 语句的使用方法。

【例 5-3】　编写一个 Windows 应用程序，实现商品打折付款功能。

某超市促销活动中，根据顾客购买商品的总价 x 给予不同的优惠折扣，优惠折扣率 y 的计算公式如下：

$$y = \begin{cases} 0, & x < 300 \\ 5\%, & 300 \leqslant x < 800 \\ 8\%, & 800 \leqslant x < 1000 \\ 10\%, & 1000 \leqslant x < 5000 \\ 15\%, & x \geqslant 5000 \end{cases}$$

利用 TextBox 输入 x 的值，使用多分支的 if 语句判断 y 的值并计算出优惠费和实付款，利用只读的 TextBox 输出，程序运行界面如图 5.4 所示。

具体步骤如下。

（1）设计界面。新建一个 C#的 Windows 应用程序，项目名称设置为 Discount，分别向窗体中添加 4 个标签、4 个文本框和 1 个按钮，并按照图 5.4 所示调整控件位置和窗体尺寸。

（2）设置属性。窗体和各个控件的属性设置如表 5.3 所示。

图 5.4　例 5-3 程序运行界面

表 5.3 例 5-3 对象的属性设置

对　　象	属　性　名	属　　性　　值		
Form1	Text	超市折扣付款		
label1～labe4	Text	请输入应付商品总额： 优惠费		应付款 实付款
textBox1	Name	txtYF		
textBox2～textBox4	Name	txtYF2	txtYH	txtSF
	ReadOnly	True		
button1	Name	btnPay		
	Text	付　　款		

（3）编写代码。双击按钮 btnPay，打开代码视图，在 Click 事件处理程序中，添加相应代码：

```
private void btnPay_Click(object sender, EventArgs e)
{
    double x, y,yy,z;  //应付款 x、折扣率 y、折扣费 yy、实付款 z
    x=double.Parse(txtYF.Text);
    if(x<300)
        y=0;
    else if(x<800)
        y=0.05;
    else if(x<1000)
        y=0.08;
    else if(x<5000)
        y=0.1;
    else
        y=0.15;
    yy=x*y;  z=x-yy;
    txtYF2.Text=x.ToString();
    txtYH.Text=yy.ToString();
    txtSF.Text = z.ToString();
}
```

（4）运行程序。单击"启动调试"按钮或按 F5 键运行程序，输入应付商品总额，然后单击"付款"按钮查看优惠费和实付费的总额。

5.2 switch 语句

使用嵌套的 if 语句虽然可以实现多分支的选择结构，但 if 语句每次判断只能有两个分支，当判断的条件较多时，程序的可读性将大大降低。switch 语句（也称为开关语句）专门用于多分支的选择结构，其语法更简单，能处理复杂的条件判断。

switch 语句有一个控制表达式，其分支语句根据控制表达式的值的不同，执行不同的语句块。switch 语句的格式如下：

```
switch (控制表达式)
{
    case 常量表达式 1:
```

```
            语句块 1
            break;
    case 常量表达式 2:
            语句块 2
            break;
    …//其他分支
    case 常量表达式 n:
            语句块 n
            break;
    default:
            语句块 n+1
            break;
    }
```

【功能】 首先计算"控制表达式"的值，然后用其值逐个与 case 语句的"常量表达式"列表项进行匹配，如果"控制表达式"的值等于某个"常量表达式"的值，就执行该 case 语句下的"语句块"，然后结束 switch 语句的执行；如果匹配不成功，就执行 default 标签下的"语句块"，此时若省略了 default 标签则不作任何操作；最后跳出 switch 语句而执行后续语句。

【说明】

① "控制表达式"可以是 sbyte、byte、short、ushort、int、uint、long、ulong、bool、char、string 或枚举类型，使用较多的是 int 和 string 类型。

② switch 语句可以包括任意数目的 case 块，但是任何两个 case 语句都不能具有相同的值。

③ "语句块"可以是单语句，也可以是多语句。

④ break 语句用于中断选择分支的语句运行，此处用于跳出 switch 语句。在 switch 语句中，也可使用 goto 语句实现语句转移，但应尽量避免使用这种方法。

⑤ C# 不支持从一个 case 标签显式贯穿到另一个 case 标签，因此在每一个 case 块（包括 default 块）的后面都必须有一个跳转语句（如 break）；但有一个例外，这个例外是当 case 块中没有代码时，空 case 标签可以贯穿到另一个 case 标签，这种情况下多个 case 语句可以使用同一个语句块进行处理。

⑥ default 标签用来处理不匹配 case 语句的值，定义 default 标签可以增强处理相应的异常。

下面结合实例介绍 switch 语句的使用方法。

【例 5-4】 编写一个 Windows 应用程序，实现根据月份显示季节的功能。

利用 TextBox 输入月份，使用多分支的 switch 语句判断该月份属于什么季节，并利用 Label 输出季节的特征及英文单词，程序设计界面如图 5.5 所示。

具体步骤如下。

（1）设计界面。新建一个 C#的 Windows 应用程序，项目名称设置为 Season，分别向窗体中添加 3 个标签、1 个文本框和 1 个按钮，并按照图 5.5 所示调整控件位置和窗体尺寸。

图 5.5　例 5-4 程序设计界面

（2）设置属性。窗体和各个控件的属性设置如表 5.4 所示。

表 5.4 例 5-4 对象的属性设置

对 象	属 性 名	属 性 值
Form1	Text	农历月份与季节
label1	Text	请输入农历月份（1～12）：
label2	Name	lblEnglish
	Text	Season
	BorderStyle	Fixed3D
label3	Name	lblSeason
	Text	×季——农家×季、旅游×季
textBox1	Name	txtMonth
	MaxLength	2
button1	Name	btnSeason
	Text	季节特征

（3）编写代码。双击按钮 btnSeason，打开代码视图，在 Click 事件处理程序中，添加相应代码：

```
private void btnSeason_Click(object sender, EventArgs e)
{
    int month;
    month = int.Parse(txtMonth.Text);
    switch (month)
    {
        case 1:
        case 2:
        case 3:
            lblSeason.Text = "春季——农家闲季、旅游淡季";
            lblEnglish.Text = "Spring";
            break;
        case 4:
        case 5:
        case 6:
            lblSeason.Text = "夏季——农家忙季、旅游旺季";
            lblEnglish.Text = "Summer";
            break;
        case 7:
        case 8:
        case 9:
            lblSeason.Text = "秋季——农家忙季、旅游旺季";
            lblEnglish.Text = "Autumn";
            break;
        case 10:
        case 11:
        case 12:
            lblSeason.Text = "冬季——农家闲季、旅游淡季";
            lblEnglish.Text = "Winter";
            break;
        default:
            MessageBox.Show("输入的月份有误！");
            break;
    }
}
```

（4）运行程序。单击"启动调试"按钮或按 F5 键运行程序，输入月份，然后单击"季节特征"按钮查看效果，如图 5.6 所示。

图 5.6　例 5-4 程序运行界面

5.3　单选按钮与复选框

单选按钮和复选框都是选择控件，用于在一组可选选项中选择一个或多个选项。

5.3.1　单选按钮

单选按钮（RadioButton）控件列出了可供用户选择的选项，通常作为一组来工作，同一选项组中的多个选项是相互排斥的。RadioButton 控件主要用于从多个选项中选择一个选项的功能，是一种"多选一"的控件。单选按钮未选中时，其左侧是一个空心的小圆圈，选中后小圆圈中会出现一个黑点⊙。

RadioButton 控件的常用属性除了 Name、Enabled、Font、ForeColor、Text、Visible 等一般属性，还有一些自己特有的属性，如 AutoCheck（自动选择）、CheckAlign（选框位置）、Checked（是否选中）等。

1．创建一组单选按钮

RadioButton 控件一般以组的形式存在，绘制在同一容器控件内的多个 RadioButton 控件会自动以组的形式存在。后面要介绍的 GroupBox（分组框）、Panel（面板）和 TabControl（选项卡）控件都是容器控件，窗体也可以作为 RadioButton 组的容器。运行时，用户在每个选项组中只能选定一个单选按钮。

例如，如果把多个 RadioButton 控件分别添加到窗体和窗体上的一个 GroupBox 控件中，则相当于创建两组不同的单选按钮；所有直接添加到窗体的 RadioButton 控件成为一组单选按钮。

RadioButton 控件通常放置在 GroupBox 控件中。添加 GroupBox 控件到窗体后，选中 GroupBox 控件，此时双击工具箱中的 RadioButton，单选按钮会自动添加到 GroupBox 控件中。

提示：

> 设计模式下，移动容器控件，该容器控件内的所有控件也一起移动。

2．运行时选择单选按钮

在运行时选择单选按钮有多种方法：用鼠标单击某个单选按钮；使用 Tab 键将焦点移动到一组单选按钮后，再用方向键从组中选定一个按钮；在 RadioButton 控件的 Text 属性上创建快捷键后，同时按 Alt 键和相应的字符键；在代码中将 RadioButton 控件的 Checked 属性设置为 true。

3．常用属性

RadioButton 控件的常用属性有 AutoCheck（自动选择）、CheckAlign（选框位置）、Checked（是否选中）。

AutoCheck 属性用于获取或设置单选按钮在单击时是否自动更改状态，默认值为 true。如果该属性值为 false，就必须在 Click 事件处理程序中手工检查单选按钮。

CheckAlign 属性用于获取或设置可选框（小圆圈）在单选按钮控件中的位置，默认值为 MiddleLeft，即水平靠左、垂直居中。

Checked 属性用于获取或设置单选按钮是否选中。默认值为 false，即未选中；选中时，值将变为 true。

4．常用事件

RadioButton 控件的常用事件是 CheckedChanged 和 Click。

当单选按钮的 Checked 属性值改变后，也就是选择状态发生改变后，触发 CheckedChanged 事件；当单击单选按钮时，触发 Click 事件。

每次单击单选按钮时，都会触发 Click 事件，这与 CheckedChanged 事件不同。连续单击一个之前未选中的单选按钮两次或多次，只改变 Checked 属性一次（由 false 变为 true），即触发 CheckedChanged 事件一次；而连续单击一个已经选中的单选按钮，却不会改变 Checked 属性，即不会触发 CheckedChanged 事件。

如果被单击单选按钮的 AutoCheck 属性为 false，则该单选按钮根本不会被选中，只会触发 Click 事件，不会触发 CheckedChanged 事件。

5.3.2　复选框

复选框（CheckBox）控件也列出了可供用户选择的选项，用户根据需要可以从选项组中选择一项或多项，这是其与 RadioButton 的主要区别。复选框未选中时，其左侧是一个空心的小方框，选中后小方框中会出现一个对勾☑。

1．创建一组复选框

CheckBox 控件的创建方法，与 RadioButton 非常类似。创建 CheckBox 控件时，一般也是以组的形式存在，通常也是放置在 GroupBox 中作为一组。

2．运行时选择复选框

在运行时选择复选框的方法，与 RadioButton 有一定的区别：用鼠标单击某个复选框；使用 Tab 键将焦点移动到选项组之后，用方向键在各个复选框之间移动焦点，用空格键切换复选框的选择状态；在 CheckBox 控件的 Text 属性上创建快捷键后，同时按 Alt 键和相应的字符键；在代码中将 CheckBox 控件的 Checked 属性设置为 true，或者将 CheckState

属性设置为 Checked。

3. 常用属性

CheckBox 控件的常用属性有 AutoCheck（自动选择）、CheckAlign（选框位置）、Checked（是否选中）、CheckState（选择状态）和 ThreeState（是否允许 3 种状态）。前 3 个属性与 RadioButton 控件类似，CheckState 和 ThreeState 是其特有的属性。

（1）CheckState 属性。CheckState 属性用于获取或设置复选框的选择状态。单选按钮只有"未选中"和"选中"两种状态，复选框则有"未选中"、"选中"和"不确定"3 种状态，即该属性有 3 个取值：Unchecked、Checked 和 Indeterminate。Visual Studio 2012 中，"不确定"状态的复选框，其左侧的可选框是实心的，通常表示复选框的当前值无效。

复选框的 CheckState 属性与 Checked 属性相关联：当设置 CheckState 属性的值为 Unchecked 时，Checked 属性的值自动变为 false；当设置 CheckState 属性的值为 Checked 或 Indeterminate 时，Checked 属性的值自动变为 true。

（2）ThreeState 属性。ThreeState 属性用于获取或设置复选框是否会允许 3 种选择状态，而不是两种状态。默认值为 false，即只支持"未选中"和"选中"两种状态；如果该属性取值为 true，则可以支持 3 种状态。

如果该属性取值为 false，在设计模式下 CheckState 属性可以取值为 Indeterminate；但在运行模式下，用键盘或鼠标进行选择却不能再切换回"不确定"状态，不过仍然可以通过代码将 CheckState 属性值改为 Indeterminate 或将 ThreeState 属性值改为 true 来支持"不确定"状态。

4. 常用事件

与 RadioButton 控件一样，CheckBox 控件也有 CheckedChanged 和 Click 事件，此外还有 CheckStateChanged 事件。

当复选框的 Checked 属性值改变后，触发 CheckedChanged 事件；当单击单选复选框时，触发 Click 事件；当复选框的 CheckState 属性值改变后，触发 CheckStateChanged 事件。

每次单击复选框时，都会触发 CheckStateChanged 和 Click 事件，但不会每次都触发 CheckedChanged 事件。当复选框的状态在"选中"和"不确定"之间切换时，Checked 属性值不变（值为 true），此时不会触发 CheckedChanged 事件。

当 3 个事件都触发时，触发的次序为 CheckedChanged、CheckStateChanged、Click。

【例 5-5】编写一个 Windows 应用程序，输入并确认学生的基本信息。

利用 TextBox、RadioButton 和 CheckBox 输入学生的姓名、性别、年龄、籍贯、爱好等基本信息，利用消息框输出信息进行确认，程序设计界面如图 5.7 所示。

具体步骤如下。

（1）设计界面。新建一个 C#的 Windows 应用程序，项目名称设置为 StudentInfo，分别向窗体中添加 4 个标签、3

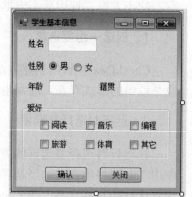

图 5.7 例 5-5 程序设计界面

个文本框、2 个单项按钮、一个分组框、6 个复选框和 2 个按钮，并按照图 5.7 所示调整控件位置和窗体尺寸。

（2）设置属性。窗体和各个控件的属性设置如表 5.5 所示。

表 5.5　例 5-5 对象的属性设置

对　象	属 性 名	属 性 值
Form1	Text	学生基本信息
	MaximizeBox	False
label1～label4	Text	姓名　　　性别　　　年龄　　　籍贯
radioButton1	Name	radMale
	Text	男
	Checked	True
radioButton2	Name	radFemale
	Text	女
textBox1～textBox3	Name	txtName　　　txtAge　　　txtNativePlace
groupBox1	Text	爱好
checkBox1～checkBox6	Name	chk1 chk2　chk3　　chk4　　chk5　　chk6
	Text	阅读 音乐　编程　　旅游　　体育　　其他
button1	Name	btnConfirm
	Text	确认
button2	Name	btnClose
	Text	关闭

（3）编写代码。双击按钮 btnConfirm，打开代码视图，在 Click 事件处理程序中，添加相应代码：

```
private void btnConfirm_Click(object sender, EventArgs e)
{
    string msg;  //要确认的信息
    msg=txtName.Text.Trim();  //Trim()去掉字符串两端的空格
    //姓名
    if (msg == "")
    {
        MessageBox.Show("姓名不能为空！","提示");
        return;
    }
    //性别
    if (radMale.Checked)
        msg+="，男";
    else
        msg += "，女";
    //年龄
    if (txtAge.Text.Trim() != "")
        msg += "，"+txtAge.Text.Trim()+"岁";
    //籍贯
    if (txtNativePlace.Text.Trim() != "")
        msg += "，" + txtNativePlace.Text.Trim() + "人";
    msg += "\n";  //换行
    //爱好
    string hobby;  hobby="";
```

```
      if (chk1.Checked)
          hobby += "<" + chk1.Text + ">";
      if (chk2.Checked)
          hobby += "<" + chk2.Text + ">";
      if (chk3.Checked)
          hobby += "<" + chk3.Text + ">";
      if (chk4.Checked)
          hobby += "<" + chk4.Text + ">";
      if (chk5.Checked)
          hobby += "<" + chk5.Text + ">";
      if (chk6.Checked)
          hobby += "<" + chk6.Text + ">";
      if (hobby != "")
          hobby = "爱好" + hobby;
      else
          hobby = "无特殊爱好";
      msg += hobby;
      //显示所有要确认的信息
      MessageBox.Show(msg, "信息确认");
  }
```

双击按钮 btnClose，切换到代码视图，在 Click 事件处理程序中，添加相应代码：

```
private void btnClose_Click(object sender, EventArgs e)
{
    this.Close();
}
```

（4）运行程序。单击"启动调试"按钮或按 F5 键运行程序，输入相关信息，然后单击"确认"按钮查看信息，如图 5.8 所示。

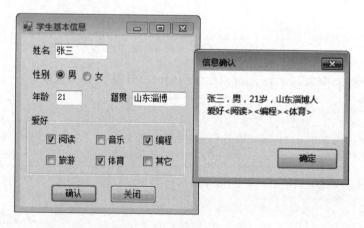

图 5.8　例 5-5 程序运行界面

5.4　容器控件

在可视化程序设计中，窗体是最大的容器，它可以容纳包括容器控件在内的所有控件。容器控件是一种特殊的控件，主要用来存放其他的控件。如果把一组普通控件放在容器控件中，可以通过设置容器控件的某些属性（如 Enabled、Font、Visible）来一次性更改整组普通控件的属性，也可以通过移动容器控件来移动整组普通控件。常见的容器控件包括 GroupBox、Panel 和 TabControl，下面分别介绍。

5.4.1　分组框

前面介绍过，RadioButton 和 CheckBox 控件通常放置在分组框（GroupBox）控件中。GroupBox 控件用于为其他控件提供可识别的分组，把其他控件用框架框起来，可以提供视觉上的区分和总体的激活或屏蔽特性。

大多情况下，只需使用 GroupBox 控件将功能类似或关系紧密的控件分成可标识的控件组，而不必响应 GroupBox 控件的事件。通常需要设置的只是 GroupBox 控件的 Text、Font 或 ForeColor 属性，用来说明框内控件的功能或作用，而且对窗体有一定的修饰美化作用。

5.4.2　面板

面板（Panel）控件类似于 GroupBox 控件，两者主要的区别是：只有 GroupBox 控件可以显示标题，只有 Panel 控件可以有滚动条；GroupBox 控件必须有边框，但 Panel 控件可以没有边框。

如果要 Panel 控件显示滚动条，只需将 AutoScroll 属性设置为 true，当 Panel 控件的内容大于它的可见区域时就会自动显示滚动条。

Panel 控件默认没有边框，可以通过设置 BorderStyle 属性设置其边框效果。

还可以通过设置 BackColor、BackgroundImage 等属性来美化面板的外观。

5.4.3　选项卡

选项卡（TabControl）控件用于显示多个选项卡页，每个选项卡页中可以放置其他控件（包括 GroupBox、Panel 等容器控件）。

可以利用 TabControl 控件来生成多页对话框，这种对话框在 Windows 操作系统和常用软件中都可以找到，如控制面板的"显示"属性、Word 的"页面设置"对话框，如图 5.9 所示。

选项卡由一个选项卡条和多个选项卡页组成，其中选项卡条是选项卡页标签的集合。设计模式下，单击选项卡条可以选中 TabControl 对象，也可以切换显示各个选项卡页的内容；单击选项卡条下方的选项卡页，才可以选中 TabPage 选项卡。

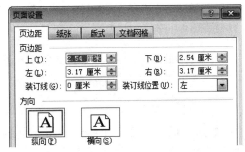

图 5.9　"页面设置"对话框

TabControl 控件的常用属性除了 Name、Enabled、Font、ImageList、Location、Locked、

Visible 等一般属性，还有一些自己特有的属性，如表 5.6 所示。

表 5.6　TabControl 的特有属性

属　　性	说　　明
Alignment	控制选项卡条在控件中的显示位置，可取值 Top、Bottom、Left、Right，默认值 Top
Appearance	控制选项卡条的显示方式，可取值 Normal、Buttons、FlatButtons，默认值 Normal
HotTrack	指示当鼠标指针移过控件的选项卡条时，选项卡是否会发生外观变化，默认值 false
ImageList	指示为选项卡提供图像的 ImageList 对象
Multiline	指示是否允许多行显示选项卡条，默认值 false（如果选项卡页超出了选项卡条的可见区域，会在选项卡条的右侧出现左右箭头）
RowCount	获取控件的选项卡条中当前显示的行数（如果 Multiline 为 false，该属性值始终为 1）
SelectedIndex	获取或设置当前选定的选项卡页的索引
SelectedTab	获取或设置当前选定的选项卡页
ShowToolTips	指示选项卡条是否显示工具提示
TabCount	获取控件中选项卡页的数目
TabPages	获取控件中选项卡页的集合，使用这个集合可以添加和删除 TabPage 对象

提示：

> 属性 RowCount、SelectedIndex、SelectedTab 和 TabCount 在属性窗口中不存在，只能通过代码访问。

　　TabControl 控件最常用的事件是 SelectedIndexChanged，该事件当 SelectedIndex 属性值更改时触发，也就是当切换选项卡页时触发。

　　TabControl 对象由多个选项卡页组成，每个选项卡页都是一个 TabPage 对象，单击选项卡页时将触发 TabPage 对象的 Click 事件。TabPage 对象除了 Name、Font、ForeColor、Locked、Text 等一般属性，还有几个特有属性，如表 5.7 所示。

表 5.7　TabPage 的特有属性

属　　性	说　　明
ImageIndex	指示选项卡页的标签上显示的图像的索引
ImageKey	指示选项卡页的标签上显示的图像的键（图像文件名）
ToolTipText	指示当鼠标悬停在此选项卡页的标签上时显示的文本

提示：

> 如果要让选项卡页的标签显示图像，首先要将 TabControl 控件的 ImageList 属性设置为某个 ImageList 对象，然后再设置 TabPage 对象的 ImageIndex 或 ImageKey 属性。

　　【例 5-6】　设计一个简单的用户登录界面，当输入正确的用户名和密码时，系统切换到主界面，否则给出错误提示。

　　根据登录界面身份的不同，主界面的操作权限不同；利用 TabControl、Panel 和 GroupBox 控制界面布局和显示，程序设计界面如图 5.10 和图 5.11 所示。

　　具体步骤如下。

（1）设计界面。新建一个 C#的 Windows 应用程序，项目名称设置为 SimpleLogin，先向窗体中添加一个 TabControl 控件，再在两个选项卡页上分别添加一个 Panel 控件，然后按照图 5.10 和图 5.11 所示，分别在两个 Panel 控件上添加相应控件并调整控件位置和窗体尺寸。

图 5.10 例 5-6 用户登录设计界面

图 5.11 例 5-6 学生档案设计界面

（2）设置属性。窗体和各个控件的属性设置如表 5.8 所示。

表 5.8 例 5-6 对象的属性设置

对　　象	属 性 名	属 性 值				
Form1	Text	学生档案管理系统				
	MaximizeBox	False				
tabControl1	Name	tabMIS				
tabPage1	Name	tpLogin				
	Text	用户登录				
panel1	Name	pnlLogin				
label1，label2	Text	用户名　　　　　　密码				
textBox1	Name	txtUser				
textBox2	Name	txtPwd				
	PasswordChar	*				
	MaxLength	10				
groupBox1	Text	身份				
radioButton1～radioButton3	Name	radXS	radJS	radGLY		
	Text	学生	教师	管理员		
radioButton1	Checked	True				
groupBox2	Text	权限				
	Enabled	False				
checkBox1～checkBox5	Name	chk1	chk2	chk3	chk4	chk5
	Text	查询	浏览	添加	删除	修改
checkBox1	Checked	True				
button1	Name	btnOk				
	Text	确定（&O）				

对　象	属　性　名	属　性　值			
button2	Name	btnCance			
	Text	取消（&C）			
tabPage2	Name	tpRecord			
	Text	学生档案			
panel2	Name	pnlRecord			
	Visible	False			
button3～button7	Name	btnSel	btnBro	btnIns	btnDel	btnMod
	Text	查询	浏览	插入	删除	修改
	Image	指定合适的图像			
	ImageAlign	MiddleLeft			
	TextAlign	MiddleRight			
button8	Name	btnLogout			
	Text	注销登录			
button9	Name	btnExit			
	Text	退出系统			

（3）编写代码。首先，在 Form1 类中，声明 3 个 string 类型的变量分别用来存储用户名、密码和身份，然后在 Form1 的 Load 事件中进行初始化。

```
string yhm, mm, sf; //声明变量存储用户名、密码和身份
private void Form1_Load(object sender, EventArgs e)
{
    yhm = mm = "";
    sf = radXS.Text;
}
```

其次，分别为 3 个单项按钮添加 CheckedChanged 事件处理程序，并编写相应代码：

```
//1 学生
private void radXS_CheckedChanged(object sender, EventArgs e)
{
    if (radXS.Checked)
    {
        sf = radXS.Text;
        chk2.Checked = chk3.Checked = chk4.Checked = chk5.Checked
            = false;
    }
}
//2 教师
private void radJS_CheckedChanged(object sender, EventArgs e)
{
    if (radJS.Checked)
    {
        sf = radJS.Text;
        chk2.Checked = true;
        chk3.Checked = chk4.Checked = chk5.Checked = false;
```

```
    }
}
//3 管理员
private void radGLY_CheckedChanged(object sender, EventArgs e)
{
    if (radGLY.Checked)
    {
        sf = radGLY.Text;
        chk2.Checked = chk3.Checked = chk4.Checked = chk5.Checked
            = true;
    }
}
```

然后，分别为 4 个按钮添加 Click 事件处理程序，并编写相应代码：

```
//确定
private void btnOk_Click(object sender, EventArgs e)
{
    yhm = txtUser.Text.Trim();
    mm = txtPwd.Text.Trim();
    if (yhm == "xs" && mm == "xs" && sf == "学生")
    {
        tabMIS.SelectedTab = tpRecord;
        pnlRecord.Visible = true;
        btnBro.Enabled = btnIns.Enabled = btnDel.Enabled
            = btnMod.Enabled = false;
        pnlLogin.Visible = false;
    }
    else if (yhm == "js" && mm == "js" && sf == "教师")
    {
        tabMIS.SelectedTab = tpRecord;
        pnlRecord.Visible = true;
        btnBro.Enabled = true;
        btnIns.Enabled = btnDel.Enabled = btnMod.Enabled = false;
        pnlLogin.Visible = false;
    }
    else if (yhm == "gly" && mm == "gly" && sf == "管理员")
    {
        tabMIS.SelectedTab = tpRecord;
        pnlRecord.Visible = true;
        pnlLogin.Visible = false;
        btnBro.Enabled = btnIns.Enabled= btnDel.Enabled
            = btnMod.Enabled = true;
    }
    else
        MessageBox.Show("用户名或密码或身份错误", "登录失败");
}
//取消
private void btnCancel_Click(object sender, EventArgs e)
{
    this.Close();
```

```
    }
    //退出系统
    private void btnExit_Click(object sender, EventArgs e)
    {
        Application.Exit();                          //退出应用程序
    }
    //注销登录
    private void btnLogout_Click(object sender, EventArgs e)
    {
        pnlLogin.Visible = true;
        pnlRecord.Visible = false;
        txtPwd.Text = txtUser.Text = "";
        radXS.Checked = true;
        tabMIS.SelectedTab = tpLogin;               //重新显示登录界面
    }
```

（4）运行程序。单击"启动调试"按钮或按 F5 键运行程序，输入用户名 js、密码 js 并选择"教师"身份，如图 5.12 所示，然后单击"确定"按钮查看结果，如图 5.13 所示。

图 5.12 用户登录运行界面

图 5.13 学生档案运行界面

5.5 本章小结

本章主要介绍了选择结构的 if 语句和 switch 语句，以及 RadioButton、CheckBox、GroupBox、Panel、TabControl 控件。本章重点内容如下：

- 单分支、双分支和多分支的 if 语句的格式及使用方法。
- switch 语句的格式及使用方法。
- 单选按钮与复选框控件的使用。
- 分组框、面板和选项卡 3 种容器控件的使用。

习　　题

1．选择题

（1）if 语句中的条件表达式，不能是（　　）。

　　A．关系表达式　　B．算术表达式　　C．逻辑表达式　　D．布尔常量值

（2）switch 语句中，用（　　）来处理不匹配 case 语句的值。

　　A．default　　　　B．anyelse　　　　C．break　　　　D．goto

（3）下列属性中，RadioButton 和 CheckBox 控件都具有的是（　　）属性。

　　A．ThreeState　　B．BorderStyle　　C．Checked　　　D．CheckState

（4）下列控件中，不属于容器控件的是（　　）。

　　A．GroupBox　　B．Panel　　　　　C．ImageList　　D．TabControl

2．思考题

（1）switch 语句中，break 语句和 default 标签有什么作用？

（2）简述 RadioButton 和 CheckBox 控件的作用。

（3）简述 GroupBox 控件的作用。

（4）GroupBox 和 Panel 控件的主要区别是什么？

（5）简述 TabControl 控件的作用。

3．上机练习题

（1）编写一个简单的计算器，能够实现整数的加、减、乘、除 4 种运算，设计界面如图 5.14 所示。

要求：利用 TextBox 输入运算数，利用 RadioButton 设置运算符；使用 if 语句判断运算符并进行相应运算；除数为零要提示错误；利用只读的 TextBox 输出运算结果。

（2）编写一个简单的成绩转换程序，将百分制成绩 x 转换为五分制成绩，设计界面如图 5.15 所示。

图 5.14　简单计算器

图 5.15　成绩转换器

要求：利用 TextBox 输入百分制成绩 x；$x \geqslant 90$ 为"优秀"，$80 \leqslant x < 90$ 为"良好"，$70 \leqslant x < 80$ 为"中等"，$60 \leqslant x < 70$ 为"及格"，$x < 60$ 为"不及格"；使用 switch 语句进行转换；利用只读的 TextBox 输出五分制成绩。

 提示：

switch 语句的控制表达式为"$x/10$"。

（3）编写一个简单的大学选课程序，输入学号和姓名后，选择学历，再选择选修课程，然后输出学生的基本信息和选课信息。

要求：利用 TextBox 控件输入姓名和学号，利用 GroupBox 和 RadioButton 控件选择学历（本科或研究生），利用 GroupBox 和 CheckBox 控件选择课程；不同学历，可选的课程不同；单击"确定"按钮后，利用消息框输出学生的基本信息和选课信息。

第6章 循环结构程序设计

　　顺序结构是按照程序中语句的书写顺序依次执行，选择结构是根据不同的条件选择不同的分支执行。循环结构则是在给定条件成立时反复执行某个程序段，直到条件不成立为止。其中给定的条件称为循环条件，反复执行的程序段称为循环体。

　　本章主要介绍循环结构的 4 种循环机制（for、foreach、while 和 do-while），以及列表框、组合框、计时器、进度条等相关控件和组件的使用。

6.1　循环语句

　　C#提供了多种形式的循环语句，包括 for 语句、foreach 语句、while 语句和 do-while 语句，下面分别介绍。

6.1.1　for 语句

　　for 语句用于循环次数可知的循环结构，其特点是：先判断是否满足给定的条件，如果满足条件则进入循环，否则退出该循环。for 语句的格式如下：

```
for(表达式 1；表达式 2；表达式 3)
{
    循环体
}
```

　　【功能】　首先执行表达式 1 来为"循环变量"赋初值，再判断内含"循环变量"的表达式 2 是否满足，如果满足则执行"循环体"，然后执行表达式 3 以改变"循环变量"的值；再次判断表达式 2 是否满足，如果满足则执行"循环体"，然后执行表达式 3 以改变"循环变量"的值，重复上述过程，直到表达式 2 不再满足才结束循环，然后执行循环语句的后续语句。

　　【说明】
　　① 表达式 1 是赋值表达式，用来为"循环变量"赋初值，仅在初次进入循环时执行一次。
　　② 表达式 2 是逻辑表达式或关系表达式，用来检测循环条件是否成立。
　　③ 表达式 3 是赋值表达式，用来更改"循环变量"的值以保证循环能正常终止，一般通

过递增或递减来实现；递增或递减的值，称为步长，大多情况下步长为 1。

④ 循环体可以是单语句，也可以是多语句。如果是单语句，大括号可以省略。

⑤ 在循环体内，可以对循环变量多次引用，但尽量不要对其赋值，否则影响结果。

⑥ 表达式 1、表达式 2、表达式 3 都是可选的；如果省略表达式 2，并且不采用跳转语句，会导致死循环的发生；可以在循环体中的任意位置放置 break 语句来强制终止 for 循环。

⑦ 可以在循环体中的任意位置放置 continue 语句来结束本次循环，在整个循环体没有执行完就重新开始新的循环。

⑧ break 语句和 continue 语句通常与 if 语句结合使用，在 if 语句中判断条件是否满足，若满足则执行 break 或 continue 语句。

下面结合实例介绍 for 语句的使用方法。

【例 6-1】 编写一个 Windows 应用程序，计算 $a+aa+aaa+aaaa+\cdots+aa\cdots a$（$n$ 个）的值，其中 a 和 n 为 1～9 之间的整数。

例如，当 $a = 1$、$n = 3$ 时，求 1+11+111 之和。

利用 TextBox 输入 a 和 n，使用 for 语句进行计算，程序运行界面如图 6.1 所示。

图 6.1 例 6-1 程序运行界面

具体步骤如下。

（1）设计界面。新建一个 C#的 Windows 应用程序，项目名称设置为 addAtoNA，分别向窗体中添加 4 个标签、3 个文本框和 1 个按钮，并按照图 6.1 所示调整控件位置和窗体尺寸。

（2）设置属性。窗体和各个控件的属性设置如表 6.1 所示。

表 6.1 例 6-1 对象的属性设置

对　　象	属 性 名	属 性 值	
Form1	Text	求和	
label1	Text	求 a+aa+aaa+⋯+a⋯a(n 个)， 其中 a 和 n 为 1～9 之间的整数	
label2，label3	Text	a =	b =
textBox1，textBox2	Name	txtA	txtN
	MaxLength	1	
textBox3	Name	txtSum	
	MaxLength	10	
	ReadOnly	True	
button1	Name	btnCal	
	Text	计算	

（3）编写代码。双击按钮 btnCal，打开代码视图，在 Click 事件处理程序中，添加相应代码：

```
private void btnCal_Click(object sender, EventArgs e)
{
    int a, n, num,sum;
```

```
num = sum = 0;  //num 存储单个加数，sum 存储和
a = int.Parse(txtA.Text);
n = int.Parse(txtN.Text);
for (int i = 1; i <= n; i++)
{
    num = num * 10 + a;
    sum += num;
}
txtSum.Text = sum.ToString();
}
```

（4）运行程序。单击"启动调试"按钮或按 F5 键运行程序，按照标签提示输入 a 和 n，然后单击"计算"按钮查看输出结果。

6.1.2　foreach 语句

foreach 语句是专用于对数组、集合等数据结构中的每一个元素进行循环操作的语句，通过它可以列举数组、集合中的每个元素，并且通过执行循环可以对每一个元素进行需要的操作。foreach 语句一般格式如下：

```
foreach(类型名 变量名 in 数组或集合名称)
{
    循环体
}
```

【功能】　对数组或集合中的每一个元素（用"变量名"表示），执行循环体中的语句。

【说明】

①"变量名"是一个循环变量，在循环中，该变量依次获取数组或集合中各元素的值，所以"类型名"必须与数组或集合的类型一致。

②"循环体"可以是单语句，也可以是多语句。如果是单语句，大括号可以省略。

③ 可以在循环体中的任意位置放置 continue 或 break 语句来结束本次循环或退出循环，break 和 continue 语句通常结合 if 语句使用。

下面结合两个实例，分别介绍如何利用 foreach 语句遍历数组和集合。

【例 6-2】遍历数组：编写一个 Windows 应用程序，计算一维数组中最大值。

利用 TextBox 输入数组的大小，使用 for 语句进行对数组元素赋值（-100~100 间的随机整数），使用 foreach 语句计算数组中的最大值，利用只读 TextBox 输出各元素及最大值，程序运行界面如图 6.2 所示。

具体步骤如下。

（1）设计界面。新建一个 C#的 Windows 应用程序，项目名称设置为 MaxValue，分别向窗体中添加一个标签、两个文本框和两个按钮，并按照图 6.2 所示调整控件位置和窗体尺寸。

图 6.2　例 6-2 程序运行界面

（2）设置属性。窗体和各个控件的属性设置如表 6.2 所示。

表 6.2　例 6-2 对象的属性设置

对　象	属 性 名	属 性 值
Form1	Text	计算最大值
label1	Text	请输入数组的大小：
textBox1	Name	txtN
textBox2	Name	txtResult
	Multiline	True
	ReadOnly	True
	ScrollBars	Vertical
button1	Name	btnValues
	Text	随机赋值
button2	Name	btnMax
	Text	计算最大值
	Enabled	False

（3）编写代码。在 Form1 类中，先分别声明一个整型的变量（标记数组大小）和一个整型的数组，然后分别为 btnValues 和 btnMax 添加 Click 事件处理程序并编写相应代码：

```
int n;  int[] a;
private void btnValues_Click(object sender, EventArgs e)
{
    n = int.Parse(txtN.Text);
    a = new int[n];
    Random rand=new Random();    // Random 类是伪随机数生成器
    for (int i = 1; i <= n; i++)
        a[i-1] = rand.Next(-100, 101);  //返回[-100,101)范围内的随机整数
    btnMax.Enabled = true;
}
private void btnMax_Click(object sender, EventArgs e)
{
    int max = -100;
    string aa = "各数组元素为：";
    foreach (int t in a)
    {
        aa += "<" + t.ToString() + ">";
        if (t > max) max = t;
    }
    txtResult.Text = "数组的最大值为" + max.ToString() + ", " + aa;
}
```

（4）运行程序。单击"启动调试"按钮或按 F5 键运行程序，按照标签提示输入数组大小，然后依次单击"随机赋值"和"计算最大值"按钮查看输出结果。

【例 6-3】 遍历控件：在例 5-5（输入并确认学生的基本信息）的基础上，增加信息重置（取消所有已输入信息）的功能。

利用 foreach 语句遍历控件并对控件的相应属性进行设置，程序修改后的设计界面如图 6.3 所示。

具体步骤如下。

（1）打开项目 StudentInfo，在窗体上增加一个 Button 控件，设置其 Text 属性值为"重置"、Name 属性值为 btnReset，并按照图 6.3 所示调整好 3 个 Button 控件位置。

（2）双击按钮 btnReset，打开代码视图，在 Click 事件处理程序中，添加相应代码：

图 6.3 例 6-3 程序设计界面

```csharp
private void btnReset_Click(object sender, EventArgs e)
{
    //遍历窗体上的控件（不包括容器控件内部的）
    foreach (Control ctl in this.Controls)
    {
        if (ctl.GetType().Name == "TextBox")
        {
            ctl.Text = "";
        }
        if (ctl.GetType().Name == "RadioButton")
        {
            RadioButton rad = (RadioButton)ctl;
            rad.Checked = false;
        }
    }
    //遍历容器控件内部的控件
    foreach (Control ctl in groupBox1.Controls)
    {
        if (ctl.GetType().Name == "CheckBox")
        {
            CheckBox chk = (CheckBox)ctl;
            chk.Checked = false;
        }
    }
}
```

（3）单击"启动调试"按钮或按 F5 键运行程序，输入相关信息，然后单击"重置"按钮查看效果。

6.1.3 while 语句

while 语句一般用于循环次数未知的循环结构，也可以用于循环次数可知的循环结构。while 语句的特点是：先在循环的顶部判断是否满足给定的条件，如果满足条件则进入循环，否则退出该循环。while 语句的格式如下：

```
while(条件表达式)
{
    循环体
}
```

【功能】　首先计算 while 后面的"条件表达式"，如果其值为 true，则执行循环体，然后再次计算 while 后面的"条件表达式"，重复上述过程……当某一次计算"条件表达式"的值为 false 时，退出循环，然后执行 while 语句的后续语句。

【说明】

① 本循环为先判断后执行，有可能一次也不执行。

② 条件表达式可以是关系表达式、逻辑表达式或布尔常量值（true 和 false）。

③ 循环体可以是单语句，也可以是多语句。如果是单语句，大括号可以省略。

④ 循环体内要使用循环变量来控制循环，注意在循环之前循环变量的初值应满足循环条件，在循环过程中，每循环一次需要修改循环变量的值，当循环变量的值不符合循环条件时循环终止。

⑤ 如果条件表达式是布尔常量值 true，会导致死循环的发生；可以在循环体中的任意位置放置 break 语句来强制终止 while 循环。

⑥ 可以在循环体中的任意位置放置 continue 语句来结束本次循环，在整个循环体没有执行完就重新开始新的循环。

⑦ break 语句和 continue 语句通常与 if 语句结合使用，在 if 语句中判断条件是否满足，若满足则执行 break 或 continue 语句。

下面结合实例介绍 while 语句的使用方法。

【例 6-4】　编写一个 Windows 应用程序，利用公式 $\frac{\pi}{4}=1-\frac{1}{3}+\frac{1}{5}-\frac{1}{7}+\cdots$，求 π 的近似值。

利用数学模型为 $\sum_{n=1}^{\infty}(-1)^{n+1}\frac{1}{2n-1}$ 和 while 语句进行计算，计算条件为累加因子的绝对值不小于指定的值，该值利用 TextBox 输入（如要求计算到 10^{-7}，输入"7"），程序运行界面如图 6.4 所示。

具体步骤如下。

（1）设计界面。新建一个 C# 的 Windows 应用程序，项目名称设置为 ShowPI，分别向窗体中添加 5 个标签、一个图片框、一个文本框和一个按钮，并按照图 6.4 所示调整控件位置和窗体尺寸。

（2）设置属性。窗体和各个控件的属性设置如表 6.3 所示。

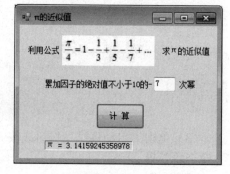

图 6.4　例 6-4 程序运行界面

表 6.3　例 6-4 对象的属性设置

对　　象	属　性　名	属　性　值
Form1	Text	π 的近似值
label1～label4	Text	利用公式 $\frac{\pi}{4}=1-\frac{1}{3}+\frac{1}{5}-\frac{1}{7}+\cdots$ 求 π 的近似值 累加因子的绝对值不小于 10 的– 次幂

续表

对　　象	属 性 名	属 性 值
label5	Name	lblPI
	BorderStyle	Fixed3D
	Text	π =
pictureBox1	Image	指定要显示公式的图片
	SizeMode	Zoom
textBox1	Name	txtN
button1	Name	btnCal
	Text	计算

（3）编写代码。双击按钮 btnCal，打开代码视图，在 Click 事件处理程序中，添加相应代码：

```
private void btnCal_Click(object sender, EventArgs e)
{
    double myPI, d; //表示π和累加因子
    int c,n, flag;   //表示输入的次幂和数学模型中的n及累加因子的符号
    //初始化
    myPI = 0; n = 1; flag = -1; d = 1;
    c = - int.Parse(txtN.Text);
    //累加
    while(true)
    {
        flag *= -1;
        myPI += flag * d;
        n += 1;
        d = (double)1 / (double)(2 * n - 1);
        if(d < Math.Pow(10,c))  break;
    }
    myPI = 4 * myPI;
    lblPI.Text = "π = " + myPI.ToString();
}
```

（4）运行程序。单击"启动调试"按钮或按 F5 键运行程序，按照标签提示输入次幂，然后依次单击"计算"按钮查看输出结果。

6.1.4　do-while 语句

do-while 语句与 while 语句非常相似，两者的差别在于：while 语句的测试条件在每一次循环开始时进行判断，因为先判断后执行，所以可能一次也不执行；而 do-while 语句的测试条件在每一次循环结束时进行判断，因为先执行后判断，所以至少执行一次。

do-while 语句的特点是：先执行循环体，再在循环的底部判断是否满足给定的条件，如果满足条件则进入下一次循环，否则退出该循环。do-while 语句的格式如下：

```
do
{
    循环体
} while(条件表达式);
```

【功能】 首先执行循环体，再计算 while 后面的"条件表达式"，如果其值为 true，则重复执行循环体，然后再次计算 while 后面的"条件表达式"，重复上述过程……直到某一次计算"条件表达式"的值为 false 时，退出循环，然后执行 while 语句的后续语句。

提示：

> 最后的分号不能省略，否则会提示错误。

下面结合实例介绍 do-while 语句的使用方法。

【例 6-5】 编写一个 Windows 应用程序，根据企业预定的年产值增长速度，计算多少年后企业的总产值能够翻一番。

利用 TextBox 输入预定的年产值增长速度，利用 do-while 语句计算，程序运行界面如图 6.5 所示。

具体步骤如下。

（1）设计界面。新建一个 C#的 Windows 应用程序，项目名称设置为 DoublePV，分别向窗体中添加 3 个标签、1 个文本框和 1 个按钮，并按照图 6.5 所示调整控件位置和窗体尺寸。

（2）设置属性。窗体和各个控件的属性设置如表 6.4 所示。

图 6.5 例 6-5 程序运行界面

表 6.4 例 6-5 对象的属性设置

对 象	属 性 名	属 性 值
Form1	Text	产值翻番
label1，label2	Text	预计年产值增长 %
textBox1	Name	txtIncrease
	MaxLength	3
label3	Name	lblResult
	BorderStyle	Fixed3D
	Text	×年后的产值为×%
button1	Name	btnCal
	Text	计算

（3）编写代码。双击按钮 btnCal，打开代码视图，在 Click 事件处理程序中，添加相应代码：

```csharp
private void btnCal_Click(object sender, EventArgs e)
{
    double pv, inc;
    pv = 100;  //产值
    inc = double.Parse(txtIncrease.Text) / 100;  //增长速度
    int years = 0;
    do
    {
        pv *= (1 + inc);
        years += 1;
    } while (pv < 200);
    lblResult.Text = years + "年后产值为:" + Math.Round(pv) + "%";
}
```

（4）运行程序。单击"启动调试"按钮或按 F5 键运行程序，按照标签提示输入数据，然后单击"计算"按钮查看输出结果。

6.2 循环的嵌套

如果一个循环（称为"外循环"）语句的循环体内包含另一个或多个循环（称为"内循环"）语句，称为循环的嵌套。内循环中还可以包含循环，形成多层循环。

通常把循环体内不含有循环语句的循环称为单层循环，而把循环体内含有循环语句的循环称为多重循环。

在程序设计过程中，常常需要使用循环的嵌套来处理重复操作。而在处理重复操作时，往往又需要根据某一条件改变循环的正常流程。各种循环语句可以互相嵌套，嵌套的层数理论上无限制，但多重循环可能会导致程序的执行速度有所降低。

下面结合实例介绍多重循环的使用方法。

【例 6-6】 编写一个 Windows 应用程序，输出九九乘法表。

这是一个二重循环问题，可以通过 for 语句实现，程序运行界面如图 6.6 所示。

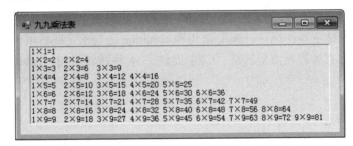

图 6.6 例 6-6 程序运行界面

具体步骤如下。

（1）设计界面。新建一个 C#的 Windows 应用程序，项目名称设置为 Table99，然后向窗体中添加一个标签，并按照图 6.6 所示调整控件位置和窗体尺寸。

（2）设置属性。窗体和各个控件的属性设置如表 6.5 所示。

表 6.5 例 6-6 对象的属性设置

对 象	属 性 名	属 性 值
Form1	Text	九九乘法表
label1	Name	lbl99
	BorderStyle	Fixed3D
	Text	输出九九乘法表

（3）编写代码。双击窗体，打开代码视图，在 Load 事件处理程序中，添加相应代码：

```csharp
private void Form1_Load(object sender, EventArgs e)
{
    string line = "";  int value = 0;
```

```
    lbl99.Text = "";
    for (int i = 1; i < 10; i++)
    {
        line = "";
        for (int j = 1; j <=i; j++)
        {
            value = i * j;
            if (value >= 10)        //两位数字，后面加 1 个空格
                line+= j + "×" + i + "=" + value + " ";
            else                    //一位数字，后面加 2 个空格
                line+= j + "×" + i + "=" + value + "  ";
        }
        lbl99.Text += line + "\n";
    }
}
```

（4）运行程序。单击"启动调试"按钮或按 F5 键运行程序，查看输出结果。

6.3 跳转语句

前面介绍过，可以在循环体中放置 break 语句来强制终止循环，还可以在循环体中放置 continue 语句来结束本次循环。break 语句和 continue 语句都是跳转语句，使用跳转语句，可以在循环的中途直接控制流程转移。C#中提供了 4 种跳转语句：goto、break、continue 和 return 语句。

1. goto 语句

goto（转向）语句可以将程序控制直接转移给由"行标签"标记的语句。但 goto 语句只能跳转到它所在方法内的行，而且该行必须有 goto 可以引用的行标签。

goto 语句一般用于将控制传递给 switch 语句中特定的 case 标签或 default 标签，有时也用于跳出深嵌套循环。

但由于 goto 语句改变了程序的正常流程，使代码的阅读和维护变得更加困难，所以尽量不要使用。而且，用 goto 语句实现的功能一般都可以利用控制结构实现，因此 goto 语句很少使用。

2. break 语句

break（终止）语句用于终止最近的循环语句或它所在的 switch 语句，将程序控制传递给它所终止语句的后续语句。

3. continue 语句

continue（继续）语句只能用于循环结构，可以将程序控制传递给循环语句的下一次循环。也就是说，continue 语句的作用是结束本次循环，跳过 continue 之后的其他循环语句，返回到循环的起始处，并根据循环条件决定是否执行下一次循环。

4．return 语句

return（返回）语句用于终止它所在的方法的执行，并将控制返回给调用方法。

return 语句通常用于返回方法的调用值并退出类的方法。如果方法有返回类型，应使用"return 表达式;"返回该类型的值；如果方法为 void 类型，应使用"return;"来退出该方法；如果方法为 void 类型且"return;"是方法的最后一条语句，则可以省略"return;"。

 ## 6.4 列表框、复选列表框与组合框

前面介绍过，单选按钮和复选框都是可以为用户提供选择的控件，每个控件提供一个选项。列表框、复选列表框和组合框也是常用的选择控件，每个控件可以提供多个选项。

列表框和复选列表框控件只能从提供的选项列表进行选择，可以同时选择多个选项；而组合框控件既可以从列表中进行选择，也可以进行键盘输入，但只能选择一个选项。

下面详细介绍这三种控件的用途及使用方法。

6.4.1 列表框

列表框（ListBox）控件为用户提供了可选的项目列表，用户可以从列表中选择一个或多个项目。如果项目数目超过控件可显示的数目，控件上将自动出现滚动条。用户不能直接修改或删除这些项目，也不能添加其他项目，只能从列表中选择项目，因此这是一种规范输入的好工具。

1．常用属性

ListBox 控件的常用属性除了 Name、BackColor、BorderStyle、Enabled、Font、ForeColor、Location、Locked、Visible 等一般属性，还有一些自己特有的属性，如表 6.6 所示。

表 6.6　ListBox 的特有属性

属　　性	说　　明
ColumnWidth	指示包含多个列的列表框中各列的宽度
Items	列表框中所有项目的集合，可以用来增加、修改和删除项目
MultiColumn	是否允许多列显示；默认值为 false，单列显示项目，如果项目数目超过可显示的数目，会自动出现垂直滚动条；如果设为 true，可以多列显示项目，如果多列的宽度大于列表框的宽度，会自动出现水平滚动条
SelectedIndex	获取或设置列表框中当前选定项的索引（索引从 0 开始）；如果未选定项目，其值为 –1；如果可以一次选择多个选项，其值是选定列表中的第一个选项的索引
SelectedIndices	获取列表框中当前选定项的索引的集合
SelectedItem	获取或设置列表框中的当前选定项，其值是 object 类型；如果列表框可以一次选择多个选项，其值是选定列表中的第一个选项；如果当前没有选定项，其值为 null
SelectedItems	获取列表框中当前选定项的集合

续表

属　性	说　明
SelectionMode	指示列表框是单项选择、多项选择还是不可选择，其值是 SelectionMode 枚举类型，共有 4 个枚举值：None，不能选择任何选项；One（默认值），一次只能选择一个选项；MultiSimple，可以选择多个选项，直接单击列表中的多个选项即可选中，再次单击选中的某项可取消该项的选择；MultiExtended，可以选择多个选项，需要在按住 Ctrl 或 Shift 键的同时单击多个选项，或者在按住 Shift 键的同时用箭头键进行选择
Sorted	指示是否对列表排序；默认值为 false，不排序；如果设为 true，会按字母顺序对列表框中的所有项目排序
Text	获取或搜索列表框中当前选定项的文本；如果获取 Text 属性，返回列表中第一个选定项的文本；如果设置 Text 属性，它将搜索匹配该文本的选项，并选择该选项

提示：

> 属性 SelectedIndex、SelectedIndices、SelectedItem、SelectedItems 和 Text 在属性窗口中不存在，只能通过代码访问。

2．常用方法

ListBox 控件的常用方法如表 6.7 所示。

表 6.7　ListBox 的常用方法

方　法　名	说　明
ClearSelected	取消选择列表框中的所有选项
FindString	查找列表框中以指定字符串开头的第一个项
FindStringExact	查找列表框中第一个精确匹配指定字符串的项
GetSelected	返回一个值，该值指示是否选定了指定的项
SetSelected	对列表框中指定的项进行选择或取消选定
ToString	返回列表框的字符串表示形式，包括控件类型、项目数和第一项的值

3．常用事件

ListBox 控件的常用事件有 Click、DoubleClick 和 SelectedIndexChanged。

单击列表框时，将触发 Click 事件；双击列表框时，将触发 DoubleClick 事件；SelectedIndex 属性值更改时，将触发 SelectedIndexChanged 事件。

DoubleClick 事件，通常是在 ListBox 结合 Button 控件一起实现应用程序的某种功能时使用，双击列表框中的项目与先选定项目然后单击按钮，这两者应该具有相同的效果。例如，图 6.7 所示的选课程序，在可选课程的列表框中双击某课程与先选定某课程再单击">"按钮的效果是相同的。为此，应在列表框的 DoubleClick 事件处理程序中调用按钮的 Click 事件处理程序。例如：

图 6.7　选课程序运行界面

```
private void listBox1_DoubleClick(object sender, EventArgs e)
```

```
    {
        button1_Click(sender, e);
    }
```

这将为使用鼠标的用户提供快捷方式，同时也没有妨碍使用键盘的用户执行同样的操作。

4. 常用操作

列表框中的项目列表是 Items 属性的值，设计时可以通过属性窗口设置 ListBox 控件的 Items 属性，来对列表中的项目进行添加、删除和修改操作。

运行时可以利用 Items 属性访问列表的全部项目，还可以使用 Items 集合的一系列方法对列表框中的项目进行添加、删除和修改操作。

运行时，对列表框的大多操作都是通过 Items 属性进行的。

（1）向列表中添加项目。可以使用 Add 或 AddRange 方法在列表的末尾追加一个或多个项目，使用 Insert 方法在指定索引处向列表中插入一个项目，其格式如下：

```
列表框名.Items.Add(object item)
列表框名.Items.AddRange(object[] items)
列表框名.Items.Insert(int index，object item)
```

例如：

```
listBox1.Items.Add(0);
listBox1.Items.Add("zero");
object[] obj = new object[4]{2,"two",3,"three"};
listBox1.Items.AddRange(obj);
listBox1.Items.Insert(2, 1);
listBox1.Items.Insert(3, "one");
```

进行上述操作后，listBox1 中的列表为：0，zero，1，one，2，two，3，three。

提示：

> 如果对列表项目进行了排序（Sorted 属性值为 true），上述几种方法添加的项目也会参与排序，listBox1 中的列表会变为：0，1，2，3，one，three，two，zero。

（2）从列表中删除项目。可以使用 Remove 方法从列表中删除指定值对应的项目，使用 RemoveAt 方法从列表框中删除指定索引处的项目，其格式如下：

```
列表框名.Items. Remove (object value)
列表框名.Items. RemoveAt (int index)
```

例如：

```
listBox1.Items. Remove ("Zero");
listBox1.Items. RemoveAt (0);
```

进行上述操作后，listBox1 中的列表为：1，one，2，two，3，three。

（3）从列表中清除全部项目。要移除集合中的所有项，应使用 Clear 方法，其格式为：

```
列表框名.Items.Clear();
```

例如：

```
listBox2.Items.Clear();
```

（4）获取列表中的项目数。要获取列表框中项目的数目，应使用 Count 属性，其格式如下：

```
列表框名.Items.Count
```

例如：

```
int j=listBox1.Items.Count;
```

（5）判断指定值是否位于列表中。可以使用 Contains 方法返回的布尔值来判断指定值是否位于列表中，其格式如下：

```
列表框名.Items.Contains(object value)
```

例如：

```
bool b1=listBox1.Items.Contains(3);
bool b2=listBox1.Items.Contains("three");
```

（6）将列表中的全部项目复制到数组中。可以使用 CopyTo 方法将列表中的全部项目复制到现有对象的数组中，从该数组内的指定位置开始复制，其格式如下：

```
列表框名.Items.CopyTo(object[] destination, int arrayIndex)
```

例如，listBox1 中共有 6 个项目，要将所有项目复制到现有数组的前 6 个元素中，代码如下：

```
object[] obj2 = new object[10];
listBox1.Items.CopyTo(obj2, 0);
```

（7）获取列表中的指定项的索引。可以使用 IndexOf 方法获取指定项在集合中的索引，其格式如下：

```
列表框名.Items.IndexOf(object value)
```

例如：

```
int i=listBox1.Items.IndexOf("two");
```

（8）获取列表中指定索引处的项目。要获取列表中指定索引处的项目，只需将 Items 属性与索引结合使用即可，其格式如下：

```
列表框名.Items[int index]
```

例如：

```
object item4 =listBox1.Items[3];
```

（9）修改列表中的指定项。要修改列表中的指定项，先获取列表中的指定项，然后重新赋值即可。如果已知该项的索引，可以参考操作（8）去获取指定项；如果已知该项的值，可以先利用 ListBox 控件的 FindStringExact 方法或 Items.IndexOf 方法获取该项的索引，再参考操作（8）去获取指定项。

例如，listBox1 中共有 6 个项目"1，one，2，two，3，three"。若要将索引为 4 的项修改为"三"，代码如下：

```
listBox1.Items[4] = "三";
```

若要将"3"修改为"三"，代码如下：

```
int i = listBox1.FindStringExact("3");
listBox1.Items[i] = "三";
```

（10）获取列表中当前选定项及其值。可以利用 ListBox 控件的 SelectedItem 属性来获取当前选定的第一个选项，可以"利用" SelectedItems 属性来获取当前选定项的集合。

如果要获取当前选定的第一个选项的值，通常使用 ListBox 控件的 Text 属性，也可以通过对 SelectedItem 属性调用 ToString()方法实现；如果要获取所有选定项目的值，可以利用 foreach 循环结构对 SelectedItems 集合中的每个项目依次获取其值。例如：

```
string s = "";
foreach(object t in listBox1.SelectedItems)
  s += t.ToString() + " ";
s = "所选项有: " + s;
```

（11）将数组数据绑定列表框。可以使用 ListBox 控件的 DataSource 属性，将现有数组绑定到列表框，数组中的元素与列表中的项目一一对应。例如：

```
object[] obj = new object[4] { "0 zero","1 one", "2 two","3 three" };
listBox1.DataSource = obj;
```

 提示：

设置列表框的 DataSource 属性后，只能获取列表中各项的数据，而不允许在列表中添加、删除或修改项目。

6.4.2 复选列表框

复选列表框（CheckedListBox）控件显示一个列表框，而且在每项的左边显示一个复选框。CheckedListBox 控件的功能与 ListBox 控件大致相同，只是在添加的项目中有是否选定这一项。

1．常用属性、方法和事件

由于 CheckedListBox 控件的功能与 ListBox 控件大致相同，因此 CheckedListBox 控件

的常用属性、方法及事件与 ListBox 控件基本一致。但 CheckedListBox 控件列表中项目左侧有复选框，所以还有 3 个特有的与复选框相关的属性—— CheckOnClick、CheckedItems 和 ThreeDCheckBoxes 属性。

CheckOnClick 属性用于指示复选框是否应在首次单击某项时切换选择状态。默认值为 false，即首次单击某项时先选定该项，再次单击该项才切换复选框的选择状态；如果设为 true，则首次单击某项时，选定该项的同时切换复选框的选择状态。

CheckedItems 属性用于获取复选列表框中选定项的集合，只能通过代码访问。

ThreeDCheckBoxes 属性用于指示复选框是否是三维外观。默认值 false，复选框是平面外观；如果设为 true，复选框是三维外观。

此外，CheckedListBox 控件的 SelectionMode 属性只能取值为 None 或 One（默认值），不支持同时选定多个项目，因为 CheckedListBox 控件多个项目的选定是由复选框决定的。

2. 常用操作

CheckedListBox 控件的常用操作也与 ListBox 控件大致相同，除了第一种操作"向列表中添加项目"之外，其他 10 种操作与 ListBox 控件完全相同。此外，CheckedListBox 控件还有"设置项目中复选框的选择状态"和"获取项目中复选框的选择状态"两种常用操作。

1）向列表中添加项目

（1）可以使用 Add 方法在列表的末尾追加一个项目，其格式如下：

```
复选列表框名.Items.Add(object item)
复选列表框名.Items.Add(object item, bool isChecked)
复选列表框名.Items.Add(object item, CheckState check)
```

上述三种 Add 方法参数不同，第一种方法所追加项目的复选框未选中，第二种方法可以指定所追加项目的复选框的两种状态（选中、未选中），第三种方法可以指定所追加项目的复选框的三种状态（选中、未选中、不确定）。例如：

```
checkedListBox1.Items.Add(1);
checkedListBox1.Items.Add("a",true);
checkedListBox1.Items.Add(2,CheckState.Indeterminate);
```

（2）可以使用 AddRange 方法在列表的末尾追加多个复选框未选中的项目，其格式如下：

```
复选列表框名.Items.AddRange(object[] items)
```

例如：

```
object[] obj = new object[3]{ "b",4, "d" };
checkedListBox1.Items.AddRange(obj);
```

（3）可以使用 Insert 方法在指定索引处向列表中插入一个复选框未选中的项目，其格式如下：

```
复选列表框名.Items.Insert(int index, object item);
```

例如：

```
checkedListBox1.Items.Insert(4, 3);
checkedListBox1.Items.Insert(5, "c");
```

执行上述三次操作后，checkedListBox1 中的列表为：1，a，2，b，3，c，4，d。其中，a 左边的复选框是选中状态，2 左边的复选框是不确定状态，其他项目都是未选中状态。

2）设置项目中复选框的选择状态

（1）可以使用 SetItemChecked 方法设置项目中复选框的"选中、未选中"两种状态，其格式如下：

```
复选列表框名.SetItemChecked (int index, bool isChecked)
```

例如：

```
checkedListBox1.SetItemChecked(4, true);
```

（2）可以使用 SetItemCheckState 方法设置项目中复选框的"选中、未选中、不确定"三种状态，其格式如下：

```
复选列表框名.SetItemCheckState(int index, CheckState check)
```

例如：

```
checkedListBox1.SetItemCheckState(5, CheckState.Indeterminate);
```

3）获取项目中复选框的选择状态

（1）可以使用 GetItemChecked 方法获取项目中复选框的"选中、未选中"两种状态，其格式如下：

```
复选列表框名.GetItemChecked (int index)
```

例如：

```
bool b = checkedListBox1.GetItemChecked(4); //方法返回值为 true
```

 提示：

> 如果该项目中复选框状态为 Checked 或 Indeterminate，GetItemChecked 方法将返回 true；如果复选框状态为 Unchecked，GetItemChecked 方法将返回 false。

（2）可以使用 GetItemCheckState 方法获取项目中复选框的"选中、未选中、不确定"三种状态，其格式如下：

```
复选列表框名.GetItemCheckState(int index)
```

例如：

```
CheckState cs = checkedListBox1.GetItemCheckState(4);
//方法返回值为 Checked
```

6.4.3　组合框

组合框（ComboBox）控件由一个文本框和一个列表框组成，为用户提供了可选的项目列表，用户可以从列表中选择一个项目输入，也可以直接在文本框中输入。

默认设置下，ComboBox 控件中的列表框是折叠起来的，展示给用户的是一个右侧带箭头按钮的可编辑文本框，这样可以减少控件所占面积，单击文本框右侧的箭头按钮时才会显示原本隐藏的下拉列表。

1. 常用属性、方法和事件

由于组合框相当于将文本框和列表框的功能结合在一起，因此组合框的常用属性、方法和事件都与这两个控件类似。ComboBox 控件还有 3 个特有的属性，如表 6.8 所示。

表 6.8　ComboBox 的特有属性

属　　性	说　　明
DropDownStyle	获取或设置组合框的样式，其值是 ComboBoxStyle 枚举类型，共有 3 个枚举值：Simple，简单组合框，由一个可编辑文本框和一个标准列表框组成，列表框始终可见；DropDown，下拉式组合框，由一个可编辑文本框和一个下拉列表框组成，用户必须单击箭头按钮来显示列表框，这是默认样式；DropDownList 表示下拉列表式组合框，不允许用户输入文本，只能单击箭头按钮来从下拉列表框中选择列表项
DropDownWidth	获取或设置组合框下拉列表的宽度（可以不同于控件的宽度）
MaxDropDownItems	获取或设置要在组合框的下拉列表中直接显示的最大项数（如果实际项目数大于该值，会自动出现滚动条），默认值为 8

ComboBox 控件的常用事件是 SelectedIndexChanged 事件，当组合框的 SelectedIndex 属性值更改时触发。

2. 常用操作

ComboBox 控件的常用操作也与 ListBox 控件大致相同，除了第 10 种操作"获取列表中当前选定项及其值"之外，其他 10 种操作与 ListBox 控件完全相同。

由于 ComboBox 控件只能选择一个项目输入，也可以从文本框输入，因此通常使用 ComboBox 控件的 Text 属性获取当前选定项目的值。

可以利用 ComboBox 控件的 SelectedItem 属性来获取当前选定项，如果未从列表中选择，该属性值为 null。所以，也可以利用 ComboBox 控件的 SelectedItem 属性来判断当前内容是从列表中选择的，还是从文本框中输入的。

下面结合实例介绍列表框、复选列表框和组合框的使用方法。

【例 6-7】 设计一个简单的"毕业生推荐"程序，可以提供毕业生的姓名、性别、年龄、特长、专业、必修课及特别说明等信息。

利用 TextBox、RadioButton、CheckBox、ComboBox、ListBox、CheckedListBox 等控件收集信息，利用消息框输出信息，程序设计界面如图 6.8 所示。

图 6.8 例 6-7 程序设计界面

具体步骤如下。

（1）设计界面。新建一个 C#的 Windows 应用程序,项目名称设置为 GraduateCommend,分别向窗体中添加 6 个标签、两个文本框、两个单选按钮、1 个分组框、6 个复选框、1 个组合框、一个列表框、一个复选列表框和一个按钮,然后按照图 6.8 所示调整控件位置和窗体尺寸。

（2）设置属性。窗体和各个控件的属性设置如表 6.9 所示。

表 6.9 例 6-7 对象的属性设置

对 象	属 性 名	属 性 值		
Form1	Text	计算机学院毕业生推荐		
label1～label6	Text	姓名　　　　性别　　　　年龄 专 业　　　必修课　　简 介		
radioButton1，radioButton2	Name	radMale	radFemale	
	Text	男	女	
textBox1，textBox2	Name	txtName	txtAge	
groupBox1	Text	特长		
checkBox1～checkBox6	Name	txt1	txt2	txt3
		txt4	txt5	txt6
	Text	外语	编程	音乐
		美术	体育	其他
comboBox1	Name	cboSpec		
	DropDownStyle	DropDownList		
listBox1	Name	lstCourse		
	SelectionMode	None		
checkedListBox1	Name	chklstIntr		
	CheckOnClick	True		
	Items	党员 三好学生 优秀共青团员 优秀学生干部		
button1	Name	btnOk		
	Text	确定		

（3）编写代码。首先，在 Form1 类中，声明相关变量用来存储专业和课程设置及相关信息。

```
//专业设置与 5 个专业相关课程
string[] spec, cour1, cour2, cour3, cour4, cour5;
//声明 3 个变量来收集个人、学业信息和总信息
string gr, xy, msg;
```

在 Form1 类中，分别定义两个方法用于检查学生信息的必填项和收集相关信息。

```
private bool checkGR()
{ //检查个人信息的必填项
    bool check=true;
    if (txtName.Text.Trim() == "" || txtAge.Text.Trim() == "")
    {
        check = false;
        MessageBox.Show("姓名和年龄必须填写");
    }
    return check;
}
private string record()
{ //收集信息
    //1 收集个人信息
    gr = "";  gr += txtName.Text.Trim(); //姓名
    if (radMale.Checked)
        gr += ", 男"; //性别
    else
    gr += ", 女";
    gr += ", " + txtAge.Text.Trim() + "岁, "; //年龄
    string hobby = "";  //特长
    foreach (Control ctl in groupBox1.Controls)
    {
        CheckBox chk = (CheckBox)ctl;
        if (chk.Checked == true)
            hobby += "<" + chk.Text + ">";
    }
    if (hobby != "")
        hobby = "特长" + hobby;
    gr += hobby;  gr += "。\n";
    //2 收集学业信息
    xy = "所学专业<" + cboSpec.Text + ">，专业必修课包括：\n";
    foreach(object course in lstCourse.Items)
        xy += "<" + course.ToString() + ">";
    xy += "。\n";
    if (chklstIntr.CheckedItems.Count != 0)
    {
        xy += "特别说明：";
        foreach (object intr in chklstIntr.CheckedItems)
            xy += "<" + intr.ToString() + ">";
        xy += "。";
    }
    //3 收集总信息
    msg = gr + xy ;
    return msg;
}
```

双击窗体，打开代码视图，在 Load 事件处理程序中，添加相应代码：

```
private void Form1_Load(object sender, EventArgs e)
{
    radMale.Checked = true;      //默认性别"男"
    spec=new string[5]{ "计算机科学与技术","软件工程","网络工程"
        ,"数字媒体","通信工程"};
    cboSpec.DataSource = spec;
    cboSpec.SelectedIndex = 0;  //默认专业"计算机科学与技术"
    cour1 = new string[] { "计算机应用基础","程序设计基础",
        "关系数据库","计算机网络","计算机科学","计算机技术" };
    cour2 = new string[] { "计算机应用基础", "计算机网络",
        "关系数据库", "高级程序设计语言", "高级编程" , "软件工程"};
    cour3 = new string[] { "计算机应用基础", "程序设计基础",
        "关系数据库", "计算机网络", "高级程序设计语言",
        "高级计算机网络技术" };
    cour4 = new string[] { "计算机应用基础", "程序设计基础",
        "计算机数学", "计算机网络", "数字媒体", "高级数字媒体技术" };
    cour5 = new string[] { "计算机应用基础", "程序设计基础",
        "计算机数学", "数字电路", "模拟电路", "通信技术" };
    lstCourse.DataSource = cour1; //默认课程
}
```

双击组合框 cboSpec，切换到代码视图，在 SelectedIndexChanged 事件处理程序中，添加相应代码：

```
private void cboSpec_SelectedIndexChanged(object sender, EventArgs e)
{
    switch (cboSpec.SelectedIndex)
    {
        case 0:
            lstCourse.DataSource = cour1;  break;
        case 1:
            lstCourse.DataSource = cour2;  break;
        case 2:
            lstCourse.DataSource = cour3;  break;
        case 3:
            lstCourse.DataSource = cour4;  break;
        case 4:
            lstCourse.DataSource = cour5;  break;
    }
}
```

双击按钮 btnOk，切换到代码视图，在 Click 事件处理程序中，添加相应代码：

```
private void btnOk_Click(object sender, EventArgs e)
{
    if (checkGR())
        MessageBox.Show(record(),txtName.Text+"的推荐信息");
}
```

（4）运行程序。单击"启动调试"按钮或按 F5 键运行程序，输入毕业生的相关信息，然后单击"确定"按钮查看结果，如图 6.9 所示。

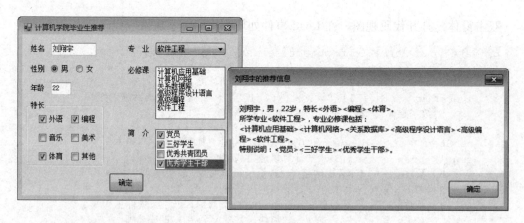

图 6.9　例 6-7 程序运行界面

6.5　计时器与进度条

计时器组件可以产生一定的时间间隔，在每个时间间隔中都会触发一个特定的事件（Tick 事件），所以事件处理程序中的代码也会被重复执行，从这一点来看，计时器具有循环的特征。

进度条控件是一个水平条，其内部包含可滚动的分段块，用于直观地显示某个操作的当前进度，通常利用计时器来控制分段块的滚动。

下面详细介绍计时器组件和进度条控件的用途及使用方法。

6.5.1　计时器

计时器（Timer，或称为定时器）组件是一种无须用户干预，按一定时间间隔，周期性地自动触发事件的控件。Timer 组件通过检查系统时间来判断是否该执行某项任务，经常用来辅助其他控件来刷新显示的时间，也可以用于后台处理。

Timer 组件是非可视化的，所以将其添加到窗体后显示在窗体设计器下方的组件区中。

1. 常用属性

Timer 组件的常用属性有 Name、Interval（间隔）和 Enabled。

Interval 属性指示事件发生的时间间隔，默认值为 100，以毫秒为基本单位。也就是说，事件发生的最短间隔是一毫秒。但是这样的时间间隔对系统的要求很高，因此按时间精度的要求适当设置该属性也是对程序运行速度和可靠性的一种保证。

Enabled 属性指示是否启动计时器，默认值为 false，即计时器处于"停止"状态。如果将该属性设置为 true，计时器将会被激活，处于"启动"状态。

2. 常用方法

Timer 组件的常用方法有 Start()和 Stop()。

Start()方法用于启动计时器，相当于将 Enabled 属性设置为 true。

Stop()方法用于停止计时器，相当于将 Enabled 属性设置为 false。

3．常用事件

Timer 组件只有一个事件，即 Tick 事件。Tick 事件每当经过指定的时间间隔时发生，时间间隔由 Interval 属性指定。该事件由系统触发，用户无法直接触发。

无论何时，只要 Timer 组件的 Enabled 属性被设置为 true，而且 Interval 属性值是非负整数，则 Tick 事件以 Interval 属性指定的时间间隔发生。

【例 6-8】 设计一个简单的"交通灯"程序，每隔 30 秒变换一次信号。

按照"红灯（27 秒）、黄灯（3 秒）、绿灯（27 秒）、黄灯（3 秒）"的次序循环；利用 PictureBox、Label、Timer、Button 进行设计，程序设计界面如图 6.10 所示。

具体步骤如下。

（1）设计界面。新建一个 C#的 Windows 应用程序，项目名称设置为 Traffic，分别向窗体中添加一个图片框、一个标签、一个计时器和一个按钮，并按照图 6.10 所示调整控件位置和窗体尺寸。

图 6.10　例 6-8 程序设计界面

（2）设置属性。窗体和各个控件的属性设置如表 6.10 所示。

表 6.10　例 6-8 对象的属性设置

对　　象	属　性　名	属　性　值
Form1	Text	交通灯
pictureBox1	Name	picTraffic
	Image	选择 bin\Debug 文件夹下的 red.ico 文件
	SizeMode	Zoom
label1	Name	lblTime
	Font	"二号"字号
	Text	30
timer1	Interval	1000
button1	Name	btnAuto
	Text	开始

（3）编写代码。双击按钮 btnAuto，打开代码视图，在 Form1 类中声明变量 i，在 Click 事件处理程序中，添加相应代码：

```
int i = 0;//记录一次红绿灯切换过程中的秒数（0-60）
private void btnAuto_Click(object sender, EventArgs e)
{
    if (timer1.Enabled == false)
    {
        timer1.Enabled = true; btnAuto.Text = "停止";
        picTraffic.Image = Image.FromFile("red.ico");
        lblTime.Text = "30";
    }
```

```
    else
    {
        timer1.Enabled = false;  btnAuto.Text = "开始";
        i = 0;
    }
}
```

双击 timer1 组件，切换到代码视图，在 Tick 事件处理程序中，添加相应代码：

```
private void timer1_Tick(object sender, EventArgs e)
{
    i += 1;
    lblTime.Text=(int.Parse(lblTime.Text)-1).ToString();
    switch (i)
    {
        case 27:
            picTraffic.Image = Image.FromFile("yel.ico");
            break;
        case 30:
            picTraffic.Image = Image.FromFile("gre.ico");
            lblTime.Text = "30";
            break;
        case 57:
            picTraffic.Image = Image.FromFile("yel.ico");
            break;
        case 60:
            picTraffic.Image = Image.FromFile("red.ico");
            lblTime.Text = "30";
            i = 0;
            break;
    }
}
```

（4）运行程序。单击"启动调试"按钮或按 F5 键运行程序，单击"开始"按钮查看效果。

6.5.2　进度条

进度条（ProgressBar）控件是个水平放置的指示器，其内部包含多个可滚动的分段块，用于直观地显示某个操作的当前进度。

进度条出现频率最多的地方是在软件的安装程序中，可以显示软件的安装进度，如果用户取消安装，则显示软件的回滚进度。

ProgressBar 控件并不显示计算机执行某项特定任务要花多少时间，它提供的是直观的视觉反馈，使用户确信没有理由中止操作。

1. 常用属性

ProgressBar 控件的常用属性除了 Name、BackColor、ForeColor、Visible 等一般属性，还有一些自己特有的属性，如表 6.11 所示。

表 6.11 ProgressBar 的特有属性

属　　性	说　　明
Maximum	指示控件使用的范围的上限，是非负整数，默认值 100
Minimum	指示控件使用的范围的下限，是非负整数，默认值 0
Step	当调用 PerformStep() 方法时，控件当前值的增量
Style	指示控件的样式，其值是 ProgressBarStyle 枚举类型，共有 3 个枚举值：Blocks（默认值），通过在控件中增加分段块的数量来指示进度；Continuous，通过在控件中增加平滑连续的条的大小来指示进度；Marquee，通过在控件中连续滚动一个块来指示进度
Value	控件的当前值，在由 Minimum 和 Maximum 属性指定的范围之内

要使用 ProgressBar 控件，则必须首先确定 Value 属性设置的界限。大多情况下，Minimum 属性一般为 0，而 Maximum 属性要设置为已知的界限。这样就必须知道需要多少时间才能完成要进行的操作，然后将其作为 ProgressBar 控件的 Maximum 属性来设置。ProgressBar 控件显示某个操作的进展情况时，其 Value 属性将持续增长，直到达到了由 Maximum 属性定义的最大值。

例如，要用 ProgressBar 控件显示下载文件时的进度。首先应用程序能够确定该文件有多少字节，那么可将 Maximum 属性设置为这个数；在该文件下载过程中，应用程序还必须能够确定该文件已经下载了多少字节，并将 Value 属性设置为这个数。

2. 常用方法

ProgressBar 控件的常用方法有 PerformStep() 和 Increment(int value)。

PerformStep() 方法是按照 Step 属性的数量来增加进度条的当前位置。

Increment(int value) 方法是按照指定的数量来增加进度条的当前位置。

ProgressBar 控件通常利用 Timer 组件来控制分段块的滚动，下面通过实例介绍进度条如何与计时器结合使用。

【例 6-9】 设计一个简单的"图片循环展示"程序，每幅图片展示 5 秒，双击图片暂停或继续展示。

利用 PictureBox、ProgressBar、Timer 进行设计，程序设计界面如图 6.11 所示。

说明：本例展示 5 幅图片，每幅图片展示 5 秒，展示一轮共 25 秒；可将 ProgressBar 控件的上限设为 25，当前值每隔 1 秒增加 1；所有图片文件位于项目文件夹下的 bin\Debug\pic 子文件夹中。

具体步骤如下。

（1）设计界面。新建一个 C# 的 Windows 应用程序，项目名称设置为 PictureShow，分别向窗体

图 6.11　例 6-9 程序设计界面

中添加一个图片框、一个进度条和一个计时器，并按照图 6.11 所示调整控件位置和窗体尺寸。

（2）设置属性。窗体和各个控件的属性设置如表 6.12 所示。

表 6.12　例 6-9 对象的属性设置

对　　象	属 性 名	属 性 值
Form1	Text	花框展示
pictureBox1	Name	picShow
	Image	选择 01.jpg
	SizeMode	Zoom
prgPic	Name	prgPic
	ForeColor	Lime
	Maximum	25
timer1	Enabled	True
	Interval	1000

（3）编写代码。选中图片框 picShow，从属性窗口的事件列表中找到 DoubleClick，双击它打开代码视图，在 picShow 的 DoubleClick 事件处理程序中，添加相应代码：

```
private void picShow_DoubleClick(object sender, EventArgs e)
{
    timer1.Enabled = !timer1.Enabled;
}
```

双击 timer1 组件，切换到代码视图，在 Tick 事件处理程序中，添加相应代码：

```
private void timer1_Tick(object sender, EventArgs e)
{
    int i = prgPic.Value+1;
    if (i <= prgPic.Maximum)
    {
        prgPic.Value += 1;
        switch (i)
        {
            case 5:
                picShow.Image = Image.FromFile(@"pic\02.jpg");
                break;
            case 10:
                picShow.Image = Image.FromFile(@"pic\03.jpg");
                break;
            case 15:
                picShow.Image = Image.FromFile(@"pic\04.jpg");
                break;
            case 20:
                picShow.Image = Image.FromFile(@"pic\05.jpg");
                break;
        }
    }
    else
    {
        prgPic.Value = 0;
        picShow.Image = Image.FromFile(@"pic\01.jpg");
    }
}
```

（4）运行程序。单击"启动调试"按钮或按 F5 键运行程序，程序运行界面如图 6.12 所示。

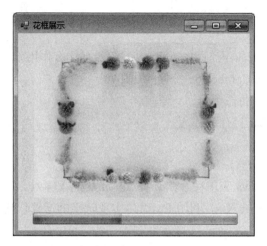

图 6.12 例 6-9 程序运行界面

6.6 本章小结

本章主要介绍了循环结构的相关语句，以及 ListBox、CheckedListBox、ComboBox、ProgressBar 控件和 Timer 组件。本章重点内容如下：

- for 和 foreach 语句的格式及使用方法。
- while 和 do-while 语句的格式及使用方法。
- 跳转语句的使用。
- 列表框、复选列表框和组合框控件的使用。
- 计时器组件和进度条控件的使用。

习   题

1．选择题

（1）C#提供的 4 种跳转语句中，不推荐使用的是（   ）。

　　A．return　　　　B．goto　　　　C．break　　　　D．continue

（2）下列控件中，不能实现多项选择功能的是（   ）。

　　A．ListBox　　　B．ComboBox　　C．CheckBox　　D．CheckedListBox

（3）如果让计时器每隔 10s 触发一次 Tick 事件，需要将 Interval 属性设置为（   ）。

　　A．10　　　　　　B．100　　　　　C．1000　　　　D．10000

（4）已知进度条的下限是 0，上限是 1000，如果要让进度条显示 30%的分段块，需要将 Value 属性设置为（   ）。

    A．30   B．30%   C．300   D．0.3

2．思考题

（1）循环结构中，break 语句和 continue 语句各有什么作用？

（2）简述 ListBox 和 ComboBox 控件的作用。

（3）简述 Timer 组件的作用。

（4）简述 ProgressBar 控件的作用。

3．上机练习题

（1）编写一个 Windows 应用程序，计算 $n!$，n 从键盘输入。

要求：利用 TextBox 输入 n，利用 for 语句实现阶乘的运算，利用只读的 TextBox 输出 n 的阶乘。

（2）编写一个分类统计字符个数的程序，统计输入的字符串中数字、字母和其他字符的个数，运行界面如图 6.13 所示。

要求：利用 String.CopyTo 方法将字符串存入字符数组，再使用 foreach 和 if 语句遍历并判断数组中的每个字符以进行相应处理；除数为零要提示错误；利用只读的 TextBox 输出运算结果。

（3）编写一个计算两个正整数的最大公约数与最小公倍数的程序，运行界面如图 6.14 所示。

要求：利用 TextBox 输入两个正整数，利用 while 语句进行计算。

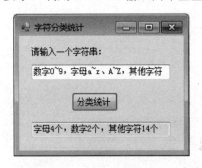
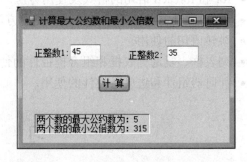

    图 6.13   字符分类统计界面   图 6.14   计算最大公约数和最小公倍数界面

（4）编写一个 Windows 应用程序，解决我国古代著名的"百钱买百鸡"问题：每只公鸡值 5 元，每只母鸡值 3 元，3 只小鸡值 1 元，用 100 元买 100 只鸡，公鸡、母鸡和小鸡各买几只？

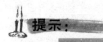

> 设能买公鸡 x 只、母鸡 y 只、小鸡 z 只，利用两个方程 $5x+3y+z/3=100$ 和 $x+y+z=100$，使用二重循环和"穷举法"求各种可能解。

（5）编写一个程序，计算两个指定年份之间的闰年并输出，运行界面如图 6.15 所示。

要求：利用组合框选择或输入起止年份，起始年份不能大于终止年份；利用列表框输出闰年；窗体左下角显示当前的日期和时间。

图 6.15 计算指定年份间的闰年界面

第7章 面向对象的程序设计基础

面向对象编程（Object Oriented Programming，OOP）技术是目前接受程度最高的编程技术。C#是完全面向对象的程序设计语言，类是程序设计的基本单位，除了使用预定义的类，还可以自定义新类。对象是类的实例，而类是对某类对象的抽象和描述，是该类对象的模板。它们是实现数据封装的基础，在C#语言面向对象程序设计中占据核心地位。

本章主要介绍面向对象技术、类和对象的创建、类的成员、静态成员和静态类的基本知识，以及常用的.NET框架类型。

7.1 类和对象概述

7.1.1 对象

编写面向对象的程序是观察问题的一种不同方式，它从使用对象的角度考虑问题。在客观世界中，每一个有明确意义和边界的事物都可以看作是一个对象（object），它是一种可以辨识的实体。

在日常生活中人们要与不同的对象打交道，如坐在餐桌（对象）前吃饭，开着大众公司的Polo车（对象）去上班，打开Dell电脑（对象）工作，晚上回家打开SAMSUNG电视（对象）……其实，对象无处不在。每个人何尝不可以看作是一个对象呢？

每个对象都有其特定的外形和作用，以区别于其他对象。不同的对象也会有一些相似之处，还有一些对象可以相互关联，协同工作。每个人都有自己的特点和个性，如单眼皮或双眼皮，个子高或个子矮，喜欢或不喜欢开Polo车。人们与Polo车之间具有一定的关系，如人能控制Polo车的启动、转向、刹车等。人们之间也具有一定的关系，如你和我是朋友，他是你的上司，等等。

一辆Polo车作为一个对象时有两个要素：一是车的静态特征，如车的颜色、长度、宽度、型号等，这种静态特征称为属性（property）；二是车的动态特征，如启动、转向、加速、刹车等，这种动态特征称为行为或方法（method）。一个对象往往是由一组属性和一组方法构成的。

任何一个对象都具有属性和方法这两个要素，另外还能根据外界的信息进行相应的操作。例如，一辆Polo车在十字路口遇见红灯时，必须减速停车。一个系统的多个对象之间通过一定的渠道相互联系，因此对象要能够收发消息。所谓消息，就是对象与对象之间用来沟通的信号、语言等。例如，开车过程中遇见红灯停车，红灯信号就是一种消息，该消息的发出导致车辆的停车动作的发生。

要发送、接收与处理消息，就必须通过对象的方法来执行。这种专门用来处理对象与对象之间传递消息的方法，称为事件（event）。事件表示向对象发出的服务请求，方法则表示对象能完成的服务或执行的操作功能。

在软件设计范畴内，可以将对象定义为一个封装了状态和行为的实体，或者说是一个封装了数据结构（或属性）和操作的实体。状态实际上是为执行行为而必须存在于对象之中的数据。消息是对象通信的方式，因而也是获得功能的方式。对象接收到发送给它的消息后，执行一个内部方法或者再去调用其他对象的方法。

7.1.2　类

类（class）是具有相同特点的对象的集合，可以把具有相同特征的事物归为一类，也就是把具有相同属性和行为的对象看成一个类。例如，所有的电视机（14 英寸黑白电视、54 英寸高清电视等）可以归为"电视机类"，所有的人（你、我、他）可以归为"人类"。

所有对象都是类的实例，类是用于产生对象的一个模板。类中定义了对象的属性与方法，但是并没有真正的值，当按照类制作出对象后，所有的属性都填上了该对象的属性值。

总之，类是一种提供功能的数据类型，可以用来声明、产生对象。可以把类理解成一种定义了对象行为和外观的抽象模板，把对象看作是类的具体实例；对象就是类的一个实例，而一个类可以创建多个对象。

7.2　面向对象技术概述

面向对象语言的主要特性是封装性、继承性和多态性。

7.2.1　封装性

封装是指对象的特性及其行为的组合。这样就可以得到一个"包裹"，其中包含所有属性、方法和事件的定义。例如，在创建一个按钮后，可以获取或设置其属性（如 Text 和 BackColor），也可以执行其方法（如 Focus、Hide 和 Show），并且可以编写其事件代码（如 Click 和 DoubleClick）。但是不能构造新属性，或者让这个按钮对象执行不知道的动作。这个按钮就是一个完整的包裹，可以把这个包裹中的所有物品看作是在一个封壳内。

实际上，封装性来源于黑盒的概念。根据黑盒概念，人们无须懂得对象的工作原理和内部结构，就可以使用日常生活中的许多对象。例如，全自动数码相机的内部结构很复杂，而人们使用时，只需知道如何操作几个基本按钮即可。

在 OOP 中，把对象的数据和操作代码组合在同一个结构中，这就是对象的封装性。将对象的数据字段封闭在对象的内部，外部程序必须而且只能使用正确的方式才能访问要读写的数据字段。利用封装性，可以把相关的数据和操作代码结合在一起，并隐藏实现细节。用这种方式考虑问题，有诸多好处：程序设计更容易进行，更容易理解，程序的体系结构更直观，更利于多人开发。

封装有两个目的，一是将方法和数据合并到一个类中；二是控制方法和数据的可访问性。封装性是面向对象程序设计方法的一个重要特点。将数据结构和用来操作该数据结构的所有方法，封装在对象的类定义中。外界无法直接存取该对象内部的数据结构，仅能通过对象开放的存取接口来进行存取，因此可以保证对象的完整性。

7.2.2　继承性

继承是根据现有的类创建新类的能力。可以在不修改现有类的情况下，添加增强内容。通过创建继承现有类的新类，可以添加或修改类的变量和方法。例如，用户创建的所有窗体都继承或派生于现有的 Form 类。原始类称为基类、超类或父类，继承类称为派生类或子类。

仔细观察窗体类文件的前几行，其中有如下一行：

```
public partial class Form1 : Form
```

其中，Form 是基类，Form1 是派生类。派生类和基类之间具有一个"是"关系。在本窗体示例中，新的 Form1 "是" Form。

继承的真正目的是可重用性。在遇到类似的情况时，有时需要重用或获得一个对象的功能。新的 Form1 类具有基类 System.Windows.Forms.Form 的所有特性和动作，还可以在这个新类中添加功能。

通过继承，用户可以创建类层次结构。可以把希望成为通用代码的代码放在基类中，然后通过基类创建其他派生类，它们将继承基类方法。如果两个类具有相似的特性，那么继承将非常有用。

下面是汽车类可以成为重用类的一个示例，其中可以包含所有汽车都具有的公共属性和方法。汽车作为一个基类，由此可以派生轿车类、卡车类等，如图 7.1 所示。这些类可以使用基类的属性和调用基类的方法，而且可以包含派生类独有的属性和方法。在继承中，类通常从概括的类发展成比较具体的类。

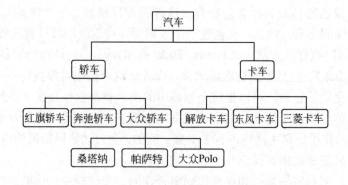

图 7.1　汽车类的继承关系图

提示：

> 在某些语言（如 C++、Java）中，子类可以从不止一个父类中继承，称为多继承。但在 C#中，子类仅能派生于一个父类。

7.2.3　多态性

多态性描述的现象是：如果几个子类都重新定义了父类的某个方法（都用相同的方法名），当消息发送到子类对象时，该消息会被不同的子类解释为不同的操作。多态性是在对象体系中把设想和实现分开的手段。如果说继承性是系统的布局手段，多态性就是其功能实现的方法。多态性意味着某种概括的动作可以由特定的方式来实现，这取决于执行该动作的对象。多态性允许以相似的方式对待所有的派生类。

多态性实际上是指呈现多种形态或形式的能力。对于 OOP 而言，多态性是指方法具有相同的名称，但是根据不同的情况，方法具有不同的实现方式。多态性还允许单个类具有多个名称相同的方法。在调用方法时，参数的个数和类型将确定方法的版本。

经常使用重载方法和重写方法等来实现多态性。重载是指在一个类中具有多个名称相同但参数不同的方法，如 MessageBox 类的 Show 方法，它提供了几个参数表用于调用这种方法。重写是指派生类和其基类具有相同名称和参数的方法，而派生类中的方法优先于或重写基类中同名的方法。

封装性、继承性和多态性是面向对象语言的基本特性，第 8 章将详细介绍。

7.3　类和对象的创建

C#语言中，类是一种引用数据类型，是程序的基本组成单位。如果程序中要用到类类型，可以使用系统预定义的类，也可以根据需要自定义类。下面重点介绍 C#程序中类的定义与使用。

7.3.1　类的创建

类描述了一类对象的状态和行为，类似于模板，其定义的一般格式如下：

```
[访问修饰符]  class 类名 [:基类]
{
    类的成员
}
```

【说明】

① class 是定义类的关键字，"访问修饰符"用来限制类的作用范围或访问级别，可省略。

② "类名"推荐使用 Pascal 命名规范，Pascal 命名规范要求名称的每个单词的首字母要大写。

③ "：基类"表明所定义的类是一个派生类，可省略。

④ 类的成员放在花括号中，构成类的主体，用来定义类的数据和行为；类的成员分为数据成员和方法成员（后者也称为函数成员），具体来说，包括常量、字段、属性、方法、事件、构造函数、析构函数等。

一个简单的类的示例如下：

```
public class Person
{
    //定义类的数据成员
    public string Name;
    public  int  Age;
    public string Sex;
    //定义类的方法成员
    public string Show()
    {
        return string.Format("姓名：{0}，年龄：{1}，性别：{2}", Name, Age, Sex);
    }
}
```

以上代码由 class 关键字定义了 Person 类，由花括号括起来的类体是类的成员列表，列出类中的全部成员。可以看到，除了数据部分以外，还包括了对这些数据操作的方法。Show 是一个方法，用来对其中的数据进行操作，其作用是输出当前对象的姓名、年龄和性别。

如果一个类没有给出类的访问修饰符，这时使用默认的访问修饰符 internal（表示内部的），即只有当前项目的代码才能访问和使用该类。实际上，经常指定类的访问修饰符为 public，表示公共的，即类可以在任何地方访问和使用。

除了 internal、public，类的访问修饰符还有 abstract、sealed 等，后面会详细讲解。

7.3.2 对象的创建及使用

类是一种广义的数据类型，这种数据类型中既包含数据，也包含操作数据的方法。可以说，类就是对象的类型，一旦声明就可以立即使用。基本的使用方法是：首先声明并创建类的实例（即一个对象），然后再通过这个对象来访问其数据或调用其方法。

1. 对象的声明和创建

类作为一个引用类型，用类声明的对象实质上是一个引用型变量，必须使用 new 运算符和构造函数创建，才能获得内存空间和被初始化。例如：

```
Person p;                //声明对象
p = new Person();        //创建对象并初始化 p
```

上面两条语句先声明对象 p 是 Person 类类型的实例变量，然后调用构造函数完成对象的初始化。也可以在一条语句中声明并创建对象，例如：

```
Person p = new Person();   //声明并创建对象
```

从上面的两个例子可以看出：定义一个类后，就可以声明该类的对象（即变量，也称为实例），格式如下：

```
类名 对象名;
```

不过，与结构不同，类是一种引用类型，上述声明只是定义了一个用来操作该类对象的引用，并不会创建实际的对象，也不会为对象分配相应的内存空间。C#语言中，类的对象只能利用关键字 new 来创建，形式如下：

```
类名 对象名 = new  类名();
```

 提示：

> 系统在初始化时会自动将对象的数据成员初始化，不同的数据类型，对象数据成员初值不同。

2．访问类成员

类成员的访问有两种形式：一种是在类的内部访问；另一种是在类的外部访问。

在类的内部访问类的成员，表示一个类成员要使用当前类中的其他成员，可以直接通过类成员的名称访问。为了避免混淆，可采用如下格式：

```
this.类成员
```

其中，this 是 C#的关键字，表示对当前对象的引用，其类型就是当前类型。

例如，上面 Person 类中 Show 方法，可以写成如下形式：

```
public string Show()
{
    return string.Format("姓名:{0}，年龄:{1}，性别:{2}",
        this.Name, this.Age, this.Sex);
}
```

在类的外部访问类的成员，一般是创建对象（静态类除外）后，就可以使用圆点运算符访问其中的成员，其格式如下：

```
对象名.成员
```

其中，圆点运算符表示引用某个对象的成员，可简单理解为"的"。

在前面创建了 Person 类的对象 p 之后，为其数据成员赋值并调用方法 Show 的语句如下：

```
Person p = new Person();
p.Name  = "王二小";
p.Age  = 21;
p.Sex  = "男";
```

```
string result = p.Show();
```

【例 7-1】 类和对象的创建。

本例中定义了一个名称为 Person 的类。该类有 Name、Age、Sex 三个字段和一个返回字符串型数据的 Show 方法。在 Program 类的 Main 函数中，声明并创建了 Person 类的对象 p，然后访问了 Person 类中的字段和方法。具体代码如下：

```
using System;
namespace ex7_1
{
    public class Person
    {
        //定义类的数据成员
        public string Name;
        public int Age;
        public string Sex;
        //定义类的方法成员
        public string Show()
        {
            return string.Format("姓名：{0}，年龄：{1}，性别：{2}",
                Name,Age,Sex);
        }
    }
    class Program
    {
        static void Main(string[] args)
        {
            Person p = new Person();
            p.Name = "王二小";
            p.Age = 21;
            p.Sex = "男";
            string result = p.Show();
            Console.WriteLine(result);
            Console.ReadLine();
        }
    }
}
```

单击"启动调试"按钮或按 F5 键运行程序，运行结果如图 7.2 所示。

图 7.2 例 7-1 程序运行结果

7.3.3 类成员的可访问性

在例 7-1 中，在 Program 类的 Main 函数里，一旦创建 Person 类的实例 p 之后，就可以读取或修改 Person 类的数据成员 Name、Age 和 Sex 的值，这样这 3 个数据成员就不能被隐藏起来，达不到类封装数据的目的。为此，C#提供了对成员可访问性的控制能力，可以根据需要控制各成员的访问权限，访问限制是实现信息隐藏和封装的重要手段。

为了控制类的作用范围或访问级别，C#提供了访问修饰符。访问修饰符既可以用来限制类和结构，也可以用来限制类成员。这些访问修饰符包括 public、protected、internal、private 和 protected internal。

（1）公共成员（public）。公共成员通过在成员声明中使用 public 修饰符来定义。从直观上来说，"公共的"是指"无限制访问"，定义的成员可以在类的外部进行访问。当前程序集的其他任何代码或引用该程序集的其他程序集，都可以访问该成员。

（2）保护成员（protected）。保护成员通过在成员声明中使用 protected 修饰符来定义。为了方便派生类的访问，但又不希望其他无关类随意访问，就可以使用 protected 修饰符，将成员声明为保护的。

（3）内部成员（internal）。内部成员通过在成员声明中使用 internal 修饰符来定义。该成员只能在当前程序集中访问，其他程序集不可以访问。

（4）私有成员（private）。私有成员通过在成员声明中使用 private 修饰符来定义。在 C#语言中，只有类内部的成员才可以访问私有成员，在类的外部是禁止直接访问私有成员的。这也是 C#中成员声明的默认方式，若在成员声明时没有使用任何访问修饰符，那么 C#自动将它限定为私有成员。

（5）保护内部成员（protected internal）。保护内部成员是同时使用了 protected 和 internal 两个修饰符来定义的，访问权限仅限于当前程序集或该类的派生类访问。

 提示：

> 程序集（Assembly）是.NET Framework 编程的基本组成部分，是指经由编译器编译得到的、供 CLR 进一步执行的中间产物。在 Windows 系统中，一般表现为.dll 或.exe 格式，必须依靠 CLR 才能顺利执行。在说明类成员的可访问性时，也可以将程序集简单理解为项目。

7.3.4　类的数据成员

类的数据成员包括常量和字段。

1. 常量

常量是类的数据成员。常量在编译时用一个常量表达式初始化，运行时不能进行修改。常量不占用对象的内存，在编译时，其值被替换到需要该常量的代码中。常量有一个类型名称，以确保常量是类型安全的。常量通常是一个基本数据类型（如 int 或 double），也可以是更复杂的类型。下面是常量成员的语法格式：

```
[访问修饰符] const 数据类型 常量名 = 常量的值;
```

例如：

```
public const float pi = 3.14159f;
```

当一个常量作为类的成员存在时，这个常量就隐含地成为类的静态成员，因此，对它的访问可以通过类名进行。而且，与静态字段相同，它不能通过对象访问。必须指出的是，常量不能显式地使用关键字 static 修饰，否则，编译器会提示出错信息。例如：

```
public const static int x = 10 ;
//错误，关键字 const 和 static 不能同时存在
```

除了 string 型以外，其他的引用常量只能用 null（空引用）初始化。

事实上，常量也可以在方法中声明，在一个方法中声明的常量称为局部常量。

2. 字段

字段作为一个数据成员，是最普遍的。字段也称为成员变量，它的数据类型可以是引用类型或值类型。字段用于描述该类对象的状态。不同的对象，数据状态不同，意味着各字段的值不同。当创建一个对象时，该对象的状态信息复制到为该对象创建的托管内存中。声明字段的语法格式如下：

```
[访问修饰符]  数据类型  字段名；
```

例如：

```
public int year ;
public int month = 12;
```

声明字段时，一般要指定相应的访问权限，如果没有显式指定访问权限，其默认的访问权限是 private。还可以在字段声明前加上关键字 static 或 readonly，使其成为静态字段或只读字段。

7.4 类的方法

在面向对象的语言中，通常将数据和对数据的操作分开，而大多数的数据操作就放在类的方法中。

7.4.1 方法的定义

方法是类中重要的组成部分，方法的定义包括一个方法头和一个方法体。方法头决定了程序的其他部分访问和调用此方法的方式（返回类型、参数个数等），方法体包含了调用方法时执行的语句。

定义方法的语法格式如下：

```
[访问修饰符] 返回值类型 方法名（[参数列表]）
{
    ⋮
}
```

```
        [ return 返回值; ]
    }
```

【说明】

① 方法头中的可选访问修饰符指定了方法的可访问性，默认为 private。之前也使用过方法，如 Main()，它常用 public 来修饰，主要是为了能在外部调用该方法。在 C#中，还提供了其他的控制方法访问的途径，这些修饰符有 private、internal、protected 和 protected internal。同时，方法还能够使用一些特定的方法修饰符，如 new、extern、override、static 和 virtual 等，这些将在后面介绍。

② 方法的返回值可以是任何类型的合法数据，包括值类型和引用类型；当无返回值时，返回值类型使用 void 关键字表示。

③ 方法名要符合 C#的命名规范。

④ 参数列表是方法可以接收的输入数据，当方法不需要参数时可省略，但不能省略圆括号，圆括号是方法的标志；当参数不止一个时，需用逗号分隔，每个参数都必须声明数据类型。

⑤ 花括号中的内容为方法的主体，由若干条语句组成；方法如果需要返回值，则使用 return 语句返回值，并且返回值的类型要和方法名前指定的返回值类型一致；使用 void 标记为无返回值的方法，可省略 return 语句。

例如，下面定义了一个名为 Max 的方法：

```
public int Max( int x, int y)
{
    return x >= y ? x : y;
}
```

方法是实现程序模块化的重要手段，它将对不同变量的操作统一抽象为对参数的操作，从而实现对方法的"一次定义，多次使用"。

7.4.2　方法中的变量

在类中可以包含字段成员，在方法中，也可以声明自己的局部变量（局部字段）。另外，每个方法还确定了形式参数，它是在方法声明中定义的参数，一个方法中可以有零个或多个用逗号分开的形式参数。

不同种类的变量有不同的作用域。类中定义的字段对于类中所有的方法可用，而方法中定义的局部变量只能在方法体内可用，方法中定义的形式参数和局部变量一样，作用域也只限于方法体内。

通常，C#不允许属于同一个作用域的两个变量具有相同的名称。但是，如果其中一个变量是类的实例变量，另一个变量是形式参数或者方法的局部变量，那么它们可以具有相同的名称，这也是符合语法规定的。

7.4.3　方法的参数

参数是方法的调用者与方法之间传递信息的一种机制。方法中的参数列表可以含有零个或多个参数。在声明方法时，所定义的参数是形式参数（简称形参），这些参数的值由调用方负责为其传递。调用方传递的是实际数据，称为实际参数（简称实参），调用方必须严格按照被调用的方法所定义的参数类型和顺序指定实参。

方法的参数有 4 种类型：一是值类型参数，不含任何修饰符；二是引用型参数，用 ref 修饰符声明；三是输出型参数，使用 out 修饰符声明；四是数组型参数，使用 params 修饰符声明。

1. 值类型参数

调用方给方法传递值类型参数时，调用方将把实参变量的值赋给相对应的形参变量，即被调用的方法所接收到的只是实参数据值的一个副本。当在方法内部更改了形参变量的数据值时，不会影响实参变量的值，即实参变量和形参变量是两个不相同的变量，它们具有各自的内存地址和数据值。因此，实参变量的值传递给形参变量是一种单向值传递。

【例 7-2】　值类型参数示例。

本例中的 Main 方法是调用方，Swaper 类的 Swap 方法是被调用方，当 Main 方法调用 Swap 方法时，必须按 Swap 的形参列表指定实参，参数的个数、类型顺序均要一致。Swap 中数据的交换不影响 Main 方法中的实参数据。具体代码如下：

```csharp
using System;
namespace ex7_2
{
    class Swaper
    {
        public void Swap(int x, int y)    //被调用方，x 和 y 是整型形参
        {
            int temp;
            temp = x; x = y;  y = temp;
            Console.WriteLine("被调函数中：{0}，{1}", x, y);
        }
    }
    class Program
    {
        static void Main(string[] args)  //调用方，其中 a 和 b 是整型实参
        {
            Swaper s = new Swaper();     //创建对象
            Console.WriteLine("请任意输入两个整型数：");
            int a = Convert.ToInt32(Console.ReadLine());
            int b = Convert.ToInt32(Console.ReadLine());
            s.Swap(a,b);    //调用并传递参数
            Console.WriteLine("调用者中：{0}，{1}", a, b);
            Console.ReadLine();
        }
    }
}
```

单击"启动调试"按钮或按 F5 键运行程序，运行结果如图 7.3 所示。

图 7.3　例 7-2 程序运行结果

该程序中，Main 方法中的 *a* 和 *b* 是整型实参，Swap 方法的 *x* 和 *y* 是整型形参。实参 *a* 的值传递给形参 *x*，实参 *b* 的值传递给形参 *y*。由于它们是单向的值传递，因此当 Swap 方法交换了 *x* 和 *y* 的值时不影响 *a* 和 *b* 的值。

2. 引用型参数

调用方给方法传递引用类型参数时，调用方将把实参变量的引用赋给对应的形参变量。实参变量的引用代表数据值的内存地址，因此，形参变量和实参变量将指向同一个引用。如果在方法内部更改了形参变量所引用的数据值，则同时也修改了实参变量所引用的数据值。由于使用 return 语句一次只能返回一个数据，如果需要返回多个数据，可以利用引用型参数来实现。

C#通过 ref 关键字来声明引用参数，无论是形参还是实参，只要希望传递数据的引用，就必须添加 ref 关键字。

【例 7-3】　引用类型参数示例。

本例中，Program 类中的 Main 方法是调用方，Swaper 类的 Swap 方法是被调用方。当 Main 方法中使用"s.Swap(ref a, ref b);"语句调用 Swap(ref a, ref b)方法时，Main 方法中的实参数据随着 Swap 方法中数据的交换而交换。具体代码如下：

```
using System;
namespace ex7_3
{
    class Swaper
    {
        //被调用方，x,y是引用型形参
        public void Swap(ref int x,ref int y)
        {
            Console.WriteLine("形参的值交换之前：{0},{1}", x, y);
            int temp;
            temp=x; x=y; y=temp;
            Console.WriteLine("形参的值交换以后：{0},{1}", x, y);
        }
    }
    class Program
    {
        static void Main()  //调用方，其中实参是 a 和 b 的引用
        {
            Swaper s = new Swaper();      //创建对象
            Console.WriteLine("请任意输入两个整型数：");
            int a = Convert.ToInt32(Console.ReadLine());
```

```
            int b = Convert.ToInt32(Console.ReadLine());
            s.Swap(ref a, ref b);        //调用并传递参数
            Console.WriteLine("实参的值已交换为：{0}, {1}", a, b);
            Console.ReadLine();
        }
    }
}
```

单击"启动调试"按钮或按 F5 键运行程序，运行结果如图 7.4 所示。

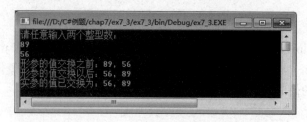

图 7.4　例 7-3 程序运行结果

在该程序中，无论是实参 a 和 b，还是形参 x 和 y，都添加了 ref 关键字，因此，a 和 x 指向的是同一个内存地址，b 和 y 指向的是同一个内存地址，一旦改变形参 x 和 y 的值，实参 a 和 b 的值也会改变。

3．输出型参数

方法中的 return 语句只能返回一个数据，虽然也可以使用引用型参数返回多个数据，但要求先初始化实参。而输出型参数不需要对实参进行初始化，它专门用于把方法中的数据通过形参返回给实参，但不会将实参的值传递给形参。一个方法中允许有多个输出型参数。

C#通过 out 关键字来声明输出型参数，无论是形参还是实参，只要是输出型参数，都必须添加 out 关键字。

【例 7-4】　求文件路径中的路径和文件名。

本例要求先输入一个合法的文件路径，然后分别找出文件的所在目录和文件名，通过输出型参数得到多个返回值来完成。具体代码如下：

```
using System;
namespace ex7_3
{
    class Analyzer
    {
        //从文件路径中分离路径和文件名，定义了两个输出参数
        public void SplitPath(string path, out string dir, out string filename)
        {
            int i;
            //寻找路径和文件名之间的间隔符\或:所在位置
            for (i = path.Length; i > 0; i--)
            {
                char c = path[i - 1];
                if (c == '\\' || c == ':')
                    break;
            }
```

```
                //提取路径和文件名
                dir = path.Substring(0, i - 1);
                filename = path.Substring(i);
            }
    }
    class Program
    {
        static void Main()  //调用方，其中实参 dir 和 file 是输出参数
        {
            Analyzer a = new Analyzer();     //创建对象
            Console.WriteLine("请输入一个文件的路径: ");
            string path = Console.ReadLine();
            string dir, file;
            a.SplitPath(path, out dir, out file);   //调用方法
            Console.WriteLine("文件所位目录: {0}\n 文件名: {1}",dir, file);
            Console.ReadLine();
        }
    }
}
```

单击"启动调试"按钮或按 F5 键运行程序，运行结果如图 7.5 所示。

图 7.5　例 7-4 程序运行结果

在该程序中，形参 dir 和 filename 是输出型参数，实参 dir 和 file 分别接收形参 dir 和
filename 的输出。

4. 数组型参数

数组型参数是指把数组作为参数，有两种使用形式：一种是在形参数组前不添加
params 修饰符；另一种是在形参数组前添加 params 修饰符。不添加 params 修饰符时，所
对应的实参必须是一个数组名；添加 params 修饰符时，所对应的实参可以是数组名，也可
以是数组元素值的列表。无论采用哪一种形式，形参数组都不能定义数组的长度。

【例 7-5】　求最大数。

本例中，Maxer 类的 Max1 方法形参数组没有添加 params 修饰符，所以在调用 Max1
方法时对应的实参必须为已初始化的数组对象；而 Max2 方法形参数组添加了 params 修饰
符，所以在调用 Max2 方法时对应的实参可以是数据列表（也可以是已初始化的数组对象），
一定要保证列表中数据的类型与形参数组的数据类型一致。具体代码如下：

```
using System;
namespace ex7_5
{
    class Maxer
    {
        //求最大数，形参为普通数组，实参必须为数组
```

```
        public int Max1(int[] numbers)
        {
            int k = 0;
            //求最大数的索引
            for (int i = 0; i < numbers.Length; i++)
            {
                if (numbers[k] < numbers[i])
                    k = i;
            }
            return numbers[k];
        }
        //求最大数，形参为 params 数组，实参可使用数据列表
        public int Max2(params int[] numbers)
        {
            int k = 0;
            //求最大数的索引
            for (int i = 0; i < numbers.Length; i++)
            {
                if (numbers[k] < numbers[i])
                    k = i;
            }
            return numbers[k];
        }
    }
    class Program
    {
        static void Main()
        {
            Maxer m = new Maxer();  //创建对象
            int[] a = new int[] { 24, 17, 11, 33, 25, 81, 6, 15 };
            int max = m.Max1(a);    //调用方法，实参为已初始化的数组
            Console.WriteLine("使用第一种方法所得最大数为：{0}", max);
            //调用方法，实参为数据列表
            max = m.Max2(24, 17, 11, 33, 25, 81, 6, 15);
            Console.WriteLine("使用第二种方法所得最大数为：{0}", max);
            Console.ReadLine();
        }
    }
}
```

单击"启动调试"按钮或按 F5 键运行程序，运行结果如图 7.6 所示。

图 7.6　例 7-5 程序运行结果

 提示：

C#中使用数组型参数有 3 个规则：方法中只允许定义一个数组型参数，且必须位于参数列表的最后；数组型参数所定义的数组必须是一维的；数组型参数不能同时作为引用型参数或输出型参数。

7.4.4　方法的重载

方法重载（overload）是指程序在同一个类中定义相同名称的多个方法成员的能力。重载的成员之间唯一的差别，就是它们具有不同的签名（即不同的参数类型或不同的参数个数）。所谓签名，简单地说，就是可以唯一确认一个事物的方式。方法的名称和形参列表定义了方法的签名。方法的签名由它的名称、成员、修饰符和形参类型组成，而返回类型不是方法签名的一部分，形参的名称也不是方法签名的一部分。

在前面的很多示例中都用到过重载，如 Console 类的 WriteLine()方法。下面来看如下代码：

```
string text = "字符串";
Console. WriteLine(text);
int num=100;
Console.WriteLine(num);
```

在上述代码中，两次使用了 WriteLine()方法，但是，传递给方法的参数类型不同，一个是整数类型，另一个是字符串类型，而且它们之间是不能隐式转换的。如果在类的方法声明中指明 WriteLine()参数类型是 int，那么在显示字符串时就会编译出错。同理，参数也不能是 string 类型。那为什么前面使用时都正确，从来没有因为这一点而报错呢？这是由于 Console 类中有两个参数不同的 WriteLine()方法，分别解决参数为 int 和 string 类型这两种情况。实际上，在 Console 类中提供了十几种 WriteLine()方法，可以以不同的方式输出不同类型的数据。

【例 7-6】　利用方法重载求最大数。

本例中的 Maxer 类声明了方法 Max，它有三种重载形式，它们具有相同的名称 Max，但具有不同的形式参数。在 Main 方法中调用 Max 方法时，会根据实参的数据类型自动调用相应的方法。具体代码如下：

```
using System;
namespace ex7 6
{
    class Maxer
    {
        //求最大整数
        public int Max(params int[] datas)
        {
            int k = 0;
        //求最大数的索引
            for (int i = 0; i < datas.Length; i++)
            {
                if (datas[k] < datas[i])
                    k = i;
            }
            return datas[k];
        }
        //求最大浮点数
        public double Max(params double[] datas)
        {
            int k = 0;
            //求最大数的索引
```

```
            for (int i = 0; i < datas.Length; i++)
            {
                if (datas[k] < datas[i])
                    k = i;
            }
            return datas[k];
        }
        //求最长字符串
        public string Max(params string[] datas)
        {
            int k = 0;
            //求最长字符串的索引
            for (int i = 0; i < datas.Length; i++)
            {
                if (datas[k].Length < datas[i].Length)
                    k = i;
            }
            return datas[k];
        }
    }
    class Program
    {
        static void Main(string[] args)
        {
            Maxer m = new Maxer();
            int imax = m.Max(4, 71, 1, 3, 32, 8, 16, 35);
            Console.WriteLine("最大的整数为：{0}", imax);
            double fmax = m.Max(4.5, 7.8, 12.3, 2.9, 82.4, 5.5);
            Console.WriteLine("最大的浮点数为：{0}", fmax);
            string smax = m.Max("We", "are", "going", "to","cinima", "Fair");
            Console.WriteLine("最长的字符串为：{0}", smax);
            Console.ReadLine();
        }
    }
}
```

单击"启动调试"按钮或按 F5 键运行程序，运行结果如图 7.7 所示。

图 7.7   例 7-6 程序运行结果

从一系列的重载方法中选择一个函数形式的过程称为函数解析，在函数调用方进行。调用函数时，给定的参数个数和参数类型决定了调用与给定函数最接近的匹配形式。有时，在多个重载方法中不止一个函数与调用函数匹配。当函数解析返回两个或多个方法时，调用被认为是不明确的，会出现错误；反过来，如果没有方法返回，也会出现错误。

7.5   类的构造函数和析构函数

C#程序中，一个对象是类的一个实例，也就是一个引用型的变量。在程序运行过程中，对象要占用一定的内存空间，程序运行结束后，要收回它所占用的内存空间，这分别是由构造函数和析构函数完成的。

7.5.1　构造函数

构造函数是类的重要成员，是用于初始化一个对象状态的特殊方法。构造函数与类同名，其主要功能是初始化字段和保证对象在它的生存期里是一个可知状态。构造函数由 new 运算符调用。一个构造函数的语法格式如下：

```
[访问修饰符]　类名(参数列表)
{
    [ 语句； ]
}
```

【说明】

① 构造函数的可访问性（默认为 public）决定了引用类型的新实例可以在哪里创建。例如，一个公共构造函数允许一个对象在程序的任意位置创建，一个私有的构造函数禁止在类之外创建实例。

② 构造函数的参数列表有 0 到多个参数。

③ 构造函数不能包含任何返回值。

例如，下面是 Person 类的一个无参数的构造函数，将 age 字段值设为 "18"：

```
public Person()
{
    age = 18;
}
```

如果希望通过不同的数据创建不同的对象，可以使用带参数的构造函数。例如：

```
public Person (string s)
{
    name = s;
}
```

这样就可以指定学生名来创建不同的对象。例如：

```
Person p1= new Person ("王二小");
Person p2= new Person ( "李小二");
```

没有构造函数的类被指定一个默认的构造函数，即一个无参数的构造函数。默认构造函数为字段赋默认值，也可以用自定义的无参构造函数取代默认构造函数。下面的新建语句调用类的默认的构造函数：

```
Person p1= new Person()
```

构造函数可以重载。重载构造函数的函数解析是由新建语句的参数决定的。下面的 Person 类重载了构造函数：

```
class Person()
```

```
{
    public Person (string s)
    {
        name = s;
    }
    public Person (string s,int a)
    {
        name = s;
        age = a;
    }
    public Person (string s,int a,string se)
    {
        name = s;
        age = a;
        sex = se;
    }
}
```

　　上述的 Person 类分别将构造函数重载为一个参数、两个参数和 3 个参数，通过 new 关键字创建类的实例时，根据其后的参数来调用不同的构造函数来完成对象的初始化。这时，如果出现语句"Person p2= new Person();"，将导致编译错误。因为尽管语句在语法上是正确的，但 Person 类丢失了默认构造函数。为一个类添加一个自定义的构造函数会去除默认构造函数。如果需要，还得添加一个自定义的无参数构造函数来保留该行为。

7.5.2　析构函数

　　析构函数用于销毁对象。当不再需要某个类的某个对象时，通常希望它所占的存储空间能被收回。C#中提供了析构函数，专门用于释放对象占用的系统资源，它是类的特殊成员。析构函数的定义格式如下：

```
~类名( )
{
    [ 语句; ]
}
```

　　【说明】　析构函数的名称与类名相同，只是在前面加了一个符号"~"，它不能带有任何参数，也不能返回任何值，不能是静态的，也不能有访问修饰符。

　　如果试图声明任何一个以符号"~"开头而不与类名相同的方法，那么编译将不能通过。如果希望从析构函数返回一个值，编译器也会报错。默认情况下，编译器自动生成空的析构函数，因此不允许定义空的析构函数。

　　析构函数不能是继承而来的，也不能显式地调用析构函数，它是被自动调用的。当某个类的实例被认为不再有效，符合析构的条件时，析构函数就可能在某个时刻执行（并不一定马上执行）。这是由于.NET Framework 实行了一种垃圾回收机制，由.NET Framework 决定何时回收对象占用的资源。

　　【例 7-7】　构造函数和析构函数示例。

　　本例中，类 Student 中定义了 4 种形式的重载构造函数，并定义了析构函数。在 Program 类的 Main 函数中，4 次调用了类 Student 的构造函数，根据参数不同，解析为不同的构造

函数实现。每个对象销毁时都要调用析构函数，何时调用析构函数由系统决定。具体代码
如下：

```csharp
using System;
namespace ex7_7
{
    class Student
    {
        public string  name;
        public int age;
        public string sex;
        //声明无参构造函数
        public Student ()
        {
            Console.WriteLine("无参构造函数已被执行，对象已创建成功！");
        }
        //声明一个参数构造函数
        public Student (string s)
        {
            name = s;
        }
        //声明两个参数构造函数
        public Student (string s,int a)
        {
            name = s; age = a;
        }
        //声明 3 个参数构造函数
        public Student (string s,int a,string se)
        {
            name = s; age = a; sex = se;
        }
        //声明析构函数
        ~Student()
        {
            Console.WriteLine("析构函数已被执行，该对象即将被销毁！");
            Console.ReadLine();   //暂停，查看输出结果
        }
    }
    class Program
    {
        static void Main(string[] args)
        {
            Student p0 = new Student ();
            Student p1 = new Student ( "张三");
            Student p2 = new Student ( "王二小",22);
            Student p3 = new Student ( "李冰冰",25,"女");
            Console.WriteLine("对象 1 的数据有：姓名：{0}。", p1.name);
            Console.WriteLine("对象 2 的数据有:姓名:{0},年龄:{1}。", p2.name,
                p2.age);
            Console.WriteLine("该对象的数据有：姓名：{0},年龄：{1},
                性别:{2}。", p3.name, p3.age, p3.sex);
            Console.ReadLine();
        }
    }
}
```

单击"启动调试"按钮或按 F5 键运行程序，然后按 3 次 Enter 键，运行结果如图 7.8

所示。

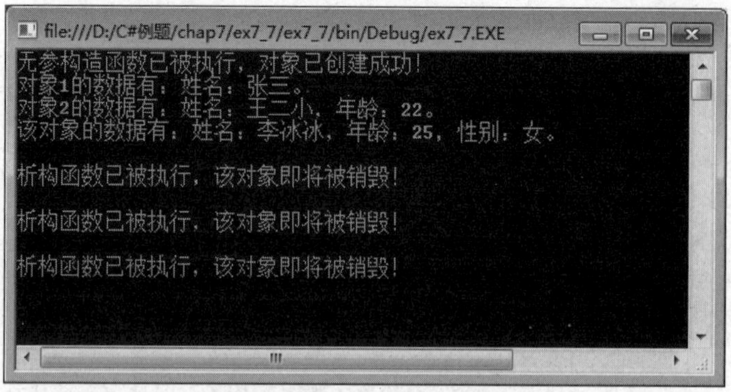

图 7.8　例 7-7 程序运行结果

7.6　类的属性

　　字段是类的重要数据成员，如果字段的访问修饰符是 public，在任何地方都可以访问它，这就失去了数据的封装性；如果字段的访问修饰符是 private，在类以外的地方都不能访问它，这就失去了访问数据的灵活性。通过属性可以控制对字段的访问，既保证了数据的封装，也保证了类内数据与外部的交互。同时，属性可以像方法一样处理复杂的运算和操作，这是字段无法完成的。

　　属性是对类的字段提供特定访问的类成员，是类的重要组成部分。可以像使用公共字段一样来使用属性，但实际上属性是称为"访问器"的特殊方法。由于属性是类的成员，因此可以访问私有实例变量，而不必使用烦琐的方法。同时，因为属性在类中是按一种与方法类似的方式执行的，所以它又不会危害类中私有变量保护和隐藏的数据。

　　在 C#中定义属性的格式如下：

```
[访问修饰符]　数据类型　属性名
{
   get
   {
      //执行代码
      return <表达式>;
   }
   set
   {
      //执行代码
      //表达式（可以使用关键字 value）
   }
}
```

【说明】

　　① 一个属性包含一个 get 方法和一个 set 方法。依照属性的上下文，隐式调用正确的方法。属性用作一个赋值操作的左值时，属性的 set 方法被调用；用作一个右值时，属性

的 get 方法被调用。也就是说，get 访问器获得属性值，并将它返回给调用的程序；set 访问器用于设置或修改属性值。

② 可访问性和任何包含在属性头的修饰符都应用于 get 和 set 方法。

③ 格式中的数据类型是属性的基本类型。

④ 属性的 get 方法和 set 方法，都没有返回类型或参数列表，两者都是推知的。get 方法返回属性的类型并且没有参数，set 方法返回 void 且有一个单独的参数，该参数的类型与属性相同。在 set 方法中，value 代表隐式的参数。

例如，Person 类可定义 Name 属性来封装对私有字段 name 的访问：

```
private  string  name;   //姓名
public string Name
{
    get { return name ;}
    set { name =value ;}
}
```

在定义属性之前，通常声明一个私有变量。微软推荐属性和私有变量使用相同的名称，只是该变量名称和属性名称的第一个字母不同，属性名称使用 Pascal 样式（首字母大写），而私有变量名称使用 Camel 样式（首字母小写）。如果混淆了两者的关系，很容易导致错误。

定义了属性后，就能以"对象名.属性名"的形式使用，例如：

```
Person p1=new Person();
p1.Name="张三";
```

属性中不一定同时包括 get 和 set 访问器。根据属性中所使用的访问器，将属性分类如下。

（1）读/写属性：在这类属性的定义中，同时包含了 get 和 set 访问器。例如，上面的 Name 属性就属于读/写属性。

（2）只读属性：在该属性的定义中，只包含有 get 访问器，如果对其进行写操作，将会导致错误。

（3）只写属性：在该属性的定义中，只包含有 set 访问器，通过属性可以修改内容，但如果对其进行读操作，将会导致错误。

【例 7-8】　属性的使用。

本例假设在银行软件系统中，为一般柜台操作员声明了一个类 Account。在该类中，操作员可以读取全国银行统一规定的活期利率 Rate，并且对于客户的每笔新存款 Deposit，操作员只有写入的权限。具体代码如下：

```
using System;
namespace ex7_8
{
    class Account
    {
        //定义只读属性
        private float rate; //活期利率
```

```
            public float Rate
            {
                get
                { return rate; }
            }
            //定义只写属性
            private float deposit;  //活期存款
            public float Deposit
            {
                set
                { deposit = deposit + value; }
            }
            //定义构造函数
            public Account()
            {
                rate = 0.0035f;
            }
            //定义方法，获取账户余额
            public float Remain()
            {
                return deposit;
            }
        }
        class Program
        {
            static void Main(string[] args)
            {
                Account a = new Account();
                float x, y;
                x = a.Rate;
                Console.WriteLine("当前活期利率为{0}%",x*100);
                y = 1000.00f;  a.Deposit = y;
                Console.WriteLine("该笔存款为{0}元。",y);
                Console.WriteLine("目前账户余额为{0}元。", a.Remain());
                y = 2000.00f;  a.Deposit = y;
                Console.WriteLine("该笔存款为{0}元。", y);
                Console.WriteLine("目前账户余额为{0}元。", a.Remain());
                Console.ReadLine();
            }
        }
    }
```

单击"启动调试"按钮或按 F5 键运行程序，运行结果如图 7.9 所示。

图 7.9   例 7-8 程序运行结果

7.7　静态类和静态成员

前面所介绍的类，都必须在创建对象后才能使用。其实，C#还支持静态类和静态类成员，通过它们无须创建对象就能够访问类中的数据和方法。静态类成员可用于分离独立于任何对象的数据和行为，无论对象发生什么更改，这些数据和方法都不会随之变化。

7.7.1　静态类

静态类使用 static 关键字来声明，以指示它仅包含静态成员，而且不能使用 new 关键字创建静态类的实例。在实际应用中，当类中的成员不与特定对象关联的时候，就可以把它创建为静态类。

静态类的主要特征如下：

（1）静态类仅包含静态成员。

（2）静态类不能被实例化。

（3）静态类是密封的。

（4）静态类不能包含实例构造函数，但可以声明静态构造函数，以分配初始值或设置某个状态。

（5）静态类不可继承。

静态类的优点如下：

（1）编译器能够自动执行检查，以确保不添加实例成员。

（2）静态类能够使程序的实现更简单、迅速，因为不必创建对象就能调用其方法。

7.7.2　静态成员

类的成员可以是静态成员也可以是非静态成员，C#中用关键字 static 作为静态修饰符。一般来讲，静态成员是属于类的（而不属于类的实例），而非静态成员是属于对象（类的实例）的。在使用静态成员时，不需要实例化类。

当一个字段、方法、属性、事件或构造函数的声明中包含静态修饰符时，它就声明为一个静态成员。静态成员具有以下特征：

（1）一个静态字段确定一个存储位置。不管类中创建了多少实例，总是只有一个静态字段的备份。

（2）当以“E.M”形式引用静态成员时，E 必须是某个类型，而不能是某个实例。也就是说，静态成员是通过类而不是通过类的实例来访问的。

（3）静态功能成员（方法、属性或构造函数）不能对指定的实例进行操作，而且不能在静态功能成员中使用 this 关键字。

（4）由于静态成员是属于类的，所以可以在类实例之间共享。静态属性和静态字段可以访问独立于任何对象实例的数据，静态方法可以执行与对象类型相关但与特定实例无关的命令。

　　静态属性和方法经常会被用到，如在控制台程序中使用的 Console.ReadLine()和 Console.WriteLine()就是静态方法，而在使用这些静态方法之前，并没有对 Console 类进行实例化，调用静态方法时，直接使用类名 Console。

 提示：

> 静态类中只包含静态成员；非静态类中可以包含静态成员，也可以不包含静态成员。

　　当属性声明中包含 static 修饰符时，这个属性为静态属性。在很多方面，静态属性和其他静态成员的限制相同。但要注意，静态属性只能访问类的静态成员。

　　静态字段是属于该类的数据，程序会在首次使用该类时为其分配存储空间，而且该类的所有对象共享这一字段。

　　当方法声明中包括 static 修饰符时，该方法就称为静态方法。例如，前面经常使用的 Main()方法就是静态方法，它在运行时不需要创建任何对象。使用静态方法时要注意：静态方法中的代码只能使用类的静态成员，在一个静态方法声明中也不能包含 virtual、abstract 或 override 修饰符。

　　在实际应用中，当类的成员所引用或操作的信息是关于类而不是类的实例时，就应该设置为静态成员。例如，要统计同类对象的数量，就可以使用一个静态方法来实现。

　　【例 7-9】　静态成员的使用。

　　本例中，类 Person 包含 males 和 females 两个私有静态字段成员，用来记录男、女学生的人数；还有 NumberMales 和 NumberFemales 两个公共静态方法成员，这两个方法中使用了静态字段 males、females，用以返回男、女学生的人数。具体代码如下：

```csharp
using System;
namespace ex7_9
{
    public enum Gender { 男, 女 };
    public class Person
    {
        //私有静态字段，分别统计男、女人数
        private static int males;
        private static int females;
        //公共字段，描述个人信息
        public string Name;
        public Gender Sex;
        public int Age;
        //构造函数，用来初始化对象
        public Person(string name, Gender sex, int age)
        {
            Name = name;
            Sex = sex;
            Age = age;
            if (sex == Gender.男)
                males++;
            if (sex == Gender.女)
                females++;
```

```
    }
    //返回男生人数
    public static int NumberMales()
    {
        return males;
    }
    //返回女生人数
    public static int NumberFemales()
    {
        return females;
    }
}
class Program
{
    static void Main(string[] args)
    {
        //创建 Person 型的数组对象，用来记录 6 个人的信息
        Person[] ps = new Person[6];
        ps[0] = new Person("李小伟", Gender.男, 20);
        ps[1] = new Person("郭靖", Gender.女, 21);
        ps[2] = new Person("黄蓉", Gender.女, 19);
        ps[3] = new Person("赵永恒", Gender.男, 22);
        ps[4] = new Person("刘永进", Gender.男, 20);
        ps[5] = new Person("赵谋三", Gender.男, 21);
        Console.WriteLine("男生人数: {0}", Person.NumberMales());
        Console.WriteLine("女生人数: {0}", Person.NumberFemales());
        Console.WriteLine("学生名单如下: ");
        foreach (Person p in ps)
        {
            Console.Write("{0}\t", p.Name);
        }
        Console.Write('\n');
        Console.ReadLine();
    }
}
```

单击"启动调试"按钮或按 F5 键运行程序，运行结果如图 7.10 所示。

图 7.10 例 7-9 程序运行结果

7.7.3 静态构造函数

构造函数也可以是静态的，通常创建一个静态构造函数来初始化静态字段。对于静态构造函数，有如下限制：

（1）不能显式调用静态构造函数，而是由.NET 运行时自动调用。

（2）静态构造函数不用定义访问修饰符。

（3）静态构造函数没有参数。

（4）静态构造函数不能被重载。

（5）静态构造函数不能被继承。

（6）一个类只能有一个静态构造函数。

（7）静态构造函数只能访问类的静态成员，不能访问实例成员。

静态构造函数在调用类的任何一个静态成员或者创建类的第一个实例之前由系统自动调用，而且至多调用一次。因此，静态构造函数适合于对类的所有实例都要用到的数据进行初始化。

静态构造函数可以与实例构造函数并存，其定义的一般格式为：

```
static 静态构造函数名()
{
    语句;
}
```

【说明】　静态构造函数名与类名相同。

【例 7-10】　静态构造函数的使用。

本例中的 Test 类声明了两个构造函数：一个是实例构造函数，用来在创建对象时初始化成员字段 a；另一个是静态构造函数，用来初始化静态字段 b。在 Program 类的 Main 方法中，首先创建一个对象 t 并调用实例构造函数，将字段 a 的值初始化为"10"；在对象 t 创建之前，系统自动调用静态构造函数，把静态字段 b 也初始化为"10"。然后通过自增运算符"++"修改这两个字段的值，再重新创建对象 t，这时通过实例构造函数将字段 a 的值初始化为"0"，而 b 的值保持不变。具体代码如下：

```
using System;
namespace ex7_10
{
    class Test
    {
        public int a;
        static public int b;
        //实例构造函数，初始化字段 a
        public Test(int x)
        {
            this.a = x ;
        }
        //静态构造函数，初始化静态字段 b
        static Test()
        {
            b = 10;
        }
    }
    class Program
    {
        static void Main()
        {
            //调用实例构造函数创建对象，静态构造函数将自动被调用
            Test t = new Test(10);   //字段 a 和 b 都将被初始化
```

```
            Console.WriteLine("{0},{1}", t.a , Test.b );
            //修改字段的值
            t.a++;
            Test.b++;
            Console.WriteLine("{0},{1}", t.a, Test.b );
            //调用实例构造函数重新创建对象，但静态构造函数不会被调用
            t = new Test(0);          //只有字段 a 被初始化
            Console.WriteLine("{0},{1}", t.a, Test.b);
            Console.ReadLine();
        }
    }
}
```

单击"启动调试"按钮或按 F5 键运行程序，运行结果如图 7.11 所示。

图 7.11　例 7-10 程序运行结果

该程序中因为前后两次创建的对象 t 是不同的对象，不同对象的字段 a 占据不同的内存，因此最后一次显示的字段 a，是第二次调用实例构造函数的结果。与字段 a 不同的是，字段 b 是静态字段，属于类 Test，而不属于对象，只进行一次初始化，占据固定的内存空间，因此其值不会丢失。

7.8　常用.NET 框架类型

框架类库是.NET 框架提供的一个可重复使用的以面向对象方法设计的类、结构等类型的集合。它提供了一个统一的、面向对象的、层次化的、可扩展的编程接口，可以被任何一种.NET 语言使用。下面介绍 System 命名空间中预定义的几个常用数据类型。

7.8.1　Object 类

Object 类（可简写为 object）是.NET 类库中最顶层的基类，它提供了以下 4 个公有成员方法。

（1）string ToString()：获得对象的字符串表示。

（2）Type GetType()：获得对象的数据类型。

（3）bool Equals(Object obj)：判断当前对象与对象 obj 是否相等。

（4）int GetHashCode()：获得对象的哈希函数值，适用于基于哈希表的数据结构类型。

这些方法都自动被所有其他类型所继承，因此任何对象都可以调用。

ToString 方法将返回值类型数据的字符串表示，这是因为它们对该方法进行了重载，否则该方法将直接返回对象类型的字符串表示。事实上，Console 类的 Write()和 WriteLine()

方法输出的都是参数对象的字符串表示。例如，对于一个不为空的 Student 对象 s1，下面两行代码的效果实际上是相同的：

```
Console.WriteLine(s1);
Console.WriteLine(s1.ToString());
```

GetType 方法将返回对象的类型，Type 类也是.NET 类库中的一个类。类型表示的字符串格式为"命名空间.类型名"。例如， object 类型的字符串表示就是"System.Object"。要注意，GetType 方法总是返回对象的实际类型，而不是声明类型。例如：

```
object o1 = new object();
Console.WriteLine(o1.GetType() );    //输出 System.Object
o1 = new Student();
Console.WriteLine(o1.GetType() );    //输出 Student
```

7.8.2　Convert 类

在 C#应用程序设计中，经常需要处理各种类型的数据。例如，在程序运行时对文本框中输入的数值进行数学计算，因为在文本框中输入的数据对应的是文本框的 Text 属性，该属性是字符串类型，而字符串类型无法隐式或显式转换为数值型数据，也就无法实现数学计算。

在.NET 框架的 System 命名空间中，有一个 Convert（转换）类，该静态类提供了字符串类型与其他基本数据类型相互转换的一系列静态方法。当然，在由字符串类型转换为相应的基本数据类型时，字符串的字符序列必须符合相应数据类型的格式要求。

类型转换方法最常用的调用格式如下：

```
Convert.静态方法名（字符串类型数据）
```

下面介绍几种常用的类型转换方法。

1．Convert.ToInt32 方法

Convert.ToInt32 方法可以将字符串类型转换为 int 类型。转换时，字符串必须符合整型数值的要求。例如：

```
int a = Convert. ToInt32("523");    //符合要求
int b = Convert. ToInt32("123.6"); //不符合要求，含有小数点，将引发转换异常
int c = Convert. ToInt32("2147483648");  //不符合要求，超出 int 类型的数值范围
```

将字符串转换为整数类型的方法还有 ToInt16 方法（将字符串转换为 short 类型）、ToInt64 方法（将字符串转换为 long 类型）、ToUInt32 方法（将字符串转换为 uint 类型）等。

2．Convert.ToSingle 方法

Convert.ToSingle 方法可以将字符串类型转换为 float 类型。例如：

```
float a = Convert.ToSingle("567.89");
```

能将字符串类型转换为小数类型的方法还有 ToDouble 方法（将字符串转换为 double 类型）和 ToDecimal 方法（将字符串转换为 decimal 类型）。

3．Convert.ToChar 方法

Convert.ToChar 方法将字符串类型转换为 char 类型。例如：

```
char cd = Convert.ToChar("a");    //将字符串常量 a 转换为字符类型
```

4．Convert.ToBoolean 方法

Convert.ToBoolean 方法可以将字符串转换为 bool 类型。使用 ToBoolean 方法时，字符串必须是 true 或 false，例如：

```
string  sa = "true";
bool  ba = Convert.ToBoolean(sa);
```

5．Convert.ToString 方法

Convert 类除了提供将字符串类型转换为其他基本数据类型的一系列静态方法以外，还提供了 ToString 方法来将其他数据类型转换为字符串类型。例如：

```
string sa = Convert.ToString(1234);
```

其实，更简便的方法是直接在变量名后使用".ToString()"，例如：

```
int a = 123;
string sa = a.ToString()；   //将整型变量的值取出来后转换为字符串
```

需要注意的是，这个 ToString 方法与 Convert.ToString 方法不同，不仅在调用格式上，还在于这个 ToString 方法是在类 Object 中声明的虚方法（关于虚方法将在第 8 章中介绍），它可以将所有类型的数据转换为字符串类型，也可以在任何其他类中改写该方法。

7.8.3　Math 类

Math 类是一个静态类，它定义了许多执行基本数学运算所需的方法，如三角函数方法、指数函数方法、对数函数方法等。此外，Math 类中还定义了两个常量：

```
public const  double  E     //自然对数的底
public const  double  PI    //圆周率 π
```

下面简单介绍几种常用的方法。

1．三角函数方法

```
public static double Sin (double d)   //返回角度 d 的正弦值
```

```
public static double Cos (double d)           //返回角度 d 的余弦值
public static double Tan (double d)           //返回角度 d 的正切值
public static double Asin (double d)          //返回正弦值为 d 的角度
public static double Acos (double d)          //返回余弦值为 d 的角度
public static double Atan (double d)          //返回正切值为 d 的角度
```

其中，传递或返回的角度以弧度为单位计量。

2. 指数或幂函数方法

```
public static double Exp (double d)            //返回 e 的 d 次幂
public static double Pow (double x, double y)  //返回 x 的 y 次幂
public static double Sqrt (double d)           //返回 d 的平方根
```

3. 对数函数方法

```
public static double Log (double d)            //返回 d 的自然对数 lnd
public static double Log (double a, double b)  //返回 a 的以 b 为底的对数
public static double Log10(double d)           //返回 d 的以 10 为底的对数
```

4. 其他常用方法

其他常用的方法有 Abs、Ceiling、Floor、Min、Max、Round、Sign、Truncate 等。其中，Abs 被重载以返回一个 sbyte、short、int、long、decimal、float 或 double 型参数的绝对值；Ceiling 被重载以返回大于或等于 decimal 或 double 型参数的最小整数（返回值类型分别为 decimal 和 double）；Floor 被重载以返回小于或等于 decimal 或 double 型参数的最大整数（返回值类型分别为 decimal 和 double）；Min 和 Max 方法分别被重载以返回两个 byte、sbyte、short、ushort、int、uint、long、ulong、decimal、float 或 double 型参数中的较小值和较大值；Round 被重载以返回 decimal 或 double 型参数舍入后最接近的整数（返回值类型分别为 decimal 和 double）；Sign 被重载以返回一个 sbyte、short、int、long、decimal、float 或 double 型参数的符号值；Truncate 被重载以返回一个 decimal 或 double 型参数的整数部分（返回值类型分别为 decimal 或 double）。

> **提示：**
>
> Round 方法要根据参数的整数部分判断如何舍入取整。如果整数部分是奇数，则四舍五入；如果整数部分是偶数，则五舍六入。

【例 7-11】 Math 类的使用。
本例演示如何使用 Math 类的常用方法来计算数学函数。具体代码如下：

```
using System;
namespace ex7_10
{
    class Program
    {
        static void Main(string[] args)
        {
            Console.WriteLine("Math.E={0}", Math.E);
```

```
      Console.WriteLine("Math.Cos(Math.PI)={0}",Math.Cos(Math.PI));
      Console.WriteLine("Math.Tan(0)={0}", Math.Tan(0));
      Console.WriteLine("Math.Sin(0)={0}", Math.Sin(0));
      Console.WriteLine("Math.Exp(2)={0}", Math.Exp(2));
      Console.WriteLine("Math.Pow(2,3)={0}",Math.Pow(2,3));
      Console.WriteLine("Math.Sqrt(16)={0}",Math.Sqrt (16));
      Console.WriteLine("Math.Abs(-6.8)={0}",Math.Abs(-6.8));
      Console.WriteLine("Math.Min(12.5,23.6)={0}",Math.Min(12.5,23.6));
      Console.WriteLine("Math.Max(12.5,23.6)={0}",Math.Max(12.5,23.6));
      Console.WriteLine("Math.Ceiling(-12.5)={0}",
         Math.Ceiling(-12.5));  //向上取整
      Console.WriteLine("Math.Floor(-12.5)={0}",
         Math.Floor(-12.5));      //向下取整
      Console.WriteLine("Math.Truncate(-12.5)={0}",
         Math.Truncate(-12.5));  //截断取整
      Console.WriteLine("Math.Round(-12.5)={0}",
         Math.Round(-12.5));   // 五舍六入取整
      Console.WriteLine("Math.Round(-11.5)={0}",
         Math.Round(-11.5));   // 四舍五入取整
      Console.ReadLine();
   }
}
```

单击"启动调试"按钮或按 F5 键运行程序，运行结果如图 7.12 所示。

图 7.12　例 7-11 程序运行结果

7.8.4　DateTime 结构

DateTime 结构用于表示值范围在公元 0001 年 1 月 1 日午夜 12:00:00 到公元 9999 年 12 月 31 日晚上 11:59:59 之间的日期和时间，时间值以 100 毫微秒为单位（该单位称为刻度）进行计量。

提示：

1 秒=1000 毫秒，1 毫秒=1000 微秒，1 微秒=1000 毫微秒。

DateTime 结构是一个值类型，使用时需要先声明 DateTime 对象再给它赋值。DateTime 结构中定义了多个重载的构造函数，常用的构造函数有：

```
public DateTime (int year, int month, int day)
```

【功能】 将 DateTime 对象初始化为指定的年、月、日，时间取默认值午夜（00:00:00）。

```
public DateTime (int year, int month, int day, int hour, int minute, int second)
```

【功能】 将 DateTime 对象初始化为指定的年、月、日、小时、分钟和秒。

```
public DateTime (int year, int month, int day, int hour, int minute, int second, int millisecond)
```

【功能】 将 DateTime 对象初始化为指定的年、月、日、小时、分钟、秒和毫秒。

例如：

```
DateTime dt;
dt = new DateTime(2010,10,1);
dt = new DateTime(2010,10,1,12,0,0);
dt = new DateTime(2010,10,1,22,10,30,50);
```

创建 DateTime 对象后，就可以使用 DateTime 结构中定义的公共实例属性获取其中的值。DateTime 结构提供的常用公共实例属性如表 7.1 所示。

表 7.1   DateTime 结构的常用公共实例属性

属 性 名	类 型	说 明
Date	DateTime	获取 DateTime 对象的日期部分
Day	int	获取 DateTime 对象所表示的日期为该月中的第几天
DayOfWeek	DayOfWeek	获取 DateTime 对象所表示的日期是星期几
DayOfYear	int	获取 DateTime 对象所表示的日期是该年中的第几天
Hour	int	获取 DateTime 对象所表示日期的小时部分
Millisecond	int	获取 DateTime 对象所表示日期的毫秒部分
Minute	int	获取 DateTime 对象所表示日期的分钟部分
Month	int	获取 DateTime 对象所表示日期的月份部分
Second	int	获取 DateTime 对象所表示日期的秒部分
TimeOfDay	TimeSpan	获取 DateTime 对象的当天的时间
Year	int	获取 DateTime 对象所表示日期的年份部分

表 7.1 中，调用属性 DayOfWeek 将返回一个 System.DayOfWeek 枚举类型的值，该值给出了当前 DateTime 对象所表示的日期是星期几；调用 TimeOfDay 属性将返回一个 System.TimeSpan 结构类型的值，该值给出了当前 DateTime 对象当天自午夜以来已经过的时间。其中，DayOfWeek 枚举类型定义了用于表示一周中某天的枚举值常量（Sunday、Monday、Tuesday、Wednesday、Thursday、Friday 和 Saturday）；TimeSpan 结构用于表示一个时间间隔，时间间隔以正负天数、小时数、分钟数、秒数及秒的小数部分进行度量。

此外，DateTime 结构中还定义了一些公共静态属性。例如 Now 用于获取当前的系统时间（含日期和时间的 DateTime 对象），Today 用于获取当前时间的日期部分。Now 和 Today

都是静态只读属性。

【例 7-12】　DateTime 结构的使用。

本例使用 DateTime 结构的 Year、Month、Day、Hour、Minute、Second 等属性获取当前时间的年、月、日、时、分、秒等信息。具体代码如下：

```csharp
using System;
namespace ex7_10
{
    class Program
    {
        static void Main(string[] args)
        {
            DateTime dt = DateTime.Now;
            Console.WriteLine ("当前的日期和时间是{0}",dt);
            Console.WriteLine("今天的日期是{0}年{1}月{2}日",
                dt.Year, dt.Month, dt.Day);
            Console.WriteLine("现在的时间是{0}时{1}分{2}秒",
                dt.Hour ,dt .Minute ,dt .Second );
            Console.WriteLine("今天是{0}", dt.DayOfWeek );
            Console.WriteLine("今天是今年的第{0}天", dt.DayOfYear );
            Console.ReadLine();
        }
    }
}
```

单击"启动调试"按钮或按 F5 键运行程序，运行结果如图 7.13 所示。

图 7.13　例 7-12 程序运行结果

7.9　本章小结

本章主要介绍了面向对象程序设计技术的相关概念和方法。首先介绍了面向对象的基本概念，然后介绍了 C#中类的定义、对象的创建、类的数据成员和方法成员的声明及调用等，还详细讨论了构造函数和析构函数、类的可访问性等。类是 C#中最为复杂的数据类型，而类又是面向对象编程技术的重要体现之一。因此，本章的内容对初学者有一定难度。本章重点内容如下：

- 类的创建和使用。

- 对象的创建、数据的访问及访问权限。
- 类的数据成员和方法成员。
- 类的构造函数和属性。
- 静态类和静态成员。
- 常用的.NET 框架类型。

习　　题

1. 选择题

（1）面向对象的特点主要概括为（　　）。

A．可分解性、可组合性和可分类性　　　　　　B．继承性、封装性和多态性

C．封装性、易维护性、可扩展性和可重用性　　D．抽象性、继承性、封装性

（2）要使某个类能被同一个命名空间中的其他类访问，但不能被这个命名空间以外的类访问，该类可以（　　）。

A．不使用任何关键字　　　　　　　　　　B．使用 private 关键字

C．使用 const 关键字　　　　　　　　　　D．使用 protected 关键字

（3）类的字段和方法的默认访问修饰符是（　　）。

A．public　　　　　B．private　　　　　C．protected　　　　　D．internal

（4）下列关于构造函数的描述中，（　　）选项是正确的。

A．构造函数名必须与类名相同　　　　B．构造函数不可以重载

C．构造函数不能带参数　　　　　　　D．构造函数可以声明返回类型

（5）C#中 TestClass 为一自定义类，其中有以下属性定义：

```
public void Property{ …}
```

使用以下语句创建了该类的对象，并让变量 obj 引用该对象：

```
TestClass obj = new TestClass();
```

那么，可通过（　　）方式访问类 TestClass 的 Property 属性。

A．MyClass.Property　　　　　　　　B．obj::Property

C．obj.Property　　　　　　　　　　D．obj.Property()

2. 思考题

（1）如何理解面向对象程序设计中的类和对象？两者是什么关系？

（2）面向对象的主要特点有哪些？

（3）类的声明格式中包含哪些部分？各有什么意义？

（4）什么是实例方法?什么是静态方法？

（5）类可以使用哪些修饰符？各代表什么含义？

（6）简述 new、this、static、ref、out、params、get、set、value 这些关键字的作用。

（7）简述构造函数和析构函数的作用。

3．上机练习题

（1）构造一个类，可以分别对任意多个整数、小数或字符串进行排序。

（2）自定义一个时间类，该类包含时、分、秒字段与属性，具有将时间增加 1 秒、1 分和 1 小时的方法，具有分别显示时、分、秒和同时显示时分秒的方法。

（3）创建一个 Windows 应用程序，输入两个正整数，单击"计算"按钮，求出这两个正整数的最大公约数。

要求：将求最大公约数的算法声明为一个静态方法，由"计算"按钮调用。

（4）构造一个图书类 book，能记录和访问书店图书信息，包括标题、作者、价格、库存量等，同时能选择不同的构造函数来初始化类的实例。

第8章 面向对象的高级程序设计

前面介绍了 OOP（面向对象编程）的基础知识，本章将进一步介绍 OOP，着重讨论面向对象的核心机制——继承，并以此为基础介绍抽象类、多态、接口和委托等。继承是面向对象编程中实现代码重用的重要原理。通过继承，可以定义一个新类来扩展现有类。

本章主要介绍继承性、多态性、接口、分部类、命名空间、委托和事件的相关知识。

 ## 8.1 继承性

人们认识世界经常通过对事物分类的方式来进行，并且在分类时，根据类的包容和被包容关系来创建类的层次。例如，动物可以分为脊椎动物和无脊椎动物，脊椎动物又可以分为哺乳动物、鱼类、鸟类、爬行动物和两栖动物……作为脊椎动物的人类，既有脊椎动物的一般特征，又有人类独有的特征。在 OOP 中使用继承时也是如此，既有继承也有扩展。

继承涉及一个基类型和一个派生类型，其中基类型表示的是泛例，而派生类型表示的是特例。特例从泛例中派生出来，也就是说特例继承了泛例。在这里，被继承的类称为基类（base class），也称为父类；继承后产生的类称为派生类（derived class），也称为子类。派生类是对基类的细化。

派生类继承了基类中的类成员，它和基类之间的差异由编程人员来指定，指定方式有两种：一是在派生类中添加新的类成员（方法成员及数据成员），此时派生类包括从基类中继承的成员和添加的新成员；二是根据需要，在派生类中修改继承来的方法成员的行为方式，为这些方法成员提供新的功能。

8.1.1 继承的实现

在 C#中，派生类隐式地继承基类的所有成员，包括方法、字段、属性和事件（基类的私有成员、构造函数、析构函数除外），同时可以添加自己的成员来进行功能扩展。

从一个基类派生一个子类的语法格式如下：

```
[访问修饰符]  class  类名：基类列表
{
    类的成员
}
```

【说明】 冒号的意思是"派生于",指明了是继承并作为基类列表的前缀;"基类列表"是一个用逗号分隔的列表,包括一个基类和任意数量的接口;一个类只能对单个类进行继承,但能继承多个接口。

基类的可访问性要大于派生类。例如,以下代码会产生一个编译错误。

```
internal class Aclass{ … }
public class Bclass:Aclass{ … }
```

下面是一个基类 Person 派生出子类 Student 类的示例,代码如下:

```
public class Person
}        //这是一个基类
{
    //定义数据成员
    private  string name;     //姓名
    public string Name
    {
        get { return name ;}
        set { name =value ;}
    }
    private  char sex;        //性别
    public char Sex
    {
        get { return sex; }
        set { sex = value; }
    }
    private DateTime birthday; //出生日期
    public DateTime Birthday
    {
        get { return birthday; }
        set { birthday = value; }
    }
    public string  OutPrint()
    {
        return string.Format("姓名:{0},性别:{1}。", name, sex);
    }
}
public class Student : Person   //这是一个派生类
{
    //扩展属性成员
    private string school;        //学校
    public string School
    {
        get { return school; }
        set { school = value; }
    }
    private int score;            //成绩
    public int Score
    {
        get { return score; }
        set { score = ((value >= 0) ? value : 0); }
    }
    //扩展方法成员
    public int Age()              //返回年龄
    {
        return (DateTime.Now.Year -  Birthday.Year);
    }
```

其中，Student 类继承了 Person 类中的所有用 public 修饰的属性成员 Name、Sex 和 Birthday，以及受保护的字段变量 birthday，还有公共的方法成员 OutPrint。同时，Student 类也定义了自己的成员：字段变量 school 和 score，公共属性 School 和 Score，公共方法 Age。以此来扩展派生类 Student 所特有的功能。

8.1.2 隐藏基类成员

如果在派生类中定义一个与基类同名的方法，派生类中的方法将隐藏基类中的同名方法。例如：

```
public class A
{
    public  void Method()
    {
        Console. WriteLine("Method() in A");
    }
}
public class B: A
{
    public void Method()              //隐藏基类同名方法
    {
        Console. WriteLine("method() in  B");
    }
}
```

对上述程序进行编译时，C#编译器会输出警告信息。如果编程人员想让派生类中的方法隐藏基类中的同名方法，就应该使用 new 关键字显式声明，也就是把 class B 改写为如下形式：

```
public class B: A
{
    public void new Method()              //使用 new 关键字隐藏基类同名方法
    {
        Console. WriteLine("method() in  B");
    }
}
```

注意：成员隐藏并不局限于方法成员，它也能用于数据成员和内部数据类型。而且，使用关键字 new 隐藏基类成员时，并不要求基类中的成员是虚拟的（Virtual）。只要在派生类的某个成员前加关键字 new 就可以隐藏基类中对应的成员，它通常用于改写基类中的非虚拟方法。

8.1.3 base 关键字

前面介绍过，this 关键字表示当前类的对象。例如，对于上面的 Person 类，其方法

OutPrint 中的 name 和 this.name 是等价的。C#中还提供了一个 base 关键字来表示基类，通过它可以访问基类的成员。例如，上述派生类的 Age 方法代码中，birthday 和 base.birthday 是等价的，是基类 Person 的 birthday 字段。

但是，在派生类里，如果使用 new 隐藏某个基类成员，派生类中直接访问的就是它自己定义的成员。如果需要调用基类中被隐藏的成员，就必须使用关键字 base。

【例 8-1】　new 与 base 应用示例。

本例中，类 A 是基类，类 B 是它的派生类。类 A 的成员为字段 k 和方法 Method。在类 B 中使用 new 关键字重写了方法 Method，并在其方法 Show 中，使用 base.k 和 base.Method() 引用基类 A 的成员字段 k 和方法 Method。具体代码如下：

```
using System;
namespace ex8_1
{
    public class A
    {
        public int k;
        public void Method()
        {
            Console.WriteLine("Method in class A");
            Console.WriteLine ("k = {0}",k );
        }
    }
    public class B:A
    {
        public new int k;
        public new void Method()
        {
            Console.WriteLine("Method in class B");
            Console.WriteLine ("k = {0}",k );
        }
        public void Show()
        {
            base.k = 20;
            k = 50;
            base.Method();
            Method();
        }
    }
    class Program
    {
        static void Main(string[] args)
        {
            B b=new B ();
            b.Show();
            Console.ReadLine ();
        }
    }
}
```

单击"启动调试"按钮或按 F5 键运行程序，运行结果如图 8.1 所示。

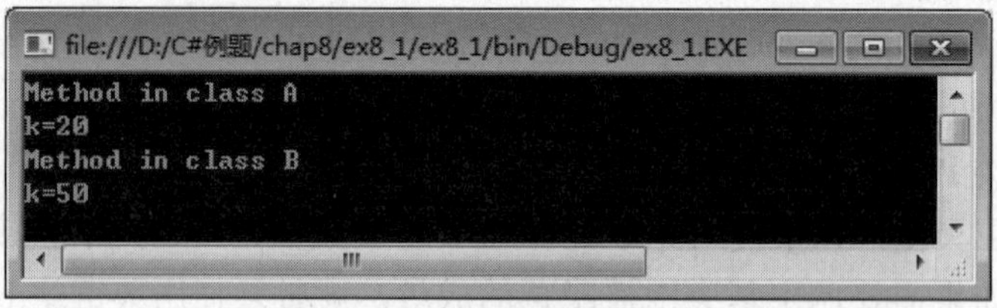

图 8.1　例 8-1 程序运行结果

提示：

（1）和 this 关键字不同，base 关键字不能作为单个对象变量使用，如使用 Console.WriteLine(base)这样的代码是错误的。

（2）与关键字 this 相同，关键字 base 只能用在实例方法中。

（3）派生类的方法是在基类方法的基础上增加功能，那么通过 base 关键字能够有效减少派生类中的代码量。

8.1.4　派生类的构造函数

构造函数用于初始化类的对象，与基类的其他成员不同，它不能被派生类继承。因此，创建派生类对象时，为了初始化从基类中继承来的成员，系统会自动调用其基类的构造函数。

【例 8-2】　调用基类的无参构造函数。

本例中，Person 类是基类，Teacher 类是 Person 的派生子类，而 Professor 类又是 Teacher 的派生子类。在这种层次的类继承中，创建 Professor 对象时，先从顶级基类的无参构造函数开始调用，然后是中间的 Teacher 类构造函数，最后调用底层的 Professor 类构造函数。具体代码如下：

```
using System;
namespace ex8_2
{
    public class Person
    {
        public Person()
        {
            Console .WriteLine("调用 person 的构造函数");
        }
    }

    public class Teacher:Person
    {
        public Teacher()
        {
            Console .WriteLine("调用 Teacher 的构造函数");
        }
    }

    class Professor:Teacher
```

```
    {
        public Professor()
        {
            Console.WriteLine("调用 Professor 的构造函数");
        }
    }
    class Program
    {
        static void Main(string[] args)
        {
            Professor p = new Professor();
            Console.ReadLine();
        }
    }
}
```

单击"启动调试"按钮或按 F5 键运行程序，运行结果如图 8.2 所示。

图 8.2　例 8-2 程序运行结果

由例 8-2 的运行结果可知，C#编译器会自动在派生类构造函数中首先自顶向下地调用基类构造函数，以初始化从基类中继承的成员，最后调用自身的构造函数。

如果某个派生类中没有明确定义任何构造函数，编译器会自动为之生成一个默认构造函数，并在其中调用其基类构造函数。关于这一点，可以将例 8-2 中类 Professor 或 Teacher的构造函数去掉试试。

如果基类中没有无参构造函数或者希望调用带参数的基类构造函数，这种自动插入的调用显然不能满足需要，这时就要使用关键字 base 来显式调用基类构造函数。调用基类构造函数的语法格式如下：

派生类构造函数名（[参数列表 1]）：base（[参数列表 2]）

【说明】"参数列表 2"必须与希望调用的基类构造函数匹配，如果"参数列表 2"为空，则表示调用基类的默认构造函数；构造函数不能直接利用其函数名调用，否则会引起编译错误。

【例 8-3】 类的继承与构造函数示例。

本例中，Person 类是基类，其公共成员 Name、Sex、Birthday 和方法 OutPrint，都可被派生类 Student 继承，同时派生类 Student 也能扩展自己的成员，并通过 base 关键字引用基类构造函数。具体代码如下：

```
using System;
namespace ex8_3
{
    public class Person              //这是一个基类
    {
```

```csharp
        //定义数据成员
        private string name;        //姓名
        public string Name
        {
            get { return name ;}
            set { name =value ;}
        }
        private  char sex;          //性别
        public char Sex
        {
            get { return sex; }
            set { sex = value; }
        }
        private DateTime birthday; //出生日期
        public DateTime Birthday
        {
            get { return birthday; }
            set { birthday = value; }
        }
        //定义构造函数，以初始化字段
        public Person(string name, char sex)
        {
            this.name = name;
            this.sex = sex;
        }
        //定义方法成员
        public string  OutPrint()
        {
            return string.Format("姓名：{0}，性别：{1}。", name, sex);
        }
}
public class Student : Person     //这是一个派生类
{
        //扩展属性成员
        private string school;          //学校
        public string School
        {
            get { return school; }
            set { school = value; }
        }
        private int score;              //成绩
        public int Score
        {
            get { return score; }
            set { score = ((value >= 0) ? value : 0); }
        }
        //定义构造函数，自动调用基类的构造函数辅助完成字段的初始化
        public Student(string name, char sex, string school) : base(name,sex)
        {
            School = school;
        }
        //扩展方法成员
        public int Age()                    //返回学生年龄
        {
            return (DateTime.Now.Year  -  Birthday.Year);
        }
}
class Program
```

```
    {
        static void Main(string[] args)
        {
            //创建 Student 对象
            Student s = new Student("张三", '男', "XX 大学");
            s.Birthday = new DateTime (1995,8,6);
            Console.WriteLine("该生信息如下: ");
            Console.WriteLine(s.OutPrint());    //调用继承来的方法
            //调用自己的属性和方法
            Console.WriteLine("学校: {0}, 年龄: {1}", s.School, s.Age());
            Console.ReadLine();
        }
    }
```

单击"启动调试"按钮或按 F5 键运行程序，运行结果如图 8.3 所示。

图 8.3 例 8-3 程序运行结果

该程序中，派生类 Student 既继承了基类 Person 的公共成员属性 Name、Sex、Birthday 和方法 OutPrint，还扩展了自己的属性成员 School 和 Score 以及方法成员 Age，同时调用了基类 Person 的构造函数以初始化继承来的数据成员。

8.2 多态性

从字面上理解，多态就是"多种形式"。在计算机科学领域，它意味着可以利用动态绑定技术，用相同名称的方法来调用方法的不同具体实现。下面首先来比较一下重载（overload）和重写（override）。

8.2.1 重载和重写

前面介绍过，方法重载是指程序在同一个类中定义相同名称的多个方法成员的能力。重载的实现过程是：编译器根据方法的不同参数表，为相同名称的方法做标识，然后这些同名函数就成了不同的函数（至少对于编译器来说是这样的）。

例如，有两个同名函数：public int Method (int p)和 public string Method (string p)。经编译器修饰后，方法的名称可能就变成了 int_Method 和 str_Method。对于这两个方法的调用，在编译的时候就已经确定了，因此是静态的。也就是说，它们的地址在编译期就绑定了。

真正和多态相关的是重写。方法重写在继承时发生，是指在派生类中重新定义基类中的方法，派生类中方法与基类中方法的名称、返回值类型、参数列表和访问权限都是相同的。当派生类重新定义了基类的虚拟方法后，基类根据赋给它的不同的派生类引用，动态地调用属于派生类的对应方法，这样的方法调用其方法地址是在运行期动态绑定的。

在 C#中，经常在派生类中通过重写基类的虚方法或实现抽象方法来实现多态。

8.2.2　虚方法

派生时，如果某个基类成员不能满足派生类的需要，可以在派生类中改写。在 C#语言中，基类成员的改写有重写与隐藏两种方式。8.1 节中使用 new 关键字实现基类成员的隐藏，也就是用派生类的新成员替换基类的成员，下面主要介绍在 C#语言中如何实现重写基类成员。

在 C#语言中，只有虚拟方法成员（包括方法、属性和事件）可以重写（也称覆盖）。在基类中，需要使用关键字 virtual 将某个方法显式声明为虚拟方法（也称为虚方法），然后在派生类中必须使用关键字 override 显式声明一个方法以重写某个虚拟方法。方法重写时，必须注意派生类中的方法应该与基类中被重写的方法有相同的方法名、返回值类型、参数列表和访问权限。

【例 8-4】　虚方法与多态性示例。

本例中，派生类 Truck 对基类 Automobile 中的虚拟方法 Makesound()和 Run()都进行了重写，所以 Trunck 类实例调用自己的 Makesound()和 Run()方法；而派生类 Bus 只对基类 Automobile 中的虚拟方法 Makesound()进行了重写，所以 Bus 类实例调用自己的 Makesound()方法和基类的 Run()方法。具体代码如下：

```
using System;
namespace ex8_4
{
    //汽车类
    public class Automobile
    {
        private string name;      //名称
        public string Name
        {
            get { return name; }
            set { name = value; }
        }
        private float speed;      //速度
        public float Speed
        {
            get { return speed; }
            set { speed = value; }
        }
        private float weight;     //重量
        public float Weight
        {
            get { return weight; }
            set { weight = value; }
        }
        public Automobile(float speed, float weight)//构造函数
        {
            name = "汽车";
```

```csharp
            this.speed = speed;
            this.weight = weight;
        }
        public virtual float Run(float distance)        //虚拟方法 Run
        {
            return distance / speed;
        }
        public virtual void Makesound()                 //虚拟方法 Makesound
        {
            Console.WriteLine("汽车鸣笛……");
        }
    }
    //客车类
    public class Bus : Automobile
    {
        private int passengers;                         //乘客数量
        public int Passengers
        {
            get { return passengers; }
            set { passengers = value; }
        }
        public Bus(int passengers) : base(60, 10)       //构造函数
        {
            Name = "客车";
            this.passengers = passengers;
        }
        public override void Makesound()                //重写方法
        {
            Console.WriteLine("滴，滴，滴……");
        }
    }
    //卡车类
    public class Truck : Automobile
    {
        private float load;                             //载重
        public float Load
        {
            get { return load; }
            set { load = value; }
        }
        public Truck(int load): base(50 ,15 )           //构造函数
        {
            Name = "卡车";
            this.load = load;
        }
        public override float Run(float distance)       //重写方法
        {
            return (1 + load / Weight / 2) * base.Run(distance);
        }
        public override void Makesound()                //重写方法
        {
            Console.WriteLine("叭，叭，叭……");
        }
    }
    class Program
    {
        static void Main(string[] args)
```

```
            {
                foreach (Automobile a in GetAutos())
                {
                    a.Makesound();
                    Console.WriteLine ("{0}行驶 1000 公里需要{1}小时",
                        a.Name,a.Run(1000));
                }
                Console.ReadLine();
            }
            static Automobile[] GetAutos()
            {
                Automobile[] autos = new Automobile[4];
                autos[0] = new Bus(20) ;
                autos[1] = new Truck(30) ;
                autos[1].Name = "卡车甲" ;
                autos[2] = new Truck(45) ;
                autos[2].Name = "卡车乙" ;
                autos[3] = new Automobile(80,3);
                return autos;
            }
        }
    }
```

单击"启动调试"按钮或按 F5 键运行程序，运行结果如图 8.4 所示。

图 8.4　例 8-4 程序运行结果

注意：如果某个类中的一个方法是其基类的重写方法，那么该方法也就隐式成为一个虚拟方法（但该方法不能同时使用关键字 virtual 显式声明），可以在其派生类中重写。例如：

```
class A
{
    public virtual void Method() {     }
}
class B:A
{
    public override void Method() {     }
}
class C: B
{
    public override void Method() {     }
}
```

派生类无法调用基类的私有方法，也就没有所谓的派生类对基类私有方法的重写，因此类的私有方法不能声明为虚拟的。此外，类的静态方法也不能声明为虚拟的。

 提示：

> 使用 virtual 和 override 有以下 4 个要点：
> （1）不能重写非虚拟方法。
> （2）virtual 关键字不能和 static、abstract、override 修饰符一起使用。
> （3）派生类对象即使被强制转换为基类对象，所引用的仍然是派生类的成员。
> （4）派生类可以通过密封来停止虚拟继承，此时派生类的成员使用 sealed override 声明。

8.2.3　抽象方法与抽象类

1. 抽象方法

除了虚拟方法之外，还可以在类中声明抽象方法（包括方法、属性和事件），抽象方法是一种虚拟方法（但不能用关键字 virtual 显式声明），可以被重写以实现多态。

抽象方法是一个不完全的方法，它只有方法头，没有具体的方法体。抽象方法声明的一般格式如下：

```
abstract 返回值类型 方法名(形参列表);
```

属性作为一种特殊方法，抽象属性是一种特殊的抽象方法，则不能定义具体的 get 和 set 访问器。声明抽象属性的一般语法格式如下：

```
abstract 返回值类型 属性名 { get; set; }
```

【说明】 abstract 是声明抽象方法和抽象类的关键字；抽象属性也可以只包含 get 访问器或者只包含 set 访问器。例如：

```
abstract void Method();
abstract int Weight{ get;}
```

如果某个类中含有抽象方法，那么这个类就是一个抽象类，抽象类必须使用关键字 abstract 修饰。

2. 抽象类

抽象类是基类的一种特殊类型，必须用关键字 abstract 修饰。它除了拥有普通的类成员之外，还有抽象类成员。抽象类成员中的方法和属性，只有声明（使用关键字 abstract），而没有实现部分。

由于对实例而言，没有实现的成员是不合法的，因此抽象类永远也不能实例化。这种不能实例化的类也有它的作用空间，它可以位于类层次结构的上层。对于继承抽象类的其他类而言，抽象类就确定了派生类的基本结构和意义，从而使程序框架更容易建立。

　　包含一个或多个抽象类成员的类，本身必须声明为 abstract，但抽象类可以包含非抽象的成员。例如：

```
abstract class A
{
    public void Method() { … }
}
```

　　A 就是一个抽象类，并没有抽象方法等抽象成员。

　　从抽象类派生的类必须对基类中包含的所有抽象方法提供实现过程，如果没有完全实现抽象类中的抽象方法，那么这个派生类也就成为一个抽象类，必须用关键字 abstract 修饰。抽象方法为隐式的虚方法，所以为继承的抽象类提供实现代码的方式与重写一个虚方法相似，也要使用 override 关键字。

　　抽象类在类层次结构的上层，是为继承而定义的，是其所有派生类公共特征的集合。现实生活中有很多抽象概念，它本身不与具体的对象相联系，但可以为其派生类提供一个公共的界面，因此抽象类在 C#程序设计中有相当广泛的应用。例如，"图形"就可作为一个抽象类，因为每一个图形对象实际上都是其派生类的实例，如"椭圆"、"三角形"、"四边形"等；但"三角形"不应是一个抽象类，因为其对象既可以是派生的"等腰三角形"、"直角三角形"等特殊三角形，也可以是一般的三角形。再如，"交通工具"也可定义为一个抽象类，并通过字段和方法来描述其派生类共有的特性。

　　【例 8-5】 抽象类和抽象方法示例。

　　本例中，首先定义了抽象基类 Person，它有两个抽象成员：抽象方法 OutPrint 和抽象属性 Score。Student 类和 Worker 类继承了 Person，而它们本身又不是抽象类，所以就必须实现继承来的抽象成员。具体代码如下：

```
using System;
namespace ex8 5
{
    public abstract class Person          //定义一个抽象基类
    {
        //定义数据成员
        private string name;              //姓名
        public string Name
        {
            get { return name; }
            set { name = value; }
        }
        private char sex;                 //性别
        public char Sex
        {
            get { return sex; }
            set { sex = value; }
        }
        private DateTime birthday;      //出生日期
        public DateTime Birthday
        {
            get { return birthday; }
            set { birthday = value; }
        }
        //定义抽象属性 Score
        public abstract int Score
        {
```

```
            get;
            set;
        }
        //定义方法成员 Age 计算年龄
        public int Age()
        {
            return (DateTime.Now.Year - birthday.Year);
        }
        //定义抽象方法成员，注意句末的分号
        public abstract string OutPrint();
        //定义构造函数，以初始化字段
        public Person(string name, char sex)
        {
            this.name = name;
            this.sex = sex;
        }
    }
    public class Student : Person      //派生类
    {
        //扩展属性成员
        private string school;          //学校
        public string School
        {
            get { return school; }
            set { school = value; }
        }
        //实现抽象属性
        private int score;              //成绩
        public override int Score
        {
            get { return score; }
            set { score = (value >= 0) ? value : 0; }
        }
        //定义构造函数，调用基类的构造函数辅助完成字段的初始化
        public Student(string name, char sex, string school, int score)
          : base(name, sex)
        {
            this.school = school;
            this.score = score;
        }
        //实现继承来的抽象方法成员 OutPrint
        public override string OutPrint()
        {
            return string.Format("姓名：{0}，性别：{1}\n 学校：{2},
                年龄：{3}\n 成绩：{4}\n", Name, Sex,school,Age(),score );
        }
    }
    public class Worker:Person         //派生类
    {
        //实现抽象属性
        private int score;              //年薪
        public override int Score
        {
            get { return score; }
            set { score = (value >= 0) ? value : 0; }
        }
        //定义构造函数，调用基类的构造函数辅助完成字段的初始化
```

```
        public Worker(string name,char sex) : base(name ,sex ){ }
        //实现继承来的抽象方法成员 OutPrint
        public override string OutPrint()
        {
            return string.Format("姓名：{0}，性别：{1}\n 年龄：{2}，
                年薪：{3}\n",Name, Sex,Age(),score );
        }
    }
    class Program
    {
        static void Main(string[] args)
        {
            //创建 Student 对象
            Student s = new Student("张三", '男', "XX 大学计算机学院",589);
            s.Birthday = new DateTime(1995, 8, 6);
            Console.WriteLine("该生信息如下：");
            Console.WriteLine(s.OutPrint());
            Worker w1 = new Worker ("李四",'女');
            w1.Birthday = new DateTime (1978,2,12);
            w1.Score = 80000;
            Console.WriteLine("该工作人员信息如下：");
            Console.WriteLine(w1.OutPrint());
            Console.ReadLine();
        }
    }
}
```

单击"启动调试"按钮或按 F5 键运行程序，运行结果如图 8.5 所示。

图 8.5 例 8-5 程序运行结果

程序分析：抽象基类 Person 派生了两个子类 Student 和 Worker，它们根据自己的具体情况分别实现了抽象属性 Score 及抽象方法 OutPrint。

 提示：

（1）当方法前使用了 virtual 关键字时，它就成为虚拟方法；虚拟方法是多态的基础，在派生类中能够（但不是必须）改变方法的执行，改变基类中虚方法的过程称为重写或覆盖。

（2）当方法前使用了 abstract 关键字时，它就成为抽象方法；抽象方法是隐含的虚拟，而且必须被派生类实现重写。

（3）抽象方法与虚拟方法的差别在于：虚拟方法有实现，抽象方法没有实现。

8.2.4　密封方法与密封类

1. 密封方法

用关键字 sealed 修饰的方法是密封方法（包括方法、属性和事件），表示不能在继承子类中覆盖该方法，即密封方法不能在继承过程中被派生类重写。例如：

```
class A
{
    public virtual void Print() { … }
}
class B:A
{
    sealed override void Print() { … }
}
class C:B
{
    //下面的语句有错误，因为 Print 方法在类 B 中是密封方法
    override void Print(){ … }
}
```

2. 密封类

抽象类只能用作其他类的基类，不能创建其对象。与之相反，还可以定义密封类。如果将某个类声明为密封类，那么该类就不能被其他类继承，也就是说，它不可能有派生类。由于密封类不能被继承，因此其中的方法不能声明为虚拟或抽象的，否则就违背了声明密封类的初衷。

声明密封类，需要使用 sealed 关键字。例如：

```
public abstract class Shape
{
    pulic abstract double GetArea();
}
public sealed class Circle : Shape
{
    private double r ;
    public Circle( double r )
    {
        this.r = r ;
    }
    pulic override double GetArea()
    {
        return Math.PI * r * r ;
    }
}
```

如果再有类定义语句"public class Ellipse:Circle { }"，则会出错，因为不允许继承密封类。

8.3   接口与多态

软件接口技术是面向对象技术的一个重要组成部分。接口是比抽象类型更为"抽象"的一种数据类型，它所描述的是功能契约，即"能够提供什么服务"，而不考虑与实现有关的任何因素。接口主要定义一个规则，让企业内部或行业内部的软件开发人员按标准去实现应用程序的功能。因此，必须由类或者结构来继承所定义的接口并实现它，否则定义接口就毫无意义。

定义派生类时，每个派生类只允许有一个基类，也就是说，C#语言只支持单继承。然而现实世界中多继承大量存在，为了在 C#语言中得到多继承的效果，可以利用接口来间接实现多继承。

8.3.1   定义接口

接口是 C#的一种数据类型，属于引用类型。接口像一个抽象类，可以定义方法成员、属性成员和事件等，但接口不提供对成员的实现，而继承接口的类则必须提供接口成员的实现。

在 C#中，声明接口使用 interface 关键字，一般格式如下：

```
[访问修饰符] interface 接口名[：基接口列表]
```

【说明】 访问修饰符包括 public、protected、internal 和 private 等，默认为 public，可以省略；接口的命名规则与类的命名规则相同，不过，为了与类相区别，建议以大写字母 I 开头；基接口列表可省略，表示接口也具有继承性；若从多个基接口继承，基接口名之间用逗号分隔。

接口成员可以是属性、方法和事件，但不能是字段、常量、构造函数、析构函数、运算符和内部数据类型，而且不能包含静态成员。所有接口成员隐式地具有 public 访问修饰符，因此接口成员不添加任何访问修饰符。当派生接口要隐藏从基接口继承来的成员时，应使用 new 关键字把它标识为重新声明的成员。例如：

```
interface Iperson
{
    string Name{get; set; }
```

```
    char Sex{get; set; }
    string Show();
}
```

该接口 Iperson 包括 3 个成员，其中 Name 和 Sex 是两个属性成员，Show 是方法成员。
例如：

```
interface Istudent: Iperson
{
    string StudentID{get; set; }
    new string Show();
}
```

该接口 Istudent 是基接口 Iperson 的派生接口，它继承了基接口的所有成员，同时隐藏
了基接口的方法成员 Show，另外还扩展了一个属性成员 StudentID。

通过继承，可以在现有接口的基础上定义派生接口，这与类相似。但与类不同的是，
一个接口可以同时继承多个接口。在 C#语言中，编程人员可以将接口想象成一个更纯粹的
抽象类，但抽象类中还可以包含字段和具体方法等，而接口则不能。在使用上，接口与抽
象类有许多相似之处。例如，不能创建接口的对象，但可以用作变量的数据类型，可以用
作对象转换的类型等。

8.3.2 实现接口

接口本身并不包含任何实现代码，接口中的所有方法都要靠继承接口的类或结构实
现。继承接口的类有以下两种情况：
（1）如果支持接口的类是非抽象的，那么它必须为接口中的所有方法提供实现。
（2）如果支持接口的类是抽象的，那么它必须支持接口中的所有方法，且这些方法要
么提供具体实现，要么是抽象的。
接口中的方法都是公共的，因此实现这些方法时，必须用修饰符 public 修饰。否则，
编译器会因为在实现这些方法时降低了访问权限而报告错误。

提示：

> 与抽象方法不同，接口中的方法并不是虚拟方法，实现时不能使用关键字
> override，但它同样具有多态性。

【例 8-6】 接口示例。
本例中，类 Rectangle 和 Circle 继承自 IShape 和 IShapeShow 接口，并实现了接口
IShape 中的 GetArea 和 GramLength 方法，以及接口 IShapeShow 中的 ShowMe 方法。具体
代码如下：

```
using System;
namespace ex8_6
{
    public interface IShape
    {
        double GetArea();                //计算面积
```

```csharp
        double GramLength();              //计算周长
    }
public interface IShapeShow
{
    string  ShowMe();
}
public class Rectangle : IShape, IShapeShow
{
    private double  width,height;
    public Rectangle(double meWidth,double meHeight)
    {
        width = meWidth ;
        height = meHeight;
    }
    public double GetArea()
    {
        return ( width * height );
    }
    public double GramLength()
    {
        return (( width +height ) *2);
    }
    public string  ShowMe()
    {
        string  s="\n 长方形的";
        s +="长:"+ width +" , ";
        s += "宽:" + height+"\n";
        s += "面积:" + GetArea().ToString()+" , ";
        s += "周长:" + GramLength().ToString();
        return s;
    }
}
class Circle : IShape, IShapeShow
{
    private double radius;
    public Circle(double rad)
    {
        radius = rad;
    }
    public double GetArea()
    {
        return (Math.PI * radius * radius);
    }
    public double GramLength()
    {
        return (2 * Math.PI * radius);
    }
    public string ShowMe()
    {
        return ("Circle");
    }
}
class Program
```

```
    {
        static void Main(string[] args)
        {
            Circle myCircle = new Circle(4);
            Rectangle myRectangle = new Rectangle(6, 8);
            IShape myICircle = myCircle;
            IShape[] myShapes = { myCircle, myRectangle };
            Console.WriteLine("圆面积: ");
            Console.WriteLine(myCircle.GetArea().ToString());
            Console.WriteLine(myShapes[0].GetArea().ToString());
            Console.WriteLine(myICircle.GetArea().ToString());
            Console.WriteLine(myCircle.ShowMe());
            Console.WriteLine(myRectangle.ShowMe());
            // 下面这条语句不能通过编译
            // Console.WriteLine(myShapes[0].ShowMe());
            Console.ReadLine();
        }
    }
}
```

单击"启动调试"按钮或按 F5 键运行程序，运行结果如图 8.6 所示。

图 8.6　例 8-6 程序运行结果

下面分析该程序 Main 方法中的如下代码：

```
Circle myCircle = new Circle(4);
IShape myICircle = myCircle;
```

第一条语句创建了 Circle 类的一个实例，第二条语句创建了一个 IShape 类型的变量，它引用了这个 Circle 对象。但是，由于变量 myICircle 被指定为 IShape 类型，因此它只能访问该接口的成员，无法引用 ShowMe 方法。同理，代码"Console.WriteLine(myShapes[0].ShowMe());"在该程序中是错误的。

由例 8-6 可知，如果一个类实现了某个接口，这个接口就相当于它的基类，派生类对象类型和接口类型可以相互转换。由此可见，使用接口的最大好处是，可以用相同的方式处理不同的类，只要它们实现相同的接口即可。例如：

```
IShape[] myShapes = { myCircle, myRectangle };
Console.WriteLine(myShapes[0].GetArea().ToString());
```

以上代码创建了一个 Ishape 类型的数组，其中可以包含实现 IShape 接口的任何类的实例。该数组只关心 GetArea 方法的使用，而不了解（也不需要了解）其他类成员。

8.3.3   使用接口

1. 实现接口和访问接口的方式

在 C#语言中，实现接口的方式有两种：隐式实现和显式实现。前面介绍的是隐式实现接口成员的方式，类似于由基类直接产生派生类的方式。而显式实现接口成员的方式，主要用于有多个接口继承并且两个或多个接口使用了同一个名称声明成员的场合。

在实现时，为了区分是从哪个接口继承，避免产生二义性，C#建议使用显式实现接口的方式，即在派生类中需要使用它的完全限定名来实现接口成员，其格式如下：

```
接口名.方法名()
```

采用显式实现的方式，例 8-6 中的 GetArea 方法在 Circle 类中的实现可以修改为：

```
double Ishape.GetArea(){…}
```

那么下面的代码将产生错误：

```
Circle myCircle = new Circle(6.0);
double myArea = myCircle.GetArea();
```

这是因为，显式实现的成员不能通过类的实例来引用，而必须通过所属的接口来引用，即限制为只有接口才能访问该成员。在引用时，必须将类的对象转换对应的接口类型。正确的引用如下：

```
Circle myCircle = new Circle(6.0);
IShape myICircle = myCircle;
double myArea = myICircle.GetArea();
```

 提示：

> 显式实现的成员不能带任何访问修饰符。

2. 抽象类与接口

在系统的整个设计中，真正的问题不是选择类还是选择接口，而是如何最佳地结合使用类和接口。在 C#语言中，类不允许多重继承，这使得接口的用途更广。如果把所需的全部功能都加在一个基类中，或者建立基类的层次结构来实现全部功能，实在是太费劲了。

最好的解决方案是定义一个类，然后增加相应的接口来扩展功能。当然，接口也有不足之处：设计良好的基类可以提升代码的重用率，从而减轻继承子类的代码负担；非抽象类可以增加成员，而不影响已有的派生类；而向接口增加成员，则实现该接口的所有类都将受影响。

接口的定义很像类或结构，它定义了类必须实现的行为特征，相当于使用者和实现者之间的一份合同。可以将接口看作是只包含抽象方法的纯抽象类。接口最终还是需要由类或结构来实现，即要求类要实现接口的抽象方法成员，这与派生类保证要实现它的基类的抽象方法一样。

虽然接口和抽象类在句法和语义上紧密相关，但它们仍有一个重要的区别：接口只能包含抽象方法和抽象属性，而抽象类还可能包含数据成员，以及完全实现的方法和属性。

由此得出结论：一个类最多可以有一个基类，但可以有多个接口。

8.4　分部类与命名空间

对于大型应用程序来说，程序的规模和结构都异常复杂，需要多个人甚至多个公司分工协作才能完成设计和编程，为了保证开发出来的程序无缝集成而不出现冲突，C#提供了分部类和命名空间。

8.4.1　分部类

虽然在单个文件中维护某个类的所有源代码是很好的编程习惯，但是有时一个类会变得非常大，在这种情况下，反而成为一种不切实际的限制。此外，程序员经常使用源代码生成器来生成应用程序的初始结构，然后修改得到源代码，但当将来某个时候再次用代码生成器来生成源代码时，已有的修改会被源代码生成器改写或者删除。分部类可以很好地解决这类问题。

C#允许将类、结构或接口的定义拆分到两个或多个源文件中，让每个源文件只包含类型定义的一部分，编译时编译器自动把所有部分组合起来进行编译。

利用分部类，一个类的源代码可以分布于多个独立文件中，在处理大型项目时，可以由多个人同时进行编程任务，这样将大大加快了程序设计的工作进度。利用分部类，系统自动生成的源代码，可以与程序员编写的代码分隔开。事实上，当创建 Windows 应用程序时，就是在 Visual Studio 2012 自动生成源代码的基础之上专注于项目的业务处理，编译时 Visual Studio 2012 会自动把程序员编写的代码与系统自动生成的代码（如 Form1.cs 与 Form1.Designer.cs）进行合并编译。

1．定义分部类

分部类使用 partial 关键字来拆分类定义。例如：

```
// file1.cs
public partial class Hello             //分部类 Hello
{
    public string HelloC()
    {
      return "你好！";
    }
}
// file2.cs
public partial class Hello             //分部类 Hello
{
    public string HelloE()
```

```
        {
          return "Hello! ";
        }
}
public class TestPartial
{
        static void Main()
        {
          Hello hi = new Hello();                 //创建分部类 Hello 的对象
          Console.WriteLine(hi.HelloC());
          Console.WriteLine(hi.HelloE());
        }
}
```

程序运行结果如下：

```
你好!
Hello!
```

其中，类 Hello 是分部类，被拆分在 file1.cs 和 file2.cs 两个源文件中，只要在分部类的任意一部分定义了相应的方法或属性，即可与普通类一样使用。

2．使用分部类应注意的问题

（1）同一分部类的所有部分应该具有相同的可访问性，如都是 public。

（2）同一分部类的所有部分的定义都必须使用 partial 进行修饰，而且 partial 修饰符只能出现在紧靠关键字 class、struct 或 interface 前面的位置。

（3）分部类的各部分或者各个源文件都可以独立引用类库，且遵循"谁使用谁负责添加引用"的原则。

（4）分部类的定义中允许使用嵌套的分部类，如分部类 X 中可以嵌套分部类 Y，Y 中也可以嵌套 X。

（5）同一个类的所有分部类的定义都必须在同一程序集或同一模块（.exe 或.dll 文件）中进行定义，分部类定义不能跨越多个模块。

8.4.2　命名空间

程序中常常需要定义很多的类型。为了便于类型的组织和管理，C#引入了命名空间的概念，命名空间是一种组织相关类和其他类型的方法。一组类型可以属于一个命名空间，而一个命名空间也可以嵌套另一个命名空间，从而形成一个逻辑层次结构，类似于目录式的文件系统组织方式。命名空间既可以对内组织应用程序，也可以对外避免命名冲突。

.NET Framework 是由许多命名空间组成的，.NET 就是利用这些命名空间来管理庞大的类库。例如，命名空间 System.Windows.Forms 提供了用于创建基于 Windows 的应用程序的所有可用类，其中包括窗体（Form）、文本框（TextBox）、按钮（Button）和标签（Label）等。

1. 自定义命名空间

除了.NET Framework 中的命名空间，编程人员还可以自定义命名空间。在 C#程序中，使用关键字 namespace 来定义自己的命名空间，一般格式如下：

```
namespace 命名空间名
{
    // 类型的声明
}
```

【说明】命名空间名必须遵守 C#程序的命名规范，命名空间内一般由若干个类型组成，如声明枚举型、结构型、接口和类等。

下面给出一个命名空间的简单示例。

```
namespace Mynamespace
{
    public class Myclass
    {
        //具体代码
    }
}
```

这样，就把 Myclass 类包含在自定义命名空间Mynamespace 中，Myclass 类型的全称就是Mynamespace.Myclass。因此在不同的命名空间下就允许有相同的名称的类型。

如果在命名空间中嵌套其他命名空间，就为类型创建了层次结构，例如：

```
namespace Mynamespace1
{
    namespace Mynamespace2
    {
        using system;
        public class Myclass
        {
            //具体代码
        }
    }
}
```

上面的代码定义了两层的命名空间，其引用形式也是用圆点分隔的，Mynamespace2 的命名空间的全名是 Mynamespace1.Mynamespace2，Myclass 类型的全称就是 Mynamespace1.Mynamespace2.Myclass。可以看出，首先是外层的命名空间，圆点后紧跟内层的命名空间。

2. 引用命名空间中的类

引用命名空间中的类有两种方式：一是采用完全限定名来引用；二是首先通过 using 关键字导入命名空间，再直接引用。例如：

```
Mynamespace.Myclass my = new Mynamespace.Myclass();
```

上述代码就是通过完全限定名来引用命名空间中的类，并使用构造函数创建一个对象。这种通过完全限定名来引用命名空间中的类的方式，在命名空间嵌套层次较多时，编写代码非常烦琐，所以一般使用第二种方式，即先导入命名空间再直接引用。例如：

```
using Mynamespace;
Myclass  my = new Myclass();
```

上述代码就是先通过 using 关键字导入命名空间 Mynamespace，然后就可以直接使用该命名空间中的类。using 语句一般放在.cs 源文件的顶部，所有的 C#源程序都以"using System;"开头，这是因为.NET 类库提供的许多有用的类都包含在 System 命名空间中。

8.5 委托

面向对象的核心思想之一就是将数据和对数据的操作封装为一个整体。前面介绍过了将数据对象作为方法参数进行传递，而使用委托则能够将方法本身作为参数进行传递。本节将介绍委托的实现机制和匿名方法的使用。

8.5.1 委托概述

委托（delegate）是一种引用方法的类型，它与类、接口和数组相同，属于引用类型。但委托是一种特殊的引用类型，它可以将方法作为变量或参数进行传递。

在 C#程序中，可以声明委托类型、定义委托类型的变量、把方法分配给委托变量，还可以通过委托来间接地调用一个或多个方法。一旦为委托分配了方法，委托将与该方法具有完全相同的行为。一个完整的方法具有名称、返回值和参数列表，用来引用方法的委托也必须具有同样的参数和返回值。

C#允许把任何具有相同签名（相同的返回值类型和参数）的方法分配给委托变量，因此可以通过编程的方式来更改方法调用。实际上，委托代表了方法的引用（即内存地址），类似于 C++的函数指针，允许将方法作为参数进行传递。

8.5.2 委托的声明及使用

1. 声明委托

委托是一种特殊的引用类型，它将方法作为特殊的对象封装起来，从而可以将方法作为变量或参数进行传递。在 C#程序中使用关键字 delegate 声明委托。声明委托的一般格式如下：

```
[访问修饰符] delegate 返回值类型 委托名([参数列表] )
```

【说明】 访问修饰符与声明类、接口和结构的访问修饰符相同，返回值类型是委托所要引用的方法的返回值类型，参数列表是委托所要引用的方法的形式参数列表，所要引用的方法可以是无参方法。例如：

```
public delegate int Calculate( int x, int y)
```

上述代码声明了一个名为 Calculate 的委托，使用该委托类型可以引用任何具有两个 int 型参数且返回值也是 int 型的方法。

在 C#程序中定义的所有委托类型，实际上都是.NET 类库中 Delegate 类的派生类。但 Delegate 是个抽象类，不能创建实例；而且 C#编译器不允许显式定义 Delegate 的派生类，必须由 delegate 关键字来创建委托类型。使用 delegate 关键字来创建的委托类型是密封的，因此也不能从自定义的委托派生。

2. 委托的实例化

因为委托是一种特殊的数据类型，因此必须实例化之后才能用来引用方法。实例化委托的一般格式如下：

```
委托类型 委托变量名 = new 委托型构造函数（委托要引用的方法名）
```

【说明】　委托类型就是前面使用 delegate 声明的委托名，委托类型一般使用默认的构造函数。

例如，假设有如下两个方法：

```
int intAdd(int x, int y)
{
    return x+y;
}
int intSub(int x, int y)
{
    return x-y;
}
```

方法 intAdd 和 intSub 与之前定义的委托类型 Calculate 的参数列表和返回值类型一致，所以可以将方法 intAdd 和 intSub 封装到 Calculate 委托对象中：

```
Calculate a1 = new Calculate(intAdd);
Calculate a2 = new Calculate(intSub);
```

上述代码中，a1 和 a2 就是两个委托型的对象变量。

3. 通过委托调用方法

在实例化委托之后，就可以通过委托对象调用它所引用的方法。在使用委托对象调用所引用的方法时，必须保证参数的类型、个数和顺序与方法声明匹配。例如：

```
Calculate cal = new Calculate(intAdd);
int result = cal(6,8);
```

上述代码表示通过 Calculate 型的委托对象 cal 来调用方法 intAdd，其实参为"6"和"8"，因此最终返回给变量 result 的值为"14"。

C#还允许将方法名直接写在委托赋值表达式的等号右边，而不必写出完整的委托。例如：

```
Calculate  cal = intAdd;
int result = cal(6,8);
```

从上述内容可以看出，委托的使用过程一般分为 3 个步骤：类型定义、对象创建和方法绑定、方法调用。除了最后的方法调用外，委托变量的使用和一般对象没有什么本质区别。

4．使用匿名方法

如果一个方法只是通过委托进行调用，那么在 C#中允许不写出该方法的定义，而是将方法的执行代码直接写在委托对象的创建表达式中。此时，被封装的方法称为匿名方法。对应地，使用常规方式定义的方法成员称为命名方法。使用匿名方法创建委托对象的一般格式如下：

```
委托类型 委托变量名 = delegate ([参数列表]) {代码块};
```

【说明】 参数列表应和委托类型的定义保持一致；如果执行代码中不出现参数变量，那么参数列表还可以省略；如果委托有返回类型，在执行代码中也应通过 return 语句来返回该类型的值。例如：

```
calculate cal = delegate (int x, int y) (return x*y);
```

上述代码用匿名的方法定义了一个 Calculate 型的委托对象 cal，用来计算 x 和 y 的积。该语句的等号右边是一个匿名方法表达式，它不使用 new 关键字来创建委托对象，而是在 delegate 关键字之后直接写出方法的参数列表和执行代码。

提示：

> 匿名方法并不是没有名称，而是指开发人员无须在源代码中为其命名。C#在编译程序时，会自动生成一个方法定义，该方法实际上是当前类型的一个私有静态方法。

由于匿名方法总是定义在另一个方法的执行代码中，因此匿名方法的参数名和变量名就可能和外部代码发生冲突。为此，C#规定：匿名方法的参数名不能和已有的外部变量名相同；如果匿名方法执行代码中的局部变量名和外部变量名相同，那么它们代表同一个变量，此时称外部变量被匿名方法所"捕获"。通过捕获外部变量，匿名方法能够实现与外部程序代码的状态共享。

【例 8-7】 委托示例。

本例首先声明了委托类型 Calculate，然后声明了类 CalculateOfNumber，其中封装了委托型字段 handler 和 Add、Sub、Mul、Div 4 个方法，这些方法和委托类型 Calculate 的签名一致。具体代码如下：

```
using System;
namespace ex8_7
{
    //声明委托
```

```
public delegate double Calculate(double x,double y);
//声明类
public class CalculateOfNumber
{
    public Calculate handler;   //这是一个委托型的字段
    public double Add(double x, double y)
    {
        return x + y;
    }
    public double Sub(double x, double y)
    {
        return x - y;
    }
    public double Mul(double x, double y)
    {
        return x * y;
    }
    public double Div(double x, double y)
    {
        return (x / y) ;
    }
}
class Program
{
    static void Main(string[] args)
    {
        double a = 6, b = 4;
        //创建一个对象
        CalculateOfNumber cn = new CalculateOfNumber();
        cn.handler=new Calculate(cn.Add);   //初始化委托型字段
        //通过委托来调用方法
        Console.WriteLine("{0}与{1}的和为{2}", a, b, cn.handler(a, b));
        cn.handler = cn.Sub;        //委托型字段变量重新赋值
        Console.WriteLine("{0}与{1}的差为{2}", a, b, cn.handler(a, b));
        cn.handler = new Calculate(cn.Mul);  //委托型字段变量重新赋值
        Console.WriteLine("{0}与{1}的积为{2}", a, b, cn.handler(a, b));
        cn.handler = cn.Div;         //委托型字段变量重新赋值
        Console.WriteLine("{0}与{1}的商为{2}", a, b, cn.handler(a, b));
        //使用匿名方法来初始化委托型字段
        cn.handler = delegate(double x, double y)
           { return (double)Math.Pow(x, y); };
        Console.WriteLine("{0}的{1}次幂为{2}", a, b,
        cn.handler(a, b));
        Console.ReadLine();
    }
}
}
```

单击"启动调试"按钮或按 F5 键运行程序，运行结果如图 8.7 所示。

图 8.7　例 8-7 程序运行结果

程序分析：在 Main 函数中实例化 CalculateOfNumber 类得到对象 cn，然后通过 cn 的委托型字段 handler 分别调用 Add、Sub、Mul、Div 4 个方法，实现两个数的加、减、乘、除运算；最后使用匿名方法直接初始化 cn 的委托型字段变量 handler，计算两个数的幂值。

8.5.3　多路广播与委托合并

在前面的示例中，每次委托调用的都是一个方法，这种只引用一个方法的委托称为单路广播。事实上，C#允许使用一个委托对象来同时调用多个方法，当向委托添加更多的指向其他方法的引用时，这些引用被储存在委托的调用列表中，这种委托就是多路广播委托。

所有委托都是隐式的多路广播委托。向一个委托的调用列表添加多个方法引用后，可以通过调用该委托一次性调用所有的方法，这一过程称为多路广播。

由于实例化委托实际上是创建了一个对象变量，因此可以用来参与赋值运算，甚至作为方法参数进行传递。一个委托对象可以封装多个方法来实现多路广播，这是通过委托对象的相加（也称为合并）来实现的。例如，下面的委托对象 cal3 就能够连续输出两个数相乘和相除的结果：

```
Calculate  cal1 = new Calculate(Mul);
Calculate  cal2 = new Calculate(Div);
Calculate  cal3 = cal1 + cal2;
```

委托的合并经常使用复合赋值操作符，例如：

```
Calculate  cal1 = Mul;
cal1 += Div;
```

对应地，减法操作符能够将方法从已合并的委托对象中删除，例如：

```
cal3 = cal3 - cal2;
```

当然，加减运算的委托对象必须属于同一个委托类型，即参与合并或删除的方法的参数和返回类型必须完全一致。

如果要减去的委托未包含在作为被减数的委托对象中，减法运算不会产生任何效果。如果将所包含的委托对象全部删除之后，最后得到的是一个空的委托对象（null），通过它进行方法调用会引发程序异常。很显然，委托对象减去自身后就等于 null，而加减 null 值对委托对象不会产生任何效果。

　　因此，在通过某个委托对象进行方法调用时，如果不能确定其他对象是否对委托进行了删除操作，那么安全的做法是先判断该委托对象是否为空，例如：

```
if ( cal3 != null; )   cal3(6,8)
```

【例 8-8】　利用多路广播机制优化例 8-7。

　　本例是对例 8-7 的优化，通过委托变量的加法操作，可以添加多个方法调用，具体代码如下：

```
using System;
namespace ex8_8
{
    public delegate void Calculate(double x,double y);  //声明委托
    public class CalculateOfNumber        //声明类
    {
        public Calculate handler;         //声明委托型的字段
        public void  Add(double x, double y)
        {
            Console.WriteLine("{0}与{1}的和为{2}", x, y, (x + y));
        }
        public void  Sub(double x, double y)
        {
            Console.WriteLine("{0}与{1}的差为{2}", x, y, (x - y));
        }
        public void  Mul(double x, double y)
        {
            Console.WriteLine("{0}与{1}的积为{2}", x, y,(x * y));
        }
        public void  Div(double x, double y)
        {
            Console.WriteLine("{0}与{1}的商为{2}", x, y,(x / y));
        }
        public void  Power(double x, double y)
        {
            Console.WriteLine("{0}的{1}次幂为{2}", x, y, Math.Pow(x, y));
        }
    }
    class Program
    {
        static void Main(string[] args)
        {
            double a = 6, b = 4;
            CalculateOfNumber cn = new CalculateOfNumber();
            //使用多路广播机制来创建委托调用列表
            cn.handler = new Calculate(cn.Add);  //初始化委托型字段
            cn.handler += cn.Sub;
            cn.handler += cn.Mul;
            cn.handler += cn.Div;
            cn.handler += cn.Power;
            //一次性调用上面指定的所有方法
            cn.handler(a, b);
        Console.ReadLine();
        }
    }
}
```

程序分析：连续使用 "+=" 运算符将委托对象添加到委托调用列表中，在执行 "cn.handler(a, b);" 语句时，按先后顺序执行委托调用列表中的各个方法。程序运行结果与例 8-7 相同，如图 8.7 所示。

8.5.4　委托中的协变与逆变

正常情况下，委托调用要求委托的签名（包括返回值类型和参数）必须与其调用的方法的签名匹配，如果签名不匹配，将无法通过编译器的类型检查。委托类型的这一规定虽然保证了所调用方法具有正确类型的数据，但也使得委托在实际应用中灵活性不足。

在 C# 2012 中，将委托方法与委托签名匹配时，协变和逆变提供了一定程度的灵活性。协变允许将带有派生返回类型的方法用作委托，逆变允许将带有派生参数的方法用作委托。这使委托方法的创建变得更为灵活，并能够处理多个特定的类或事件。

1. 协变

协变允许所调用方法的返回类型可以是委托的返回类型的派生类型，当委托方法的返回类型具有的派生程度比委托签名更大时，就称为协变委托方法。因为方法的返回类型比委托签名的返回类型更具体，所以可对其进行隐式转换。协变使得创建可被类和派生类同时使用的委托方法成为可能。

例如，已知 Students 类为 Persons 类的派生类，Persons 类和 Students 类分别是元素类型为 Person 和 Student 的集合类，Student 类是 Person 类的派生类，它们都有一个用来返回第 i 个元素的方法，其声明格式如下：

```
public Person getPerson(int i){ … }
public Student getStudent(int i){ … }
```

现在有一个委托 PointPerson，声明格式如下：

```
public delegate Person PointPerson(int i);
```

显然，委托 PointPerson 的签名与方法 getPerson 的签名匹配，可以直接通过该委托对象来调用方法 getPerson，而方法 getStudent 的返回值类型是委托 PointPerson 返回值类型的派生类，因此方法 getStudent 是协变委托方法。如果通过委托对象来调用方法 getStudent，则系统将进行隐式转换，把 getStudent 的返回值类型 Student 转换为 Person。

2. 逆变

逆变允许将带有派生参数的方法用作委托，当委托方法签名具有一个或多个参数，并且这些参数的类型派生自方法参数时，就称为逆变委托方法。因为委托方法签名参数比方法参数更具体，所以可以在传递给处理程序方法时对它们进行隐式转换。逆变使得可由大量类使用的更通用的委托方法的创建变得更加简单。

例如，在上面协变示例中的集合类 Persons 和 Students 都还具有一个返回某个元素位置的方法，其声明格式如下：

```
public int getPosition(Person p){ … }
public int getPosition(Student s){ … }
```

现在有一个委托 Position，声明格式如下：

```
public delegate int Position(Student s);
```

显然委托 Position 的签名与第二个 getPosition 方法签名相同，而委托 Position 的参数数据类型正好是第一个 getPosition 方法的参数数据类型的派生类，因此如果使用该委托来调用第一个 getPosition 方法，则系统将进行隐式转换，把委托的 Student 类型转换为 Person 类型。

综上所述，协变是指能够使用与原始指定的派生类型相比，派生程度更大的类型；逆变则是指能够使用派生程度更小的类型。

8.6　事件

事件（event）是面向对象程序设计的重要特征之一，是类的重要成员，其使用方法和委托的联系非常密切。

8.6.1　事件简介

事件是类用来通知对象需要执行某种操作的方式，通常用在图形用户界面中。在 Windows 应用程序运行时，经常会产生许多事件，如鼠标单击按钮、按下按键、窗口最小化或者最大化等。

事件定义为对象发送的消息，以发送消息的形式通知操作的发生。事件本质上就是对消息的封装，用作对象之间的通信。

面向对象程序设计是基于事件驱动的程序设计，一个完整的事件处理系统一般有以下 3 个构成要素。

（1）事件源：指能触发事件的对象，也称为事件的发送者或事件的发布者。

（2）侦听器：指能接收到事件消息的对象，Windows 提供了基础的事件侦听服务。

（3）事件处理程序：当事件发生时，可以对事件进行处理，也称为事件函数或事件方法；包含事件处理程序的对象，称为事件的接收者或事件的订阅者。

由于委托能够封装方法，而且能够合并或删除其他委托对象，因此能够通过委托实现"发布者/订阅者（publish / subscriber）"的设计模式。发布者包含事件的源，在一定条件下可以激发事件；订阅者包含事件处理程序，在事件激发后可以对事件进行处理；在程序执行时，事件一旦激发，Windows 内置的侦听器把事件消息发送给订阅者。

在产生事件或者激发事件时，每个订阅的组件都将得到该事件的通知和可用信息。一个订阅者可以订阅几个不同的事件类型，也可以包含几个事件处理程序。多重委托特别适合于实现事件处理过程，于是在订阅者和发布者之间形成了一条纽带。

要想正确地处理.NET 中的事件，关键是要理解事件和委托是如何工作的。基于"发布者/订阅者”模式的具体实现步骤如下：

（1）定义委托类型，并在发布者类中定义一个该类型的公有事件成员。

（2）在订阅者类中定义委托处理方法。

（3）订阅者对象将其事件处理方法合并到发布者对象的事件成员上。

（4）发布者对象在特定的情况下激发事件，自动调用订阅者对象的委托处理方法。

8.6.2 声明事件和激发事件

在 C#中，事件实际上是委托类型的变量，是委托的一种特殊形式。C#允许使用内置的委托类型来声明一个标准的事件，也允许先自定义委托，再声明自定义事件。

在.NET Framework 中内置的 EventHandler 委托具有两个参数，它们的数据类型分别是 Object 和 EventArgs 类型，并且没有返回值。Object 类型的参数名通常为 sender，表示事件发布者本身；EventArgs 类型的参数名通常为 e，它将 System.EventArgs 类的新实例传递给事件处理方法，主要包括与事件相关的数据。在实际编程中，有时需要从 EventArgs 类派生自定义事件参数类，这样发布者可以将特定的数据发送给接收者的事件处理方法。

使用内置的 EventHandler 委托声明事件的一般格式如下：

```
public event EventHandler 事件名;
```

【说明】event 关键字用于在发布者类中声明事件。

例如，以下代码表示定义了一个名为 onClick 的事件。

```
public event EventHandler onClick;
```

使用自定义的委托类型也可以声明事件，一般格式如下：

```
public delegate 返回值类型 委托类型名([参数列表]);
public event 委托类型名 事件名;
```

【说明】委托类型的参数非常灵活，可以省略，也可以是标准的 Object 参数和 EventArgs 参数，还可以是其他参数，但一定要注意保证与事件处理程序的参数匹配。

以交通红绿灯为例，如果希望车辆对交通灯的颜色变化做出响应（红灯停、绿灯行），那么可以定义一个委托类型 LightEventHandler，其参数 color 表示交通灯的颜色（布尔类型，false 为绿灯，true 为红灯）：

```
public delegate void LightEventHandler(bool color);
```

然后在交通灯类 TrafficLight 中定义一个 OnColorChange 事件（即 LightEventHandler 委托类型的公有成员 OnColorChange），并在其成员方法 ChangeColor 中触发事件：

```
public class TrafficLight
{
    private bool color = false;
    public bool Color
    {
        get { return color; }
```

```
    }
    public event LightEventHandler OnColorChange;         //声明事件
    public void ChangeColor()
    {
        color =!color;
        Console.WriteLine(color ? "红灯亮" : "绿灯亮");
        if(OnColorChange ! = null)
            OnColorChange(color);                          //触发事件
    }
}
```

8.6.3 订阅事件和处理事件

事件声明之后，实质上得到的只是一个委托型的变量，并不意味着就能够成功触发事件。如何将声明的事件和事件处理程序联系起来呢？这就要用到订阅者（负责绑定事件与事件方法的类）。也就是需要在接收事件的类中创建一个方法来响应这个事件（即处理事件），并且创建委托对象把事件与事件方法联系起来，这个操作过程称为"订阅事件"。

交通红绿灯示例中，在车辆类 Car 中定义事件处理方法 LightColorChange，并在需要时将其合并到 TrafficLight 对象的 OnColorChange 委托上，当 OnColorChange 事件触发时，LightColorChange 方法将被自动调用。绑定 OnColorChange 事件和 LightColorChange 方法的代码如下：

```
class Car
{
    private bool bRun = true;                    //true 代表车在行驶
    public void Enter(TrafficLight light)
    {
        //通过委托合并进行订阅，绑定事件与事件处理程序
        light.OnColorChange += LightColorChange;
    }
    //事件处理程序
    public virtual void LightColorChange(bool color)
    {
        if (bRun && color)
        {
            bRun = false;
            Console.WriteLine("{0}停车",this）;
        }
        else if ( !bRun && !color)
        {
            bRun = true;
            Console.WriteLine("{0}启动",this）;
        }
    }
}
```

这样当 TrafficLight 对象使用其 ChangeColor 方法改变交通灯颜色时，就会自动调用相关 Car 对象的 LightColorChange 方法。例如：

```
TrafficLight light= new TrafficLight();
Car car1 = new Car();
```

```
car1.Enter(light);
light.ChangeColor();
light.ChangeColor();
```

这种模式下，一个发布者可以对应多个订阅者对象，这些订阅者对象还可以属于不同的类型，用不同的委托处理方法。例如，对于救护车类 Ambulance，它在一般情况下采用与基类 Car 相同的方法来处理交通灯的颜色变化，但在紧急情况下（emergent 字段值为 true）允许闯红灯：

```
public class Ambulance : Car
{
    private bool emergent = false; //紧急情况为 true
    public bool Emergent
    {
        get { return emergent; }
        set { emergent = value; }
    }
    public override void LightColorChange(bool color)
    {
        if(emergent)
            Console.WriteLine("{0}紧急行驶", this);
        else
            base.LightColorChange(color);
    }
}
```

在不需要的情况下，订阅者对象可以取消订阅事件，使用减法赋值运算符（-=）从源对象的事件中移除事件处理程序的委托即可。例如，Car 类可以通过如下方式来取消对交通灯的响应：

```
public void leave(TraffiLight light)
{
    light.OnColorChange -= LightColorChange;
}
```

【例 8-9】 应用事件驱动模型解决交通红绿灯问题。
本例中，给出了处理交通红绿灯事件的完整代码。具体代码如下：

```
using System;
namespace ex8_9
{
    public delegate void LightEventHandler(bool color);
    public class TrafficLight                    //交通灯
    {
        private bool color = false;
        public bool Color
        {
            get { return color; }
        }
        public event LightEventHandler OnColorChange;        //声明事件
        public void ChangeColor()
        {
            color = !color;
            Console.WriteLine(color ? "红灯亮" : "绿灯亮");
            if (OnColorChange != null)
```

```
                OnColorChange(color);                        //触发事件
        }
    }
    public class Car                                         //车辆
    {
        private bool bRun = true;
        public void Enter(TrafficLight light)
        {
            light.OnColorChange += LightColorChange;         //订阅事件
        }
        public void leave(TrafficLight light)
        {
            light.OnColorChange -=LightColorChange;
        }
        public virtual void LightColorChange(bool color)     //处理事件
        {
            if(bRun && color)
            {
                bRun = false;
                Console.WriteLine("{0}停车",this);
            }
            else if( !bRun && !color)
            {
                bRun = true;
                Console.WriteLine("{0}启动",this);
            }
        }
    }
}
    public class Ambulance : Car                             //救护车
    {
        private bool emergent = false;
        public bool Emergent
        {
            get { return emergent; }
            set { emergent = value; }
        }
        public override void LightColorChange(bool color)
        {
            if (emergent)
                Console.WriteLine("{0}紧急行驶", this);
            else
                base.LightColorChange(color);
        }
    }
    class Program
    {
        static void Main(string[] args)
        {
            TrafficLight light = new TrafficLight();
            Car car1 = new Car();
            car1.Enter(light);
```

```
            light.ChangeColor();
            Ambulance am1 = new Ambulance();
            am1.Enter(light);
            light.ChangeColor();
            am1.Emergent = true;
            light.ChangeColor();
            Console.ReadLine();
        }
    }
}
```

单击"启动调试"按钮或按 F5 键运行程序，运行结果如图 8.8 所示。

图 8.8　例 8-9 程序运行结果

在使用和理解事件处理模型时，要把握好以下几点。

（1）订阅者类中的事件处理程序必须与事件发布者中的事件具有相同签名的方法，该方法（即事件处理程序）可以采取适当的操作来响应该事件。例如，前面的 LightColorChange方法，其签名与 LightEventHandler 委托的签名相同。

（2）每个事件可有多个处理程序，多个处理程序按顺序调用。如果一个处理程序引发异常，还未调用的处理程序则没有机会接收事件。

（3）若要订阅事件，订阅者必须创建一个与事件类型相同的委托，并使用事件处理程序作为委托目标，还要使用加法赋值运算符（+=）将该委托添加到源对象的事件中；若要取消订阅事件，订阅者可以使用减法赋值运算符（-=）从源对象的事件列表中移除事件处理程序的委托。

8.7　本章小结

本章主要介绍了 C#面向对象编程方面的高级运用。首先介绍类的继承性和多态性，然后介绍了接口、分部类和命名空间的作用，最后介绍了委托和事件的相关概念与使用方法。

本章重点内容如下：

- 继承的实现及 new 和 base 关键字的作用。
- 虚方法、抽象方法与抽象类、接口等与多态的实现。
- 分部类与命名空间的使用。
- 委托的声明、实例化和使用及多路广播。

● 事件的声明、激发、订阅和处理。

习   题

1. 选择题

（1）下面有关虚方法的描述中，正确的是（   ）。

A. 虚方法能在程序运行时，动态确定要调用的方法，因而比非虚方法更灵活

B. 在定义虚方法时，基类和派生类的方法定义语句中都要带上 virtual 修饰符

C. 重写基类的虚方法时，为消除隐藏基类成员的警告，需要带上 new 修饰符

D. 在重写虚方法时，需要同时带上 override 和 virtual 修饰符

（2）下列方法中，（   ）是抽象方法。

A. static void func( ) { }   B. virtual void func( ) { }

C. abstract void func( ) { }   D. override void func( ) { }

（3）下列关于接口的说法中，（   ）是错误的。

A. 一个类可以有多个基类和多个基接口

B. 抽象类和接口都不能被实例化

C. 抽象类自身可以定义字段成员而接口不可以

D. 类不可以多重继承而接口可以

（4）已知类 Base、Derived 的定义如下：

```
class Base
{
    public void Hello()
    {
        System.Console.Write("Hello in Base! ");
    }
}
class Derived : Base
{
    public new void Hello()
    {
        System.Console.Write("Hello in Derived! ");
    }
}
```

则语句段 "Derived x = new Derived(); x.Hello();" 在控制台中的输出结果为（   ）。

A. Hello in Base !   B. Hello in Base ! Hello in Derived !

C. Hello in Derived !   D. Hello in Derived ! Hello in Base !

2. 思考题

（1）什么是类的继承？怎样定义派生类？

（2）简述创建派生类时，构造函数的调用。

（3）怎样定义基类虚方法，并在派生类中重写基类虚方法？

（4）抽象方法与虚方法有什么异同？

（5）什么是抽象类？它有什么特点？它和接口有何异同？

（6）简述通过委托来调用对象方法的基本过程。

3．上机练习题

（1）定义磁盘类 Disk 及其派生类 HardDisk（硬盘）、Flash（闪盘）和 CDROM（光盘），在其中定义记录磁盘容量的字段，并通过虚拟方法和重写方法来模拟对磁盘内容的写入和删除。

（2）设计并编程实现规则平面几何图形（所谓规则，是指各边相等，各个内角也相等的等边图形）的继承层次，要求定义一个抽象基类 Shape，由它派生出 4 个派生类：等边三角形、正方形、等边五边形、等边六边形，并通过抽象方法的实现来计算各种图形的面积。

（3）以委托对象作为方法的参数，对学生类对象分别按照姓名、年龄和年级来比较两个学生对象，实现程序以不同的排序方法来输出学生信息。

（4）在第 7 章习题的上机练习题（4）的 book 类中，添加每卖出一份图书时，就触发一个事件；在订购者中处理该事件，输出销售数据信息。

第9章 程序调试与异常处理

在应用程序开发过程中，错误总是难免的。程序中的错误最好是在运行之前（如编译时）发现，但是有些错误却必须在运行时解决，程序在运行时发生的错误称为异常。C#的异常处理机制可以较好地对异常进行处理，从而确保程序的健壮性。

本章主要介绍程序的调试和异常处理的基本知识。

9.1 程序错误与程序调试

在应用程序开发过程中，程序出现错误是很常见的问题。Visual Studio 2012 提供了良好的调试程序错误的功能，可以帮助编程人员快速地查找程序中的错误并进行修改。

9.1.1 程序错误

C#中常见的错误通常可以分成三大类：语法错误、运行时错误和逻辑错误。其中，语法错误比较容易排除，也是一种低级的错误；运行时错误和逻辑错误需要靠经验、调试工具及不断地深入代码来排除。

1. 语法错误

语法错误是指在代码编写时出现的错误，是所有错误中最容易发现和解决的一类错误。此类型的错误通常发生在编程人员对 C#语言本身的熟悉度不足，在程序设计过程中出现不符合语法规则的程序代码，如关键字写错、标点漏写、括号不匹配等，如图 9.1 所示。

在代码编辑器中，每输入一条语句，Visual Studio 2012 编辑器都能够自动指出语法错误，并会用波浪线在错误代码的下方标记出来。当把鼠标指针移到带波浪线的代码上时，鼠标指针附近就会出现一条简短的错误描述提示。

"错误列表"窗口也可以提示错误信息。选择"视图"→"错误列表"命令，可以显示"错误列表"窗口。在"错误列表"窗口中包含错误描述、发生错误的文件路径及错误所在的行号等。其中的错误描述，与把鼠标指针指向"代码编辑器"中带波浪线的那部分代码时所看到的信息一样。在"错误列表"窗口中双击对应的条目，插入点将精确定位在发生错误的文件中相应的错误代码上，然后就可以修改代码了。一旦完成了修改并把光标从修改行移开后，"错误列表"窗口将会更新。

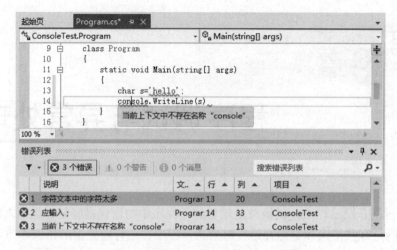

图 9.1　语法错误

提示：

> 在代码编辑器中显示行号，可以通过"工具"菜单下的"选项"命令打开"选项"窗口，展开左侧的"文本编辑器"后选择"C#"，然后在右侧选择"行号"。

2．运行时错误

运行时错误是指在应用程序运行时产生的错误。这种错误通常涉及那些看起来没有语法错误却不能运行的代码，多数可以通过重新编写和编译代码解决。这类错误编译器是无法检查出来的，通常需要对相关的代码进行人工检查并更正。

运行时错误多数发生在不可预期的异常。例如，打开硬盘上的某个文件时，该文件不存在；向硬盘上写某个文件时，硬盘的空间不足；用户不按正确的步骤操作而造成的错误（如除数为零）；访问数组时，超出了可访问下标的范围；调用一个方法，给它传递错误的参数。

当程序执行时，如果产生异常，就会出现提示错误信息的对话框。

【例 9-1】被零除异常。

本例程序虽然编译通过，但一旦运行，就会在显示完变量 i 和 j 的值后停下来，屏幕上出现如图 9.2 所示的提示错误信息的对话框。具体代码如下：

```csharp
using System;
namespace ex9_1
{
    class DivideByZero
    {
        static void Main(string[] args)
        {
            int i, j, k;
            i = 1;  j = 0;
            Console.Write("{0}/{1}=",i,j);
            k = i / j;
            Console.WriteLine(k);
        }
```

```
        }
    }
```

单击"启动调试"按钮或按 F5 键运行程序，运行结果如图 9.2 所示。

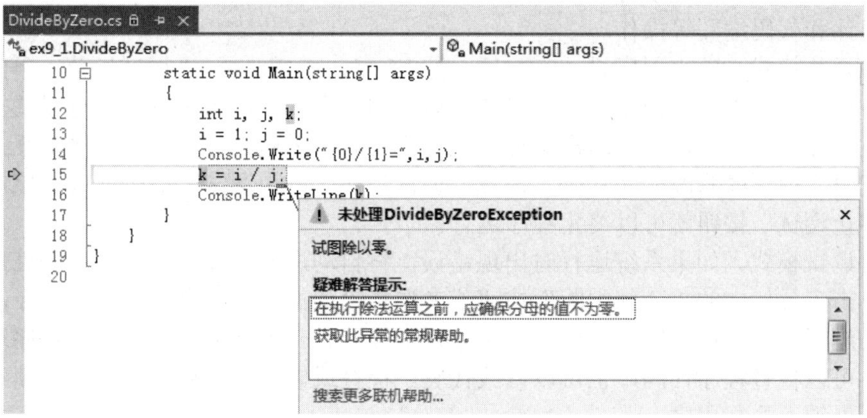

图 9.2　运行时错误

针对运行时错误的类型，编程人员应该在开发阶段确认是否可能发生异常；更常用的捕捉异常的方法，则是利用 try-catch-finally 结构来处理。

3. 逻辑错误

逻辑错误是程序算法的错误，是指应用程序运行所得的结果与预期不同。如果产生这种错误，程序不会发生任何程序中断或跳出程序，而是一直执行到最后，可能会有结果，但是执行结果是不对的。这是最难修改的一种错误，因为发生的位置一般都不明确。逻辑错误通常不容易发现，常常是由于其推理和设计算法本身的错误造成的。

例如，计算 1～10 的总数，结果应该为 55，代码如下：

```
int total=0;
for (int i = 1; i < 10; i++)
    total += i;
Console.WriteLine(total);
```

很明显这个算法有问题，应该是 i<=10，而不是 i<10，因此执行出来的结果少了数字"10"，结果为 45。

这种错误的调试是非常困难的，因为程序员本身认为它是对的，所以只能依靠细心的测试及调试工具的使用，甚至还要适当地添加专门的调试代码来查找出错的原因和位置。

9.1.2　程序调试

为了帮助编程人员在程序开发过程中检查程序的语法、逻辑等是否正确，并且根据情况进行相应修改，Visual Studio 2012 提供了一个功能强大的调试器。在调试模式下，编程人员可以仔细观察程序运行的具体情况，从而对错误进行分析和修正。

1．Visual Studio.NET 的工作模式

Visual Studio.NET 提供了三种工作模式：设计模式、运行模式和调试模式。

（1）设计模式。新建或打开应用程序后，自动进入设计模式，此时可以进行应用程序的界面设计和代码编写等操作。

（2）运行模式。应用程序设计完之后，按 F5 键，或者选择 "调试" 菜单下的 "启动调试" 命令，或者单击 "调试" 工具栏的 "启动调试" 按钮，系统进入运行模式。此时，在标题栏上显示 "正在运行" 字样。处于运行模式时，编程人员可以与程序交互，可以查阅程序代码，但不能修改程序代码。选择 "调试"→"停止调试" 命令，或者单击工具栏上的 "停止调试" 按钮就可以终止程序运行。

（3）调试模式。如果系统运行时出现错误，将自动进入调试模式。当系统处于运行模式时，单击工具栏中的 "全部中断" 按钮或者选择 "调试"→"全部中断" 命令，都将暂停程序的运行，进入调试模式。此时，标题栏中显示有 "正在调试" 字样。程序进入调试模式后，可以检查程序代码，也可以修改代码。检查或修改结束后，单击 "继续" 按钮，将从中断处继续执行程序。

2．Visual Studio.NET 环境调试设置

Visual Studio.NET 环境调试设置是通过 "选项" 对话框（选择 "工具"→"选项" 命令）进行的。此处的调试设置影响所有项目，包括常规、编辑并继续、符号、实时和输出窗口 5 个方面的调试设置，如图 9.3 所示。

图 9.3　"选项" 对话框

在该对话框中，可以进行调试的相关设置。在调试过程中，可能只希望查看自己编写的代码，而忽略其他代码（如系统调用）。为此，可以选中 "启用 '仅我的代码' 复选框（仅限托管）"。这样，将隐藏非用户代码，使这些代码不出现在调试器窗口中。

在调试程序时，经常会遇到这样的情况：在调试一大段代码时遇到了一个小的错误（如参数的赋值错误），此时希望将这个小错误改正过来后，能够继续调试跟踪下去，而不用结

束整个调试过程并重新编译。Visual Studio 2012 提供了这样的功能称"编辑并继续"（参看图 9.3 中的左侧列表），帮助编程人员在调试时，如果遇到小的错误，可以马上进行编辑修改，然后继续往下调试。当代码修改后，调试器在后台进行了自动编译，并且会执行新修改的代码。在进行程序开发时，建议启用该功能。

3．调试工具

调试工具可以协助编程人员查看代码执行过程的变量值、属性值、表达式的变化以及代码流程是否正确的执行。

直接按 F5 键，或者单击工具栏的"启动调试"按钮，或者选择"调试"→"启动调试"命令，即可编译并运行程序。Visual Studio.NET 会将当前项目编译为中间语言（IL Code，为.exe 或.dll 文件），并将结果放在项目路径下的 bin\Debug 目录下，然后运行.exe 文件。程序编译出错或成功运行时，都可以对程序进行调试。在调试应用程序时，可以使用"调试"菜单或"调试"工具栏及相关调试窗口。

（1）"调试"工具栏。选择"视图"→"工具栏"→"调试"命令，打开如图 9.4 所示的"调试"工具栏。

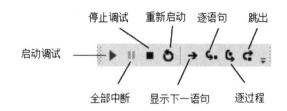

图 9.4　"调试"工具栏

"调试"工具栏中常用按钮的功能，如表 9.1 所示。

表 9.1　常用调试按钮的功能

按 钮 名 称	说 明
启动调试	"设计模式"时是"启动调试"按钮，单击此按钮开始执行程序，程序进入"运行时模式"；进入"调试模式"后，此按钮变成"继续"按钮
全部中断	强迫进入"调试模式"
停止调试	停止"运行"状态，进入"设计"模式
重新启动	退出"调试模式"或"运行时模式"，重新编译并运行程序
显示下一语句	突出显示要执行的下一条语句
逐语句	在"调试模式"下，要求执行下一行代码，如果执行到函数，则进入函数内部，逐语句执行
逐过程	在"调试模式"下，要求执行下一行代码，如果遇到函数，不进入函数，直接获取函数执行结果
跳出	在"调试模式"下，要求执行下一行代码，如果在函数内部，将一次性执行完函数的剩余代码，并跳回调用函数的代码
断点	打开"断点"窗口

（2）"调试"窗口。逐行查看代码，可能看不出问题，为了更好地观察运行时的变量和对象的值，Visual Studio.NET 调试器还提供了"监视"窗口、"局部变量"窗口、"自动

窗口"等"调试"窗口（一般在运行或调试模式下利用菜单"调试"→"窗口"的相应命令打开），以辅助编程人员在程序执行过程中更快地发现错误。图 9.5 所示的是用逐语句方式单步执行程序代码的过程，其中代码编辑区中的高亮显示部分代表当前正要执行的代码行，"局部变量"窗口显示的是局部变量的名称、值和类型。

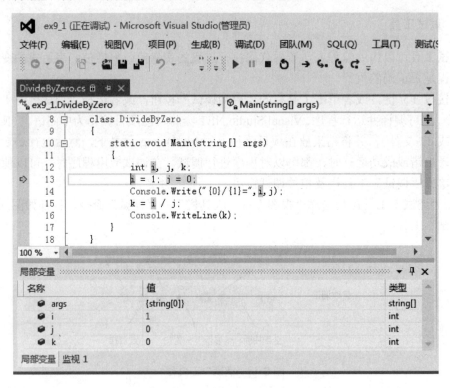

图 9.5　单步执行及"局部变量"窗口

4．跟踪程序的执行

在 Visual Studio.NET 中，提供了"逐语句""逐过程""跳出"等几种跟踪程序执行的方式。

逐语句（按 F11 键）和逐过程（按 F10 键），是 Visual Studio.NET 调试器提供的两种单步调试的方法，是使用较频繁的调试方法，即每执行一行代码，程序就暂停执行，直到再次执行为止。这样就可以在每行代码的暂停期间，通过查看各变量值、对象状态等来判断该行代码是否出错。

逐语句和逐过程都是逐行执行代码，所不同的是，当遇到函数时，逐语句方式是进入函数体内继续逐行执行，而逐过程方式只跟踪调用函数的代码，不会进入函数体内跟踪函数本身的代码。

当使用逐语句方式进入函数体时，如果想立即回到调用函数的代码处，则需要使用调试工具栏中的"跳出"按钮。"跳出"命令是连续执行当前函数的剩余语句部分，并在调用该函数的下一条语句行处中断执行。

5．设置断点

为程序设置断点是程序调试的常用手段，使用断点可以较快地压缩到错误发生的位置。断点是一种信号，通知调试器应该在某处中断应用程序并暂停执行。它与单步执行不同的是，可以让程序一直执行，直到遇到断点后开始调试，这样可以加快调试过程。

在调试程序时，若想让代码运行到某一处能停下来，可以将该处设置为断点，代码运行到断点处就会停止运行。同一程序，可以设置多个断点，常用的设置方法有以下三种：

（1）单击代码编辑器左边的灰色部分，便可在当前行设置一个断点。断点以红色圆点表示，并且该行代码也高亮显示。再次单击该断点，则删除断点。

（2）把鼠标指针指向要设置断点的代码行并右击，选择"断点"→"插入断点"命令。

（3）把鼠标指针置于要设置断点的行，按 F9 键便可在当前行设置一个断点，再次按 F9 键可删除该断点。

6．人工寻找逻辑错误

在众多的程序错误中，有些错误是很难发现的，尤其是一些逻辑错误，即使是功能强大的调试器也显得无能为力。这时可以适当地加入一些操作，以便快速地找到错误。常用的方法有以下两种。

（1）注释掉可能出错的代码。这是一种比较有效地寻找错误的策略。如果注释掉部分代码后，程序能正常运行，那么错误在该部分代码中，否则错误应该在别处。

（2）适当地添加一些输出语句或类似于消息对话框的控件，通过输出来查看中间结果，以获取更多的辅助信息。

9.2　异常处理

程序在运行过程中可能会遇到各种各样的异常情况，为此 C#提供了结构化的异常处理机制，对这些情况进行处理，从而使程序能够有效地运行。C#使用异常类 Exception 为每种异常提供定制的处理，并把识别异常的代码和处理异常的代码分离开来。

9.2.1　异常处理简介

在图 9.2 中指出例 9-1 中的程序在运行过程中出现了一个被零除的错误，与在编译时发生的错误不同，这种错误是在运行阶段发生的，通常称为异常。异常又称为例外，是指程序运行过程出现的非正常事件，是程序错误的一种。为保证程序安全运行，程序中需要对可能出现的异常进行相应的处理。

.NET 提供了一种结构化异常处理技术来处理异常错误情况，其基本思路是：当出现异常时，创建一个异常对象，然后根据程序流程，将异常对象传递给一段特定的代码。用.NET 术语来讲，则是由一段代码抛出异常对象，由另一个代码段捕获并处理。

异常处理主要包括以下 3 个方面的内容。

（1）定义异常：分为系统定义和用户定义。

（2）引发异常：分为自动引发和显式引发。

（3）处理异常：分为系统处理和用户自定义处理。

异常处理的一般过程为引发异常后，先根据定义判断是哪种类型的异常，然后执行这种类型的异常处理程序段。

实际上，异常是一个类实例，即 C#语言中的异常都是异常类的对象。.NET 框架类库中预定义了大量的异常类，每个异常类代表了一种异常错误。每当 C#程序出现运行时错误，系统就会创建一个相应的异常类对象（即异常）并引发。而所有的异常都派生自 System.Exception 类，因此理解 Exception 类是处理异常的关键。

9.2.2　异常类

Exception 类是其他所有异常的基类，位于 System 命名空间中。Exception 类是 SystemException 和 ApplicationException 两个泛型子类的基类，所有的异常对象都直接继承自这两个子类。SystemException 表示系统引发的异常，ApplicationException 表示编程人员在程序中所引发的异常。

1．Exception 类的常用属性和构造函数

与其他类一样，Exception 类也有自己的属性成员、方法成员和构造函数。

Exception 类的属性成员描述了该类对应异常的详细信息，通过它们可以获取异常对象的基本信息。Exception 类常用的属性成员如下。

- Message：string 类型，获取描述当前异常的消息。
- Source：string 类型，获取或设置导致错误的应用程序或对象的名称。
- TargetSite：System.Reflection.MethodBase 类型，获取引发当前异常的方法。
- HelpLink：string 类型，获取或设置指向此异常所关联帮助文件的链接。
- InnerException：Exception 类型，获取导致当前异常的 Exception 实例。

C#语言中，异常类中都定义有多个构造函数。Exception 类中常用的构造函数有：

```
public Exception( )  //默认构造函数
public Exception (string message)
public Exception (string message , System.Exception innerException)
```

上述三种形式的构造函数在框架类库预定义的异常类中都有定义。构造函数中的 string 型参数通常用于描述该异常，Exception 型参数代表导致当前异常的内部异常（处理前一个异常时，如果又发生异常就会使用该参数，如果未指定内部异常，则是一个空引用）。

2．常用的系统异常类

System.Exception 是所有框架类库中预定义的异常类的基类，表 9.2 所示为框架类库中定义的几个常用异常类。

表 9.2　常用系统异常类

异　常　类	说　　明
AccessViolationException	在试图读写受保护内存时引发的异常
ArithmeticException	因算术运算、类型转换或转换操作时引发的异常
DivideByZeroException	试图用零除整数值或十进制数值时引发的异常
FieldAccessException	试图非法访问类中私有字段或受保护字段时引发的异常
FormatException	方法的参数格式不正确时所引发的异常
IndexOutofRangeException	试图访问索引超出数组界限的数值时引发的异常
InvalidCastException	因无效类型转换或显式转换时引发的异常
NotSupportedException	当调用的方法不受支持时引发的异常
NullReferenceException	尝试引用空引用对象时引发的异常
OutOfMemoryExcepiton	没有足够的内存继续执行应用程序时引发的异常
OverFlowException	所执行操作导致溢出时引发的异常

3. 自定义异常类

C#语言中，编程人员除了使用框架类库中定义的异常类外，还可能需要定义自己的异常类，以便指出自己编写的程序中可能存在的特定异常。自定义异常类时，应该使之派生于 ApplicationException 类。例如：

```
class MyException : System.ApplicationException
{
    public MyException() { }
    public MyException(string msg): base(msg) { }
    public MyException(string msg,Exception e) :base(msg,e){ }
}
```

上面定义的异常类是一个很有用的模型，展示了实现定制异常类时应遵循的相关规则。

（1）应从 ApplicationException 类派生。

（2）按照约定，自定义异常类名应以 Exception 结尾。

（3）自定义异常类应包含 Exception 基类定义的 3 个公共构造函数：默认的无参构造函数，带一个 string 型参数（通常是异常信息）的构造函数，带一个 string 型参数和一个 Exception 型参数的构造函数。

（4）使用基类初始化调用，调用基类构造函数来负责具体的对象创建。如果要增加字段或属性成员，则要增加新的构造函数来初始化这些值。

9.2.3　引发异常

C#程序运行时，如果出现了一个可以识别的异常错误（定义有相应的异常类），就应该引发一个异常。

框架类库定义的标准系统异常，一般由系统自动引发，通知运行环境异常的发生。不过，其他异常（如用户自定义异常）则必须在程序中利用关键字 throw 显式引发。当然，框架类库中预定义的标准系统异常也可以利用关键字 throw 在程序中引发。

throw 语句用于手动地抛出一个异常，也就是编程人员（而不是系统）告诉运行环境什么时候发生异常及发生什么样的异常。throw 语句的语法格式如下：

```
throw [异常对象]
```

例如：

```
static int method(int a , int b )
{
    if(a < 0)  throw new MyException("被除数不能小于零");
    if(b = 0) throw new DivideByZeroException("除数不能等于零");
    int c = a / b;
    return c;
}
```

其中，MyException 类的定义如上所示。该例中，当 a<0 时，抛出自定义异常 MyException；当 b=0 时，抛出系统异常 DivideByZeroException。

9.2.4   异常的捕捉及处理

异常引发后，如果程序中没有定义相应的处理代码，系统将按例 9-1 所示默认方式进行处理。这样会导致程序强制中断，并由系统报错。实际编程时，为了确保异常能够被正确地捕捉并处理，通常需要在程序中加入相应的异常处理程序代码。C#提供了三种形式的异常处理结构。

1．try-catch 结构

C#语言中，异常处理需要使用 try-catch 结构，语法格式如下：

```
try
{
    // 可能引发异常的程序代码
}
catch( 类型1   变量1)
{
    // 对类型 1 异常进行处理的异常处理程序代码
}
catch( 类型2   变量2)
{
    // 对类型 2 异常进行处理的异常处理程序代码
}
⋮
catch( 类型n   变量n)
{
    // 对类型 n 异常进行处理的异常处理程序代码
}
```

【说明】   将可能引发异常的程序代码放在 try 块中，处理异常的异常处理程序代码放在 catch 块中；每一个 catch 块类似于一个方法，catch 关键字后有一对圆括号，圆括号中是异常类型和异常对象名，其中异常类型通常被称为"异常筛选器"；如果某个 catch 块中的异常处理程序中没有使用该参数变量，可以只指定异常类型，没有必要同时给出参数变量，甚至异常类型和变量都省略。例如：

```
try
{
    int i = int.Parse("abcd");
}
catch
{
    Console.WriteLine("不能转换为整型数据") ;
}
```

C#程序运行时，如果引发了异常，就抛出了一个异常对象，此时程序将中断正常运行，系统会检查引发异常的语句以确定它是否在 try 块中。如果是，则按照 catch 块出现的先后顺序进行扫描，根据 catch 块中的异常参数类型找出最先与之匹配的 catch 块。catch 块与引发的异常匹配，是指 catch 块中的异常参数类型与异常或其基类的类型相同。如果按顺序找到了一个与 try 块中引发的异常相匹配的 catch 块，则开始执行该 catch 块中的异常处理程序，之后不再执行其他 catch 块，而是从 catch 块后的第一条语句处恢复执行。抛出的异常与某一 catch 块匹配，通常被称为异常被该 catch 块捕捉。

由于在寻找与异常匹配的 catch 块时，是按照 catch 块代码的先后顺序来扫描处理的，因此以异常子类作为异常参数的 catch 块必须位于以异常基类作为异常参数的 catch 块的前面，以保证以异常子类作为异常参数的 catch 块能被执行。例如：

```
try
{
    // 可能引发异常的代码
}
catch（Exception e)
{
    // 异常处理代码
}
catch(DivideByZeroException e)
{
    // 异常处理代码
}
```

上述代码段中，如果产生异常，则先测试异常对象是否与 Exception 匹配，不匹配时才继续测试异常对象是否与 DivideByZeroException 匹配。由于 Exception 是所有异常类的基类，当然也是 DivideByZeroException 的基类，因此很明显第二个 catch 块就成了不会被访问到的无效代码。

【例 9-2】 用 try-catch 结构进行异常处理。

本例中，第一个 catch 语句能处理方法的参数格式不正确时所引发的异常，第二个 catch 语句能处理除数为 0 的情况，第三个 catch 语句能处理所有的异常类。具体代码如下：

```
using System;
namespace ex9_2
{
    class Program
    {
        static void Main(string[] args)
        {
```

```
        Console.WriteLine("y=100/(10-x)/(x-5)/x");
        Console.Write ("请输入 x 的值: ");
        int x, y = 0;
        try
        {
            x = int.Parse(Console.ReadLine());
            y = 100 / (10 - x) / (x - 5) / x;
            Console.Write("y 的值为: " + y);
        }
        catch(FormatException)
        {
            Console.WriteLine("输入的格式不正确，应输入一个整数");
        }
        catch(DivideByZeroException)
        {
            Console.WriteLine("错误：除数为 0; x 不能为 0、5、10！");
        }
        catch(Exception ex)
        {
            Console.WriteLine("程序发生意外：" +ex.Message);
        }
        Console.ReadLine();
    }
}
}
```

单击"启动调试"按钮或按 F5 键运行程序，输入错误的数据，查看效果。

2. try-catch-finally 结构

异常发生时，程序的正常运行被中断。但是，程序中经常希望某些语句不管是否发生异常都被执行，如关闭数据库、断开网络连接、关闭已打开的文件、释放系统资源等。为此，C#提供了关键字 finally，在 try-catch 结构之后再加上一个 finally 代码段，就形成了 try–catch-finally 结构。

try–catch-finally 结构对异常的捕捉和处理方式与 try-catch 结构相同，区别在于：无论程序在执行过程中是否发生异常，finally 代码段总是被执行，即使 try 块中出现了 return、continue、break 等转移语句，finally 语句块也会执行。

【例 9-3】 用 try-catch-finally 结构进行异常处理。

本例中，无论 try 块内是否引发异常，相应的 finally 语句块都被执行。具体代码如下：

```
using System;
namespace ex9_3
{
    class Program
    {
        static void Main(string[] args)
        {
            int[] array = new int[2];

            for (int i = -1; i < array.Length; i++)
```

```
        {
            try
            {
                array[i] = i;
                Console.WriteLine("没有引发异常");
            }
            catch
            {
                Console.WriteLine("引发了异常");
            }
            finally
            {
                Console.WriteLine("运行 finally 语句块");
            }
        }
        Console.ReadLine();
    }
  }
}
```

单击"启动调试"按钮或按 F5 键运行程序，运行结果如图 9.6 所示。

图 9.6　例 9-3 程序运行结果

3．try-finally 结构

finally 语句块也可以直接跟在 try 语句块后面，两者之间不包括 catch 语句块，这就是 try-finally 结构。

try-finally 结构实际上只捕捉而不处理异常，如果 try 语句块的执行过程中引发了异常，虽然不进行处理，但仍执行 finally 语句块中的代码。

9.3　本章小结

本章主要介绍了程序常见错误、调试方法及程序的异常处理机制，重点内容如下。
- 程序错误的种类及其调试方法。
- Exception 类和常用系统异常类的使用。
- 自定义异常类及其使用。
- 结构化异常处理的三种结构和 throw 语句。

<h1>习 题</h1>

1. 选择题

（1）一般情况下，异常类存放在（　　）中。

　　A. System.Exception 命名空间　　　　B. System.Diagnostics 命名空间

　　C. System 命名空间　　　　　　　　　D. 生成异常类所在的命名空间

（2）分析下列程序代码：

```
int num;
try
{
    num = Convert.ToInt32(Console.ReadLine());
}
catch
{
    //捕捉异常
}
```

当输入 abc 时，会抛出（　　）异常。

　　A. FormatException　　　　　　　　　B. IndexOutOfRangException

　　C. OverflowException　　　　　　　　D. TypeLoadException

（3）用户自定义的异常类应该从（　　）类中继承。

　　A. System.ArgumentException　　　　B. System.IO.IOException

　　C. System.SystemException　　　　　D. System.ApplicationException

（4）.NET Framework 中，处理异常是很有用的功能。一个 try 代码块可以有多个 catch 块与之对应。在多个 catch 块中，（　　）异常应该最后捕获。

　　A. System.Exception 类　　　　　　　B. System.SystemException 类

　　C. System.ApplicationException 类　　D. System.StackOverflowException 类

2. 思考题

（1）程序错误有哪几类？

（2）什么是异常？所有异常类型都派生于什么类？

（3）写出异常类中的两个常用属性，并指出它们分别有什么作用。

3. 上机练习题

（1）编写一个计算阶乘的程序，当不能存储该数值时，引发异常。

（2）编写一个程序，用来求 10 个教师的平均工资。要求程序能够捕获数据格式异常和 IndexOutOfRangeException 异常。

（3）编写一个程序，求一元二次方程 $ax^2+bx+c=0$ 的根，如果方程没有实根，则进行异常处理，输出有关警告信息。

第10章

界面设计

界面设计是 Windows 应用程序的重要环节，直接影响程序的外观效果和可操作性。本章主要介绍下拉式菜单、弹出式菜单、工具栏、状态栏、对话框、多格式文本框等与界面设计密切相关的控件及多窗体程序和多文档界面程序的设计。

10.1 菜单、工具栏与状态栏

菜单、工具栏和状态栏是图形用户界面的重要组成部分，向用户展示了一个程序的大致功能和风格。除了极其简单的应用程序外，大部分应用程序都在窗口顶部提供一个方便用户与应用程序进行交互的菜单栏和工具栏，在窗口底部提供一个显示程序信息的状态栏。

10.1.1 菜单

菜单是用户界面极其重要的组成部分，编程人员可以根据需要定制各种风格的菜单。菜单按使用方式分为下拉式菜单和弹出式菜单两种。

菜单的设计主要涉及 3 个类：ContextMenuStrip、MenuStrip 和 ToolStripMenuItem，它们分别封装了对弹出式菜单、下拉式菜单及菜单项的定义。

1. 下拉式菜单

MenuStrip（菜单栏）控件用于创建下拉式菜单。下拉式菜单也称为主菜单、菜单栏，一般位于窗口的顶部，由多个菜单项组成。每个菜单项可以是应用程序的一条命令，也可以是其他子菜单项的父菜单。

（1）设计菜单的常用操作。

① 创建菜单栏。在工具箱中双击 MenuStrip 控件即可创建菜单栏，但该控件本身并不存在于窗体之上，而是在窗体设计器下方的组件区中。单击组件区中的 MenuStrip 控件，将会在窗体的标题栏下面显示文本"请在此处键入"。

第一个创建的 MenuStrip 控件，会自动通过窗体的 MainMenuStrip 属性绑定到当前窗体，成为当前窗体的主菜单栏。

提示：

> MenuStrip 控件只是一个容纳菜单项的容器，本身没有常用的事件和方法，较常用的属性是 Items，可以通过项集合编辑器对菜单项进行管理，如添加或删除菜单项、调整菜单项的次序等。菜单栏的具体功能由各个菜单项实现，所以主要使用菜单项的属性、方法和事件。

② 创建菜单项。菜单栏由多个菜单项组成，选中组件区中的 MenuStrip 控件，在窗体标题栏下面的"请在此处键入"文本处单击并输入菜单项的名称（如"文件"），将创建一个菜单项，其 Text 属性由输入的文本指定，如图 10.1 所示。此时，在该菜单项的下方和右方分别显示一个标注为"请在此键入"区域，可以选择区域继续添加菜单项。

③ 创建菜单项之间的分隔符。常用的方法有 4 种，具体介绍如下。

方法 1：把鼠标指针移动到"请在此键入"区域，会发现该区域的右侧出现一个下拉箭头，单击该箭头，会出现一个下拉列表，如图 10.2 所示。单击"Separator"菜单项，则该菜单项被创建为一个分隔符。

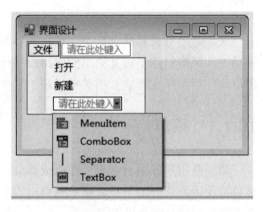

　　　　图 10.1　创建菜单项　　　　　　　　　　图 10.2　创建分隔符

提示：

> 下拉列表中的 4 项代表 4 种菜单项，单击一项即可创建一种菜单项。直接输入文本创建的菜单项是 MenuItem 类型，也是最常使用的类型。菜单栏顶层的主菜单项无法创建分隔符，所以只有三种类型，无 Separator 类型。

方法 2：直接在"请在此处键入"区域输入"–"，则该菜单项被创建为一个分隔符。

方法 3：单击"请在此处键入"区域，在属性窗口设置其 Text 属性为"–"，则该菜单项被创建为一个分隔符。

方法 4：如果要在某个菜单项之前插入分隔符，在该菜单项上右击，在弹出的快捷菜单中选择"插入"→Separator 命令，即可将一个分隔符插入到当前菜单项的上方。

④ 创建菜单项的访问键。可以在菜单项名称中的某个字母前加"&"，将该字母作为

该菜单项的访问键。例如，输入菜单项名称为"文件(&F)"，F 就被设置为该菜单项的访问键，这一字符会自动加上一条下画线。程序运行时，按 Alt+F 组合键就相当于单击"文件"菜单项。

⑤ 创建菜单项的快捷键。选中要设置快捷键的菜单项，在属性窗口中设置 ShortcutKeys 属性即可。该属性默认值为 None，表示没有快捷键。

⑥ 设置菜单项的图标。选中要设置图标的菜单项，在属性窗口中设置 Image 属性即可。

⑦ 移动菜单项。选中要移动的菜单项，用鼠标拖动到相应的位置即可。

⑧ 插入菜单项。如果要在某个菜单项之前插入一个新的菜单项，右击该菜单项，在快捷菜单中选择"插入"命令即可。

⑨ 删除菜单项。右击要删除的菜单项，在弹出的快捷菜单中选择"删除"命令即可。

⑩ 编辑菜单项。如果要编辑一个菜单项，先选中该菜单项再单击就可以进入编辑状态，然后添加、删除或修改文字即可。

（2）运行时控制菜单的常用操作。在应用程序中，菜单常常会因执行条件的变化而发生一些相应的变化，主要体现在菜单项的有效性、可见性和选择性方面。

① 有效性控制。菜单项的 Enabled 属性用来决定菜单项是否有效。在默认情况下，菜单项的 Enabled 属性的值为 true，即菜单项是有效的。如果将该属性设置为 false，则将该菜单项设置为无效（不可用）。可以在设计时通过"属性"窗口设置 Enabled 属性，也可以在运行时通过代码来设置 Enabled 属性，从而控制菜单项是否有效。

② 可见性控制。菜单项的 Visible 属性用来决定菜单项是否可见。在默认情况下，菜单项的 Visible 属性的值为 true，即菜单项是可见的。如果将该属性设置为 false，则该菜单项运行时不显示。可以在设计时通过"属性"窗口设置 Visible 属性，也可以在运行时通过代码来设置 Visible 属性，从而控制菜单项的隐藏或显示。

提示：

隐藏菜单项的同时必须禁用菜单项，因为仅靠隐藏无法防止通过快捷键访问菜单命令。

③ 选择性控制。菜单项的 Checked 属性用来决定菜单项是否处于选中状态。在默认情况下，菜单项的 Checked 属性的值为 false，即菜单项未选中。如果将该属性设置为 true，则该菜单项处于选中状态，其左边显示"√"标记。可以在设计时通过属性窗口设置 Checked 属性，也可以在运行时通过代码来设置 Checked 属性，从而控制菜单项是否被选中。

（3）菜单项的常用属性。前面介绍的常用操作中，已经用到了菜单项的几个属性，如 Text、ShortcutKeys、Enabled、Visible、Checked 等，表 10.1 列出了菜单项的常用属性。

（4）菜单项的常用事件。菜单栏通过单击菜单项与程序进行交互，一般通过相应菜单项的 Click 事件来实现相应的功能。

单击某个菜单项时，将触发该菜单项的 Click 事件。通过一些键盘操作也可以触发菜单项的 Click 事件，如使用该菜单项的快捷键。

表 10.1　菜单项的常用属性

属　　　性	说　　　明
Checked	指示菜单项是否处于选中状态
CheckOnClick	指示在单击菜单项时，菜单项是否应切换其选中状态；默认值为 false，若设置为 true，当程序运行时单击菜单项，如果菜单项左边没有出现"√"标记就打上标记，如果已出现"√"标记就去除该标记
CheckState	获取或设置菜单项的选择状态，其值是 CheckState 枚举类型，共 3 个成员：Unchecked，默认值，未选中；Checked，选中，菜单项左边出现"√"标记；Indeterminate，不确定，菜单项左边出现"◆"标记
DisplayStyle	获取或设置菜单项的显示样式，其值是 ToolStripItemDisplayStyle 枚举类型，共 4 个成员：None，不显示文本也不显示图像；Text，只显示文本；Image，只显示图像；ImageAndText，默认值，同时显示文本和图像
DropDownItems	获取或设置与此菜单项相关的下拉菜单项的集合
Enabled	指示菜单项是否有效
Image	获取或设置显示在菜单项上的图像
ShortcutKeys	获取或设置与菜单项关联的快捷键
ShowShortcutKeys	指示是否在菜单项上显示快捷键
Text	获取或设置在菜单项上显示的文本
ToolTipText	获取或设置菜单项的提示文本
Visible	指示菜单项是可见还是隐藏

2. 弹出式菜单

ContextMenuStrip（上下文菜单栏）控件用于创建弹出式菜单。弹出式菜单也称为快捷菜单、上下文菜单，是窗体内的浮动菜单，右击窗体或控件时才显示。弹出式菜单能以灵活的方式为用户提供更加便利的操作，但需要与别的对象（如窗体、文本框、图片框）结合使用，并提供与此对象有关的特殊命令。所以，当用户在窗体中不同位置右击时，通常显示不同的菜单项。

设计快捷菜单的基本步骤如下。

（1）添加 ContextMenuStrip 控件。在工具箱中双击 ContextMenuStrip 控件，即可在窗体的组件区中添加一个弹出式菜单控件。组件区中，刚创建的控件处于被选中状态，窗体设计器中可以看到 ContextMenuStrip 及"请在此键入"字样。

（2）设计菜单项。弹出式菜单的设计方法与下拉式菜单基本相同，只是不必设计主菜单项，如图 10.3 所示。

（3）激活弹出式菜单。选中需要使用的弹出式菜单的窗体或控件，在其属性窗口中设置其 ContextMenuStrip 属性为所需的 ContextMenuStrip 控件。

【例 10-1】设计一个程序，可以设置窗体背景色和不透明度。

使用 MenuStrip 控件来设置背景色和不透明度，使用 ContextMenuStrip 控件恢复默认的背景色和不透明

图 10.3　设计弹出式菜单

度，程序设计界面如图 10.4～图 10.6 所示。

图 10.4　例 10-1 设计界面 1　　　　图 10.5　例 10-1 设计界面 2　　　　图 10.6　例 10-1 设计界面 3

具体步骤如下。

（1）设计界面。新建一个 C#的 Windows 应用程序，项目名称设置为 BackcolorOpacity，分别向窗体中添加一个下拉式菜单和一个弹出式菜单，并按照图 10.4～图 10.6 所示设置菜单和窗体尺寸。

（2）设置属性。窗体和各个控件的属性设置如表 10.2 所示。

表 10.2　窗体和各个控件的属性设置

对　　象	属 性 名	属 性 值			
Form1	Text	窗体的背景色与不透明度			
	ContextMenuStrip	contextMenuStrip1			
背景色 BToolStripMenuItem	Text	背景色(&B)			
红 ToolStripMenuItem，黄 ToolStripMenuItem，蓝 ToolStripMenuItem	Name	miRed	miYellow	miBlue	
	Text	红	黄	蓝	
不透明度 OToolStripMenuItem	Text	不透明度（&O）			
toolStripMenuItem1~toolStripMenuItem4	Name	mi100	mi75	mi50	mi25
	Text	100%	75%	50%	25%
mi100	Checked	True			
默认颜色 ToolStripMenuItem 不透明 ToolStripMenuItem	Name	miDefault	miOpacity		
	Checked	True			
	Text	默认颜色	不透明		

（3）编写代码。依次双击 9 个菜单项，为菜单项添加 Click 事件处理程序并编写相应代码：

```
//下拉式菜单 1 背景色
private void miRed_Click(object sender, EventArgs e)
{   //红
    if (miRed.Checked == false)
    {
        miRed.Checked = true;    this.BackColor = Color.Red;
        miYellow.Checked = miBlue.Checked = miDefault.Checked = false;
    }
}
```

```csharp
        private void miYellow_Click(object sender, EventArgs e)
        {   //黄
            if (miYellow.Checked == false)
            {
                miYellow.Checked = true;       this.BackColor = Color.Yellow;
                miRed.Checked = miBlue.Checked = miDefault.Checked = false;
            }
        }
        private void miBlue_Click(object sender, EventArgs e)
        {   //蓝
            if (miBlue.Checked == false)
            {
                miBlue.Checked = true;   this.BackColor = Color.Blue;
                miRed.Checked = miYellow.Checked = miDefault.Checked = false;
            }
        }
        //下拉式菜单 2 不透明度
        private void mi100_Click(object sender, EventArgs e)
        {   //100%
            if (mi100.Checked == false)
            {
                mi100.Checked = miOpacity.Checked = true;
                this.Opacity = 1;
                mi75.Checked = mi50.Checked = mi25.Checked = false;
            }
        }
        private void mi75_Click(object sender, EventArgs e)
        {   //75%
            if (mi75.Checked == false)
            {
                mi75.Checked = true;       this.Opacity = 0.75;
                mi100.Checked = mi50.Checked = mi25.Checked = miOpacity.Checked
                    = false;
            }
        }
        private void mi50_Click(object sender, EventArgs e)
        {   //50%
            if (mi50.Checked == false)
            {
                mi50.Checked = true;       this.Opacity = 0.5;
                mi100.Checked = mi75.Checked = mi25.Checked = miOpacity.Checked
                    = false;
            }
        }
        private void mi25_Click(object sender, EventArgs e)
        {   //25%
            if (mi25.Checked == false)
            {
                mi25.Checked = true;       this.Opacity = 0.25;
                mi100.Checked = mi75.Checked = mi50.Checked = miOpacity.Checked
                    = false;
            }
        }
        //弹出式菜单
        private void miDefault_Click(object sender, EventArgs e)
        {   //默认背景色
            if (miDefault.Checked == false)
            {
                miDefault.Checked = true;
```

```
            this.BackColor = SystemColors.Control;
            miRed.Checked = miYellow.Checked = miBlue.Checked = false;
        }
}
private void miOpacity_Click(object sender, EventArgs e)
{    //不透明
    mi100_Click(sender, e);//调用下拉菜单中的100%
```

（4）运行程序。单击"启动调试"按钮或按 F5 键运行程序，单击下拉式菜单或弹出式菜单中的菜单项查看效果。

10.1.2　工具栏

一般来说，当程序具有菜单时，也应该有工具栏。工具栏是 Windows 的标准特性，也是用户操作程序的最简单方法。通过使用工具栏，可以美化软件的界面设计，还可以达到快速实现相应功能的目的。

1．设计工具栏

ToolStrip（工具栏）控件用于创建工具栏。工具栏包含一组以图标按钮为主的工具项，通过单击其中的各个工具项就可以执行相应的操作。实际上，可以把工具栏看成是常用菜单项的快捷方式，工具栏中的每个工具项都应该有对应的菜单项。

（1）工具栏的创建方法。创建工具栏的基本步骤如下：

① 添加 ToolStrip 控件。在工具箱中双击 ToolStrip 控件，可在窗体上添加一个工具栏，如图 10.7 所示。

② 给工具栏添加工具项。单击 ToolStrip 控件中的下拉箭头按钮，将弹出一个下拉列表，如图 10.8 所示，共有 8 种工具项，其中使用最多的是 Button（按钮，对应 ToolStripButton 类）。

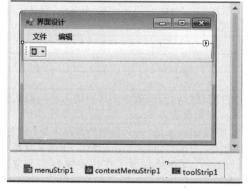

图 10.7　添加 ToolStrip 控件

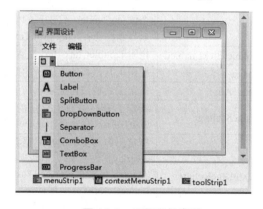

图 10.8　工具项的类型

在工具栏中添加工具项最快捷的方法是直接在设计视图中单击工具栏中的下拉箭头按钮，从弹出的下拉列表中选择一种工具项，即可完成该工具项的添加。

也可以通过 ToolStrip 控件的 Items 属性，在"项集合编辑器"中添加工具项。

（2）ToolStrip 控件的常用属性。ToolStrip 控件的常用属性除 Name、BackColor、Enabled、

Location、Locked、Visible 等一般属性外，还有一些自己特有的属性外，如表 10.3 所示。

表 10.3　ToolStrip 的特有属性

属　　性	说　　明
CanOverflow	指示工具项是否可以发送到溢出菜单，默认值为 true；也就是说，当工具项排列不开时是否在工具栏的末尾出现一个小三角形按钮，单击该按钮会显示一个菜单来列出其余的工具项
Dock	指定工具栏要绑定到所在容器的哪个边框，其值为 DockStyle 枚举类型，共 6 个成员：None，工具栏未停靠，其大小与位置可随意调整；Top（默认值），工具栏的上边缘停靠在容器的顶端；Bottom，工具栏的下边缘停靠在容器的底部；Left，工具栏的左边缘停靠在容器的左边缘；Right，工具栏的右边缘停靠在容器的右边缘；Fill，工具栏的各个边缘分别停靠在容器的各个边缘，并且适当调整大小
GripStyle	控制是否显示工具栏的手柄（即工具栏左边的几个小点），可取值 Visible（可见，默认值）和 Hidden（隐藏）
ImageScalingSize	指定工具栏中所有项上图像的大小
Items	工具栏的项目集合，可以对工具项进行添加、删除或编辑
LayoutStyle	指定工具栏的布局方向，其值为 ToolStripLayoutStyle 枚举类型，共 5 个成员：StackWithOverflow，指定项按自动方式进行布局；HorizontalStackWithOverflow（默认值），指定项按水平方向进行布局且必要时会溢出；VerticalStackWithOverflow，指定项按垂直方向进行布局，在控件中居中且必要时会溢出；Flow，根据需要指定项按水平方向或垂直方向排列；Table，指定项的布局方式为左对齐
ShowItemToolTips	指示是否显示工具项的工具提示，默认值为 true，即鼠标指针停留在工具项上时会显示由工具项的 ToolTipText 属性指定的文本

（3）工具栏按钮的常用属性和事件。ToolStripButton 对象的常用属性除 Name、Enabled、Text、TextAlign、Visible 等一般属性外，还有一些自己特有的属性，如表 10.4 所示。

表 10.4　ToolStripButton 的特有属性

属　　性	说　　明
DisplayStyle	指定工具栏按钮的显示样式，其值是 ToolStripItemDisplayStyle 枚举类型，共 4 个成员：None，不显示文本也不显示图像；Text，只显示文本；Image（默认值），只显示图像；ImageAndText，同时显示文本和图像
DoubleClickEnabled	指示 DoubleClick 事件是否将发生，默认值为 false
Image	指定工具栏按钮上显示的图像
ImageAlign	指定工具栏按钮上显示的图像的对齐方式
ImageScaling	指定工具栏按钮上显示的图像是否应进行调整以适合工具栏的大小，默认值 SizeToFit（自动调整适合的大小）；如果设置为 None，则不自动调整大小
TextImageRelation	指定图像与文本的相对位置，其值是 TextImageRelation 枚举类型，共 5 个成员：Overlay，图像和文本共享控件上的同一空间；ImageAboveText，图像垂直显示在控件文本的上方；TextAboveImage，文本垂直显示在控件图像的上方；ImageBeforeText（默认值），图像水平显示在控件文本的前方；TextBeforeImage，文本水平显示在控件图像的前方
ToolTipText	指定工具栏按钮的提示内容

Click 事件是工具栏按钮的常用事件，可以为其编写事件处理程序来实现相应功能。工具栏按钮往往实现和下拉式菜单中的菜单项相同的功能，可以在 ToolStripButton 的 Click 事件处理程序中，调用菜单项的 Click 事件方法。

提示：

> 如果工具项要实现与弹出式菜单相同的功能，可以通过 ToolStripDropDown-Button 的 DropDown 属性关联对应的弹出式菜单。

2．创建可拖动的工具栏

ToolStripContainer（工具栏容器）控件可以在窗体的每一侧提供面板，并提供可以容纳一个或多个控件的中间面板。

在工具箱中双击 ToolStripContainer 控件，可在窗体上添加一个工具栏容器，单击其右侧的小三角按钮，将弹出一个下拉菜单，如图 10.9 所示。

在弹出的下拉菜单中选择"在窗体中停靠填充"选项，工具栏容器将填满除菜单栏以外的所有窗体编辑区（如果窗体上没有其他控件将填满整个编辑区），如图 10.10 所示。

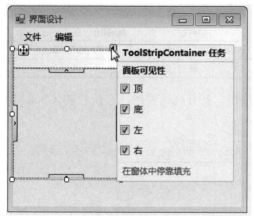

图 10.9　工具栏容器

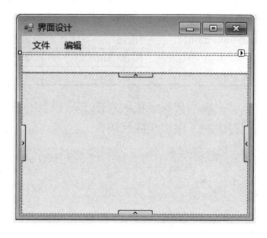

图 10.10　工具栏容器的停靠填充效果

ToolStripContainer 控件包括 5 个区域，分别是"上、下、左、右、中"。其中，中间的区域用来放置普通控件，放置在该区域中的控件运行时不可拖动；其余的 4 个区域（上、下、左、右）用来放置可拖动的工具栏，这些区域需要单击相应的箭头按钮才能显示（或隐藏）。依次单击 4 个箭头按钮，可展开 4 个区域，然后选中上方的区域，双击工具箱中的 ToolStrip 控件，即可在上方的区域中添加一个可拖动的工具栏，如图 10.11 所示。程序运行时，用户可以在 4 个区域中随意拖动工具栏。

【例 10-2】为例 10-1 的程序设计一个工具栏，可以更方便地设置窗体的背景色和不透明度，修改后的程序设计界面如图 10.12 所示。

具体步骤如下。

（1）设计界面。打开项目 BackcolorOpacity，向窗体中添加一个工具栏，并按照图 10.12 所示在工具栏上添加 3 个 ToolStripButton 对象。

（2）设置属性。工具栏上各个工具项的属性设置如表 10.5 所示。

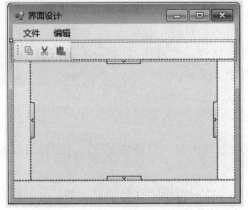

图 10.11　工具栏容器的 4 个区域

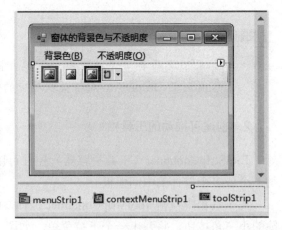

图 10.12　例 10-2 设计界面

表 10.5　工具栏上各个工具项的属性设置

对　象	属 性 名	属 性 值		
toolStripButton1,	Name	tsbRed	tsbYel	tsbBlu
toolStripButton2,	BackClolor	分别从 "Web 颜色" 中选择 Red、Yellow、Blue		
toolStripButton3	ToolTipText	红	黄	蓝

（3）编写代码。依次双击工具栏上的各个按钮，打开代码视图，在按钮的 Click 事件处理程序中，添加相应代码：

```
private void tsbRed_Click(object sender, EventArgs e)
{
    miRed_Click(sender, e);        // 调用对应菜单项的 Click 事件方法
}
private void tsbYel_Click(object sender, EventArgs e)
{
    miYellow_Click(sender, e);
}
private void tsbBlu_Click(object sender, EventArgs e)
{
    miBlue_Click(sender, e);
}
```

（4）运行程序。单击 "启动调试" 按钮或按 F5 键运行程序，单击工具栏中的按钮查看效果，同时注意下拉式菜单的选择状态。

10.1.3　状态栏

状态栏一般位于窗体的底部，主要用来显示应用程序的各种状态信息，即将当前程序的某项信息显示到窗体上作为提示。

StatusStrip（状态栏）控件用于创建状态栏。状态栏可以由若干个状态面板组成，显示

为状态栏中一个个小窗格，每个面板中可以显示一种指示状态的文本、图标或指示进程正在进行的进度条。

1．状态栏的创建方法

创建状态栏的基本步骤如下。

（1）添加 StatusStrip 控件。在工具箱中双击 StatusStrip 控件，可在窗体底部添加一个状态栏，如图 10.13 所示。

（2）给状态栏添加状态面板。单击 StatusStrip 控件中的下拉箭头按钮，将弹出一个下拉列表，如图 10.14 所示，共有 4 种状态面板，其中使用最多的是 StatusLabel（状态标签，对应 ToolStripStatusLabel 类）。

图 10.13　添加 StatusStrip 控件

图 10.14　状态面板的类型

在状态栏中添加状态面板最快捷的方法是直接在设计视图中单击下拉箭头按钮，从弹出的下拉列表中选择一种状态面板，即可完成该状态面板的添加。

也可以通过 StatusStrip 控件的 Items 属性，在"项集合编辑器"中添加工具项。

2．状态栏的常用属性

StatusStrip 控件的常用属性除 Name、BackColor、Enabled、Location、Locked、Visible 等一般属性外，还有一些自己特有的属性，如表 10.6 所示。

表 10.6　StatusStrip 的特有属性

属　　　性	说　　　明
Items	状态栏项目集合，可以对状态面板进行添加、删除或编辑
ShowItemToolTips	指示是否显示状态面板的提示文本，默认值为 false
SizingGrip	指示是否有一个大小调整手柄，默认值为 true，即该手柄在状态栏的右下角显示

3．状态标签的常用属性

ToolStripStatusLabel 对象的常用属性与 Label 控件非常类似，但有些属性意义不同，有些属性是状态标签特有的，如表 10.7 所示。

表 10.7　ToolStripStatusLabel 的特有属性

属　　性	说　　明
BorderSides	指定状态标签边框的显示
BorderStyle	指定状态标签边框的样式，其值为 Border3Dstyle 枚举类型，共有 10 个成员：RaisedOuter，该边框具有凸起的外边缘，无内边缘；SunkenOuter，该边框具有凹下的外边缘，无内边缘；RaisedInner，该边框具有凸起的内边缘，无外边缘；Raised，该边框具有凸起的内外边缘；Etched，该边框的内外边缘都具有蚀刻的外观；SunkenInner，该边框具有凹下的内边缘，无外边缘；Bump，该边框的内外边缘都具有凸起的外观；Sunken，该边框具有凹下的内外边缘；Adjust，在指定矩形的外面绘制边框，保留矩形要进行绘制的维度；Flat，默认值，该边框没有三维效果
DisplayStyle	指定状态标签的显示样式，其值是 ToolStripItemDisplayStyle 枚举类型，共 4 个成员：None，不显示文本也不显示图像；Text，只显示文本；Image，只显示图像；ImageAndText，默认值，同时显示文本和图像
Spring	指定状态标签是否填满剩余空间
ToolTipText	指定状态标签的提示文本

【例 10-3】　为例 10-2 的程序设计一个状态栏，可以显示窗体当前的背景色和不透明度，修改后的程序设计界面如图 10.15 所示。

具体步骤如下。

（1）设计界面。打开项目 BackcolorOpacity，向窗体中添加一个状态栏和一个计时器，并按照图 10.15 所示在状态栏上添加两个 ToolStripStatusLabel 对象。

（2）设置属性。状态栏和计时器的属性设置如表 10.8 所示。

图 10.15　例 10-3 设计界面

表 10.8　状态栏和计时器的属性设置

对　　象	属　性　名	属　性　值	
toolStrip1	ShowItemToolTips	True	
toolStripStatusLabel1，toolStripStatusLabel2	Name	slBC	slOp
	BorderSides	All	
	BorderStyle	SunkenOuter	
	Text	背景色	不透明度
	ToolTipText	背景色	不透明度
timer1	Enabled	True	

（3）编写代码。双击计时器 timer1，打开代码视图，在计时器的 Tick 事件处理程序中，添加相应代码：

```
private void timer1_Tick(object sender, EventArgs e)
{ // 状态栏
    slBC.Text = this.BackColor.ToString();
    slOp.Text = "Opacity: " + this.Opacity.ToString();
}
```

（4）运行程序。单击"启动调试"按钮或按 F5 键运行程序，单击工具栏中的按钮或选择菜单中的菜单项查看效果，注意状态栏的信息，如图 10.16 所示。

图 10.16 例 10-3 运行界面

10.2 对话框

对话框是一个窗体，它不但可以接收消息，而且可以输出消息，还可以被移动和关闭。之前介绍的消息框就是一种特殊的对话框，它与其他对话框的主要区别在于消息框不需要创建 MessageBox 类的实例，只要调用静态方法 Show 就可以显示。

10.2.1 模式对话框与非模式对话框

对话框可以分为模式对话框和非模式对话框两种。

（1）模式对话框是指用户只能在当前的对话框窗体中进行操作，在该窗体关闭之前不能切换到程序的其他窗体。常见的"打开"对话框，就是典型的模式对话框。

（2）非模式对话框是指当前所操作的对话框窗体可以与程序的其他窗体切换。常见的"查找和替换"对话框，就是典型的非模式对话框。

模式对话框和非模式对话框的主要区别在于在对话框被关闭之前，用户能否在同一应用程序的其他窗体进行工作。

10.2.2 通用对话框

.NET 框架提供了一组基于 Windows 的标准对话框控件，主要包括 OpenFileDialog、SaveFileDialog、FolderBrowserDialog、FontDialog、ColorDialog 等控件。这几个通用对话框都是模式对话框，而且具有两个通用的方法：ShowDialog 和 Reset。ShowDialog 方法用来显示一个对话框，并返回一个 DialogResult 枚举值；Reset 方法用来将对话框的所有属性重新设置为默认值。

1. 打开文件对话框

OpenFileDialog（打开文件对话框）控件用于提供标准的 Windows"打开"对话框，可以从中选择要打开的文件。在工具箱中双击 OpenFileDialog 控件，就会在窗体下方的组件区中看到一个 OpenFileDialog 对象。

（1）常用属性。通过设置 OpenFileDialog 控件的属性可以定制适合需要的"打开"对话框，其常用属性如表 10.9 所示。

表 10.9 OpenFileDialog 的常用属性

属　　性	说　　明
AddExtension	指示对话框是否自动在文件名中添加扩展名，默认值为 true
CheckFileExists	指示当用户指定不存在的文件名时是否显示警告，默认值为 true
CheckPathExists	指示当用户指定不存在的路径时是否显示警告，默认值为 true

续表

属　性	说　明
DefaultExt	获取或设置默认文件扩展名；当用户输入文件名时，如果未指定扩展名，将在文件后添加此扩展名
FileName	获取或设置在对话框中选定的文件名
Filter	获取或设置对话框中的文件名筛选器，即对话框的"文件类型"下拉列表框中出现的选择内容；对于每个筛选选项，都包含由竖线（|）隔开的筛选器说明和筛选器模式，格式为"筛选器说明|筛选器模式"，筛选器模式中用分号来分隔文件类型；多个筛选选项之间由竖线（|）隔开，如"Office 文件(*.doc;*.xls;*.ppt)|*.doc;*.xls;*.ppt|图片文件(*.gif;*.jpg)|*.gif;*.jpg|所有文件(*.*)|*.*"
FilterIndex	获取或设置对话框中当前选定的筛选器的索引，默认值为 1，表示第一个选项
InitialDirectory	获取或设置对话框的初始目录
Multiselect	指示是否可以在对话框中选择多个文件，默认值为 false
ReadOnlyChecked	指示是否选定对话框中的只读复选框，默认值为 false
RestoreDirectory	指示对话框在关闭前是否还原当前目录为初始值，默认值为 false，下次打开对话框时显示上次用户在搜索文件时更改的目录
ShowHelp	指示对话框中是否显示"帮助"按钮
ShowReadOnly	指示是否在对话框中显示只读复选框，默认值为 false
Title	获取或设置在对话框标题栏中的字符串
ValidateNames	指示对话框是否确保文件名中不包含无效的字符或序列，默认值为 true

（2）常用方法。OpenFileDialog 控件的属性设置好后，可以通过 ShowDialog 方法在运行时显示对话框，例如：

```
OpenFileDialog1.ShowDialog();
```

OpenFileDialog 控件的常用方法除了 ShowDialog 和 Reset，还有 OpenFile 方法。OpenFile()方法用于打开用户选定的具有只读权限的文件，并返回该文件的 Stream（流）对象，例如：

```
System.IO.Stream stream = openFileDialog1.OpenFile();
```

（3）常用事件。OpenFileDialog 控件只有两个事件：FileOk 和 HelpRequest。FileOk 事件当用户在对话框中单击"打开"按钮时发生，HelpRequest 事件当用户在对话框中单击"帮助"按钮时发生。

【例 10-4】 设计一个应用程序来展示多种通用对话框。

使用 MenuStrip 控件来设置操作命令，使用 TextBox 控件显示相关信息，使用 OpenFileDialog 控件来显示"打开"对话框并用默认软件打开选定的文件，程序设计界面如图 10.17 所示。

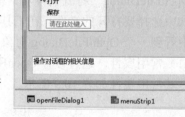

图 10.17　例 10-4 设计界面

具体步骤如下。

（1）设计界面。新建一个 C#的 Windows 应用程序，项目名称设置为 CommonDialog，分别向窗体中添加一个下拉式菜单、一个文本框和一个打开文件对话框，并按照图 10.17

所示设置菜单内容、文本框位置及窗体尺寸。

（2）设置属性。窗体和各个控件的属性设置如表 10.10 所示。

表 10.10 窗体和各个控件的属性设置

对　　象	属 性 名	属 性 值
Form1	Text	通用对话框
textBox1	Name	txtInfo
	Multiline	True
	Text	操作对话框的相关信息
openFileDialog1	FileName	文件名
	Filter	Office 文件 (*.doc;*.xls;*.ppt)|*.doc;*.xls;*.ppt| 图片文件 (*.gif;*.jpg)|*.gif;*.jpg|所有文件(*.*)|*.*

（3）编写代码。双击"打开"菜单项，打开代码视图，在"打开"菜单项的 Click 事件处理程序中，添加相应代码：

```
private void 打开ToolStripMenuItem_Click(object sender, EventArgs e)
{
    if (openFileDialog1.ShowDialog() == DialogResult.OK)
    { //在对话框中单击"打开"按钮
        string info = openFileDialog1.FileName;
        //调用默认软件打开选定的文件
        System.Diagnostics.Process.Start(info);
        txtInfo.Text = info;
    }
}
```

（4）运行程序。单击"启动调试"按钮或按 F5 键运行程序，选择"打开"命令查看效果。

2．保存文件对话框

SaveFileDialog（保存文件对话框）控件用于提供标准的 Windows "另存为"对话框，可以从中指定要保存的文件路径和文件名。在工具箱中双击 SaveFileDialog 控件，就会在窗体下方的组件区中看到一个 SaveFileDialog 对象。

（1）常用属性。SaveFileDialog 控件的常用属性大多与 OpenFileDialog 控件相同，但其 CheckFileExists 属性的默认值为 false，没有 Multiselect 属性。另外，SaveFileDialog 控件还有两个特有属性：CreatPrompt 和 OverwritePrompt。

CreatePrompt 属性用来控制在将要创建新文件时是否提示用户允许创建该文件，而 OverwritePrompt 属性用来控制在将要改写现有文件时是否提示用户允许替换该文件。这两个属性仅在 ValidateNames 属性为 true 时才适用。

（2）常用方法和事件。SaveFileDialog 控件的常用方法和事件与 OpenFileDialog 控件相同，但其 OpenFile()方法是用于打开用户选定的具有读/写权限的文件，其 FileOk 事件当用户在对话框中单击"保存"按钮时发生。

【例 10-5】 为例 10-4 的程序添加显示"另存为"对话框的功能。

具体步骤如下。

（1）设计界面。打开项目 CommonDialog，向窗体中添加一个保存文件对话框。

（2）设置属性。将 saveFileDialog1 对象的 FileName 属性设置为"文件名"，Filter 属性设置为"Office 文件(*.doc;*.xls;*.ppt)|*.doc;*.xls;*.ppt|图片文件(*.gif;*.jpg)|*.gif;*.jpg|所有文件(*.*)|*.*"。

（3）编写代码。双击"保存"菜单项，切换到代码视图，在"保存"菜单项的 Click 事件处理程序中，添加相应代码：

```
private void 保存ToolStripMenuItem_Click(object sender, EventArgs e)
{
    saveFileDialog1.ShowDialog();
}
```

选中 saveFileDialog1 控件，从属性窗口的事件列表中双击 FileOk 切换到代码视图，在 FileOk 事件处理程序中，添加相应代码：

```
private void saveFileDialog1_FileOk(object sender, CancelEventArgs e)
{
    string info = saveFileDialog1.FileName;
    //此处应编写保存文件的代码（可参考第 13 章的文件操作部分）
    txtInfo.Text = info;
}
```

提示：

可以通过 if 语句判断对话框的返回结果，如果是 OK 则执行相应操作；也可以直接在对话框的 FileOk 事件中执行相应操作。例 10-4 和例 10-5 分别使用了这两种方式，这两种方式可实现相同的效果。

（4）运行程序。单击"启动调试"按钮或按 F5 键运行程序，选择"保存"命令查看效果。

3．浏览文件夹对话框

FolderBrowserDialog（浏览文件夹对话框）控件用于提供标准的 Windows"浏览文件夹"对话框，可以从中浏览、创建或选择一个文件夹。在工具箱中双击 FolderBrowserDialog 控件，就会在窗体下方的组件区中看到一个 FolderBrowserDialog 对象。

FolderBrowserDialog 控件的常用属性如表 10.11 所示，常用方法是 ShowDialog 和 Reset，没有任何事件。

表 10.11　FolderBrowserDialog 控件的常用属性

属　　性	说　　明
Description	指定显示在对话框的树状视图上方的字符串，一般是对用户的指导信息
RootFolder	指定从对话框的树状视图中开始浏览的根文件夹（顶级文件夹）的位置，对话框中仅显示指定文件夹及其下方的所有子文件夹；其值为 SpecialFolder 枚举类型，默认值为 DeskTop（桌面）
SelectedPath	获取或设置所选文件夹的路径，也就是对话框最先选择的文件夹或用户最后选择的文件夹的路径
ShowNewFolderButton	指示是否在对话框中包含"新建文件夹"按钮，默认值为 true

【例 10-6】 为例 10-5 的程序添加显示"浏览文件夹"对话框的功能，修改后的程序设计界面如图 10.18 所示。

具体步骤如下。

（1）设计界面。打开项目 CommonDialog，向窗体中添加一个浏览文件夹对话框和两个菜单项，并按照图 10.18 所示设置菜单项。

（2）设置属性。将 folderBrowserDialog1 对象的 Description 属性设置为"请选择或新建一个文件夹"，RootFolder 属性设置为 MyComputer，SelectedPath 属性设置为"D:\"。

（3）编写代码。双击"浏览"菜单项，切换到代码视图，在该菜单项的 Click 事件处理程序中，添加相应代码：

图 10.18 例 10-6 设计界面

```
private void 浏览ToolStripMenuItem_Click(object sender, EventArgs e)
{ //在对话框中单击"确定"按钮
    if (folderBrowserDialog1.ShowDialog() == DialogResult.OK)
        txtInfo.Text = folderBrowserDialog1.SelectedPath;
}
```

（4）运行程序。单击"启动调试"按钮或按 F5 键运行程序，选择"浏览"命令查看效果。

4．字体对话框

C#中使用 Font 类对各种字体进行了封装，通过 Font 类的 FontFamily 属性描述字体，通过 FontStyle 枚举指定字形和效果。

FontDialog（字体对话框）控件用于提供标准的 Windows"字体"对话框。利用 FontDialog 控件，可以方便地设置文本的字体、字形、字号及文字的各种效果（如删除线、下画线），还可以预览字体设置的效果，也可以设置文字的颜色。在工具箱中双击 FontDialog 控件，就会在窗体下方的组件区中看到一个 FontDialog 对象。

（1）常用属性。FontDialog 控件的常用属性如表 10.12 所示，其中最主要的属性是 Font，用来获取或设置用户选定的字体。

表 10.12 FontDialog 控件的常用属性

属　性	说　明
AllowVectorFonts	指示是否允许选择矢量字体，默认值为 true
AllowVerticalFonts	指示是否可以选择垂直字体，默认值为 true，既显示垂直字体又显示水平字体；如果设置为 false，只显示水平字体
Color	获取或设置选定的颜色
Font	获取或设置选定的字体
FontMustExist	控制当选定字体不存在时是否报告错误，默认值为 false
MaxSize	获取或设置可选择字号的最大磅值（默认值为 0，禁用该属性）
MinSize	获取或设置可选择字号的最小磅值（默认值为 0，禁用该属性）

续表

属　　性	说　　明
ShowApply	控制是否包含"应用"按钮，默认值为 false；如果设置为 true，显示"应用"按钮，用户单击"应用"按钮可以在应用程序中查看更新的字体而无须退出"字体"对话框
ShowColor	控制是否显示颜色选项，默认值为 false；如果该属性值为 true 且 ShowEffects 属性值也为 true，则可以通过"字体"对话框获取或设置选定文本的颜色
ShowEffects	控制是否显示删除线、下画线和字体颜色选项，默认值为 true
ShowHelp	控制是否显示"帮助"按钮，默认值为 false

（2）常用方法和事件。FontDialog 控件的常用方法是 ShowDialog 和 Reset，事件共有两个：Apply 和 HelpRequest。Apply 事件当用户在对话框中单击"应用"按钮时发生，HelpRequest 事件当用户在对话框中单击"帮助"按钮时发生。

【例 10-7】 为例 10-6 的程序添加显示"字体"对话框功能，并可以设置文本框中文本的字体，修改后的程序设计界面如图 10.19 所示。

具体步骤如下。

（1）设计界面。打开项目 CommonDialog，向窗体中添加一个字体对话框和两个菜单项，并按照图 10.19 所示设置菜单项。

（2）设置属性。将 fontDialog1 对象的 ShowApply 和 ShowColor 属性均设置为 true。

图 10.19　例 10-7 设计界面

（3）编写代码。双击"字体"菜单项，切换到代码视图，在"字体"菜单项的 Click 事件处理程序中，添加相应代码：

```
private void 字体ToolStripMenuItem_Click(object sender, EventArgs e)
{
    //让对话框中选定的字体和颜色与文本框一致
    fontDialog1.Font = txtInfo.Font;
    fontDialog1.Color = txtInfo.ForeColor;
    if(fontDialog1.ShowDialog() == DialogResult.OK)
    { //在对话框中单击"确定"按钮
        txtInfo.Font = fontDialog1.Font;
        txtInfo.ForeColor = fontDialog1.Color;
    }
}
```

选中 fontDialog1 控件，从属性窗口的事件列表中双击 Apply 切换到代码视图，在 Apply 事件处理程序中，添加相应代码：

```
private void fontDialog1_Apply(object sender, EventArgs e)
{
    txtInfo.Font = fontDialog1.Font;
    txtInfo.ForeColor = fontDialog1.Color;
}
```

（4）运行程序。单击"启动调试"按钮或按 F5 键运行程序，选择"字体"命令查看效果。

5．颜色对话框

ColorDialog（颜色对话框）控件用于提供标准的 Windows "颜色" 对话框。在工具箱中双击 ColorDialog 控件，就会在窗体下方的组件区中看到一个 ColorDialog 对象。

（1）常用属性。ColorDialog 控件的常用属性如表 10.13 所示，其中最主要的属性是 Color，用来获取或设置用户选定的颜色。

表 10.13 ColorDialog 控件的常用属性

属　　性	说　　明
AllowFullOpen	指示 "规定自定义颜色" 按钮是否可用，默认值为 true
AnyColor	指示是否显示基本颜色集中的所有可用颜色
Color	获取或设置选定的颜色，默认值为 Black
FullOpen	指示自定义颜色部分在对话框打开时是否可见，默认值为 false；如果该属性值为 true 且 AllowFullOpen 属性值也为 true，则自定义颜色部分在对话框打开时就可见
ShowHelp	控制是否显示 "帮助" 按钮
SolidColorOnly	指示对话框是否限制用户只能选择纯色

（2）常用方法和事件。ColorDialog 控件的常用方法是 ShowDialog 和 Reset，事件只有 HelpRequest。

【例 10-8】 为例 10-7 中的程序添加显示 "颜色" 对话框功能，并可以设置文本框中文本的颜色，修改后的程序设计界面如图 10.20 所示。

具体步骤如下。

（1）设计界面。打开项目 CommonDialog，向窗体中添加一个颜色对话框和一个菜单项，并按照图 10.20 所示设置菜单项。

（2）设置属性。将 colorDialog1 对象的 AllowFullOpen 属性设置为 false。

（3）编写代码。双击 "颜色" 菜单项，切换到代码视图，在该菜单项的 Click 事件处理程序中，添加相应代码：

图 10.20 例 10-8 设计界面

```
private void 颜色ToolStripMenuItem_Click(object sender,
EventArgs e)
{
    colorDialog1.Color = txtInfo.ForeColor;
    //在对话框中单击 "确定" 按钮
    if(colorDialog1.ShowDialog() == DialogResult.OK)
        txtInfo.ForeColor = colorDialog1.Color;
}
```

（4）运行程序。单击 "启动调试" 按钮或按 F5 键运行程序，选择 "颜色" 命令查看效果。

10.2.3 自定义对话框

在程序设计过程中，可能需要显示特定样式和功能的对话框，这就需要编程人员设计一个自定义对话框。

对话框实际上是一种特殊的窗体，在 Form 类中，使用 ShowDialog 方法显示模式窗体，使用 Show 方法显示非模式窗体。

1. 设计自定义对话框

在应用程序中添加自定义对话框的方法如下。

（1）在项目中添加一个 Windows 窗体。在打开的项目中，选择"项目"→"添加 Windows 窗体"命令，在出现的"添加新项"对话框中默认选择了"Windows 窗体"模板，窗体名默认为 Form2，在"名称"文本框中输入窗体名，单击"添加"按钮，即为当前项目添加了一个窗体。

（2）设置该窗体的属性。将窗体的 FormBorderStyle 属性设置为 FixedDialog，MinimizeBox、MaximizeBox、ShowInTaskbar 属性均设置为 false，Name 和 Text 属性也要进行相应设置。

（3）添加按钮和其他控件，并实现对话框按钮的功能。为窗体添加按钮和其他控件并设置相关属性，再将窗体的 AcceptButton 和 CancelButton 属性设置为相应的按钮，然后在按钮的 Click 事件中添加相应代码。

2. 使用自定义对话框

自定义对话框设计好后，就可以在程序中使用。假设自定义对话框的窗体名为 OtherDialog，使用方法如下：

```
OtherDialog otherDialog1 = new OtherDialog();
otherDialog1.Text = "自定义对话框";
//其他属性设置
otherDialog1.ShowDialog(); //显示模式对话框
```

10.3 RichTextBox 控件

RichTextBox（多格式文本框，也称为富文本框或富有文本框）控件用于显示、输入和操作带有格式的文本。RichTextBox 控件提供了比标准的 TextBox 控件更高级的设置格式的功能，除了执行 TextBox 控件的所有功能外，它还可以显示字体、颜色和链接，从文件加载文本和嵌入的图像，撤销和重复编辑操作及查找指定的字符或字符串。

10.3.1 常用属性

RichTextBox 控件提供了许多属性，可以对控件内的任何文本部分进行格式设置。对选定的文本内容进行设置后，在选定内容后输入的所有文本也采用相同的格式设置，直到更改设置或选定控件文本的不同部分为止。

RichTextBox 控件的常用属性大多与格式设置相关（表 10.14）。

表 10.14 RichTextBox 控件的常用属性

属　　性	说　　明
AcceptsTab	指示是否接收制表符作为控件的输入，默认值为 false；如果设置为 true，在控件中按 Tab 键时会输入一个 Tab 字符，而不是将焦点移动到下一个控件
BackColor	获取或设置控件的背景色，默认值为 Window（白色）
BorderStyle	获取或设置控件的边框样式，可取的值为 None、FixedSingle、Fixed3D（默认值）
BulletIndent	指定控件中项目符号的缩进，默认值为 0
CanRedo	获取用户在控件内发生的操作中是否有可以重新应用的操作
CanUndo	获取用户在控件中能否撤销前一操作
DetectUrls	指示是否自动将 URL 的格式设置为链接，默认值为 true，即当在控件中输入某个 URL 时可以自动设置 URL 的格式
EnableAutoDragDrop	指示是否启用文本、图片和其他数据的拖放操作，默认值为 false
Enabled	指示是否启用该控件
Font	获取或设置控件中文本的字体，默认值为“宋体,9pt”
ForeColor	获取或设置控件的前景色，即控件中文本的颜色，默认值为 WindowText（黑色）
Lines	获取或设置多行编辑中的文本行，作为字符串值的数组
Multiline	指示控件的文本是否能够跨越多行，默认值为 true
ReadOnly	指示能否更改控件中的文本
RightMargin	获取或设置右边距的尺寸
Rtf	获取或设置控件的文本，包括所有 RTF 格式代码
ScrollBars	获取或设置控件滚动条的行为，其取值为 RichTextBoxScrollBars 枚举类型
SelectedRtf	获取或设置控件中当前选择的 RTF 格式的格式化文本
SelectedText	获取或设置控件中当前选定的文本
SelectionAlignment	获取或设置应用到当前选定内容或插入点的对齐方式
SelectionBackColor	获取或设置控件中的文本在选中时的颜色
SelectionBullet	指示项目符号样式是否应用到当前选定内容或插入点，默认值为 false
SelectionCharOffset	获取或设置控件中的字符偏移量，即控件中的文本是显示在基线上，作为上标还是作为基线下方的下标，默认值为 0
SelectionColor	获取或设置当前选定文本或插入点的文本颜色
SelectionFont	获取或设置当前选定文本或插入点的字体
SelectionHangingIndent	获取或设置选定段落或插入点所在段落的悬挂缩进的距离（以像素为单位），该整数表示段落中第一行文本的左边缘与同一段落中后面行的左边缘之间的距离
SelectionIndent	获取或设置所选内容或插入点所在的开始行的缩进距离（以像素为单位），该整数表示控件的左边缘和文本的左边缘之间的距离
SelectionLength	获取或设置控件中选定的字符数
SelectionProtected	指示是否保护当前选定的文本，默认值为 false；如果设置为 true，则禁止更改当前选择的任何内容
SelectionRightIndent	获取或设置当前选定内容或插入点右侧的缩进距离（以像素为单位），该整数表示控件的右边缘与文本的右边缘之间的距离

续表

属　　性	说　　明
SelectionType	获取控件内的选定内容类型，其取值为 RichTextBoxSelectionTypes 枚举类型，共 5 个成员：Empty，当前选定内容中未选定文本；Text，当前选定内容仅包含文本；Object，至少选定了一个对象链接与嵌入（OLE）对象；MultiChar，选定了一个以上的字符；MultiObject，选定了一个以上的对象链接与嵌入（OLE）对象
ShowSelectionMargin	指示是否显示选定内容的边距，默认值为 false
Text	获取或设置控件显示的文本
TextLength	获取控件的文本中包含的字符数
Visible	指示控件是否可见，默认值为 true
WordWrap	指示控件是否自动换行，默认值为 true
ZoomFactor	获取或设置控件当前显示的比例因子，默认值为 1.0（float 类型，1.0 为正常查看）

 提示：

> 与撤销和选择操作相关的属性，如 CanRedo、CanUndo、Rtf、SelectedRtf、SelectedText、SelectionAlignment、SelectionBackColor、SelectionBullet、Selection-CharOffset、SelectionColor、SelectionFont、SelectionHangingIndent、SelectionIndent、SelectionLength、SelectionProtected、SelectionRightIndent、SelectionType 和 TextLength，在属性窗口中不存在，只能通过代码访问。

10.3.2　常用方法

RichTextBox 控件有很多事件，但很少用到，一般通过方法来实现相应功能。RichTextBox 控件的常用方法大多数与操作文件或内容相关。

设计时，可以直接将文本赋值给 RichTextBox 控件；运行时，可以直接在 RichTextBox 控件中输入文本和嵌入图像，也可以从 RTF（Rich Text File）格式文件或纯文本文件加载文本和嵌入的图像到 RichTextBox 控件，还可以进行撤销和重复编辑操作及查找指定的字符或字符串等操作。

1. 操作文件的方法

为了便于操作文件，RichTextBox 控件提供了 LoadFile 和 SaveFile 方法用于显示和编写包括纯文本、Unicode 纯文本和 RTF 格式在内的多种文件格式。

（1）LoadFile 方法。主要有以下三种重载的方法。

第一种格式如下：

```
void LoadFile(string path)
```

【功能】　将 RTF 格式文件或标准 ASCII 文本文件加载到 RichTextBox 控件中。

第二种格式如下：

```
void LoadFile(Stream data, RichTextBoxStreamType fileType)
```

【功能】　将现有数据流的内容加载到 RichTextBox 控件中。

第三种格式如下：

```
void LoadFile(string path, RichTextBoxStreamType fileType)
```

【功能】　将特定类型的文件加载到 RichTextBox 控件中。

【参数说明】　path，要加载到控件中的文件的名称和位置；data，要加载到 RichTextBox 控件中的数据流；fileType，要加载控件数据的输入流和输出流的类型，是 RichTextBox StreamType（表 10.15）枚举值之一。

表 10.15　RichTextBoxStreamType 枚举成员

成员名称	说　　明
RichText	RTF 格式流
PlainText	用空格代替对象链接与嵌入（OLE）对象的纯文本流
RichNoOleObjs	用空格代替 OLE 对象的丰富文本格式（RTF 格式）流；该值只在用于 RichTextBox 控件的 SaveFile 方法时有效
TextTextOleObjs	具有 OLE 对象的文本表示形式的纯文本流；该值只在用于 RichTextBox 控件的 SaveFile 方法时有效
UnicodePlainText	用空格代替对象链接与嵌入(OLE)对象的文本流；该文本采用 Unicode 编码

（2）SaveFile 方法。主要有以下三种重载方法。

第一种格式如下：

```
void SaveFile(string path)
```

【功能】　将 RichTextBox 的内容保存到 RTF 格式文件。

第二种格式如下：

```
void SaveFile(Stream data, RichTextBoxStreamType fileType)
```

【功能】　将 RichTextBox 控件的内容保存到开放式数据流。

第三种格式如下：

```
void SaveFile(string path, RichTextBoxStreamType fileType)
```

【功能】　将 RichTextBox 的内容保存到特定类型的文件中。

【参数说明】　path，要保存的文件的名称和位置；data，要保存到的文件的数据流；fileType，要保存控件数据的输入流和输出流的类型，是 RichTextBoxStreamType 枚举值之一。

2．操作内容的方法

为了便于操作多格式文本框中的文本、嵌入的图像等内容，RichTextBox 控件提供了 Find、Copy、Cut、Paste、Undo、Redo 等方法用于操作内容。

（1）查找文本。Find 方法用于在 RichTextBox 中查找指定的文本，主要有以下 7 种重载方法。

第一种格式如下：

```
int Find(char[] characterSet)
```

【功能】　在 RichTextBox 控件的文本中搜索字符列表中某个字符的第一个实例。

第二种格式如下：

```
int Find(string str)
```

【功能】　在 RichTextBox 控件的文本中搜索字符串。

第三种格式如下：

```
int Find(char[] characterSet, int start)
```

【功能】　从特定的起始点开始，在 RichTextBox 控件的文本中搜索字符列表中某个字符的第一个实例。

第四种格式如下：

```
int Find(string str, RichTextBoxFinds options)
```

【功能】　在对搜索应用特定选项的情况下，在 RichTextBox 控件的文本中搜索字符串。

第五种格式如下：

```
int Find(char[] characterSet, int start, int end)
```

【功能】　在 RichTextBox 控件的某个文本范围中搜索字符列表的某个字符的第一个实例。

第六种格式如下：

```
int Find(string str, int start, RichTextBoxFinds options)
```

【功能】　在对搜索应用特定选项的情况下，在 RichTextBox 控件的文本中搜索位于控件内特定位置的字符串。

第七种格式如下：

```
int Find(string str, int start, int end, RichTextBoxFinds options)
```

【功能】　在对搜索应用特定选项的情况下，在 RichTextBox 控件文本中搜索控件内某个文本范围内的字符串。

【参数说明】　characterSet，要搜索的字符数组；str，要在控件中定位的文本；start，控件文本中开始搜索的位置；end，控件文本中结束搜索的位置，此值必须等于-1，或者大于或等于 start 参数；options，指定如何在 RichTextBox 控件中执行文本搜索，是 RichTextBoxFinds（表 10.16）枚举值的按位组合。

【返回结果】　在控件中找到搜索字符的位置；如果未找到搜索字符，或者在 char 参数中指定了空搜索字符集，或者在 str 参数中指定了空搜索字符串，则为-1。

（2）复制、剪切和粘贴。RichTextBox 控件与复制、剪切和粘贴操作相关的方法主要有以下 4 种。

表 10.16 RichTextBoxFinds 枚举成员

成 员 名 称	说 明
None	定位搜索文本的所有实例，无论在搜索中找到的实例是否是全字
WholeWord	仅定位是全字的搜索文本的实例
MatchCase	仅定位大小写正确的搜索文本的实例
NoHighlight	如果找到搜索文本，不突出显示它
Reverse	搜索在控件文档的结尾处开始，并搜索到文档的开头

第一种格式如下：

```
void Copy()
```

【功能】 将控件中的当前选定内容复制到"剪贴板"。

第二种格式如下：

```
void Cut()
```

【功能】 将控件中的当前选定内容移动到"剪贴板"中。

第三种格式如下：

```
void Paste(DataFormats.Format clipFormat)
```

【功能】 粘贴指定剪贴板格式的剪贴板内容。

【说明】 参数 clipFormat 用于指定从剪贴板获得的剪贴板格式；该方法通常与 CanPaste 方法（如下所示）结合使用。

第四种格式如下：

```
bool CanPaste(DataFormats.Format clipFormat)
```

【功能】 确定是否可以粘贴指定数据格式的剪贴板信息。

【说明】 参数 clipFormat 是 DataFormats.Format 类型；如果可以粘贴指定数据格式的剪贴板数据，该方法的返回值为 true，否则为 false。

（3）撤销和恢复。RichTextBox 控件与撤销和恢复操作相关的方法主要有以下三种。

第一种格式如下：

```
void Undo()
```

【功能】 撤销控件中的上一个编辑操作。

【说明】 该方法通常与 CanUndo 属性结合使用。

第二种格式如下：

```
void Redo()
```

【功能】 重新应用控件中上次撤销的操作。

【说明】 该方法通常与 CanRedo 属性结合使用。

第三种格式如下：

```
void ClearUndo()
```

【功能】 从控件的撤销缓冲区中清除关于最近操作的信息。

【例 10-9】 设计一个类似于记事本的程序，可以打开、编辑和保存文件，也可以修改字体和颜色。

使用 MenuStrip 控件和多种通用对话框来设置和实现操作命令，使用 RichTextBox 控件来显示和编辑文件内容，程序设计界面如图 10.21 所示。

具体步骤如下。

（1）设计界面。新建一个 C#的 Windows 应用程序，项目名称设置为 MyNotePad，分别向窗体中添加一个下拉式菜单、一个多格式文本框、一个打开文件对话框、一个保存文件对话框、一个字体对话框和一个颜色对话框，并按照图 10.21 所示设置菜单内容和窗体尺寸。

图 10.21　例 10-9 设计界面

（2）设置属性。窗体和各个控件的属性设置如表 10-17 所示。

表 10.17　窗体和各个控件的属性设置

对　　象	属性名	属　性　值
Form1	Text	我的记事本
menuStrip1	Items	添加菜单项"文件{打开，保存，退出}"和"格式{字体，颜色}"
richTextBox1	Name	rtfMyNP
	Dock	Fill
openFileDialog1 saveFileDialog1	Filter	文本文档（*.txt)|*.txt|RTF 文档（*.rtf)|*.rtf|RTF 和文本文档|*.rtf;*.txt

（3）编写代码。在 Form1 类中声明 3 个成员变量，来存储文件路径、名称和扩展名，代码如下：

```
string fileName = "", shortName="",fileExt="";
```

依次双击各个菜单项，切换到代码视图，在菜单项的 Click 事件处理程序中，添加相应代码：

```
private void 打开ToolStripMenuItem_Click(object sender, EventArgs e)
{
    if(openFileDialog1.ShowDialog() == DialogResult.OK)
    {
        fileName = openFileDialog1.FileName;
        int i=fileName.LastIndexOf('\\');          //路径中最后一个 "\" 的索引
        shortName = fileName.Substring(i + 1);    //获取路径中的文件名
        this.Text = "我的记事本——" + shortName;
        // 获取文件的扩展名（转换为大写）
        fileExt = System.IO.Path.GetExtension(shortName).ToUpper();
        if(fileExt == ".RTF")                       //打开 RichText 格式的文档
            rtfMyNP.LoadFile(fileName,RichTextBoxStreamType.RichText);
        else                                        //打开纯文本格式的文档
            rtfMyNP.LoadFile(fileName,RichTextBoxStreamType.PlainText);
```

```
        }
    }
    private void 保存ToolStripMenuItem_Click(object sender,EventArgs e)
    {
        if(saveFileDialog1.ShowDialog() == DialogResult.OK)
        {
            fileName = saveFileDialog1.FileName;
            int i = fileName.LastIndexOf('\\');
            shortName = fileName.Substring(i + 1);
            this.Text = "我的记事本—" + shortName;
            fileExt = System.IO.Path.GetExtension(shortName).ToUpper();
            if(fileExt == ".RTF")
                rtfMyNP.SaveFile(fileName, RichTextBoxStreamType.RichText);
            else
                rtfMyNP.SaveFile(fileName, RichTextBoxStreamType.PlainText);
        }
    }
    private void 退出ToolStripMenuItem_Click(object sender, EventArgs e)
    {
        this.Close();
    }
    private void 字体ToolStripMenuItem_Click(object sender, EventArgs e)
    {
        fontDialog1.Font = rtfMyNP.SelectionFont;
        if(fontDialog1.ShowDialog() == DialogResult.OK)
            rtfMyNP.SelectionFont = fontDialog1.Font;
    }
    private void 颜色ToolStripMenuItem_Click(object sender, EventArgs e)
    {
        colorDialog1.Color = rtfMyNP.SelectionColor;
        if(colorDialog1.ShowDialog() == DialogResult.OK)
            rtfMyNP.SelectionColor = colorDialog1.Color;
    }
```

（4）运行程序。单击"启动调试"按钮或按 F5 键运行程序，选择"打开"命令打开一个 txt 文件，进行格式设置后，保存为 rtf 文件查看效果。

10.4　界面布局

在实际的程序中，往往一个窗体上会有多个控件，只有合理地对窗体上的控件进行布局，才能让用户界面有一个比较满意的效果。

10.4.1　控件的布局

所谓布局，主要是指对多个控件进行对齐、大小、间距、在窗体中居中、叠放顺序等操作。对控件进行布局，可以通过"格式"菜单或"布局"工具栏实现。如果"布局"工具栏没有显示，可以通过"视图"菜单下的"工具栏"→"布局"命令来显示"布局"工具栏。当多个控件被同时选中时，控件的所有布局功能都可用；当一个控件被选中时，只有少数布局功能可用。

　　一旦选中了多个控件，就可以使用"格式"菜单或"布局"工具栏对这些控件进行布局操作。针对选中的多个控件，Visual Studio.NET 还会自动地提取出这些控件的共同属性并显示在属性窗口中，这时对任何一个属性所做的修改都会同时作用于所有选中的控件。

1. 对齐

　　常用的对齐操作有 6 种，其中，"左对齐""居中对齐""右对齐"操作通常是对垂直方向的一组控件进行对齐操作，"顶端对齐""中间对齐""底端对齐"操作通常是对水平方向的一组控件进行对齐操作。

2. 使大小相同

　　常用的大小操作有三种，即"使高度相同"、"使宽度相同"和"使大小相同"，通常是对同一类型的一组控件进行大小操作。

3. 间距

　　间距可分为水平间距和垂直间距两种，每种间距可以有"相同间隔""递增""递减""移除间隔"4 种操作，所以间距操作有 8 种。其中，"使水平间距相等""增加水平间距""减小水平间距""移除水平间距"操作通常是对横向的一组控件进行间距操作，"使垂直间距相等""增加垂直间距""减小垂直间距""移除垂直间距"操作通常是对纵向的一组控件进行间距操作。

4. 在窗体中居中

　　在窗体居中的操作有两种，即"水平居中"和"垂直居中"。居中操作是对所选多个控件的整体（包含所有选定控件的最小矩形区域）进行操作，如果这些控件放在同一容器控件中，则是在该容器控件中居中，而不是在窗体中居中。

5. 叠放顺序

　　顺序操作有两种，即"置于顶层"和"置于底层"。置于顶层的控件可能会遮住其他控件的一部分或全部，而置于底层的控件可能会被其他控件完全遮住或部分遮住。

6. 锁定控件

　　通过"格式"菜单的"锁定控件"命令，可以锁定控件或撤销锁定，这是一个切换命令。

7. Tab 键顺序

　　通过"布局"工具栏的"Tab 键顺序"按钮，可以设置窗体上所有控件的 Tab 键顺序。

10.4.2　控件的锚定与停靠

　　在很多应用程序中，窗体的大小可以动态调整，如通过"最大化"按钮或用鼠标拖动来调整。窗体大小改变时，窗体上的控件尺寸也必须做相应调整，才能让用户界面比较美观。控件的 Dock 属性与 Anchor 属性，可以满足这个要求。

1. Dock 属性

Dock（停靠）属性用于获取或设置控件停靠的位置和方式，即指示控件的哪些边缘停靠到其父容器并确定控件如何随其父容器一起调整大小，其属性值是 DockStyle 枚举类型，各成员的含义如表 10.18 所示。窗体和容器控件（如 GroupBox、Panel、TabControl）都可以作为其他控件的父容器。

表 10.18　DockStyle 枚举成员

成 员 名 称	说　　明
None	控件未停靠（默认值）
Top	控件的上边缘停靠在其父容器的顶端，并适当调整宽度
Bottom	控件的下边缘停靠在其父容器的底部，并适当调整宽度
Left	控件的左边缘停靠在其父容器的左边缘，并适当调整高度
Right	控件的右边缘停靠在其父容器的右边缘，并适当调整高度
Fill	控件的各个边缘分别停靠在其父容器的各个边缘，并适当调整大小

2. Anchor 属性

Anchor（锚定）属性用于获取或设置控件锚定的位置和方式，即指示控件边缘锚定到其父容器的哪些边缘并确定控件如何随其父容器一起调整大小。当控件锚定到容器的某个边缘时，那条与指定容器边缘最接近的控件边缘，与指定容器边缘之间的距离将保持不变。当容器的尺寸改变时，容器内的控件按照其 Anchor 属性值对这种改变做出相应的变化。

Anchor 属性值是 AnchorStyles 枚举值的按位组合，AnchorStyles 枚举类型用于指定控件如何锚定到其容器的边缘，其成员如表 10.19 所示。

表 10.19　AnchorStyles 枚举成员

成 员 名 称	说　　明
None	控件未锚定到其容器的任何边缘
Top	控件锚定到其容器的上边缘
Bottom	控件锚定到其容器的下边缘
Left	控件锚定到其容器的左边缘
Right	控件锚定到其容器的右边缘

一个控件可以锚定到其父容器的一个或多个边缘，Anchor 属性的默认值是"Top, Left"，即锚定到上边缘和左边缘。Anchor 属性的常用取值如表 10.20 所示。

Dock 属性和 Anchor 属性对于界面设计是非常重要的。设计窗体时，应保证在 800×600 和 1024×768 及更高的分辨率上都能让窗体正常显示，这时就要根据分辨率大小而适当改变窗体大小，所以需要合理地设置窗体中控件的 Dock 与 Anchor 属性。

Dock 属性主要用于容器控件和尺寸较大的控件（如 RichTextBox），而 Anchor 属性则用在尺寸较小的控件（如 Button、Label）中。当然，何时用 Dock、何时用 Anchor 并不是绝对的，需要在开发实践中灵活取舍，以达到满意的界面效果。

表 10.20　Anchor 属性的常用取值

Anchor 属性值	窗体尺寸变化时对控件尺寸的影响
Top, Left	控件与窗体左上角的距离保持不变
Bottom, Right	控件与窗体右下角的距离保持不变
Left, Right	控件宽度与窗体宽度同步变化
Top, Bottom	控件高度与窗体高度同步变化
Left, Right, Top, Bottom	窗体尺寸大小的任何改变，都会使控件的尺寸同步变化

10.5　多窗体程序设计

简单应用程序通常只包括一个窗体，称为单窗体程序。在实际应用中，单一窗体往往不能满足需要，必须通过多个窗体来实现。包含多个窗体的程序，称为多窗体程序。在多窗体程序中，每个窗体可以有自己的界面和程序代码，以完成不同的功能。

10.5.1　添加窗体和设置启动窗体

创建一个 Windows 应用程序的项目时，会自动添加一个名为 Form1 的窗体。如果要建立多窗体应用程序，还需要为项目添加一个或多个窗体。

1. 添加窗体的方法

（1）在创建好的项目中，选择"项目"→"添加 Windows 窗体"命令，出现"添加新项"对话框，如图 10.22 所示。

图 10.22　"添加新项"对话框

（2）"添加新项"对话框中默认选择了"Windows 窗体"模板，窗体名默认为 Form2，在"名称"文本框中输入窗体名，单击"添加"按钮，即为应用程序添加了一个窗体。

（3）如果项目需要多个窗体，重复上述步骤。

2．设置启动窗体

当在应用程序中添加了多个窗体后，默认情况下，应用程序中的第一个窗体被自动指定为启动窗体。如果要将其他窗体设置为启动窗体，可以在"解决方案资源管理器"窗口中双击 Program.cs 文件，在打开的代码窗口中，找到 Main 函数中的代码"Application.Run(new Form1())"（Form1 是第一个窗体的默认名称，如果重新设置了 Name 属性，则与 Name 属性的值一致），将 Form1 修改为要设置为启动窗体的窗体名称即可。

例如，要将 Form2 设置为启动窗体，则在 Main 函数中将代码修改为：

```
Application.Run(new Form2());
```

10.5.2　多窗体程序设计的相关操作

在单窗体程序设计中，所有的操作都在一个窗体中完成，不需要在多个窗体之间切换。而在多窗体程序设计中，需要打开、关闭、隐藏或显示指定的窗体，而且窗体之间可能还需要传递特定的信息。

1．打开窗体

启动窗体在程序运行时会自动打开，如果要打开另一个窗体，首先该窗体的实例必须存在，即要创建该窗体的对象，然后再调用 Show 或 ShowDialog 方法将窗体对象显示出来。

前面介绍过，用 ShowDialog 方法显示的窗体称为模式窗体，在该窗体关闭或隐藏前无法切换到其他窗体；用 Show 方法显示的窗体称为非模式窗体，可以在窗体之间随意切换。在多窗体程序设计中，大多数窗体都是以非模式的方式显示。

例如，要通过 Form1 窗体以非模式的方式显示 From2 窗体，可在 Form1 窗体中编写如下代码：

```
Form2 frm2 = new Form2(); frm2.Show();
```

2．关闭窗体

要关闭一个窗体，可以对该窗体调用 Close 方法。

如果要关闭当前窗体，直接在该窗体中编写代码"this.Close();"即可。如果要在当前窗体中关闭另外一个窗体，需要对该窗体对象调用 Close 方法。例如，要在 Form1 窗体中关闭 Form2 窗体的对象 frm2，可在 Form1 窗体中编写代码"frm2.Close();"。

关闭窗体后，该窗体和所有创建在该窗体中的资源都被销毁。

3．隐藏窗体

要隐藏一个已经显示的窗体，可以对该窗体调用 Hide 方法。

如果要隐藏当前窗体，直接在该窗体中编写代码"this.Hide();"即可。如果要在当前窗体中隐藏另外一个窗体，需要对该窗体对象调用 Hide 方法。例如，要在 Form1 窗体中隐藏已经显示的 Form2 窗体的对象 frm2，可在 Form1 窗体中编写代码"frm2.Hide();"。

窗体被隐藏后，虽然看不到，但它和它所包含的对象与变量仍然保留在内存中，需要时该窗体还可以被显示出来。

在多窗体程序设计中，至少要保证有一个窗体是可见的，否则无法继续操作程序而只能强制结束该程序。

4．显示窗体

如果要显示一个已经隐藏的窗体，只需对该窗体调用 Show 或 ShowDialog 方法即可。一个窗体被隐藏后，只能通过其他窗体来显示。例如，要在 Form1 窗体中显示已经隐藏的 Form2 窗体的对象 frm2，可在 Form1 窗体中编写代码"frm2.Show();"。

5．退出应用程序

对启动窗体调用 Close 方法，就可以退出整个应用程序。在任何一个窗体中编写代码"Application.Exit();"，都可以退出应用程序。

6．在窗体之间传递信息

通过一个窗体（主窗体）打开另外一个窗体（从窗体）时，两个窗体之间存在一种主从关系。在主窗体和从窗体之间传递信息，可以通过定义类的窗体变量或公共的静态变量来实现，也可以通过在窗体中自定义属性来实现。

（1）窗体变量。在主窗体中定义的从窗体变量，其访问级别一般为 private；在从窗体中定义的主窗体变量，其访问级别一般为 public 或 internal。因为通常在主窗体中建立主从关系，主窗体需要访问从窗体中定义的主窗体变量。

例如，在主窗体 Form1 中编写代码"private Form2 frm2;"定义了从窗体 Form2 的私有变量 frm2，在 Form2 中编写代码"public Form1 frm1;"定义了 Form1 的公共变量 frm1，两个窗体要建立关系，可以在 Form1 中编写代码"frm2 = new Form2();frm2.frm1=this;"。

（2）公共的静态变量。要访问一个静态变量，只能通过它所在类的类名去调用，即"类名.静态变量名"。在一个窗体中定义了公共的静态变量，则该静态变量可以被项目中的任何一个窗体访问。

（3）自定义属性。可以在窗体中定义访问级别为 public 或 internal 的属性来传递信息，在该窗体关闭前，其他窗体可以通过预先定义的该窗体变量来访问该属性以获取信息。

【例 10-10】 设计一个多窗体程序，实现录入并确认学生基本档案的功能。

学生的个人信息、学籍信息、家庭信息和最后的确认信息分别位于不同的窗体上，运行时 4 个窗体可以按照顺序显示，但每次只能显示一个窗体，程序设计界面如图 10.23～图 10.26 所示。

具体步骤如下。

（1）设计界面。新建一个 C#的 Windows 应用程序，项目名称设置为 StudentRecord；在"解决方案资源管理器"窗口中，将 Form1.cs 文件重命名为 frmGR.cs，并在弹出的询问窗口中接受项目中所有引用 Form1 的重命名；分别为项目添加 3 个窗体并命名为 frmXJ.cs、frmJT.cs、frmQR.cs，然后按照图 10.23～图 10.26 所示分别在 4 个窗体上添加相应控件并调整控件位置和窗体尺寸。

图 10.23　个人信息设计界面

图 10.24　学籍信息设计界面

图 10.25　家庭信息设计界面

图 10.26　信息确认设计界面

（2）设置属性。4 个窗体及其包含控件的属性设置，如表 10.21～表 10.24 所示。

表 10.21　frmGR 中对象的属性设置

对　象	属 性 名	属 性 值					
frmGR	Text	学生基本档案——个人信息					
label1～label4	Text	姓名	性别	年龄	籍贯		
radioButton1	Name	radMale					
	Text	男					
	Checked	True					
radioButton2	Name	rad Female					
	Text	女					
textBox1～textBox3	Name	txtName		txtAge		txtNativePlace	
groupBox1	Text	爱好					
checkBox1～checkBox6	Name	chk1	chk2	chk3	chk4	chk5	chk6
	Text	阅读	音乐	编程	旅游	体育	其他
button1，button2	Name	btnNext		btnExit			
	Text	下一步		退出			

表 10.22　frmXJ 中对象的属性设置

对　　象	属 性 名	属 性 值			
frmXJ	Text	学生基本档案——学籍信息			
label1～label4	Text	学号	班级	院系	专业
textBox1～textBox4	Name	txtXH	txtBJ	txtYX	txtZY
button1～button3	Name	btnPrev	btnNext	btnExit	
	Text	上一步	下一步	退出	

表 10.23　frmJT 中对象的属性设置

对　　象	属 性 名	属 性 值			
frmJT	Text	学生基本档案——家庭信息			
label1～label4	Text	家庭住址	邮政编码	移动电话	固定电话
textBox1～textBox4	Name	txtZZ	txtYB	txtYD	txtGD
button1～button3	Name	btnPrev	btnNext	btnExit	
	Text	上一步	下一步	退出	

表 10.24　frmQR 中对象的属性设置

对　　象	属 性 名	属 性 值			
frmQR	Text	学生基本档案——信息确认			
textBox1	Name	txtConfirm			
textBox1	Multiline	True			
	ReadOnly	True			
	ScrollBars	Vertical			
	Text	请确认填写的信息：			
button1～button4	Name	btnPrev	btnSubmit	btnExit	btnFirst
	Text	上一步	提交	退出	第一步

（3）编写代码。

① 在 **frmGR** 类中，声明相关变量，添加检查必填项和收集信息的方法，为两个按钮添加 **Click** 事件处理程序。

```
private bool checkGR()
{  //检查个人信息的必填项
   bool check = true;
   if (txtName.Text.Trim() == "" || txtAge.Text.Trim() == "")
   {
       check = false;  MessageBox.Show("姓名和年龄必须填写");
   }
   return check;
}
//收集个人信息
public static string InfoGR;
private string recordGR()
{
   string gr = "个人信息: ";
   gr += txtName.Text.Trim(); //姓名
   if (radMale.Checked)
       gr += ", 男"; //性别
   else
```

```
            gr += "，女";
        gr += "，" + txtAge.Text.Trim() + "岁，"; //年龄
        if(txtNativePlace.Text.Trim() != "")
            gr+= txtNativePlace.Text.Trim()+ "人，";//籍贯
        //爱好
        string hobby = "";
        if (chk1.Checked)
            hobby += "<" + chk1.Text + ">";
        if (chk2.Checked)
            hobby += "<" + chk2.Text + ">";
        if (chk3.Checked)
            hobby += "<" + chk3.Text + ">";
        if (chk4.Checked)
            hobby += "<" + chk4.Text + ">";
        if (chk5.Checked)
            hobby += "<" + chk5.Text + ">";
        if (chk6.Checked)
            hobby += "<" + chk6.Text + ">";
        if (hobby != "")
            hobby = "爱好" + hobby;
        else
            hobby = "无特殊爱好";
        gr += hobby; gr += "。";
        return gr;
    }
    // "确认信息"和"学籍信息"窗体，与本窗体建立关系
    public static frmQR  frmqr; // "确认信息"窗体在本类中创建，但还要在 frmJT 类中
    //与"家庭信息"窗体建立关系，所以 frmqr 声明为静态变量
    private  frmXJ  frmxj;
    //利用"下一步"按钮，转到"学籍信息"窗体
    private void btnNext_Click(object sender, EventArgs e)
    {
        if (checkGR())
        {
            if(frmxj==null||frmqr==null) //每个窗体仅创建一次
            {
                frmxj = new frmXJ();  frmxj.frmgr = this; //个人→学籍
                frmqr = new frmQR();  frmqr.frmgr = this; //确认→个人
            }
            frmGR.InfoGR = recordGR();
            frmxj.Show();   this.Hide();
        }
    }
    private void btnExit_Click(object sender, EventArgs e)
    {
        this.Close();
    }
```

② 在 frmXJ 类中，声明相关变量，添加检查必填项和收集信息的方法，为 3 个按钮添加 Click 事件处理程序，并为窗体添加 FormClosed 事件处理程序。

```
//检查学籍信息的必填项
private bool checkXJ()
{
    bool check = true;
    if (txtXH.Text.Trim() == "" || txtBJ.Text.Trim() == "")
```

```
    {
        check = false; MessageBox.Show("学号和班级必须填写");
    }
    return check;
}
//收集学籍信息
public static string InfoXJ;
private string recordXJ()
{
    string xj = "学籍信息：";
    xj += "学号" + txtXH.Text.Trim();
    xj += "，所在班级是" + txtBJ.Text.Trim();
    if (txtYX.Text.Trim() != "")
        xj += "，所属院系是" + txtYX.Text.Trim();
    if (txtZY.Text.Trim() != "")
        xj += "，所学专业是" + txtZY.Text.Trim();
    xj += "。";
    return xj;
}
// "个人信息"和"家庭信息"窗体，与本窗体建立关系
public frmGR frmgr;
private frmJT frmjt;
//利用"下一步"按钮，转到"家庭信息"窗体
private void btnNext_Click(object sender, EventArgs e)
{
    if (checkXJ())
    {
        //每个窗体仅创建一次
        if (frmjt == null)
        {
            frmjt = new frmJT(); frmjt.frmxj = this;  //学籍→家庭
        }
        frmXJ.InfoXJ = recordXJ();
        frmjt.Show();this.Hide();
    }
}
//利用"上一步"按钮，转到"个人信息"窗体
private void btnPrev_Click(object sender, EventArgs e)
{
    frmgr.Show();  this.Hide();  //学籍→个人
}
private void btnExit_Click(object sender, EventArgs e)
{
    Application.Exit();
}
// 单击窗体右上角的"关闭"按钮时，退出应用程序
private void frmXJ_FormClosed(object sender, FormClosedEventArgs e)
{
    Application.Exit();
}
```

③ 在 frmJT 类中，声明相关变量，添加检查必填项和收集信息的方法，为 3 个按钮添加 Click 事件处理程序，并为窗体添加 FormClosed 事件处理程序。

```
//检查家庭信息的必填项
private bool checkJT()
```

```
{
    bool check = true;
    if (txtZZ.Text.Trim() == "" || txtYB.Text.Trim() == "")
    {
        check = false;  MessageBox.Show("住址和邮编必须填写");
    }
    return check;
}
//收集家庭信息
public static string InfoJT;
private string recordJT()
{
    string jt = "家庭信息：";
    jt += "家庭住址是" + txtZZ.Text.Trim();
    jt += "，邮编" + txtYB.Text.Trim();
    if (txtYD.Text.Trim() != "")
        jt += "，移动电话" + txtYD.Text.Trim();
    if (txtGD.Text.Trim() != "")
        jt += "，固定电话" + txtGD.Text.Trim();
    jt += "。";
    return jt;
}
//"学籍信息"窗体，与本窗体建立关系
public frmXJ frmxj;
//利用"下一步"按钮，转到"确认信息"窗体
private void btnNext_Click(object sender, EventArgs e)
{
    if (checkJT())
    {
        frmJT.InfoJT = recordJT();
        frmGR.frmqr.frmjt = this;  //家庭→确认
        frmGR.frmqr.Show();  this.Hide();
    }
}
//利用"上一步"按钮，转到"学籍信息"窗体
private void btnPrev_Click(object sender, EventArgs e)
{
    frmxj.Show();  this.Hide();  //家庭→学籍
}
private void btnExit_Click(object sender, EventArgs e)
{
    Application.Exit();
}
private void frmJT_FormClosed(object sender, FormClosedEventArgs e)
{
    Application.Exit();
}
```

④ 在 frmQR 类中，声明相关变量，为 4 个按钮添加 Click 事件处理程序，并为窗体添加 Load 和 FormClosed 事件处理程序。

```
//收集总信息
private static string InfoQR; //总信息
private void frmQR_Load(object sender, EventArgs e)
{
    InfoQR = frmGR.InfoGR + frmXJ.InfoXJ + frmJT.InfoJT;
```

```
        txtConfirm.Text = InfoQR;
}
//"家庭信息"和"个人信息"窗体，与本窗体建立关系
public  frmJT  frmjt;
public  frmGR  frmgr;
//利用"上一步"按钮，转到"家庭信息"窗体
private void btnPrev_Click(object sender, EventArgs e)
{
        frmjt.Show();this.Hide();
}
//利用"第一步"按钮，回到"个人信息"窗体
private void btnFirst_Click(object sender, EventArgs e)
{
        frmgr.Show();  this.Hide();
}
private void btnSubmit_Click(object sender, EventArgs e)
{
        MessageBox.Show("学生基本档案已提交！", "提示");
}
private void btnExit_Click(object sender, EventArgs e)
{
        Application.Exit();
}
private void frmQR_FormClosed(object sender, FormClosedEventArgs e)
{
        Application.Exit();
}
```

提示：

> 本例的难点是多个窗体按照"个人信息、学籍信息、家庭信息、信息确认"的
> 次序可以多次显示，而且每个窗体都可以切换到前面或后面的窗体。但由"信
> 息确认"窗体再回到"个人信息"窗体时，"个人信息"窗体只需再次显示而无
> 须再次创建，这一点与其他窗体不同，所以在"个人信息"窗体中，与"信息
> 确认"窗体关联时使用了静态窗体变量，并在"下一步"按钮的事件中对该静
> 态窗体变量进行了初始化；这样，在"家庭信息"窗体中，只需对该静态窗体
> 变量调用 Show 方法即可切换到"信息确认"窗体。

（4）运行程序。单击"启动调试"按钮或按 F5 键运行程序，进行相应操作并查看
效果。

10.6 多文档界面程序设计

单文档界面（Single Document Interface，SDI）和多文档界面（Multiple Document
Interface，MDI）是 Windows 应用程序的两种典型结构。

SDI 一次只能打开一个窗体，一次只能显示一个文档。Windows 自带的记事本和写字
板是典型的 SDI 应用程序，一次只能处理一个文档，如果用户要打开第二个文档就必须打
开一个新的程序实例，两个程序实例之间没有关系，对一个实例的任何配置都不会影响第

二个实例。

MDI 可以在一个容器窗体中包含多个窗体，能够同时显示多个文档，而每个文档都在自己的窗口内显示。MDI 应用程序由父窗口和子窗口构成，容器窗体称为父窗口，容器窗体内部的窗体则称为子窗口。Office 中的 Excel 就是典型的 MDI 应用程序。

10.6.1　创建 MDI 应用程序

MDI 应用程序至少由两个窗口组成，即一个父窗口和一个子窗口。创建 MDI 应用程序的方法如下：

（1）创建一个 Windows 应用程序的项目，项目中自动添加了一个名为 Form1 的窗体。假设把窗体 Form1 作为父窗口，只需在"属性"窗口中把 Form1 窗体的 IsMdiContainer 属性设置为 True 即可，如图 10.27 所示。

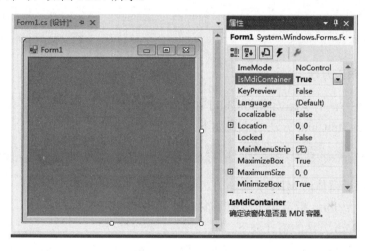

图 10.27　主窗口设计界面

（2）在项目中添加一个新窗体，窗体名默认为 Form2。假设把窗体 Form2 作为子窗口，只需在父窗口中打开子窗口的代码处，添加如下代码：

```
Form2 frm2 = new Form2();    //创建子窗口对象
frm2.MdiParent = this;       //指定当前窗体为 MDI 父窗口
frm2.Show();                 //打开子窗口
```

10.6.2　MDI 的相关属性、方法和事件

MDI 应用程序所使用的属性、方法和事件，大多数与 SDI 应用程序相同，但增加了专门用于 MDI 的属性、方法和事件。

1. MDI 的相关属性

MDI 的相关属性，如表 10.25 所示。

表 10.25　MDI 的相关属性

属　　性	说　　明
ActiveMdiChild	获取当前活动的 MDI 子窗口；该属性返回表示当前活动的 MDI 子窗口的 Form，如果当前没有子窗口，则返回 null；可以通过该属性来确定 MDI 应用程序中是否有任何打开的 MDI 子窗口，也可以通过该属性从 MDI 父窗口或从应用程序中显示的其他窗体对该 MDI 子窗口执行操作
IsMdiChild	获取一个值，该值指示该窗体是否为 MDI 子窗口；如果该窗体是 MDI 子窗口，则为 true，否则为 false
IsMdiContainer	指示该窗体是否为 MDI 容器，默认值为 false
MdiChildren	获取窗体的数组，这些窗体表示以此窗体作为父级的 MDI 子窗口
MdiParent	获取或设置此窗体的当前 MDI 父窗口

 提示：

> IsMdiContainer 属性既可以在"属性"窗口中设置，也可以通过代码设置；其他属性只能通过代码访问。

2．MDI 的相关方法

MDI 的相关方法有 ActivateMdiChild 和 LayoutMdi。

（1）ActivateMdiChild 方法的格式如下：

```
void ActivateMdiChild(Form form)
```

【功能】　激活窗体的 MDI 子级。

【说明】　参数 form 指定要激活的子窗口。

（2）LayoutMdi 方法的格式如下：

```
void LayoutMdi(MdiLayout value)
```

【功能】　在 MDI 父窗口内排列 MDI 子窗口。

【说明】　参数 value 定义 MDI 子窗口的布局，是 MdiLayout 枚举（表 10.26）值之一。

表 10.26　MdiLayout 枚举成员

成 员 名 称	说　　明
ArrangeIcons	所有 MDI 子图标均排列在 MDI 父窗口的工作区内（当子窗口最小化后，以图标形式在父窗口底部排列）
Cascade	所有 MDI 子窗口均层叠在 MDI 父窗口的工作区内
TileHorizontal	所有 MDI 子窗口均水平平铺在 MDI 父窗口的工作区内
TileVertical	所有 MDI 子窗口均垂直平铺在 MDI 父窗口的工作区内

可以使用 LayoutMdi 方法让 MDI 子窗口在 MDI 父窗口内水平平铺、垂直平铺、层叠或作为图标排列显示，以便更易于导航和操作 MDI 子窗口。

3．MDI 的相关事件

MDI 的相关事件只有 MDIChildActivate，该事件在 MDI 应用程序内激活或关闭 MDI

子窗口时发生。

【例 10-11】 设计一个 MDI 应用程序，可以打开、排列和关闭子窗口。

本例共两个窗体，父窗口和子窗口的设计界面分别如图 10.28 和图 10.29 所示。

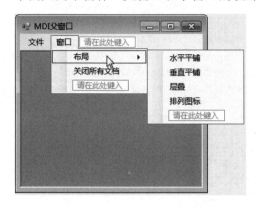

图 10.28 例 10-11 父窗口设计界面

图 10.29 例 10-11 子窗口设计界面

具体步骤如下。

（1）设计界面。新建一个 C#的 Windows 应用程序，项目名称设置为 MDIExample，为项目添加一个窗体 Form2；在 Form1 中添加一个下拉式菜单，在 Form2 中添加一个多格式文本框。

（2）设置属性。窗体和各个控件的属性设置如表 10.27 所示。

表 10.27 窗体和各个控件的属性设置

对　　象	属 性 名	属 性 值
Form1	Name	frmParent
	IsMdiContainer	True
	Text	MDI 父窗口
	WindowState	Maximized
menuStrip1	Items	添加菜单项"文件"和"窗口"
文件 ToolStripMenuItem	DropDownItems	添加子菜单项"打开"、"关闭"和"退出"
窗口 ToolStripMenuItem	DropDownItems	添加子菜单项"布局"和"关闭所有文档"
布局 ToolStripMenuItem	DropDownItems	添加子菜单项"水平平铺"、"垂直平铺"、"层叠"和"排列图标"
Form2	Name	frmChild
	Text	子窗口
richTextBox1	Dock	Fill
	Text	在此处输入文本或嵌入图像

（3）编写代码。在父窗口中声明相应变量，并在菜单命令的 Click 事件处理程序中添加相应代码：

```
int i = 0; //打开子窗口的个数
private void 打开ToolStripMenuItem_Click(object sender, EventArgs e)
{
    i++;
    frmChild frmc = new frmChild();
```

```
    frmc.Text += i;
    frmc.MdiParent = this;
    frmc.Show();
}
private void 关闭ToolStripMenuItem_Click(object sender, EventArgs e)
{
    if(this.ActiveMdiChild != null)
        this.ActiveMdiChild.Close();
}
private void 退出ToolStripMenuItem Click(object sender, EventArgs e)
{
    this.Close();
}
private void 水平平铺ToolStripMenuItem Click(object sender, EventArgs e)
{
    this.LayoutMdi(MdiLayout.TileHorizontal);
}
private void 垂直平铺ToolStripMenuItem Click(object sender, EventArgs e)
{
    this.LayoutMdi(MdiLayout.TileVertical);
}
private void 层叠ToolStripMenuItem Click(object sender, EventArgs e)
{
    this.LayoutMdi(MdiLayout.Cascade);
}
private void 排列图标ToolStripMenuItem Click(object sender, EventArgs e)
{
    this.LayoutMdi(MdiLayout.ArrangeIcons);
}
private void 关闭所有文档ToolStripMenuItem Click(object sender, EventArgs e
{
    foreach(Form frm in this.MdiChildren)
        frm.Close();
}
```

在子窗口的 Load 事件处理程序中添加相应代码：

```
private void frmChild_Load(object sender, EventArgs e)
{
    this.richTextBox1.SelectAll();
}
```

（4）运行程序。单击"启动调试"按钮或按 F5 键运行程序，操作相应菜单命令查看效果。

 提示：

> 如果子窗口最大化，子窗口的标题栏将被自动隐藏，子窗口的标题栏内容会附加在父窗口的标题栏内容后面一起显示。

10.6.3 MDI 应用程序中的菜单栏和工具栏

在 MDI 应用程序中，菜单栏和工具栏可以建立在父窗口上，也可以建立在子窗口上。通常情况下，每个子窗口的菜单栏和工具栏都是在 MDI 父窗口上显示，而不是在子窗口上显示。

1．MDI 应用程序中的菜单栏

默认情况下，当一个子窗口为活动窗体时，该子窗口的菜单栏将附加在 MDI 父窗口菜单栏上；如果没有可见的子窗口，或者活动的子窗口没有菜单栏，则仅显示 MDI 父窗口的菜单栏。

MDI 应用程序中，子窗口的菜单栏如何在父窗口上显示，可以通过设置菜单栏和菜单项的相关属性来满足不同的要求，这些属性如表 10.28 所示。

表 10.28　MDI 应用程序中菜单的相关属性

属　　性	说　　明
AllowMerge	指示能否将多个菜单栏及其菜单项进行组合，默认值为 true
MdiWindowListItem	指定用于显示 MDI 父窗口中打开的子窗口列表的顶级菜单项
MergeAction	指定如何将子菜单与父菜单合并，取值为 MergeAction 枚举类型，共有 5 个成员：Append（默认值），忽略匹配结果，将该项追加到集合结尾；Insert，将该项插入目标集合中的匹配项前，如果匹配项在列表的结尾，则将该项追加到列表，如果没有匹配项或匹配项在列表的开始处，则将该项插入到集合的开始；MatchOnly，要求匹配项，但不进行任何操作，使用此方法来创建树和成功访问嵌套布局；Replace，用源项替换匹配项，源项的下拉项不会成为传入项的子项；Remove，移除匹配项
MergeIndex	获取或设置合并的项在当前菜单栏内的位置，默认值为–1，表示未找到匹配项；如果找到匹配项，该属性值表示合并项的索引

 提示：

> AllowMerge 和 MdiWindowListItem 是菜单栏的属性，MergeAction 和 MergeIndex 是菜单项的属性。

2．MDI 应用程序中的工具栏

建立在 MDI 父窗口和子窗口上的工具栏是两个独立的部分，两者互不影响。但工具栏通常都是在父窗口上显示，子窗口上不显示工具栏。

MDI 应用程序中，要让子窗口的工具栏在父窗口上显示，可以通过下列步骤实现：

（1）在子窗口中，将 ToolStrip 对象的 Modifiers（修饰符）属性设置为 Public。

（2）在父窗口中，添加一个 Panel 控件，将其 Size 属性中的 Height 设置为 25（ToolStrip 控件的默认高度），将其 Dock 属性设置为 Top。

（3）在父窗口代码中要显示子窗口的位置，创建一个子窗口对象，通过该对象引用其 ToolStrip 对象，并将 ToolStrip 对象的 Parent 属性设置为 Panel 对象。

例如，子窗口 Form2 有一个 ToolStrip 对象 toolStrip1，如果要让 toolStrip1 在父窗口 Form1 上显示，步骤如下：

（1）在 Form2 中，将 toolStrip1 的 Modifiers 属性设置为 Public。

（2）在 Form1 中添加一个 Panel 控件 panel1，在"属性"窗口中将其 Size 属性中的 Height 设置为 25，Dock 属性设置为 Top。

（3）在 Form1 代码的适当位置，编写代码如下：

```
Form2  frm = new Form2 ();
frm.MdiParent = this;
frm.toolStrip1.Parent = this.panel1;
```

10.7 本章小结

本章主要介绍了与界面设计密切相关的几种常用控件及多窗体程序和多文档界面程序的设计，重点内容如下：

- MenuStrip 和 ContextMenuStrip 控件的使用。
- ToolStrip 和 StatusStrip 控件的使用。
- OpenFileDialog、SaveFileDialog、FontDialog 和 ColorDialog 等通用对话框的使用。
- RichTextBox 控件的常用属性、方法及其使用。
- 如何进行界面布局。
- 如何设计多窗体程序和 MDI 程序。

习　题

1．选择题

（1）如果要隐藏并禁用菜单项，需要设置（　　）两个属性。
    A．Visible 和 Enable　　　　　　　B．Visible 和 Enabled
    C．Visiual 和 Enable　　　　　　　D．Visiual 和 Enabled
（2）设置需要使用的弹出式菜单的窗体或控件的（　　）属性，即可激活弹出式菜单。
    A．MenuStrip　　　　　　　　　　B．ContextedMenu
    C．ContextMenuStrip　　　　　　　D．ContextedMenuStrip
（3）下列关于 RichTextBox 控件的说法中，不正确的是（　　）。
    A．设计时可以直接将文本赋值给 RichTextBox 控件
    B．设计时可以直接将图像赋值给 RichTextBox 控件
    C．运行时可以直接在 RichTextBox 控件中输入文本
    D．运行时可以直接在 RichTextBox 控件中嵌入图像
（4）MDI 的相关属性中，既可以在"属性"窗口中设置，也可以通过代码设置的是（　　）属性。
    A．IsMdiChild　　　　　　　　　　B．IsMdiContainer
    C．MdiChildren　　　　　　　　　　D．MdiParent

2．思考题

（1）菜单按使用方式可分为哪两种？在 C#.NET 中使用什么控件来设计这两种菜单？

（2）如何快捷有效地让工具栏中的按钮与下拉式菜单中的菜单项具有相同的功能？

（3）什么是模式对话框？什么是非模式对话框？两者的主要区别是什么？

（4）举例说明 OpenFileDialog 和 SaveFileDialog 控件的 Filter 属性的作用和格式要求。

（5）简述 Dock 和 Anchor 属性的作用。

（6）什么是 SDI 和 MDI？

3．上机练习题

（1）为例 10-9 设计的文本编辑器添加一个工具栏和状态栏，提供对常用功能的快捷操作，并对所进行的操作在状态栏进行说明。

（2）参照例 10-10，设计一个录入学生基本档案的 MDI 程序，并可以将学生的基本档案导出到 txt 文件，也可以导入 txt 文件查看学生的基本档案。

要求：运用 MenuStrip、ToolStrip、RichTextBox、OpenFileDialog 和 SaveFileDialog 等控件进行界面设计。

第11章
键盘和鼠标操作

在 Windows 窗体应用程序中，经常需要与用户进行交互，交互操作往往是通过键盘和鼠标完成的。为了准确处理用户的输入，必须了解键盘和鼠标事件中包含的数据。

本章主要介绍对象的焦点处理和常用的键盘、鼠标事件。

11.1 焦点处理

在程序设计中，一个对象拥有焦点，表明它可以接收来自键盘或鼠标的用户输入。只有获得焦点的对象才能够接收键盘和鼠标的输入，所以在处理键盘和鼠标事件时，应该注意对象焦点的处理。

11.1.1 窗体对象的焦点

获得焦点的窗体，通常具有蓝色的标题栏。多窗体程序中，窗体对象的焦点，一般在程序运行时设置。窗体对象焦点的设置方法主要有两种：一种是通过用户的选择来实现，另一种是利用窗体对象的方法来实现。

1. 通过用户的选择设置焦点

程序运行时，用户可以利用鼠标和键盘操作来选择窗体。

用户选择窗体，最简单的方法是用鼠标单击窗体或任务栏的窗体图标，使窗体获得焦点。通过鼠标操作，用户可以很方便地在多个窗体之间随意切换。

用户选择窗体，也可以在按住 Alt 键的同时按 Tab 键切换，直到选中想要使之获得焦点的窗体。

2. 利用窗体对象的方法设置焦点

在多窗体程序中，可以在主窗体中对从窗体对象调用 Activate 方法，使从窗体获得焦点。例如，可以在主窗体 frmMain 中的适当位置编写代码"frmSub1.Activate();"使从窗体对象 frmSub1 获得焦点。

在 MDI 程序中，也可以在父窗口中通过 ActivateMdiChild 方法来激活指定的子窗口使之获得焦点。例如，可以在父窗口 frmParent 中的适当位置编写代码"this.ActivateMdiChild (frmChild);"使子窗口对象 frmChild 获得焦点。

11.1.2　控件对象的焦点

拥有焦点的控件，一般都显示一个闪烁的光标（如 TextBox）或突出显示（如 Button 周围会出现一个虚线框）。控件对象的焦点，可以在设计阶段设置，也可以在程序运行时设置。

控件对象焦点的设置方法主要有三种：第一种是运行时通过用户的选择来实现；第二种是运行时利用控件对象的方法来实现；第三种是设计时利用控件对象的属性来实现。

1．通过用户的选择设置焦点

程序运行时，用户可以利用鼠标和键盘操作来选择控件对象。

用户选择控件对象，最简单的方法是用鼠标单击控件对象使之获得焦点。通过鼠标操作，用户可以很方便地在多个控件对象之间随意切换。

用户选择控件对象，也可以按 Tab 键切换，直到选中想要使之获得焦点的控件对象；如果控件对象有访问键或快捷键，也可以通过访问键或快捷键选择控件对象。

2．利用控件对象的方法设置焦点

C#.NET 的所有标准控件都有一个 Focus 方法，通过该方法可以使控件对象获得焦点。

如果在程序运行到某个阶段时，需要把某个控件对象激活以进行下一步操作，只要在适当位置编写代码"对象名.Focus();"就能使该对象获得焦点。

例如，程序运行完代码"textBox1.Focus();"，就可以使文本框 textBox1 获得焦点。

3．利用控件对象的属性设置焦点

在程序的设计阶段，可以利用控件对象的 TabIndex 属性来设置焦点。该属性可以指示控件的 Tab 键顺序索引，也就是当按下 Tab 键时焦点在控件间移动的顺序。

程序运行时，通过 Tab 键，可以按照 TabIndex 从小到大的顺序使焦点在众多控件之间切换。默认情况下，建立的第一个控件的 TabIndex 值为 0，第二个控件的 TabIndex 值为 1，依此类推。可以在"属性"窗口中设置控件对象的 TabIndex 属性来改变该控件的 Tab 键顺序，也可以通过"视图"菜单的"Tab 键顺序"来查看和修改一个窗体上所有控件的 Tab 键顺序。

提示：

（1）并非所有的控件都具有接收焦点的能力，通常是可以和用户交互的控件（如 Button、TextBox）才能接收焦点；而 Label、PictureBox 等只能显示信息的控件，但没有获得焦点的能力。

（2）大多数不能获得焦点的控件也具有 Focus 方法和 TabIndex 属性，但都无法使其获得焦点，按 Tab 键时这些控件将被跳过。

（3）通常情况下，在程序运行时按 Tab 键，能够选择 Tab 键顺序中的每一个可

接收焦点的控件；但是有时某个控件不需要获得焦点，只需将控件的
TabStop 属性设为 false，便可将此控件从 Tab 键顺序中删除，但仍然保持它
在实际 Tab 键顺序中的位置，只不过在按 Tab 键时这个控件将被跳过；
TabStop 属性指示是否可以使用 Tab 键为控件提供焦点。

（4）只有当对象的 Enabled 和 Visible 属性均为 true 时，才能接收焦点。

11.2 键盘操作

Windows 应用程序能够响应多种键盘操作，键盘事件是用户与程序之间交互操作的主
要方法。C#.NET 主要为对象提供了 KeyPress、KeyDown 和 KeyUp 三种键盘事件。

在 .NET 框架中，KeyEventArgs 和 KeyPressEventArgs 类负责提供键盘数据。
KeyEventArgs 类为 KeyDown 和 KeyUp 事件提供数据，KeyPressEventArgs 类为 KeyPress
事件提供数据。

11.2.1 按键事件发生的顺序

在程序中，经常需要判断用户是否按下了特定的键，KeyPress、KeyDown 和 KeyUp
事件可以用于读取按键。当按下并松开一个键时，键事件按下列顺序发生：KeyDown、
KeyPress、KeyUp。

需要注意的是，并不是按下键盘上的任意一个键都会引发 KeyPress 事件，KeyPress
事件只对会产生 ASCII 码的字符键有反应，包括数字、大小写字母、Enter、Backspace、
Esc、Tab 等键；对于方向键、功能键等不会产生 ASCII 码的非字符键，KeyPress 事件不会
发生。

KeyPress、KeyDown 和 KeyUp 事件一般用于可获得焦点的对象，如窗体、按钮、文
本框、单选按钮、复选框、组合框等。

总之，按下任意键时会触发 KeyDown 事件，松开任意键时会触发 KeyUp 事件。按下
并松开键盘上的某个字符键时会依次触发 KeyDown、KeyPress、KeyUp 事件，按下并松开
键盘上的某个非字符键时会依次触发 KeyDown 和 KeyUp 事件。

11.2.2 KeyPress 事件

当用户按下键盘上某一个字符键时，会引发当前拥有焦点对象的 KeyPress 事件。

如果要为某个窗体对象或控件对象添加 KeyPress 事件处理程序，首先在设计器窗口选
中该对象，然后在属性窗口的事件列表中找到 KeyPress 事件并双击它，即可在代码窗口看
到该对象的 KeyPress 事件处理程序，其格式如下：

```
private void 对象名_KeyPress(object sender, KeyPressEventArgs e)
{
        // 程序代码
```

```
}
```

KeyPress 事件处理程序接收一个 KeyPressEventArgs 类型的参数，它含有与此事件相关的数据。在 KeyPress 事件中，可以通过 KeyPressEventArgs 类的 KeyChar 属性来判断按键字符。KeyChar 属性的取值是 Char 类型，其值为用户按键所得的组合字符。例如，如果用户按下的是 Shift+a 组合键，则 KeyChar 属性的值将为大写字母 A。

以下代码用于检测是否按下大写字母键 A：

```
private void textBox1_KeyPress(object sender, KeyPressEventArgs e)
{
    if(e.KeyChar == 'A')
        label1.Text = "所按字符键为" + e.KeyChar.ToString();
}
```

以下代码用于检测是否按下 Enter 键：

```
private void textBox1_KeyPress(object sender, KeyPressEventArgs e)
{
    if (e.KeyChar == (char)Keys.Enter)
        label1.Text = "所按字符键为 Enter 键";
}
```

类 Char 提供了一系列的静态方法用于判断字符类别，如 IsControl、IsDigit、IsLetter、IsLetterOrDigit、IsLower、IsNumber、IsPunctuation、IsSeparator、IsSymbol、IsUpper、IsWhiteSpace 分别用于判断一个字符是否是控制字符、十进制数字、字母、字母或十进制数字、小写字母、数字、标点符号、分隔符、符号、大写字母、空白。

以下代码用于检测输入的字符是否是字母或数字：

```
private void textBox1_KeyPress(object sender, KeyPressEventArgs e)
{
    if (Char.IsLetterOrDigit(e.KeyChar))
        label1.Text = "输入的字符是字母或数字";
}
```

 提示：

> 判断一个字符是否是数字，通常有三种方法。根据严格性从高到低，分别为：表达式 c >= '0' && c <= '9'，半角的数字 0~9；方法 IsDigit，包括半角和全角的数字 0~9；方法 IsNumber，包括半角和全角的数字 0~9，也可以是①~⑨等格式的数字。

图 11.1 例 11-1 程序运行界面

【例 11-1】 设计一个查询字符的 ASCII 码的程序，程序启动后提示使用方法，用户按下某个键后显示该键字符及对应的 ASCII 码，双击窗体可以清除查询结果。

利用窗体对象的 KeyPress 事件获取按键字符，利用 Label 控件显示按键字符及其 ASCII 码，程序运行界面如图 11.1

所示。

具体步骤如下。

（1）设计界面。新建一个 C#的 Windows 应用程序，项目名称设置为 QueryASCIIcode，分别向窗体中添加两个标签，并按照图 11.1 所示调整控件位置和窗体尺寸。

（2）设置属性。窗体和各个控件的属性设置如表 11.1 所示。

表 11.1　窗体和各个控件的属性设置

对　象	属　性　名	属　性　值
Form1	Text	查询字符的 ASCII 码
label1	Name	lblTip
	Text	直接按键查询，双击窗体清除查询结果
label2	Name	lblInfo
	Anchor	Top, Bottom, Left
	AutoSize	False
	BorderStyle	Fixed3D
	Text	查询结果如下：

（3）编写代码。分别为窗体添加 KeyPress 和 DoubleClick 事件处理程序：

```
private void Form1_KeyPress(object sender, KeyPressEventArgs e)
{
    switch (e.KeyChar)
    {
        case (char)Keys.Enter:
            lblInfo.Text += "\n" + "回车键 Enter(" + e.KeyChar
                + "): " + (int)Keys.Enter;
            break;
        case (char)Keys.Back:
            lblInfo.Text += "\n" + "退格键 BackSpace(" + e.KeyChar
                + "): " + (int)Keys.Back;
            break;
        case (char)Keys.Tab:
            lblInfo.Text += "\n" + "Tab 键(" + e.KeyChar + "): "
                + (int)Keys.Tab;
            break;
        case (char)Keys.Escape:
            lblInfo.Text += "\n" + "Esc 键(" + e.KeyChar + "): "
                + (int)Keys.Escape;
            break;
        case (char)Keys.Space:
            lblInfo.Text += "\n" + "空格键(" + e.KeyChar + "): "
                + (int)Keys.Space;
            break;
        default:
            lblInfo.Text += "\n" + e.KeyChar + ": " + (int)e.KeyChar;
            break;
    }
}
private void Form1_DoubleClick(object sender, EventArgs e)
{
    lblInfo.Text = "查询结果如下：";
}
```

（4）运行程序。单击"启动调试"按钮或按 F5 键运行程序，按照提示进行操作来查看效果。

11.2.3　KeyDown 和 KeyUp 事件

KeyDown 和 KeyUp 事件提供了最低级的键盘响应，按下任意键时会触发 KeyDown 事件，松开任意键时会触发 KeyUp 事件。

利用 KeyDown 和 KeyUp 事件可以解决 KeyPress 事件的问题，非字符键不会引发 KeyPress 事件，但非字符键却可以引发 KeyDown 和 KeyUp 事件。

如果要为某个窗体对象或控件对象添加 KeyDown 或 KeyUp 事件处理程序，首先在设计器窗口选中该对象，然后在属性窗口的事件列表中找到 KeyDown 或 KeyUp 事件并双击它，即可在代码窗口看到该对象的 KeyDown 或 KeyUp 事件处理程序，其格式如下：

```
private void 对象名_KeyDown(object sender, KeyEventArgs e)
{
    // 程序代码
}
private void 对象名_KeyUp(object sender, KeyEventArgs e)
{
    // 程序代码
}
```

KeyDown 和 KeyUp 事件处理程序的参数相同，都接收一个 KeyEventArgs 类型的参数，它含有与此事件相关的数据。可以通过 KeyEventArgs 类的属性来判断用户按键，其常用属性如表 11.2 所示。

表 11.2　KeyEventArgs 类的常用属性

属　　性	说　　明
KeyCode	获取 KeyDown 或 KeyUp 事件的键代码；以 Keys 枚举值返回键盘码，不包括修饰键（指示同时按下的 Ctrl、Shift 和 Alt 键的组合），用于测试指定的键盘键
KeyData	获取 KeyDown 或 KeyUp 事件的键数据；以 Keys 枚举值返回键盘码及修饰键（指示同时按下的 Ctrl、Shift 和 Alt 键的组合），用于判断关于按下键盘键的所有信息
KeyValue	获取 KeyDown 或 KeyUp 事件的键盘值；以整型返回键盘码，用于获得所按下键盘键的整数表示（即 KeyCode 属性的整数表示）
Alt	获取一个值，该值指示是否曾按下 Alt 键；如果按下了 Alt 键值为 true，否则值为 false
Control	获取一个值，该值指示是否曾按下 Ctrl 键；如果按下了 Ctrl 键值为 true，否则值为 false
Shift	获取一个值，该值指示是否曾按下 Shift 键；如果按下了 Shift 键值为 true，否则值为 false
Modifiers	获取 KeyDown 或 KeyUp 事件的修饰键（指示同时按下的 Ctrl、Shift 和 Alt 键的组合）；以 Keys 枚举值返回修饰键
Handled	获取或设置一个值，该值指示是否处理过此事件；值为 true 表示跳过控件的默认处理，值为 false 表示还将该事件传递给默认控件处理程序

KeyDown 和 KeyUp 事件中，一般通过 KeyCode 和 KeyValue 属性来获取用户的按键，通过 Alt、Ctrl 和 Shift 属性来判断用户是否使用了 Alt、Ctrl、Shift 组合键。

以下代码用于检测是否按下 F1 键：

```
private void textBox1_KeyDown(object sender, KeyEventArgs e)
{
    if(e.KeyCode == Keys.F1)
        label1.Text = "所按键为" + e.KeyCode.ToString();
}
```

以下代码用于判断是否按下数字键盘上的数字键：

```
private void textBox1_KeyUp(object sender, KeyEventArgs e)
{
    if (e.KeyValue >= 96 && e.KeyValue <= 105)
        label1.Text = "所按键为数字键盘上的键"+e.KeyCode.ToString();
}
```

以下代码用于检测是否按下 Ctrl+C 组合键：

```
private void textBox1_KeyUp(object sender, KeyEventArgs e)
{
    if(e.Control==true && e.KeyCode==Keys.C)
        label1.Text = "复制操作的快捷键为 Ctrl+C";
}
```

提示：

> 下列情况不能引用 KeyDown 和 KeyUp 事件。
> （1）窗体有一个 Button 控件，并且窗体的 AcceptButton 属性设置为该 Button 控
> 件时，不能引用 Enter 键的 KeyDown 和 KeyUp 事件。
> （2）窗体有一个 Button 控件，并且窗体的 CancelButton 属性设置为该 Button 控
> 件时，不能引用 Esc 键的 KeyDown 和 KeyUp 事件。

【例 11-2】 设计一个对字母加密的程序，程序启动后提示使用方法，可以显示原始字
母和加密字母。

利用 TextBox 对象的 KeyDown、KeyPress 和 KeyUp 事件获取按键，利用只读的 TextBox
控件显示加密后的字母序列，利用显示数值的 NumericUpDown（数字微调框）控件设置加
密规则，程序运行界面如图 11.2 所示。

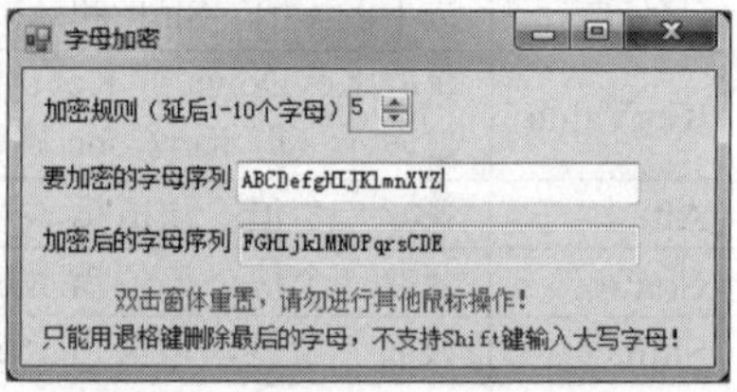

具体步骤如下。

（1）设计界面。新建一个 C#的 Windows 应用程序，
项目名称设置为 EncryptLetter，分别向窗体中添加 5 个
标签、两个文本框和 1 个数字微调框，并按照图 11.2 所
示调整控件位置和窗体尺寸。

（2）设置属性。窗体和各个控件的属性设置如表 11.3
所示。

图 11.2　例 11-2 程序运行界面

表 11.3　例 11-2 对象的属性设置

对　象	属 性 名	属　性　值
Form1	Text	字母加密
label1	Text	加密规则（延后 1-10 个字母）
label2	Text	要加密的字母序列

对　　象	属 性 名	属　性　值
label3	Text	加密后的字母序列
label4	Text	双击窗体重置，请勿进行其他鼠标操作！
label5	Text	只能用退格键删除最后的字母，不支持 Shift 键输入大写字母！
textBox1	Name	txtOriginal
textBox2	Name	txtEncrypted
	ReadOnly	True
numericUpDown1	Name	nudRule
	Maximum	10
	Minimum	1
	ReadOnly	True
	Value	5

（3）编写代码。首先，在 Form1 中声明相关成员变量：

```
//加密规则、加密文本的长度、按键之前的原始文本
int rule = 5,len=0;string txt = "";
```

其次，为数字微调框 nudRule 添加 ValueChanged 事件处理程序：

```
private void nudRule_ValueChanged(object sender, EventArgs e)
{
    rule = (int)nudRule.Value;
    txtEncrypted.Clear();  txtOriginal.Clear();
}
```

再次，分别为文本框 txtOriginal 添加 KeyDown、KeyPress 和 KeyUp 事件处理程序：

```
private void txtOriginal_KeyDown(object sender, KeyEventArgs e)
{
    txt = txtOriginal.Text;
    len = txtEncrypted.Text.Length;
    if (e.KeyCode != Keys.Back)
    {
        if (e.Control && e.KeyCode == Keys.V)
        {
            MessageBox.Show("不允许粘贴！", "警告");
            txtOriginal.Text = txt;
        }
        if (e.Control && e.KeyCode == Keys.X)
        {
            MessageBox.Show("不允许剪切！", "警告");
            txtOriginal.Text = txt;
        }
    }
    else
    {   //退格键
        if (len == 0)
            MessageBox.Show("已无字母可删除！", "提示");
        else
            txtEncrypted.Text=txtEncrypted.Text.Remove(len - 1);
    }
}
```

```
private void txtOriginal_KeyPress(object sender, KeyPressEventArgs e)
{   //对字母加密
    int si = (int)e.KeyChar;
    // ASCII 码说明：A-Z[65-90],a-z[97-122]
    //大写字母
    if (si >= 65 && si <= 90 - rule)
        txtEncrypted.Text += (Char)(si + rule);
    else if (si > 90 - rule && si <= 90)    //加密后超出 Z 返回 A 继续延后
        txtEncrypted.Text += (Char)(si + rule - 26);
    //小写字母
    else if (si >= 97 && si <= 122 - rule)
        txtEncrypted.Text += (Char)(si + rule);
    else if (si > 122 - rule && si <= 122)   //加密后超出 z 返回 a 继续延后
        txtEncrypted.Text += (Char)(si + rule - 26);
}
private void txtOriginal_KeyUp(object sender, KeyEventArgs e)
{
    int i = e.KeyValue;
    // 键盘码说明：A-Z[65-90]
    if (e.KeyCode != Keys.Back)
    {
        if(i < 65 || i > 90)     //屏蔽文本框中非字母的输入
        {
            txtOriginal.Text = txt;
            txtOriginal.SelectionStart = len;
        }
    }
}
```

最后，为窗体添加 **DoubleClick** 事件处理程序：

```
private void Form1_DoubleClick(object sender, EventArgs e)
{
    nudRule.Value=5;
    txtEncrypted.Clear();
    txtOriginal.Clear();
}
```

（4）运行程序。单击"启动调试"按钮或按 F5 键运行程序，按照提示进行操作来查看效果。

11.2.4 窗体的 KeyPreview 属性

如果窗体没有可获得焦点的控件，窗体将自动接收所有的键盘事件。

如果窗体有可获得焦点的控件，在默认情况下，当用户对当前拥有焦点的控件进行键盘操作时，控件的 KeyDown、KeyPress 和 KeyUp 事件会发生，但是窗体的这 3 个事件不会发生。若希望窗体能接收键盘事件，就得启用这 3 个事件，必须将窗体的 KeyPreView 属性设为 true（默认值为 false）。

当窗体的 KeyPreview 属性设置为 true 时，窗体将接收所有的 KeyDown、KeyPress 和 KeyUp 事件。在窗体的按键事件处理程序处理完该按键后，才会将该按键分配给具有焦点的控件（如 TextBox）。

如果想仅在窗体级别处理键盘事件，可在窗体的键盘事件处理过程中，将参数 e 的 Handled 属性设置为 true，指示已经处理过此事件，从而跳过控件的默认处理。

11.3　鼠标操作

Windows 应用程序能够响应多种鼠标操作，鼠标事件是用户与程序之间交互操作的主要方法。C#.NET 为对象提供了多种鼠标事件，主要包括 MouseEnter、MouseLeave、MouseMove、MouseHover、MouseDown、MouseUp、MouseWheel、MouseClick、MouseDoubleClick、Click 和 DoubleClick 事件。

在.NET 框架中，MouseEventArgs 类专门负责提供鼠标数据；另外，还有一些鼠标数据由 EventArgs 类负责提供，EventArgs 是包含事件数据的类的基类。MouseEventArgs 类为 MouseMove、MouseDown、MouseUp、MouseWheel、MouseClick、MouseDoubleClick 事件提供数据，EventArgs 类为 MouseEnter、MouseLeave、MouseHover、Click 和 DoubleClick 事件提供数据。

11.3.1　MouseEnter 和 MouseLeave 事件

当鼠标指针进入窗体或控件时将触发 MouseEnter 事件，当鼠标指针离开窗体或控件时将触发 MouseLeave 事件。

这两个事件可以用于窗体和大多数控件，其事件处理程序参数完全相同。如果要为某个窗体对象或控件对象添加 MouseEnter 或 MouseLeave 事件处理程序，首先在设计器窗口选中该对象，然后在"属性"窗口的事件列表中找到 MouseEnter 或 MouseLeave 事件并双击它，即可在代码窗口看到该对象的 MouseEnter 或 MouseLeave 事件处理程序，其格式如下：

```
private void 对象名_MouseEnter(object sender, EventArgs e)
{
    // 程序代码
}
private void 对象名_MouseLeave (object sender, EventArgs e)
{
    // 程序代码
}
```

11.3.2　MouseMove 和 MouseHover 事件

当鼠标指针在窗体或控件上移动时将触发 MouseMove 事件，当鼠标指针悬停在窗体或控件上时将触发 MouseHover 事件。

这两个事件可以用于窗体和大多数控件，但其事件处理程序参数不同。如果要为某个窗体对象或控件对象添加 MouseMove 或 MouseHover 事件处理程序，可以通过"属性"窗口的事件列表来完成，其格式如下：

```
private void 对象名_MouseMove(object sender, MouseEventArgs e)
{
    // 程序代码
}
private void 对象名_MouseHover (object sender, EventArgs e)
{
    // 程序代码
}
```

MouseMove 事件由 MouseEventArgs 类提供数据，MouseEventArgs 类包括 6 个属性，
如表 11.4 所示。

表 11.4　MouseEventArgs 类的常用属性

属性	说　　明
Button	获取曾按下的是哪个鼠标按钮，其值是 MouseButtons 枚举类型，共 6 个成员：None，未曾按下鼠标按钮；Left，鼠标左按钮曾按下；Right，鼠标右按钮曾按下；Middle，鼠标中按钮曾按下；XButton1，第一个 XButton 曾按下；XButton2，第二个 XButton 曾按下（XButton 是扩展按键，一般为侧键，如用于 IE 中的前进、后退等导航功能）
Clicks	获取按下并释放鼠标按钮的次数
Delta	获取鼠标滚轮的滚动量；通过检查该值为正还是为负，可确定鼠标的滚动方向；正值指示鼠标轮向前（远离用户的方向）滚动；负值指示鼠标轮向后（朝着用户的方向）滚动
Location	获取发生鼠标事件时的鼠标位置，其返回值是一个 Point，包含鼠标的 X 和 Y 坐标（以像素为单位）
X	获取发生鼠标事件时鼠标位置的 X 坐标
Y	获取发生鼠标事件时鼠标位置的 Y 坐标

【例 11-3】　设计一个测试鼠标移动与悬停和进出控件范围的程序，可以显示鼠标的当
前位置。

利用 Label 对象的 MouseEnter 和 MouseLeave 事件，以及
窗体的 MouseMove 和 MouseHover 事件，程序运行界面如图
11.3 所示。

图 11.3　例 11-3 程序运行界面

具体步骤如下。

（1）设计界面。新建一个 C#的 Windows 应用程序，项目
名称设置为 MouseExample1，分别向窗体中添加 3 个标签和 1
个图像列表，并按照图 11.3 所示调整标签位置和窗体尺寸。

（2）设置属性。窗体和各个控件的属性设置如表 11.5 所示。

表 11.5　窗体和各个控件的属性设置

对　　象	属 性 名	属 性 值
Form1	Text	Mouse 进出与动停
imageList1	Images	添加两幅对比鲜明的图片
	ImageSize	32, 32
label1	Name	lblInOut
	AutoSize	False
	BorderStyle	FixedSingle

续表

对　　象	属 性 名	属 性 值
label1	ImageAlign	TopCenter
	ImageIndex	0
	ImageList	imageList1
	Text	鼠标离开
	TextAlign	BottomCenter
label2	Name	lblStop
	Text	鼠标移动与悬停
label3	Name	lblPosition
	Text	鼠标的当前位置

（3）编写代码。首先，为 Form1 窗体添加 MouseMove 和 MouseHover 事件处理程序：

```
private void Form1_MouseMove(object sender, MouseEventArgs e)
{
    lblPosition.Text = "鼠标的当前位置是（" + e.X.ToString() + ","
        + e.Y.ToString() + ")";
    lblStop.Text = "鼠标移动！";
}
private void Form1_MouseHover(object sender, EventArgs e)
{
    lblStop.Text = "鼠标悬停！";
}
```

然后，为标签 lblInOut 添加 MouseEnter 和 MouseLeave 事件处理程序：

```
private void lblInOut_MouseEnter(object sender, EventArgs e)
{
    lblInOut.ImageIndex = 1;
    lblInOut.Text = "鼠标进入";
}
private void lblInOut_MouseLeave(object sender, EventArgs e)
{
    lblInOut.ImageIndex = 0;
    lblInOut.Text = "鼠标离开";
}
```

（4）运行程序。单击"启动调试"按钮或按 F5 键运行程序，操作鼠标查看效果。

11.3.3　MouseDown 和 MouseUp 事件

当鼠标指针位于窗体或控件上并按下鼠标键时将触发 MouseDown 事件，当在窗体或控件上释放按下的鼠标键时将触发 MouseUp 事件。

这两个事件可以用于窗体和大多数控件，其事件处理程序参数完全相同。如果要为某个窗体对象或控件对象添加 MouseMove 或 MouseHover 事件处理程序，可以通过"属性"窗口的事件列表来完成，其格式如下：

```
private void 对象名_MouseDown(object sender, MouseEventArgs e)
{
```

```
    // 程序代码
}
private void 对象名_MouseUp (object sender, MouseEventArgs e)
{
    // 程序代码
}
```

MouseDown 和 MouseUp 事件由 MouseEventArgs 类提供数据，通过参数 e 的 Button、Clicks、Location、X 和 Y 属性（表 11.4），可以获取按下或释放的是哪个鼠标键、按下并释放鼠标键的次数及按下或释放鼠标时的位置。

11.3.4　MouseWheel 事件

当拨动鼠标滚轮并且窗体或控件拥有焦点时，将触发 MouseWheel 事件。

MouseWheel 事件可以用于窗体和大多数控件，但 MouseWheel 事件在"属性"窗口的事件列表中不显示。如果要为某个窗体或控件对象添加 MouseWheel 事件处理程序，具体步骤如下：

（1）在代码窗口为对象编写 MouseWheel 事件处理程序，其格式如下：

```
private void 对象名_MouseWheel (object sender, MouseEventArgs e)
{
    // 程序代码
}
```

（2）在窗体的 Load 事件处理程序中，编写代码将添加的事件处理程序与 MouseWheel 事件关联，格式如下：

```
private void Form1_Load(object sender, EventArgs e)
{
    对象名.MouseWheel += new MouseEventHandler(对象名_MouseWheel);
}
```

MouseWheel 事件由 MouseEventArgs 类提供数据，通过参数 e 的 Delta 属性（表 11.4），可以获取鼠标滚轮的滚动量。通常情况下，应用程序并不需要去获取具体的滚动量，而是通过检查该值为正还是为负来确定鼠标的滚动方向。正值，说明鼠标滚轮向前（远离用户的方向）滚动；负值，说明鼠标滚轮向后（朝着用户的方向）滚动。

【例 11-4】　设计一个测试鼠标按键和拨动滚轮的程序，可以显示鼠标按键的位置和滚轮的拨动方向。

利用窗体对象的 MouseDown、MouseUp 和 MouseWheel 事件，程序运行界面如图 11.4 所示。

具体步骤如下。

（1）设计界面。新建一个 C#的 Windows 应用程序，项目名称设置为 MouseExample2，分别向窗体中添加 3 个标签，并按照图 11.4 所示调整标签位置和窗体尺寸。

（2）设置属性。窗体和各个控件的属性设置如表 11.6 所示。

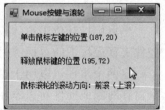

图 11.4　例 11-4 程序运行界面

表 11.6　窗体和各个控件的属性设置

对　　象	属　性　名	属　性　值
Form1	Text	Mouse 按键与滚轮
label1	Name	lblPress
	Text	单击鼠标键的位置(X,Y)
label2	Name	lblRelease
	Text	释放鼠标键的位置(X,Y)
label3	Name	lblRoll
	Text	鼠标滚轮的滚动方向：前滚（上滚）

（3）编写代码。首先，为 Form1 窗体添加 MouseDown 和 MouseUp 事件处理程序：

```
private void Form1_MouseDown(object sender, MouseEventArgs e)
{
    string x, y;
    x = e.X.ToString(); y = e.Y.ToString();
    if (e.Button == MouseButtons.Left)
    {
        if (e.Clicks == 1)
            lblPress.Text="单击鼠标左键的位置(" + x + "," + y + ")";
        else if(e.Clicks == 2)
            lblPress.Text="双击鼠标左键的位置(" + x + "," + y + ")";
    }
    if (e.Button == MouseButtons.Middle)
    {
        if (e.Clicks == 1)
            lblPress.Text="单击鼠标中键的位置(" + x + "," + y + ")";
        else if (e.Clicks == 2)
            lblPress.Text="双击鼠标中键的位置(" + x + "," + y + ")";
    }
    if (e.Button == MouseButtons.Right)
    {
        if (e.Clicks == 1)
            lblPress.Text="单击鼠标右键的位置(" + x + "," + y + ")";
        else if (e.Clicks == 2)
            lblPress.Text="双击鼠标右键的位置(" + x + "," + y + ")";
    }
}
private void Form1_MouseUp(object sender, MouseEventArgs e)
{
    lblRelease.Text = "释放鼠标键的位置(" + e.X.ToString() + "," +
    e.Y.ToString() + ")";
}
```

然后，在代码窗口为对象编写 MouseWheel 事件处理程序，并在窗体的 Load 事件处理程序中将其与 MouseWheel 事件关联：

```
private void Form1_MouseWheel(object sender, MouseEventArgs e)
{
    if (e.Delta > 0)
        lblRoll.Text = "鼠标滚轮的滚动方向：前滚（上滚）";
    else
        lblRoll.Text = "鼠标滚轮的滚动方向：后滚（下滚）";
}
```

```
private void Form1_Load(object sender, EventArgs e)
{
    this.MouseWheel += new MouseEventHandler(this. Form1_MouseWheel);
}
```

（4）运行程序。单击"启动调试"按钮或按 F5 键运行程序，操作鼠标查看效果。

11.3.5　MouseClick 和 MouseDoubleClick 事件

当用鼠标单击窗体或控件时将触发 MouseClick 事件，当用鼠标双击窗体或控件时将触发 MouseDoubleClick 事件。

MouseClick 事件可以用于窗体和大多数控件，而 MouseDoubleClick 事件可以用于窗体和标签、文本框、图片框、组合框、列表框、复选列表框、多格式文本框等控件，但不能用于按钮、单选按钮、复选框等控件。

这两个事件的处理程序的参数完全相同。如果要为某个窗体对象或控件对象添加 MouseClick 或 MouseDoubleClick 事件处理程序，可以通过属性窗口的事件列表来完成，其格式如下：

```
private void 对象名_MouseClick (object sender, MouseEventArgs e)
{
    // 程序代码
}
private void 对象名_MouseDoubleClick (object sender, MouseEventArgs e)
{
    // 程序代码
}
```

MouseClick 和 MouseDoubleClick 事件由 MouseEventArgs 类提供数据，通过参数 e 的 Button、Location、X 和 Y 属性（表 11.4），可以获取按下或释放的是哪个鼠标键及按下或释放鼠标时的位置。

11.3.6　Click 和 DoubleClick 事件

当单击窗体或控件时将触发 Click 事件，当双击窗体或控件时将触发 DoubleClick 事件。

Click 事件可以用于窗体和大多数控件，而 DoubleClick 事件一般用于窗体和文本框、多格式文本框、列表框、复选列表框等控件。

这两个事件的处理程序的参数完全相同。如果要为某个窗体对象或控件对象添加 Click 或 DoubleClick 事件处理程序，可以通过属性窗口的事件列表来完成，其格式如下：

```
private void 对象名_Click (object sender, EventArgs e)
{
    // 程序代码
}
private void 对象名_DoubleClick (object sender, EventArgs e)
{
    // 程序代码
```

```
    }
```

从逻辑上来说，Click 事件是控件的更高级别的事件，经常由其他用户操作引发，如当焦点在控件上时按 Enter 键。DoubleClick 事件也是控件的更高级别的事件，也可以由其他用户操作引发，如快捷键组合。

Click 和 DoubleClick 事件都是将 EventArgs 传递给其事件处理程序，所以它仅指示发生了一次单击或双击。如果需要更具体的鼠标信息（按钮、次数、滚轮或位置），就得使用 MouseClick 和 MouseDoubleClick 事件。但是，如果导致单击或双击的操作不是鼠标操作，将不会引发 MouseClick 和 MouseDoubleClick 事件。

一般情况下，同一对象的 Click 和 MouseClick 事件不同时使用，因为如果是用鼠标单击对象，则会在触发 Click 事件后再触发 MouseClick 事件；同一对象的 DoubleClick 和 MouseDoubleClick 事件一般也不同时使用，因为如果是用鼠标双击对象，则会在触发 DoubleClick 事件后再触发 MouseDoubleClick 事件。

11.3.7　鼠标事件发生的顺序

当用户操作鼠标时，将触发一系列的鼠标事件，这些事件的发生顺序为 MouseEnter、MouseMove、MouseHover / MouseDown / MouseWheel、Click、MouseClick、MouseUp、MouseLeave。

这些事件的发生顺序只是鼠标操作的一般顺序，而且没有包含 DoubleClick 和 MouseDoubleClick 事件。双击操作是一种特殊的操作，相当于两次快速的单击操作，两次单击的时间间隔是由用户操作系统的鼠标设置决定的。

实际上，并不是所有 Windows 窗体控件都支持这些事件，所以针对不同情况引发事件的顺序也可能不同。

对于一次鼠标的单击（无论哪个按钮）操作，可能涉及的鼠标事件的发生顺序为 MouseEnter、MouseMove、MouseHover、MouseDown、Click、MouseClick、MouseUp、MouseHover、MouseMove、MouseLeave。

对于一次鼠标的双击（无论哪个按钮）操作，可能涉及的鼠标事件的发生顺序为 MouseEnter、MouseMove、MouseHover、MouseDown、Click、MouseClick、MouseUp、MouseDown、DoubleClick、MouseDoubleClick、MouseUp、MouseHover、MouseMove、MouseLeave。

对于一次鼠标的滚轮操作，可能涉及的鼠标事件的发生顺序为 MouseEnter、MouseMove、MouseHover、MouseWheel、MouseHover、MouseMove、MouseLeave。

11.3.8　设置鼠标指针

运行 Windows 应用程序时，默认情况下，在窗体和大多数控件上的鼠标指针都是空心箭头的形状，文本框、组合框的文本编辑区和多格式文本框中的鼠标指针是"I"形光标，链接标签上的鼠标指针是手形光标，在窗体边框上的鼠标指针则是各种双向箭头的形状。

如果要重新设置对象的鼠标指针，可以利用对象的 Cursor 属性。Cursor 属性用于获取或设置当鼠标指针位于窗体或控件上时显示的光标，其值为 Cursor 类型，可以是 Cursors 枚举类型的成员，也可以是自定义光标。

1. 设置等待光标

当程序正忙于处理某项工作时，需要将鼠标指针改为等待光标（沙漏或圆环形状），当工作结束时，再自动恢复默认光标。这可以通过设置 Cursor 类的静态属性 Current 实现。

可以在完成某项工作的代码开始时，设置鼠标指针为等待光标，等到该项工作结束，就会自动恢复为默认的光标，一般格式如下：

```
Cursor.Current = Cursors.WaitCursor;
// 此处为完成较长时间的工作的代码
```

2. 自定义鼠标光标

利用对象的 Cursor 属性，可以动态改变鼠标指针的形状。除了 Cursors 类提供的十几种系统光标，也可以自己使用绘图工具绘制光标。

Visual Studio.NET 中集成了光标编辑器，只需往项目中添加一个光标文件（扩展名为 cur）即可绘制光标，具体步骤如下：

（1）从"项目"菜单中选择"添加新项"命令，在弹出的"选择新项"对话框中，选择"光标文件"模板。

（2）默认文件名为 Cursor1.cur，根据自己的需要重新命名，然后单击"添加"按钮，即可进入光标编辑器。

（3）利用光标编辑器中的工具绘制光标，绘制完后保存文件（默认保存在项目文件夹中）。

光标文件完成之后，如果要在应用程序中使用它，一般格式如下：

```
string 项目文件夹路径 = System.IO.Directory.GetParent(System.IO.Directory.
    GetParent(Application.StartupPath).ToString()).ToString();
对象名.Cursor = new Cursor(项目文件夹路径 + "\\光标文件名.cur");
```

其中，Application.StartupPath 代表应用程序的启动路径，即"…\解决方案文件夹\项目文件夹\bin\Debug"；Directory.GetParent 方法用于检索指定路径的父目录。

图 11.5 例 11-5 程序运行界面

【例 11-5】 设计一个测试鼠标指针的程序，可以设置等待光标、自定义光标和其他光标，也可以恢复默认光标，程序运行界面如图 11.5 所示。

具体步骤如下。

（1）设计界面。新建一个 C#的 Windows 应用程序，项目名称设置为 MouseExample3；为项目添加一个光标文件 MyCursor.cur，绘制所需光标；分别向窗体中添加 3 个按钮，并按照图 11.5 所示调整按钮位置和窗体尺寸。

（2）设置属性。窗体和各个控件的属性设置如表 11.7 所示。

表 11.7 窗体和各个控件的属性设置

对 象	属 性 名	属 性 值
Form1	Cursor	SizeAll
	Text	设置鼠标指针
button1	Name	btnMy
	Text	自定义光标
button2	Name	btnWait
	Text	等待光标
button3	Name	btnDefault
	Text	默认光标

（3）编写代码。分别为 3 个按钮添加 Click 事件处理程序，代码如下：

```
private void btnMy_Click(object sender, EventArgs e)
{
    string currDir = System.IO.Directory.GetParent(System.IO.
        Directory.GetParent(Application.StartupPath).
        ToString()).ToString();
    this.Cursor = new Cursor(currDir + "\\MyCursor.cur");
}
private void btnWait_Click(object sender, EventArgs e)
{
    Cursor.Current = Cursors.WaitCursor;
    //将当前线程挂起 3 秒
    System.Threading.Thread.Sleep(3000);
    //Sleep 方法用于将当前线程阻塞指定的时间(以毫秒为单位)
}
private void btnDefault_Click(object sender, EventArgs e)
{
    this.Cursor = Cursors.Default;
}
```

（4）运行程序。单击"启动调试"按钮或按 F5 键运行程序，操作鼠标查看效果。

11.4 本章小结

本章主要介绍了对象的焦点处理和常用的键盘、鼠标事件，重点内容如下：

- 窗体对象和控件对象的焦点处理。
- KeyPress、KeyDown 和 KeyUp 事件。
- MouseEnter、MouseLeave 和 MouseMove 事件。
- MouseDown、MouseUp 和 MouseWheel 事件。
- 鼠标指针的设置方法。

习　题

1．选择题

（1）C#.NET 的所有标准控件都有一个（　　）方法，通过该方法可以使控件对象获得焦点。

　　　A．OnFocus　　　B．Focus　　　C．Activate　　　D．ActivateMdiChild

（2）按下并松开键盘上的某个字符键时，不会触发（　　）事件。

　　　A．KeyDown　B．KeyPress　　C．KeyUp　　　D．KeyDownUp

（3）若希望窗体能接收键盘事件，必须将窗体的（　　）属性设为 true。

　　　A．KeyAccept　B．KeyView　　C．KeyPreView　D．KeyPreAccept

（4）在 KeyPress 事件中，可以通过（　　）属性来判断按键字符。

　　　A．KeyCode　　B．KeyData　　C．KeyChar　　D．KeyValue

2．思考题

（1）简述分别按下并松开键盘上的某个字符键和非字符键时，键盘事件发生的顺序。

（2）简述对于一次鼠标的单击操作，可能涉及的鼠标事件的发生顺序。

3．上机练习题

（1）参照例 11-2 设计一个对数字加密程序，程序启动后提示使用方法。

要求：当用户在文本框中输入一个数字字符时，程序自动将其按一定的规律转换成不同的符号字符（数字 0～9 分别对应不同的符号）并存储到隐藏的标签控件中，单击按钮可以显示标签，如果继续在文本框中输入，则隐藏标签；按 BackSpace 键可删除光标前一个字符，隐藏标签中的内容随之变化。

 提示：

利用文本框的 KeyDown、KeyPress 和 KeyUp 事件。

（2）设计一个欣赏图片的程序，可以同时显示 3 幅图片。

要求：鼠标指针进入图片框，窗体上的标签显示图片的描述信息；鼠标指针离开图片框，窗体上的标签不显示任何内容。

 提示：

利用图片框的 MouseEnter 和 MouseLeave 事件。

第12章 数据库编程基础

绝大多数软件系统都需要有数据库的支持，因此数据库编程是每一个编程人员应该掌握的关键技术。基于 Windows 的数据库应用程序在软件开发中占有很大比重，.NET 中使用 ADO.NET 技术开发数据库应用程序。

本章先简单介绍数据库、SQL 和 ADO.NET 的基础知识，然后详细介绍 ADO.NET 的关键技术及如何利用 ADO.NET 访问数据库。

12.1 数据库基础知识

数据库是专门用于信息存储的软件系统，它支持对大量数据信息的增加、删除、修改、查询等工作，并可以对大量信息进行统计分析，帮助人们更好地利用各种信息。

12.1.1 数据库相关概念

1. 数据库

数据库（Database）是专门用于信息存储的软件系统，是一组特定的数据集合。

2. 数据库管理系统

数据库管理系统（Database Management System，DBMS）是指在操作系统支持下为数据库建立、使用和维护而配置的软件系统。例如，Microsoft SQL Server 和 Microsoft Access 就是典型的数据库管理系统。

3. 数据库应用程序

数据库应用程序是指用 Visual Studio、Java、Delphi 等开发工具设计的、用于实现某种特定功能的应用程序。例如，学生档案管理系统、学校教务管理系统、企业薪资管理系统等。

4. 数据库系统

数据库系统是由计算机硬件、操作系统、数据库管理系统，以及在其他对象支持下建立起来的数据库、数据库应用程序等组成的一个整体。

12.1.2　关系型数据库

根据对信息的组织形式，数据库主要分为三种：层次型、网状型和关系型。在实际的软件系统中，关系型数据库应用最广泛。当代的关系型数据库主要分为 C/S 型数据库与桌面型数据库两大类。C/S（Client/Server）型数据库较常用的有 SQL Server 和 Oracle，桌面型数据库较常用的有 Access 和 Foxpro。

本书涉及 Access 和 SQL Server 两种数据库，Access 是为单用户数据库或几个用户的小型数据库设计的，而 SQL Server 则是为大型网络数据库设计的，可以支持多用户并具有更高的安全性和可靠性。

在关系型数据库中，实际保存数据的数据结构是一个或多个表（Table），每个表定义了某个特定的结构。下面介绍关系数据库中的一些基本概念。

1．表、记录和字段

表是一种数据库对象，由若干个描述客观对象多个特征的行（Row）组成，每一行又由多个描述客观对象的某一特征的列（Column）组成。

表中每一行称为一条记录（Record），表示一个客观对象的多个特征。表中每一列称为一个字段（Field），表示多个客观对象的同一特征。

一个数据库中可包含若干张表，一张表由若干条记录组成，一条记录由若干个字段组成。

2．关键字

关键字是表中某个或多个字段，根据其作用可分为主键和外键。

主键是指用来唯一标识表中记录的一个或多个字段。每个表都应该有一个主键，它是记录的唯一标识符，主键不允许有重复值或空值。

外键是指用来连接另一个表，并在另一表中为主键的字段。

3．索引

索引是表的目录，在关系数据库中，通常使用索引来提高数据的检索速度。

表中的数据往往是动态增减的，记录在表中是按照输入的物理顺序存放的。当为主键或其他字段建立索引时，DBMS 将索引字段的内容以特定的顺序记录在一个索引文件中。当检索数据时，DBMS 先从索引文件中找到信息的位置，再从表中相应位置读取数据。

每个索引都有一个索引表达式来确定索引的顺序，索引表达式既可以是一个字段，也可以是多个字段的组合。可以为一个表生成多个索引，每个索引均代表一种处理数据的顺序。

索引对于小型的表来说，也许没有必要；但对于大型的表来说，如果不以易于访问的逻辑顺序来组织，则很难管理数据。

4．关系

数据库中可以包含多张表，表与表之间可以用不同的方式相互关联。所谓关系（Relation），就是表与表之间的关联方式。

可以将包含重复数据的表拆分成若干个没有重复数据的简单表，并通过建立表与表之间的关系来检索相关表中的记录。这样做可以充分利用数据库中现有的数据，减少数据的冗余。

表与表之间可能会有以下三种关系。

（1）一对一关系：指父表中的记录最多只与子表中的一条记录相匹配，反之亦然。

（2）一对多关系：指父表中的一条记录与子表中的多条记录相关。

（3）多对多关系：指父表中的多条记录与子表中的多条记录相关。

关系型数据库通过若干个表来存储数据，并通过关系将这些表关联在一起。

12.2　SQL 基础知识

SQL（Structured Query Language，结构化查询语言）是一种功能强大的数据库语言，ANSI（American National Standards Institute，美国国家标准协会）将 SQL 作为关系数据库管理系统的标准语言。

12.2.1　SQL 简介

SQL 是专为数据库建立的操作命令集，是一种功能齐全的数据库语言，也是通用的关系数据库语言。SQL 是由命令、子句、运算符和聚集函数等元素所构成的，这些元素结合起来组成用于操作数据的 SQL 语句。

1．SQL 命令

SQL 命令可以分成 DML、DDL 和 DCL 三类。

（1）DML（Data Manipulation Language，数据操作语言）用于操作数据，如查询、插入、修改或删除记录，主要包括 select、insert、update 和 delete 语句。

（2）DDL（Data Definition Language，数据定义语言）用于定义数据的结构，如创建、修改或删除数据库对象和数据表对象，主要包括 create、alter 和 drop 语句。

（3）DCL（Data Control Language，数据控制语言）用于定义数据库用户的权限，如授予用户创建表的权限、取消用户删除记录的权限，主要包括 grant 和 revoke 语句。

2．SQL 子句

SQL 子句用于定义要操作的数据，如指定要操作的表、指定查询条件、将查询的记录分组，主要包括 from、where、group by、having、order by、into、set 等语句。

3．SQL 运算符

SQL 运算符主要包括逻辑运算符和比较运算符。逻辑运算符有 and、or 和 not，比较运算符有<、<=、>、>=、=、<>、between、like 和 in。

4．SQL 聚集函数

聚集函数主要用来对一组记录进行统计分析，主要包括 min、max、sum、avg 和 count 函数，分别用于统计一个给定列中的最小数值、最大数值、数值总和、数值平均数和数值个数。count(*)比较特殊，用于统计一个表中的行数。

12.2.2 查询语句

Select（查询语句）语句用于数据查询操作，即将满足一定约束条件的一个或多个表中的全部或部分字段从数据库中提取出来，并按一定的分组和排序方式显示出来。Select 语句的基本格式如下：

```
Select <字段名列表> From <表名>
```

Select 语句的完整格式如下：

```
Select [All | Distinct] <字段名列表> From <表名列表> Where <条件> Group By
<分组的字段名列表> Having <条件> Order By <排序的字段名列表> [ASC | DESC]
```

【说明】

（1）All 表示针对所有的记录，不管是否重复，可以省略不写；而 Distinct 表示针对不同的记录，不包括重复的记录。

（2）<字段名列表>是若干字段的列表，字段名之间用逗号分开；如果要检索表中所有的字段，可以用"*"代替<字段名列表>。

（3）From <表名列表>用来指定要获得数据的一个或多个数据表；<表名列表>可以是一个表，也可以是多个表，多个表之间用逗号分开。

（4）Where <条件>用来指定选择记录时要满足的条件。

（5）Group By <分组的字段名列表>用于对记录分组，即将指定字段列表中具有相同值的记录合并成一组。

（6）Having <条件>与 Group By 子句结合使用，在 Group By 子句完成记录分组后，用 Having 子句来确定满足指定条件的分组。

（7）Order By <排序的字段名列表> [ASC | DESC]指明记录按哪些字段排序及排序方式；ASC 表示升序，可以省略不写；DESC 表示降序。

（8）如果表名或字段名中有空格，则用"[ ]"将表名或字段名括起来。

（9）Select 语句中的 From 子句，除了从<表名列表>指定的表中提取数据外，还可以从另一个 Select 语句中提取数据，这种 Select 语句中嵌套 Select 语句的情况称为"嵌套子查询"。

【**例 12-1**】　从 StudentRecord 数据库（包含 studentInfo、courseInfo、scoreInfo 3 个表）中，按要求查询学生的某些基本信息。

studentInfo 表包含字段 StuNo（主键）、StuName、sex、age、college、speciality、class、entrance、address、hobby，分别存储学号、姓名、性别、年龄、学院、专业、班级、入学时间、家庭地址、兴趣爱好；courseInfo 表包含字段 CouId（主键）、CouName、couType、required、credit、theoryPeriod、practicePeriod，分别存储课程号、课程名、课程类型（公共课、专业基础课、专业课）、是否必修课、学分、理论学时、实践学时；scoreInfo 表包含字段 StuNo（主键）、CouId（主键）、score，分别存储学号、课程号、成绩。

（1）列出所有学生的基本信息。

```
Select * From studentInfo
```

（2）列出学生的姓名和性别信息。

```
Select StuName,sex From studentInfo
```

（3）列出学生的姓名和性别信息，并将字段名改为中文。

```
Select StuName As 姓名,sex As 性别 From studentInfo
```

提示：

> 采用 As 改变列标题，新标题在后面，表的字段名称在前面。

（4）列出年龄大于等于 20 的女学生的学号和姓名。

```
Select StuNo, StuName From studentInfo
Where age >= 20 And sex = '女'
```

提示：

> 如果有多个条件表达式，每个条件表达式也可以用"( )"括起来，多个条件表达式之间用 And 或 Or 运算符连接。

（5）列出家庭所在地不是"山东淄博"的学生的学号、姓名和家庭所在地。

```
Select StuNo, StuName,address From studentInfo
Where Not(addresss = '山东淄博')
```

（6）列出家庭所在地是"山东青岛"和"四川成都"的学生的学号、姓名和家庭所在地。

```
Select StuNo, StuName,address From studentInfo
Where address In ('山东青岛', '四川成都')
```

提示：

> In 运算符表示在某个集合中。

（7）列出年龄为 20～22 的学生的学号、姓名和年龄。

```
Select StuNo, StuName,age From studentInfo
Where age Between 20 And 22
```

 提示：

Between…And…运算符表示某个数值范围。

（8）列出所有姓"赵"的学生的基本信息。

```
Select * From studentInfo
Where StuName Like '赵%'
```

（9）列出所有姓名为两个字的第二个字是"伟"的学生的基本信息。

```
Select * From studentInfo
Where StuName Like '_伟'
```

 提示：

Like 运算符用于模糊查询，通配符"%"代表任意多个字符，"_"表示一个字符；模糊查询也称为关键字查询，只要指定的关键字能匹配到相关的字符，就会输出相关的记录。

（10）列出所有不姓"赵"的学生的基本信息。

```
Select * From studentInfo
Where StuName Like '[^赵]%'
```

（11）列出所有姓"赵"和姓"王"的学生的基本信息。

```
Select * From studentInfo
Where StuName Like '[赵王]%'
```

 提示：

使用"[^]"（对于 Access 数据库使用"[!]"）指定不包含某些字符，使用"[ ]"指定包含某些字符。例如"[0-9]"代表 0～9 的某个数字，"[a-z]"代表 a～z 的某个字母。

（12）查询"数据库原理"课程的最低分、最高分、总分和平均分。

```
Select Min(score) As 最低分,Max(score) As 最高分,
      Sum(score) As 总分, Avg(score) As 平均分
From scoreInfo,courseInfo
Where CouName = '数据库原理' And scoreInfo.CouId = courseInfo.CouId
```

（13）列出"数据库原理"课程的成绩大于等于 90 分的学生人数。

```
Select Count(score) As 优秀人数 From scoreInfo ,courseInfo
Where CouName = '数据库原理' And scoreInfo.CouId = courseInfo.CouId
```

```
And score >=90
```

（14）列出每个班的班级名称和班级人数，并按照班级名称升序排列。

```
Select class,Count(class) As 班级人数 From studentInfo
Group By class
Order By class
```

 提示：

> 选择列表中的列必须包含在聚合函数或 Group By 子句中。

（15）列出班级人数最多的 3 个班的班级名称和班级人数，班级人数相同的则先列出按照班级名称升序排列靠前的。

```
Select TOP 3 class,Count(class) As 班级人数 From studentInfo
Group By class
Order By Count(class) DESC, class
```

（16）列出班级人数大于 30 的班级名称和班级人数。

```
Select class,Count(class) As 班级人数 From studentInfo
Group By class
Having Count(class) >30
```

12.2.3　插入语句

Insert（插入语句）语句用于向表中插入一条记录，其格式如下：

```
Insert Into <表名> (字段名 1, … ,字段名 n)
Values (字段名 1 的值, … ,字段名 n 的值)
```

【说明】有几个字段名，就要对应几个字段的值。

【例 12-2】 向 StudentRecord 数据库的 courseInfo 表中添加一条记录。

要添加的记录内容为：课程号为 003013，课程名称为"Visual C#.NET 程序设计"，课程类别为"专业课"，理论学时为 44，实践学时为 20。

```
Insert Into courseInfo (CouId,CouName,couType,theoryPeriod,
        practicePeriod)
Values ('003013','Visual C#.NET 程序设计', '专业课',44,20)
```

12.2.4　修改语句

Update（修改语句）语句用于修改表中满足条件的现有记录中的指定字段，其格式如下：

```
Update <表名>
Set <字段名 1>=<字段名 1 的值>[, <字段名 2>=<字段名 2 的值>, …]
Where <条件>
```

【说明】如果同时更新多个字段的数据时，字段与字段之间用逗号隔开。

【例 12-3】　修改 StudentRecord 数据库的 courseInfo 表中的一条记录。

要修改的记录内容为：将课程号为"003013"的课程，修改理论学时为 40，实践学时为 24。

```
Update courseInfo
Set theoryPeriod = 40, practicePeriod= 24
Where CouId = '003013'
```

12.2.5　删除语句

Delete（删除语句）语句用于删除表中满足条件的现有记录，其格式如下：

```
Delete From <表名>
Where <条件>
```

【例 12-4】　删除 StudentRecord 数据库的 scoreInfo 表中的多条记录。

要删除的记录是：成绩为 0 的所有记录。

```
Delete From scoreInfo
Where score=0
```

12.3　ADO.NET 概述

ADO.NET 是微软公司推出的.NET 平台中的一种数据访问技术，主要提供一个面向对象的数据访问架构。ADO.NET 是数据库应用程序和数据源之间进行沟通的桥梁，是开发数据库应用程序的关键技术。

12.3.1　ADO.NET 的概念

ADO.NET 是 ActiveX Data Objects for the .NET Framework 的缩写。ADO.NET 是专门为.NET 平台上的数据访问操作而创建的，它提供对 SQL Server、Oracle 等数据源及通过 OLE DB 和 XML 公开的数据源的一致访问。

OLE DB（Object Linking and Embedding Database，对象链接与嵌入型数据库）是微软的通向不同数据源的应用程序接口，不仅面向标准数据接口 ODBC（Open Database Connectivity，开放数据库互联）的 SQL 数据类型，还面向其他的非 SQL 数据类型。OLE DB 通常用来提供访问 dbf、xls、mdb、accdb 数据文件的接口。

XML（eXtensible Markup Language，可扩展标记语言）主要用于表达数据，.NET Framework 也广泛应用了 XML，ADO.NET 内部就是用 XML 来表达数据的。XML 是一种与平台无关且能描述复杂数据关系的数据描述语言。

数据应用程序可以使用 ADO.NET 来连接到这些数据源，并检索、操作和更新数据。

12.3.2　ADO.NET 对象模型

ADO.NET 是一组向.NET 程序员公开数据访问服务的类，为创建分布式数据共享应用程序提供了一组丰富的组件。ADO.NET 的对象模型图如图 12.1 所示。

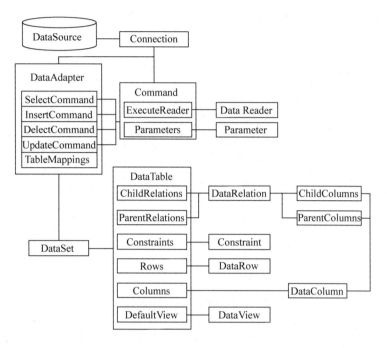

图 12.1　ADO.NET 的对象模型图

1．ADO.NET 的核心对象

ADO.NET 的对象模型图中，除了 DataSource 代表数据源之外，其余部分都是对象及对象的属性和方法。ADO.NET 有 5 个核心对象，其功能如下。

（1）Connection（连接）：用来建立与特定数据源的连接。

（2）Command（命令）：用来对数据源执行 SQL 命令语句或存储过程。

（3）DataReader（数据阅读器）：用来从数据源中获取只读、向前的数据流。

（4）DataAdapter（数据适配器）：用来在数据源和数据集之间交换数据。

（5）DataSet（数据集）：用来处理从数据源读出的数据，表示数据在内存中的缓存。

2．ADO.NET 的结构

ADO.NET 根据其对象性质的不同，可以分为数据提供者和数据使用者两大部分。数据提供者，即.NET Framework 数据提供程序（Data Provider），用于完成从数据源的读取和写入数据等功能；数据使用者，即 DataSet 及其内部包含的对象，用于完成访问和操作被读到存储介质的数据等功能。ADO.NET 的结构图如图 12.2 所示。

（1）.NET Framework 数据提供程序。ADO.NET 包含 4 种.NET 框架数据提供程序，分别是 SQL Server .NET Framework 数据提供程序、OLE DB .NET Framework 数据提供程序、ODBC.NET Framework 数据提供程序及 Oracle .NET Framework 数据提供程序，其核心元素是 Connection、Command、DataReader 和 DataAdapter 对象。

Connection、Command、DataReader 和 DataAdapter 都是泛称，并非真的是定义于.NET 框架类库中的实际类，每一种数据提供程序都有这些类的自我版本。例如，Connetcion，在 SQL Server.NET Framework 数据提供程序中是通过 SqlConnection 类实现的，而在 OLE DB.NET Framework 数据提供程序中则是通过 OleDbConnection 类实现的。

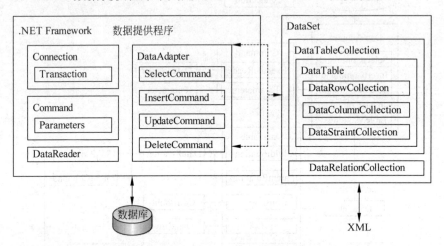

图 12.2　ADO.NET 的结构图

通过数据提供程序所提供的 API（Application Programming Interface，应用程序编程接口），可以轻松地访问各种数据源的数据。SQL Server.NET 数据提供程序提供对 Microsoft SQL Server 7.0 或更高版本中数据的访问；OLE DB.NET 数据提供程序提供对使用 OLE DB 公开的数据源中数据的访问；ODBC.NET 数据提供程序提供对使用 ODBC 公开的数据源中数据的访问；Oracle .NET 数据提供程序提供对 Oracle 客户端软件 8.1.7 或更高版本中数据的访问。

（2）DataSet。DataSet 相当于是内存中的数据库，它是不依赖于数据库的独立数据集，即使断开数据连接，DataSet 仍然可用。DataSet 及其内部包含的 DataTable、DataColumn、DataRow、DataRelation 等对象，用于实现独立于任何数据源的数据访问。

在 ADO.NET 中，DataSet 专门用来处理从数据源获得数据，它不关心数据的来源，不管底层的数据是什么，都可以使用相同的方式来操作从不同数据源取得的数据。

12.3.3　ADO.NET 访问数据库的两种模式

ADO.NET 对于数据库的存取模式，分为联机模式与脱机模式两种。联机模式也称为连接环境；脱机模式也称为非连接环境。

联机模式是指应用程序在处理数据的过程中，没有与数据库断开，一直与数据库保持连接状态。而脱机模式是指应用程序在处理数据之前与数据库连接来获取数据，在数据的处理过程中与数据库断开，处理完数据再与数据库连接来更新数据。

联机模式是早期程序设计中使用较多的一种数据处理方式，其特点在于：处理数据速度快，没有延迟，无须考虑由于数据不一致而导致的冲突等问题。表 12.1 列出了联机模式和脱机模式的区别。

表 12.1 联机模式和脱机模式的区别

类别	联 机 模 式	脱 机 模 式
优点	只需一次连接，执行速度快，无须考虑读出的数据与数据库中数据是否一致的问题	只有在需要连接到数据库时才进行连接，所以不需要占用太多的计算机资源
缺点	长时间占用连接资源，随着连接源的增加，所需要的计算机资源也不断上升	一般要进行多次连接，执行速度比连接环境慢，由于读出的数据与数据库中的数据可能存在不一致的问题，因此需要考虑冲突问题
应用	数据量小、规模不大且要求及时反映数据库中数据变化的系统；对数据库中的数据主要进行插入、删除、修改等操作并需要及时保持一致的中小型系统	数据量大、规模庞大、网络结构复杂且主要是数据查询的大型系统，如 Web 系统中的数据查询系统

1．联机模式

在联机模式下，应用程序会持续连接到数据库上。应用程序自始至终都和数据库连接着，直接对数据库执行存取操作。典型的联机存取模式如图 12.3 所示。

在联机模式的 SQL Server 数据库存取过程中，整个数据存取的步骤如下：

（1）用 SqlConnection 对象与数据库建立连接。

（2）用 SqlCommand 对象向数据库检索所需数据，或者直接进行编辑（插入、删除、修改）操作。

（3）如果 SqlCommand 对象向数据库执行的是数据检索操作，则把取回来的数据放在 SqlDataReader 对象中读取；如果 SqlCommand 对象向数据库执行的是数据编辑操作，则直接进行步骤（5）。

（4）在完成数据的检索操作后，关闭 SqlDataReader 对象。

（5）关闭 SqlConnection 对象。

图 12.3 ADO.NET 典型的联机模式

提示：

> DataReader 是一个只读的对象，它的特点是只能从头到尾读取数据，而不能再回过头去重新读取一次。如果要编辑所读取的数据时，要另外建立 Command 对象来对数据库下达存取指令。Microsoft 不鼓励以这种方式来存取数据，即使是合乎联机模式的条件。

2．脱机模式

在脱机模式下，应用程序并不一直保持到数据库的连接。首先打开数据连接并检索数据到 DataSet 中，然后关闭连接，用户可以操作 DataSet 中的数据，当需要更新数据或有其他请求时，就再次打开连接。典型的脱机存取模式如图 12.4 所示。

在脱机模式下的 SQL Server 数据库存取过程中，整个数据存取的步骤如下。

（1）用 SqlConnection 对象与数据库建立连接。

（2）用 SqlCommand 对象向数据库检索所需数据。

（3）把用 SqlCommand 对象所取回来的数据，放在 SqlDataAdapter 对象中。

（4）把 SqlDataAdapter 对象的数据填充到 DataSet 对象中。

（5）关闭 SqlConnection 对象。

（6）所有的数据存取全部在 DataSet 对象中进行。

（7）再次打开 SqlConnection 对象与数据库进行连接。

（8）利用 SqlDataAdapter 对象对数据库进行更新。

（9）关闭 SqlConnection 对象。

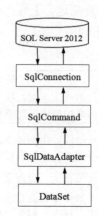

图 12.4　ADO.NET 典型的脱机模式

脱机模式下的数据库存取就是有需要时才和数据库联机；否则，都是和数据库保持脱机的状态。

12.4　利用 ADO.NET 访问数据库

利用 ADO.NET 访问数据库，主要是利用 ADO.NET 的 Connection、Command、DataReader、DataAdapter 和 DataSet 五大对象。联机模式下，需要使用 Connection、Command 和 DataReader 对象；脱机模式下，需要使用 Connection、Command、DataAdapter 和 DataSet 对象。

12.4.1　Connection 对象

应用程序由 Connection 对象负责与数据源建立连接。Connection 对象的主要成员如表 12.2 所示。

表 12.2　Connection 对象的主要成员

成　　员	说　　明
ConnectionString 属性	连接字符串，用于获取或设置连接到数据库的信息
State 属性	获取连接的当前状态
Open()方法	使用 ConnectionString 所指定的属性设置来打开数据库连接
Close()方法	关闭数据库连接
StateChange 事件	当连接状态更改时触发该事件

Connection 对象的使用步骤一般如下：

（1）引入 ADO.NET 命名空间。

（2）创建 Connection 对象，并设置其 ConnectionString 属性。

（3）打开与数据库的连接。

（4）对数据库进行读写操作。

（5）关闭与数据库的连接。

1．引入命名空间

如果要使用 ADO.NET 访问数据库，就必须先引入相应的命名空间。ADO.NET 的相关命名空间如表 12.3 所示。

表 12.3　ADO.NET 相关命名空间

命 名 空 间	说　　明
System.Data	提供对表示 ADO.NET 结构的类的访问；通过 ADO.NET 可以生成一些组件，用于有效管理多个数据源的数据
System.Data.SqlClient	包含 SQL Server .NET Framework 数据提供程序的类
System.Data.OleDb	包含 OLE DB .NET Framework 数据提供程序的类
System.Data.Odbc	包含 ODBC .NET Framework 数据提供程序的类
System.Data.OracleClient	包含 Oracle .NET Framework 数据提供程序的类
System. XML	包含基于标准来支持 XML 处理的类

新建一个 C#的 Windows 应用程序时，会自动引入 System.Data 命名空间，其他命名空间可以根据数据源的类型利用 using 指令引入。一般情况下，访问 SQL Server 数据库时，利用"using System.Data.SqlClient;"引入 SqlClient 命名空间；访问 Oracle 数据库时，利用"using System.Data. OracleClient;"引入 OracleClient 命名空间；访问其他数据源（如 Access）时，利用"using System.Data. OleDb;"引入 OleDb 命名空间。

提示：

> 如果使用的是 Oracle 数据库，内置的 Oracle .NET 驱动程序是最佳选择。另外，Oracle 本身也提供了一个.NET 数据提供程序，可以通过"using System.DataAccess. OracleClient;"引入。

2．创建 Connection 对象并设置 ConnectionString 属性

ConnectionString（连接字符串）是 Connection 对象的关键属性，用于定义连接数据库时需要提供的连接信息（如数据库类型、位置等），各项信息之间用分号分隔，每个项的位置没有关系，可以是任意的。通常，一个连接字符串中包含的信息如表 12.4 所示。

表 12.4　连接字符串的常用信息

信 息 项	说　　明
Provider	指定连接字符串中的 OLE DB 数据驱动程序的名称；OLE DB .NET Framework 数据提供程序通过本地的 OLE DB 数据驱动程序为数据文件的操作提供服务，常见的 OLE DB 数据驱动程序如表 12.5 所示
Data Source	指定数据源的位置，既可以是 Access、Excel 等数据文件的路径，也可以是 SQL Server、Oracle 等网络数据库所在服务器的名称

续表

信　息　项	说　明
Server	当连接到 SQL Server、Oracle 等网络数据库时，指定数据库所在服务器的名称
Initial Catalog 或 Database	当连接到 SQL Server、Oracle 等网络数据库时，指定数据库的名称
User ID 或 UID	指定访问数据库的有效账户（用户名）
Password 或 PWD	指定访问数据库的有效账户的密码
Connection TimeOut	指定连接超时值，默认值为 15，以秒为单位；如果在指定的时间内连接不到所访问的数据库，则返回失败信息；值 0 表示无限制，即无限期地等待连接尝试，应尽量避免取值为 0
Integrated Security 或 Trusted_Connection	指定 Windows 身份验证（集成安全或信任连接）；取值 true、yes 或与 true 等效的 SSPI（Security Support Provider Interface，安全支持提供程序接口）时，将使用当前的 Windows 账户凭据进行身份验证，不必再使用账户和密码；取值 false 或 no 时，需要在连接中指定账户和密码
Persist Security Info	指定持久性安全信息，可识别的值为 true、false、yes 和 no；如果取值为 false（默认值）或 no 时，则 ConnectionString 属性返回的连接字符串与用户设置的 ConnectionString 相同但去除了安全信息；如果将其设置为 true 或 yes，则允许在打开连接后通过连接获取安全敏感信息（包括账户和密码）；建议保持将 PersistSecurity Info 设置为 false，以确保不受信任的来源不能访问敏感的连接字符串信息

表 12.5　常见的 OLE DB 数据驱动程序

驱　动　程　序	说　明
SQLOLEDB	用于为 SQL Server 的 Microsoft OLE DB 提供服务
MSDAORA	用于为 Oracle 的 Microsoft OLE DB 提供服务
Microsoft.Jet.OLEDB.4.0	用于为 Microsoft Jet 的 OLE DB 提供服务（如 Access 2003 及更低版本的 *.mdb 文件）
Microsoft.ACE.OLEDB.12.0	用于为 Microsoft ACE 的 OLE DB 提供服务（如 Access 2007 及更高版本的 *.accdb 文件）

（1）创建 SqlConnection 对象并设置 ConnectionString 属性。

① 访问 SQL Server 数据库时，如果使用 SQL Server 身份验证，则连接字符串通常为：

```
Data Source=服务器名;Initial Catalog=数据库名; User ID=账户; Password=密码
```

或

```
Server=服务器名;Database=数据库名; UID=账户; PWD=密码
```

② 如果使用 Windows 身份验证，则连接字符串通常为：

```
Data Source=服务器名;Initial Catalog=数据库名;Integrated Security=SSPI
```

或

```
Server=服务器名;Database=数据库名; Trusted_Connection =yes
```

提示：

> 服务器名是指数据库所在的服务器名称，也可以写成 IP 地址；如果是本地服务器，可以写成"."、"(local)"、"127.0.0.1"或"本地机器名称"。

创建 SqlConnection 对象并设置 ConnectionString 属性，常用的方法有两种。
第一种方法的格式如下：

```
SqlConnection 连接对象名 = new SqlConnection( );
连接对象名.ConnectionString = 连接字符串;
```

第二种方法的格式如下：

```
连接字符串变量 = 连接字符串;
SqlConnection 连接对象名 = new SqlConnection(连接字符串变量);
```

例如，使用 Windows 身份验证来连接 SQL Server 数据库 StudentRecord，可以编写代码如下：

```
SqlConnection conn = new SqlConnection();
conn.ConnectionString = "Server=(local);Database=StudentRecord;
   Integrated Security=SSPI ";
```

或

```
strConn= "Data Source=.;Initial Catalog=StudentRecord;
   Trusted_Connection =yes";
SqlConnection conn = new SqlConnection(strConn);
```

（2）创建 OleDbConnection 对象并设置 ConnectionString 属性。
① 访问 mdb 格式的 Access 数据库时，如果数据库未设置密码，则连接字符串通常为：

```
Provider=Microsoft.Jet.OLEDB.4.0;Data Source=数据库路径
```

或

```
Provider=Microsoft.Jet.OLEDB.4.0;Data Source=数据库路径;User ID=Admin;
   Password=
```

② 如果数据库使用密码，则连接字符串通常为：

```
Provider=Microsoft.Jet.OLEDB.4.0;Data Source=数据库路径;Jet OLEDB:Database
   Password=密码
```

③ 如果数据库建立了特定的账户（Access 会自动创建一个.mdw 文件，只允许这些账户访问数据库），则连接字符串通常为：

```
Provider=Microsoft.Jet.OLEDB.4.0;Data Source=数据库路径;Jet OLEDB:System
   Database=mdw 文件路径;User ID=账户;Password=密码
```

提示：

> "数据库路径"和"mdw 文件路径"，可以是绝对路径，也可以是相对路径。

创建 OleDbConnection 对象并设置 ConnectionString 属性，常用的方法也有两种。第一种方法的格式如下：

```
OleDbConnection 连接对象名 = new OleDbConnection();
    连接对象名.ConnectionString = 连接字符串;
```

第二种方法的格式如下：

```
连接字符串变量 = 连接字符串;
    OleDbConnection 连接对象名 = new OleDbConnection(连接字符串变量);
```

例如，使用密码"369"访问位于 D 盘上的 Access 2003 数据库 StudentRecord，可以编写代码如下：

```
OleDbConnection conn = new OleDbConnection();
conn.ConnectionString = " Provider=Microsoft.Jet.OLEDB.4.0;
    Data Source= d:\\ StudentRecord.mdb;Jet OLEDB:Database
    Password =369";
```

或

```
strConn= " Provider=Microsoft.Jet.OLEDB.4.0;Data Source= d:\\
    StudentRecord.mdb;Jet OLEDB:Database Password=369";
OleDbConnection conn = new OleDbConnection(strConn);
```

提示：

> OleDbConnection 对象还经常用于连接 Excel 工作簿,其连接字符串为: Provider= Microsoft.Jet.OLEDB.4.0;Data Source=xls 文件路径;Extended Properties=""Excel 8.0; HDR=Yes;IMEX=1""。Extended Properties 关键字用于设置特定于 Excel 的属性，其中，"HDR=Yes;"指示第一行包含列名称，但不包含数据；"IMEX=1"指示驱动程序始终将"intermixed"数据列（混合列，即一列数据中包含字符串与数值）作为文本进行读取。要注意，Extended Properties 所需的双引号字符还必须包含在双引号中。

3．打开与关闭数据库连接

设置好 ConnectionString 属性之后，就可以对 Connection 对象调用 Open 方法打开连接，格式如下：

```
连接对象名.Open();
```

连接打开后，可以利用其他 ADO.NET 对象对数据库进行读写操作。完成相关操作后，必须调用 Connection 对象的 Close 方法来关闭连接并释放 Connection 对象，格式如下：

```
连接对象名.Close();
```

4．StateChange 事件

StateChange 事件在连接状态更改时发生。每当连接状态从关闭转为打开，或从打开转为关闭时，都会激发 StateChange 事件。该事件的处理程序接收一个 StateChangeEventArgs 类型的参数，它包含与此事件相关的数据。

StateChangeEventArgs 类有两个属性：CurrentState 和 OriginalState。这两个属性都是 ConnectionState 枚举类型，其中 Open 代表连接处于打开状态，Closed 代表连接处于关闭状态。CurrentState 属性用于获取连接的新状态（在激发 StateChange 事件时连接对象将处于新状态），OriginalState 属性用于获取连接的原始状态。

12.4.2　Command 对象

应用程序由 Command 对象负责向数据库发送 SQL 命令。

与数据库建立好连接后，可以通过 Command 对象对数据库下达读写数据的命令。如果是执行检索命令，那么从数据库取回来的数据，可以放在 DataAdapter 或 DataReader 对象中。

Command 对象的主要成员如表 12.6 所示。

表 12.6　Command 对象的主要成员

成　员	说　明
Connection 属性	获取或设置 Command 对象使用的 Connection 对象
CommandType 属性	获取或设置命令的类型，用于指示如何解释 CommandText 属性；该属性是 CommandType 枚举型，共 3 个枚举成员：Text（默认值），SQL 文本命令；StoredProcedure，存储过程名；TableDirect，表名（返回表的所有行和列，仅 OLEDB 支持，且不支持对多个表的访问）
CommandText 属性	获取或设置要对数据库执行的 SQL 命令
ExecuteNonQuery()方法	执行不返回行的 SQL 命令（Insert、Delete、Update），并返回受影响的行数
ExecuteReader()方法	执行 SQL 命令（Select），并返回一个生成的 DataReader 对象
ExecuteScalar()方法	执行 SQL 命令（Select），并返回查询所得的结果集中第一行的第一列（即单个值），忽略其他列或行；如果结果集为空，则返回 null 引用；该方法返回值为 object 类型，通常用于统计记录数、总和、平均数等操作

Command 对象的使用步骤一般如下：

（1）创建 Command 对象，并设置其 Connection 属性。

（2）设置 CommandType 属性和 CommandText 属性。

（3）调用相应方法来执行 SQL 命令。

（4）根据返回结果进行适当处理。

1．创建并使用 SqlCommand 对象

创建并使用 SqlCommand 对象的常用方法有两种。

第一种方法的格式如下：

```
SqlCommand 命令对象名 = new SqlCommand();
命令对象名.Connection = 连接对象名;
命令对象名.CommandType = CommandType.枚举成员;
命令对象名.CommandText = 命令文本;
方法返回值变量 =命令对象名.Execute…();
```

第二种方法的格式如下：

```
SqlCommand 命令对象名 = new SqlCommand (命令文本,连接对象名);
命令对象名. CommandType = CommandType.枚举成员;
方法返回值变量 =命令对象名.Execute…();
```

例如，要获取 SQL Server 数据库 StudentRecord 中 studentInfo 表中的记录数量，可以编写代码如下：

```
SqlCommand comm = new SqlCommand ("select count(*) from studentInfo",
    conn); //conn 是之前设置好的 SqlConnection 对象
int iCount = int.Parse(comm.ExecuteScalar());
MessageBox.Show("studentInfo 表中共有"+ iCount.ToString()+"条记录");
```

2．创建并使用 OleDbCommand 对象

创建并使用 OleDbCommand 对象的常用方法与 SqlCommand 类似，此处不再赘述。

例如，要在 Access 2003 数据库 StudentRecord 中的 studentInfo 表中删除学号以 1501 开头的记录，可以编写代码如下：

```
OleDbCommand comm = new OleDbCommand ();
comm.Connection = conn; //conn 是之前设置好的 OleDbConnection 对象
comm.CommandText = "delete from studentInfo where StuNo like '1501%'";
int iDel = comm. ExecuteNonQuery ();
MessageBox.Show("studentInfo 表中共有"+ iDel.ToString()+"条记录被删除");
```

12.4.3　DataReader 对象

DataReader 对象提供一种从数据库读取行的只进流的联机数据访问方式，包含在 DataReader 的数据是由数据库返回的只读、只能向下滚动的流信息，因此很适合应用在只需读取一次的数据。

DataReader 对象的主要成员如表 12.7 所示。

表 12.7　DataReader 对象的主要成员

成　　员	说　　明
FieldCount 属性	获取当前行中的列数，默认值为-1；如果未放在有效的记录集中，则为 0
HasRows 属性	获取一个值，用于指示 DataReader 对象是否包含一行或多行
IsClosed 属性	获取一个值，用于指示 DataReader 对象是否已关闭
RecordsAffected 属性	获取执行 SQL 语句所更改、插入或删除的行数；如果没有任何行受到影响或语句失败，则为 0；如果执行的是 Select 语句，则返回值为-1

续表

成　员	说　明
Close()方法	关闭 DataReader 对象；每次使用完 DataReader 对象后，都应该调用 Close 方法
GetName(int index)方法	获取指定列的名称；参数 i 为从 0 开始的列序号
GetOrdinal(string name) 方法	在给定列名称的情况下获取列序号；参数 name 为列名称
GetValue(int i)方法	获取以本机格式表示的指定列的值，该值为 object 类型；参数 i 为从 0 开始的列序号
NextResult()方法	当读取批处理 SQL 语句的结果时，使数据读取器前进到下一个结果集；返回值为布尔型，如果存在多个结果集，则为 true，否则为 false；默认情况下，数据读取器定位在第一个结果集上
Read()方法	使数据读取器前进到下一条记录；返回值为布尔型，如果还有记录，则为 true，否则为 false

DataReader 对象的主要成员除了表 12.7 所示的，还有一系列参数为列序号的 Get 方法，如 GetChar、GetDouble、GetInt32、GetString 等。数据读取器定位到一条记录后，可以根据各列数据的不同类型，选用不同的 Get 方法来获取指定列的值。

使用 DataReader 对象时，首先要建立与数据库的连接，再创建要执行的 Command 对象，然后调用 Command 对象的 ExecuteReader 方法来创建一个 DataReader 对象。DataReader 对象创建好后，就可以使用 DataReader 对象的 Read 方法来将隐含的记录指针指向第一个结果集的第一条记录；之后，每调用一次 Read 方法来获取一行数据记录，并将隐含的记录指针向后移一步。

例如，要读取 SQL Server 数据库 StudentRecord 中 studentInfo 表中的数据，可以编写代码如下：

```
SqlDataReader reader = comm. ExecuteReader();
//SqlConnection 对象已设置好并打开，comm 是之前设置好的 SqlCommand 对象
while (reader.Read())
{
    //读取一行数据
}
```

提示：

> DataReader 对象的默认位置是在第一条记录前面，必须调用 Read 方法来开始访问任何数据；Read 方法返回一个布尔值，程序员可以根据这个值来判断指针是否已移到结果集的最后一条记录。

【例 12-5】 设计一个模糊查询的程序，程序运行界面如图 12.5 所示。

使用 Label、GroupBox、RadioButton、TextBox 和 Button 控件进行界面设计，可以按照学号或姓名查询 Access 2003 数据库 StudentRecord 的 studentInfo 表中的学生信息。

具体步骤如下。

（1）设计界面。新建一个 C#的 Windows 应用程序，项目名称设置为 QueryStuInfo，分别向窗体中添加一个分组框、两个单选按钮、一个标签、一个文本框和两个按钮，并按照

图 12.5 所示调整控件位置和窗体尺寸，将 StudentRecord.mdb 数据库复制到项目文件夹下的 bin\Debug 文件夹中。

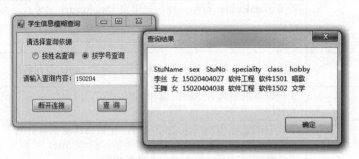

图 12.5　例 12-5 程序运行界面

（2）设置属性。窗体和各个控件的属性设置如表 12.8 所示。

表 12.8　例 12-5 对象的属性设置

对　　象	属 性 名	属 性 值	
Form1	Text	学生信息模糊查询	
groupBox1	Text	请选择查询依据	
radioButton1	Name	radName	
	Checked	True	
	Text	按姓名查询	
radioButton2	Name	radNo	
	Text	按学号查询	
label1	Text	请输入查询内容：	
textBox1	Name	txtQuery	
button1	Name	btnConn	btnQuery
button2	Text	断开连接	查询

（3）编写代码。利用"using System.Data.OleDb;"语句导入 OleDb 命名空间，并在 Form1 类中，声明相关成员变量：

```
//为 ADO.NET 相关对象声明变量
OleDbConnection conn = new OleDbConnection();
OleDbCommand comm = new OleDbCommand();
OleDbDataReader dr;
```

双击窗体，打开代码视图，在 Load 事件处理程序中，添加相应代码：

```
private void Form1_Load(object sender, EventArgs e)
{
    //为 conn 关联 StateChange 事件处理程序
    conn.StateChange += new System.Data.StateChangeEventHandler
        (this.conn_StateChange);
    //设置连接字符串，并打开连接（数据库位于项目文件夹下的 bin\Debug 中）
    conn.ConnectionString = "Provider=Microsoft.Jet.OLEDB.4.0;
        Data Source=StudentRecord.mdb";
    conn.Open();
    comm.Connection = conn;
```

```
}
```

为连接对象 conn 编写 StateChange 事件处理程序：

```
private void conn_StateChange(object sender, StateChangeEventArgs e)
{ //按钮 btnConn 上的文本随连接状态的改变而相应变化
    switch (e.CurrentState)
    {
        case ConnectionState.Open:
            btnConn.Text = "断开连接"; btnQuery.Enabled = true;
            break;
        case ConnectionState.Closed:
            btnConn.Text = "打开连接"; btnQuery.Enabled = false;
            break;
        case ConnectionState.Broken:
            btnConn.Text = "连接中断"; break;
        case ConnectionState.Connecting:
            btnConn.Text = "正在连接"; break;
        case ConnectionState.Executing:
            btnConn.Text = "正在执行命令"; break;
        case ConnectionState.Fetching:
            btnConn.Text = "正在检索数据"; break;
    }
}
```

双击按钮 btnConn，切换到代码视图，在 Click 事件处理程序中，添加相应代码：

```
private void btnConn_Click(object sender, EventArgs e)
{
    switch(btnConn.Text)
    {
        case "断开连接":
            conn.Close(); break;
        case "打开连接":
            conn.Open(); break;
        case "连接中断":
            conn.Close(); conn.Open(); break;//关闭后重新连接
    }
}
```

双击按钮 btnQuery，切换到代码视图，在 Click 事件处理程序中，添加相应代码：

```
private void btnQuery_Click(object sender, EventArgs e)
{
    string strComm,strInfo;
    if (radName.Checked)
        strComm = "select StuName,sex,StuNo,speciality,class,hobby from
            studentInfo where StuName like '%" + txtQuery.Text.Trim() + "%'";
    else
        strComm = "select StuName,sex,StuNo,speciality,class,hobby from
            studentInfo where StuNo like '%" + txtQuery.Text.Trim() + "%'";
    comm.CommandText = strComm;
    dr = comm.ExecuteReader();
    //读取字段名
    strInfo = "";
    for (int i = 0; i <= dr.FieldCount - 1; i++)
        strInfo += dr.GetName(i) + "   ";
```

```
    strInfo += "\n";
    //读取字段值
    while (dr.Read())
    {
        for (int i = 0; i <= dr.FieldCount - 1; i++)
            strInfo += dr[i] + "  ";
        //dr[i]是在给定列序号的情况下，获取指定列的以本机格式表示的值
        strInfo += "\n";
    }
    //输出查询结果
    if(dr.HasRows)
        MessageBox.Show(strInfo, "查询结果");
    else
        MessageBox.Show("无匹配记录！", "查询结果");
    //关闭数据阅读器
    dr.Close();
}
```

（4）运行程序。单击"启动调试"按钮或按 F5 键运行程序，按照提示进行操作并查看结果。

12.4.4　DataAdapter 对象

DataAdapter 对象用来控制与现有数据库的交互，它可以隐藏与 Connection、Command 对象沟通的细节。DataAdapter 对象是 DataSet 和数据库之间的桥梁，可以从数据库中获取数据并填充 DataSet 中的表和约束，也可以将对 DataSet 的更改提交回数据库。

1. DataAdapter 对象的常用属性

DataAdapter 对象包含 SelectCommand、InsertCommand、UpdateCommand 和 Delete-Command 四个属性，用于定义访问数据库的命令，并且每个命令都是对 Command 对象的一个引用，可以共享同一个数据库。

SelectCommand 属性用于在数据库中选择记录，InsertCommand 属性用于在数据库中插入新记录，UpdateCommand 属性用于修改数据库中的记录，DeleteCommand 属性用于从数据库中删除记录。

如果设置了 DataAdapter 的 SelectCommand 属性，则可以创建一个 CommandBuilder 对象来自动生成用于单表更新的 SQL 语句。CommandBuilder 对象用于自动生成更新数据库的单表命令，可以简化设置 DataAdapter 对象的 InsertCommand、UpdateCommand 和 DeleteCommand 属性的操作。

提示：

> CommandBuilder 对象仅针对数据库中的单个表，而且 SelectCommand 还必须至少返回一个主键列或唯一的列。如果什么都没有返回，就会产生异常，不生成命令。

2．DataAdapter 对象的常用方法

DataAdapter 对象使用 Fill 方法从数据库中获取数据来填充 DataSet 对象，使用 Update 方法把 DataSet 对象中改动的数据更新到数据库。

（1）Fill 方法。Fill 方法用于执行 SelectCommand，从数据库中获取数据来填充 DataSet 对象，并返回成功添加或刷新的行数。Fill 方法主要有以下三种。

第一种方法的格式如下：

```
Fill(DataSet dataSet)
```

【功能】　在 DataSet 对象中创建一个名为"Table"的 DataTable 对象并为之添加或刷新行。

第二种方法的格式如下：

```
Fill(DataTable dataTable)
```

【功能】　在 DataTable 对象中添加或刷新行。

第三种方法的格式如下：

```
Fill(DataSet dataSet, string srcTable)
```

【功能】　从指定的表中提取数据来填充 DataSet 对象。

【参数说明】　dataSet 为要填充的 DataSet 对象，dataTable 为要填充的 DataTable 对象，srcTable 为用于表映射的源表的名称。

（2）Update 方法。Update 方法用于执行 InsertCommand、UpdateCommand 和 Delete-Command，把在 DataSet 对象进行的插入、修改或删除操作更新到数据库中，并返回成功更新的行数。Update 方法主要有以下三种重载方法。

第一种方法的格式如下：

```
Update(DataSet dataSet)
```

【功能】　为指定 DataSet 对象中每个已插入、已更新或已删除的行调用相应的 Insert、Update 或 Delete 语句。

第二种方法的格式如下：

```
Update(DataTable dataTable)
```

【功能】　为指定 DataTable 对象中每个已插入、已更新或已删除的行调用相应的 Insert、Update 或 Delete 语句。

第三种方法的格式如下：

```
Update(DataSet dataSet, string srcTable)
```

【功能】　为具有指定 DataTable 名称的 DataSet 对象中每个已插入、已更新或已删除的行调用相应的 Insert、Update 或 Delete 语句。

【参数说明】　dataSet 为用于更新数据库的 DataSet 对象，dataTable 为用于更新数据库

的 DataTable 对象，srcTable 为用于表映射的源表的名称。

3．创建并使用 DataAdapter 对象

（1）创建并使用 SqlDataAdapter 对象。

① 创建 SqlDataAdapter 对象来填充 DataSet 对象。

```
SqlDataAdapter 数据适配器对象 = new SqlDataAdapter(命令对象);
数据适配器对象.Fill(参数);
```

或者

```
适配器 SqlDataAdapter 数据适配器对象 = new SqlDataAdapter();
数据对象.SelectCommand = 命令对象;
数据适配器对象.Fill(参数);
```

② 使用 SqlDataAdapter 对象更新数据库。

```
SqlCommandBuilder 命令构造器对象 = new SqlCommandBuilder(数据适配器对象);
数据适配器对象.Update(参数);
```

或者

```
SqlCommandBuilder 命令构造器对象 = new SqlCommandBuilder();
命令构造器对象.DataAdapter = 数据适配器对象;
数据适配器对象.Update(参数);
```

（2）创建并使用 OleDbDataAdapter 对象。

创建并使用 OleDbDataAdapter 对象的常用方法与 SqlDataAdapter 类似，此处不再赘述。

例如，要脱机操作 Access 2003 数据库 StudentRecord 中 studentInfo 表中的数据，然后联机更新操作结果，可以编写代码如下：

```
OleDbDataAdapter adapter = new OleDbDataAdapter(comm);
//OleDbConnection 对象已打开，comm 是之前设置好的 OleDbCommand 对象
DataSet ds = new DataSet();  //创建数据集 ds
adapter.Fill(ds); //填充 ds
//……此处省略在 ds 中操作数据的代码
OleDbCommandBuilder builder = new OleDbCommandBuilder(adapter);
adapter.Update(ds); //用 ds 更新数据库
```

12.4.5　DataSet 对象

ADO.NET 的一个比较突出的特点是支持离线访问，即在非连接环境下对数据进行处理，DataSet（数据集）是支持离线访问的关键对象。DataSet 对象是一个存储在客户端内存中的临时数据库，客户端的所有存取操作都是对 DataSet 对象进行的。

1．DataSet 对象的基本结构

一个 DataSet 对象可以拥有多个 DataTable 和 DataRelation 对象，分别通过 Tables 和

Relations 属性对这两类对象进行管理。

　　DataTable 对象相当于数据库中的表，一个 DataTable 对象可以拥有多个 DataRow、DataColumn 和 Constraint 对象，分别通过 Rows、Columns 和 Constraints 属性对这三类对象进行管理。DataRow 对象相当于数据表中的行，代表一条记录；DataColumn 对象相当于数据表中的列，代表一个字段；Constraint 对象相当于数据表中的约束，代表在 DataColumn 对象上强制的约束。

　　DataRelation 对象相当于数据库中的关系，用来建立 DataTable 与 DataTable 间的父子关系。

　　DataSet 及其内部包含的对象，都来自于 System.Data 命名空间。新建一个 C#的 Windows 应用程序时，会自动引入该命名空间。

2．DataSet 对象的工作原理

　　DataSet 对象的工作原理如图 12.6 所示：客户端与数据库服务器建立连接并请求数据后，数据库服务器会将数据发送给 DataSet 对象，然后与客户端断开连接；DataSet 对象暂时存储客户端向数据库服务器请求的数据，并在需要时将数据传递给客户端；客户端对数据进行修改后，先将修改后的数据存储在 DataSet 对象中，然后客户端与数据库服务器建立连接，将 DataSet 对象中修改后的数据提交到数据库服务器。

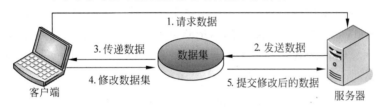

图 12.6　DataSet 对象的工作原理

3．DataSet 对象的创建

　　创建 DataSet 对象的常用方法有两种。
　　第一种方法的格式如下：

```
DataSet 数据集对象 = new DataSet();
```

　　该方法创建一个名为 newDataSet 的数据集。例如：

```
DataSet ds1 = new DataSet();
```

　　第二种方法的格式如下：

```
DataSet 数据集对象 = new DataSet(string dataSetName);
```

　　该方法创建一个由参数指定名称的数据集。例如：

```
DataSet ds2 = new DataSet("MyDS"); //创建一个名为“MyDS”的数据集
```

12.4.6　ADO.NET 相关组件

ADO.NET 为创建分布式数据共享应用程序提供了一组丰富的组件，利用这些组件可以快捷有效地编写数据库应用程序。在"工具箱"的"数据"选项卡（图 12.7）中，有 5个通用的组件——DataGridView、DataSet、BindingSource、BindingNavigator 和 Chart。

1．DataGridView 控件

客户端要对数据源中的数据进行操作，通常是通过一些控件实现的，而 DataGridView（数据网格视图）控件是使用最多的控件。

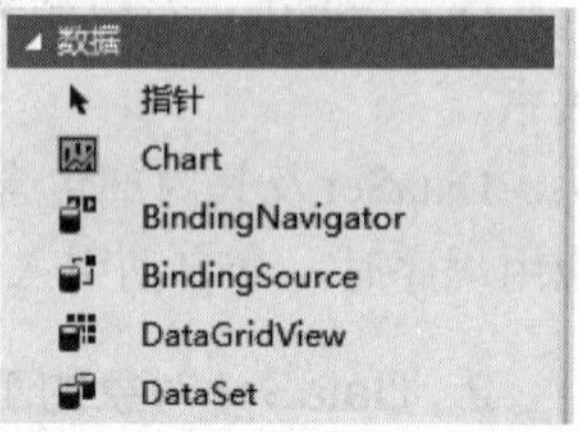

DataGridView 是用于显示和编辑数据的可视化控件，可以像 Excel 表格一样方便地显示和编辑来自多种不同类型的数据源的表格数据。DataGridView 控件还允许通过可视化操作来改变控件外观，这样用户就可以根据自己的需要定制不同风格的表格。DataGridView 控件具有极高的可配置性和可扩展性，它提供有大量的属性、方法和事件，可以用来对该控件的外观和行为进行自定义。

图 12.7　默认"数据"选项卡

如果要为 Windows 窗体添加一个 DataGridView 对象，从"工具箱"的"数据"选项卡中找到 DataGridView 控件，双击即可在窗体上添加默认大小的 DataGridView 对象。

（1）DataGridView 的常用属性。DataGridView 控件的常用属性除了 Name、Anchor、BackgroundColor、BorderStyle、Dock、Enabled、ReadOnly、Visible 等一般属性，还有一些自己特有的属性，如表 12.9 所示。

表 12.9　DataGridView 控件的特有属性

属　性	说　明
AllowUserToAddRows	指示是否向用户显示添加行的选项，默认值为 true
AllowUserToDeleteRows	指示是否允许用户删除行，默认值为 true
AllowUserToOrderColumns	指示是否允许通过手动对列重新定位（更改列的顺序），默认值为 false
AutoSizeColumnsMode	获取或设置一个值，该值指示如何确定列宽
CellBorderStyle	获取或设置单元格的边框样式
ColumnHeadersBorderStyle	获取或设置应用于列标题的边框样式
ColumnHeadersHeight	获取或设置列标题行的高度（以像素为单位），默认值为 23，取值范围为 4～32 768
ColumnHeadersHeightSizeMode	获取或设置一个值，该值指示是否可以调整列标题的高度，以及它是由用户调整还是根据标题的内容自动调整
ColumnHeadersVisible	指示是否显示列标题行，默认值为 true
Columns	获取一个包含控件中所有列的集合，可以在其中编辑 DataGridView 列的属性（如设置显示的列标题）
DataMember	获取或设置数据源中 DataGridView 显示其数据的列表或表的名称
DataSource	获取或设置 DataGridView 所显示数据的数据源，该属性值为 object 类型

续表

属　　性	说　　明
GridColor	获取和设置网格线的颜色，网格线对 DataGridView 的单元格进行分隔
MultiSelect	指示是否允许用户一次选择多个单元格、行或列，默认值为 true
RowHeadersVisible	指示是否显示包含行标题的列，默认值为 true
Rows	获取一个集合，该集合包含 DataGridView 控件中的所有行
ScrollBars	获取或设置要在 DataGridView 控件中显示的滚动条的类型
SelectionMode	获取或设置一个值，该值指示如何选择 DataGridView 的单元格
SortedColumn	获取 DataGridView 内容的当前排序所依据的列（DataGridView Column）
SortOrder	获取一个值，该值指示如何对 DataGridView 控件中的项进行排序；取值为 SortOrder 枚举类型，共 3 个成员：None，项未排序；Ascending，项按递增顺序排序；Descending，项按递减顺序排序
StandardTab	指示按 Tab 键是否会将焦点按 Tab 键顺序移到下一个控件，而不是将焦点移到控件中的下一个单元格，默认值为 false

（2）DataGridViewColumn 的常用属性。通过 DataGridView 的 Columns 属性，可以打开"编辑列"对话框，在该对话框中可以添加或移除列，也可以设置各列的属性。DataGridView 控件的列对象有 6 种类型：DataGridViewButtonColumn、DataGridViewCheckBoxColumn、DataGridViewComboColumn、DataGridViewImageColumn、DataGridViewLinkColumn 和 DataGridViewTextBoxColumn。这 6 个类的基类都是 DataGridViewColumn，最常用的列对象是 DataGridViewTextBoxColumn 类型。

DataGridView 控件列对象的主要属性除了 Name、ReadOnly、Visible、Width 等一般属性，还有一些自己特有的属性，如表 12.10 所示。

表 12.10　DataGridView 控件列对象的特有属性

属　　性	说　　明
AutoSizeMode	获取或设置列可以自动调整其宽度的模式
ColumnType	DataGridView 控件列对象的类型
DataPropertyName	获取或设置数据源属性的名称或与列对象绑定的数据表列（字段）的名称
Frozen	指示是否冻结该列，即当用户水平滚动 DataGridView 控件时，列是否移动，默认值为 false
HeaderText	获取或设置列标题单元格的标题文本
ToolTipText	获取或设置用于工具提示的文本

（3）DataGridView 的数据显示。DataGrid 控件以表的形式显示数据，并根据需要支持数据编辑功能，如插入、修改、删除、排序等。

使用 DataGridView 显示数据时，在大多数情况下，只需设置 DataGridView 的 DataSource 属性即可。在绑定到包含多个列表或表的数据源时，还需将 DataMember 属性设置为指定要绑定的列表或表的字符串。

【例 12-6】　设计一个可以浏览、编辑数据库中学生基本信息的程序，程序设计界面如图 12.8 所示。

使用 DataGridView 和 Button 控件进行界面设计，Access 2003 数据库 StudentRecord 的

studentInfo 表中的 4 个字段 StuNo、StuName、sex、class 在 DataGridView 的列标题中以中文显示。

具体步骤如下。

（1）设计界面。新建一个 C# 的 Windows 应用程序，项目名称设置为 StudentInfoIn- DGView，分别向窗体中添加一个数据网格视图和两个按钮，并按照图 12.8 所示调整控件位置和窗体尺寸；将 StudentRecord.mdb 数据库复制到项目文件夹下的 bin\Debug 文件夹中。

（2）设置属性。窗体和各个控件的属性设置如表 12.11 所示。

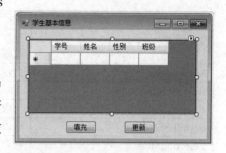

图 12.8　例 12-6 程序设计界面

表 12.11　例 12-6 对象的属性设置

对　象	属　性　名	属　性　值
Form1	Text	学生基本信息
dataGridView1	Name	dgvStudent
	Anchor	Top, Bottom, Left, Right
	AutoSizeColumnsMode	AllCells
	Columns	在 "编辑列" 对话框中，按照图 12.9 所示添加 4 个 Data-GridViewTextBoxColumn 类型的列对象，分别设置其 DataPropertyName 属性和 HeaderText 属性
button1 button2	Name	btnFill　　　　　　btnUpdate
	Anchor	Bottom
	Text	填充　　　　　　　更新

图 12.9　"编辑列" 对话框

（3）编写代码。利用 "using System.Data.OleDb;" 语句导入 OleDb 命名空间，并在 Form1 类中，声明相关成员变量：

```
//为 ADO.NET 相关对象声明变量
OleDbConnection conn = new OleDbConnection();
OleDbCommand comm = new OleDbCommand();
OleDbDataAdapter adapter = new OleDbDataAdapter();
DataSet ds = new DataSet();
```

双击窗体，打开代码视图，在 **Load** 事件处理程序中添加相应代码：

```
private void Form1_Load(object sender, EventArgs e)
{
    //设置连接对象，并打开连接
    conn.ConnectionString = "Provider=Microsoft.Jet.OLEDB.4.0;
        Data Source=StudentRecord.mdb";
    conn.Open();
    //设置命令对象
    comm.Connection = conn;
    comm.CommandText = "select * from studentInfo";
    //设置数据适配器对象
    adapter.SelectCommand = comm;
    OleDbCommandBuilder builder = new OleDbCommandBuilder(adapter);
}
```

分别为两个按钮添加 **Click** 事件处理程序并编写相应代码：

```
private void btnFill_Click(object sender, EventArgs e)
{
    ds.Clear();  //清除数据集中所有表的所有行
    adapter.Fill(ds, "studentInfo"); //填充数据集中的数据表
    dgvStudent.DataSource = ds.Tables["studentInfo"]; //绑定数据
}
private void btnUpdate_Click(object sender, EventArgs e)
{
    adapter.Update(ds, "studentInfo"); //更新数据库中的表
}
```

（4）运行程序。单击"启动调试"按钮或按 F5 键运行程序，单击"填充"按钮加载数据，然后可以进行浏览和编辑操作，还可以调整窗体大小，程序运行界面如图 12.10 所示。

图 12.10　例 12-6 程序运行界面

2．DataSet 组件

DataSet 对象的创建可以通过代码窗口以编码方式实现，也可以通过"工具箱"中的

DataSet 组件以交互方式实现。

ADO.NET 支持类型化和非类型化两种完全不同的数据集。非类型化数据集是 System.Data.DataSet 类的直接实例化；而类型化数据集是 System.Data.DataSet 派生类（针对特定数据源）的实例化。类型化数据集将表和表内的列作为对象的属性而公开，这使数据集的操作从语法上来说更为简单。

通过"工具箱"中的 DataSet 组件，既可以创建类型化数据集，也可以创建非类型化数据集。在"工具箱"中双击 DataSet 组件，会弹出"添加数据集"对话框，如图 12.11 所示。

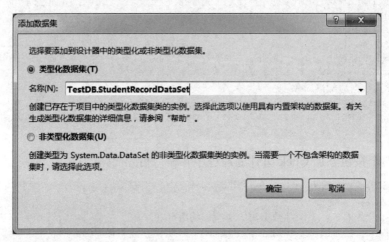

图 12.11   "添加数据集"对话框（Access）

在"添加数据集"对话框中，默认选中"类型化数据集"单选按钮。如果项目中存在类型化数据集，组合框中会自动选择一个已存在于项目中的类型化数据集（如 dsStudentInfo），单击"确定"按钮即可在"窗体设计器"下方的组件区中看到一个 dsStudentInfo1 对象；如果项目中不存在类型化数据集，组合框中将显示"（项目中无数据集）"字样，此时可以选中"非类型化数据集"单选按钮，单击"确定"按钮会创建一个 dataSet1 对象。

3. BindingSource 组件

BindingSource 组件用来封装窗体的数据源，它可以绑定到各种数据源，并可以自动解决许多数据绑定问题。所谓数据绑定，简单来说，就是把数据源(如 DataTable)中的数据提取出来，显示在窗体的各种控件上。

Windows 窗体上的 DataGridView、TextBox 等控件，经常通过绑定到 BindingSource 组件来显示和编辑数据，而 BindingSource 组件则绑定到其他数据源或使用其他对象填充该组件。窗体上的控件与数据的所有交互，都通过调用 BindingSource 组件来实现，从而简化了控件到数据的绑定。

BindingSource 组件提供了多种属性、方法和事件，来实现和管理与数据源的绑定及数据源的导航、更新等功能。表 12.12 列出了 BindingSource 组件的主要成员。

表 12.12　BindingSource 的主要成员

成　员	说　明
Count 属性	获取基础列表中的总项数
Current 属性	获取列表中的当前项，其值为 object 类型
DataMember 属性	获取或设置 BindingSource 组件当前绑定到的数据源的子列表，其值为 string 类型
DataSource 属性	获取或设置 BindingSource 组件绑定到的数据源，其值为 object 类型
Filter 属性	获取或设置用于筛选由数据源返回的行集合的数据库列表达式
List 属性	获取 BindingSource 组件绑定到的列表，其值为 System.Collections.Ilist 类型
Position 属性	获取或设置基础列表中当前项的索引（从零开始）
Sort 属性	获取或设置用于对由数据源返回的行集合排序的列名称及排序方式，其值是一个区分大小写的包含数据库列名及"ASC"（升序）或"DESC"（降序）的字符串
Add(object value)方法	将指定的现有项添加到内部列表中，返回该项的索引
AddNew()方法	向基础列表添加新项，返回已创建并添加至列表的 Object
CancelEdit()方法	取消当前编辑操作
EndEdit()方法	将挂起的更改应用于基础数据源
Insert(int index, object value)方法	将指定的现有项插入列表中指定的索引处
MoveFirst()方法	移至列表中的第一项
MoveLast()方法	移至列表中的最后一项
MoveNext()方法	移至列表中的下一项
MovePrevious()方法	移至列表中的上一项
Remove(object value)方法	从列表中移除指定的项
RemoveAt(int index)方法	移除此列表中指定索引处的项
RemoveCurrent()方法	从列表中移除当前项
CurrentChanged 事件	在当前绑定项更改时发生
CurrentItemChanged 事件	在 Current 属性的属性值更改后发生
ListChanged 事件	当基础列表更改或列表中的项更改时发生
PositionChanged 事件	在 Position 属性的值更改后发生

BindingSource 组件既可以处理简单数据源，也可以处理复杂数据源。大多数情况下，都是通过 BindingSource 组件的 DataSource 属性将其附加到数据源（如 DataSet），通过 DataMember 属性将其绑定到数据源的子列表（如 DataTable）。然后，通过 BindingSource 组件的 Sort 和 Filter 属性来处理数据源的排序和筛选操作，通过诸如 MoveNext、MoveLast 和 Remove 之类的方法来处理导航和更新操作。

4. BindingNavigator 控件

BindingNavigator（绑定导航器）控件主要用来为窗体上绑定到数据的控件提供导航和操作的用户界面。

BindingNavigator 控件提供了在窗体上定位和操作数据的标准化方法。BindingNavigator 控件提供的导航功能包括"移到第一项"、"移到上一项"、"当前位置"、"总项数"、"移到下一项"和"移到最后一项"，提供的操作功能包括"添加项"和"删除项"。

默认情况下，BindingNavigator 控件的用户界面由一系列 ToolStrip 按钮、文本框、静态文本和分隔符对象组成，如图 12.12 所示。

绑定到 BindingSource 组件的数据源，也可以使用 BindingNavigator 控件进行定位和管理。多数情况下，BindingNavigator 控件与 BindingSource 组件成对出现，并通过其 BindingSource 属性与 BindingSource 对象集成。

图 12.12　默认的 BindingNavigator 控件

BindingNavigator 控件中的每个对象都可以通过 BindingNavigator 控件的相关属性进行检索或设置，类似的，还与以编程方式执行相同功能的 BindingSource 组件的成员存在一一对应关系，如表 12.13 所示。

表 12.13　BindingNavigator 控件的属性及其对象与 BindingSource 组件成员的关系

BindingNavigator 控件中的对象	BindingNavigator 的属性	BindingSource 的成员
移到最前	MoveFirstItem	MoveFirst 方法
前移一项	MovePreviousItem	MovePrevious 方法
当前位置	PositionItem	Current 属性
总项数	CountItem	Count 属性
后移一项	MoveNextItem	MoveNext 方法
移到最后	MoveLastItem	MoveLast 方法
添加	AddNewItem	AddNew 方法
删除	DeleteItem	RemoveCurrent 方法

BindingNavigator 控件除了表 12.13 中的属性，还具有普通控件的一般属性，如 Name、Anchor、BackColor、Dock、Enabled、Font、Visible 等。此外，可以通过 CountItemFormat 属性获取或设置"总项数"的显示格式（默认值为"/ {0}"），还可以通过 Items 属性对控件中的各个对象进行管理（如添加、删除、编辑等操作），每个对象都具有 Name、Text、ToolTipText 等关键属性。

另外，BindingNavigator 控件还提供了 AddStandardItems()方法，将一组标准导航项（新建、打开、保存、打印、剪切、复制、粘贴）添加到 BindingNavigator 控件中；也可以通过"属性"窗口的命令区域中的"插入标准项"超链接来添加这组标准导航项。但这组标准导航项只提供用户界面，其具体功能需要编程人员自己编写代码来实现。

5．Chart 控件

Chart（图表）控件可以把数据以图表的形式直观地展示出来，其默认外观如图 12.13 所示。图表是生成的整个图像，对应于 System.Windows.Forms.DataVisualization.Charting.Chart 类。

图表图像由图表区、图例、序列等元素组成，每个图表元素都对应一个对象。ChartArea 表示图表图像上的图表区（图 12.13 的左侧部分），由轴、网格线、刻度线等部分组成；Legend 表示图表图像上的图例（图 12.13 的右上角部分），通常用来表示数据的颜色和文本说明；Series 表示图表图像上的一组相关数据点和要存储的序列特性，每个序列都有关联的图表类型（图 12.13 所示的是柱形图 Column），图表可以显示的序列数目及显示序列的方式取决于指定的图表类型。

Chart 控件有 ChartAreas、Legends 和 Series3 个重要的集合属性。

（1）ChartAreas 集合属性。ChartAreas集合属性存储 Char 控件的所有ChartArea（图表区）对象，这些对象通过使用一组轴来绘制一个或多个图表。图表区是一个矩形区域，用于绘制轴、网格线、刻度线、序列等。根据图表类型，可以在一个图表区中绘制多个序列。

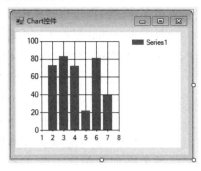

图 12.13　Chart 控件

每个图表区包含一个绘图区，是 Chart 控件绘制数据序列的位置，也是绘制轴、网格线和刻度线的位置。轴标签始终位于绘图区外部，但大部分元素都位于绘图区内。

绘图区的背景色可以利用 ChartArea.BackColor 属性设置，绘图区中的网格线和刻度线通常一起出现，是在各个轴中进行配置的。每个图表区包含 4 个轴，ChartArea.Axes 属性用于获取或设置图表区中所有轴的数组，包含 4 个 Axis 对象，分别表示主 X 轴、主 Y 轴、辅助 X 轴、辅助 Y 轴。

① 主 X 轴（ChartArea.AxisX 属性）一般在图表区的底部。

② 主 Y 轴（ChartArea.AxisY 属性）一般在图表区的左侧。

③ 辅助 X 轴（ChartArea.AxisX2 属性）一般在图表区的顶部。

④ 辅助 Y 轴（ChartArea.AxisY2 属性）一般在图表区的右侧。

 提示：

> 对于大多数图表类型，X 轴为水平轴，Y 轴为垂直轴，但是以下情况例外。
> ① 在条形图图表类型中，X 轴为垂直轴，Y 轴为水平轴。
> ② 圆环图表类型只使用主轴，X 轴表示圆的半径，Y 轴表示周长。
> ③ 漏斗图和棱锥图图表类型只使用主轴，X 轴表示垂直堆积（堆积上的每个项由一个数据点表示），Y 轴可以表示每个项的面积或高度。

（2）Legends 集合属性。Legends 集合属性存储 Chart 控件的所有 Legend（图例）对象，这些对象用于区分图表图像中的序列与数据点。默认情况下，图例不停靠在图表区，而是显示在所有图表区的外部，停靠在整个图表图像的右上方。使用 Legend 对象的 DockedToChartArea 属性可以控制图例停靠到图表区的外部或内部，而 Docking 属性则可以控制停靠的方向。

默认情况下，Chart 控件自动在图例中创建两列，一列指示所绘制的数据点的颜色，另一列显示图例文本。可以在 Series.Color 属性中设置数据点的颜色，在 Series.LegendText 属性中指定图例文本，在 Legend 对象的 ForeColor 属性中设置图例文本的颜色。图例的背景色可以在 Legend 对象的 BackColor 属性中设置。

提示：

> 使用 Series 对象的 Legend 属性可以为每个序列分别分配一个图例。在大多数图表类型中，每个图例都表示一个绘制的序列。但在饼图、圆环图、漏斗图或棱锥图中，每个图例都表示序列中的一个数据点。

（3）Series 集合属性。Series集合属性存储 Chart 控件的所有Series（序列）对象，这些对象用于存储数据点与数据特性。

每个序列都分配有下列内容。

① 一个图表类型（Series.ChartType 属性）。

② 一个图表区（Series.ChartArea 属性）。

③ 一个图例（Series.Legend 属性）。

④ 一个 X 轴（Series.XAxisType 属性）。

⑤ 一个 Y 轴（Series.YAxisType 属性）。

每个序列都包含一个 DataPoint 对象集合（Series.Points 属性），数据点的颜色由 Series.Color 属性控制。每个数据点包含：一个 X 值（DataPoint.XValue 属性）；一个或更多 Y 值（DataPoint.YValues 属性）。

Chart 控件除了 ChartAreas、Legends 和 Series 集合属性外，还有很多属性、方法和事件可以更改图表外观、对图表进行数据绑定以及向图表添加交互性。例如，BackColor 属性可以控制图表图像的背景色；DataSource 属性可以指定用于填充序列数据的数据源（如 DataTable 对象，同时还必须设置 Series 对象的 XValueMember 和 YValueMembers 属性为 DataTable 对象中相应的字段名）；DataBind()方法可以将 Chart 控件的数据绑定到数据源。

【例 12-7】　设计一个数据库应用程序，按班级统计学生人数后以图表的形式展示，程序运行界面如图 12.14 所示。

具体步骤如下。

（1）设计界面。新建一个 C#的 Windows 应用程序，项目名称设置为 ExampleofChart，向窗体中添加一个图表控件，并按照图 12.14 所示调整控件位置和窗体尺寸；将 StudentRecord.mdb 数据库复制到项目文件夹下的 bin\Debug 文件夹中。

（2）设置属性。窗体 Form1 的 Text 属性设置为 "各班培训报名人数统计"，图表 chart1 的 Series 集合属性中 Series1 的 LegendText 属性设置为 "班级人数"。

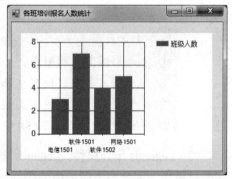

图 12.14　例 12-7 程序运行界面

（3）编写代码。利用"using System.Data.OleDb;"语句导入 OleDb 命名空间，并在 Form1 类中，声明相关成员变量：

```
//为 ADO.NET 相关对象声明变量
OleDbConnection conn = new OleDbConnection();
OleDbCommand comm = new OleDbCommand();
OleDbDataReader dr;
OleDbDataAdapter da = new OleDbDataAdapter();
DataSet ds = new DataSet();
```

双击窗体，打开代码视图，在 Load 事件处理程序中，添加相应代码：

```
private void Form1_Load(object sender, EventArgs e)
{
    conn.ConnectionString = "Provider=Microsoft.Jet.OLEDB.4.0;
```

```
        Data Source=StudentRecord.mdb";
    conn.Open();
    comm.Connection = conn;
    string strComm = "Select distinct class As 班级,count(class) As
        班级人数 From studentInfo Group By class";
    comm.CommandText = strComm;
    da.SelectCommand = comm;
    da.Fill(ds);
    // 对图表控件进行数据绑定
    chart1.DataSource = ds.Tables[0];
    chart1.Series[0].XValueMember = "班级";
    chart1.Series[0].YValueMembers = "班级人数";
    chart1.DataBind();
}
```

（4）运行程序。单击"启动调试"按钮或按 F5 键运行程序，查看结果。

12.4.7　数据绑定

所谓数据绑定，通俗地说，就是把数据源（如 DataTable）中的数据提取出来，显示在窗体的各种控件上。用户可以通过这些控件查看和修改数据，这些修改会自动保存到数据源中。

在 Visual C#.NET 中，许多控件不仅可以绑定到传统的数据源，还可以绑定到几乎所有包含数据的结构（如数组、ArrayList）。通常是把控件的显示属性（如 Text 属性）与数据源绑定，也可以把控件的其他属性与数据源进行绑定，从而可以通过绑定的数据设置控件的属性。

1．数据绑定的一般步骤

数据绑定有两种类型：简单数据绑定和复杂数据绑定。无论哪种类型的数据绑定，实现数据绑定的一般步骤如下：

（1）建立连接并创建数据提供程序的对象。

（2）创建数据集。

（3）绑定控件（如 DataGridView、TextBox）。

（4）数据加载。

对控件进行数据绑定，可以在设计时以交互方式进行，也可以在运行时以编码方式进行。

2．简单数据绑定

简单数据绑定是指将一个控件绑定到单个数据元素的能力。通常是将 TextBox、Label 等显示单个值的控件，绑定到数据集中某个 DataTable（或 BindingSource 组件）的某个字段上。

（1）在设计时进行简单绑定。在窗体中选中要绑定的控件，然后在"属性"窗口中展开控件的 DataBindings 属性，在 DataBindings 属性列表中显示经常被绑定的属性。例如，在大多数的控件中 Text 属性是最常被绑定的属性，如图 12.15 所示。

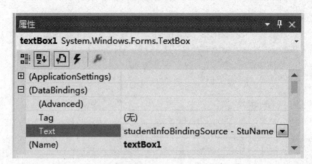

图 12.15 展开控件的 DataBindings 属性

如果要绑定的属性不是常用的绑定属性，选中（Advanced）属性并单击其右侧出现的小按钮，出现"格式设置和高级绑定"对话框，在该对话框中可以把控件的任意属性和数据源的某个字段绑定在一起，如图 12.16 所示。

图 12.16 "格式设置和高级绑定"对话框

（2）在运行时进行简单绑定。在运行时，可以通过对控件的 DataBindings 属性调用 Add 方法，使用指定的控件属性名、数据源和数据成员创建 Binding（绑定）对象来进行简单绑定。常用的绑定方法有以下两种。

第一种方法的格式如下：

```
控件名.DataBindings.Add("属性名", 数据源, "字段名")
```

第二种方法的格式如下：

```
控件名.DataBindings.Add(new Binding("属性名",数据源,"字段名"))
```

例如，将 textBox1 控件的 Text 属性绑定到 dataSet11 数据集中 studentInfo 表的 StuName 字段，将 textBox2 控件的 Text 属性绑定到 bindingSource1（已绑定到 dataSet11 中 studentInfo 表）的 StuNo 字段，可以编写代码如下：

```
textBox1.DataBindings.Add("Text",dataSet11.studentInfo, "StuName");
textBox2.DataBindings.Add("Text", bindingSource1, "StuNo");
```

或者

```
textBox1.DataBindings.Add(new Binding("Text",dataSet11.studentInfo,
    "StuName"));
textBox2.DataBindings.Add(new Binding("Text", bindingSource1, "StuNo"));
```

3．复杂数据绑定

复杂数据绑定是指将一个控件绑定到多个数据元素的能力。通常是将 DataGridView、ListBox、ComboBox 等显示多个值的控件绑定到数据集（或 BindingSource 组件）的多个字段和多条记录。

（1）在设计时进行复杂绑定。DataGridView 控件可以显示多行多列，如果要进行数据绑定，可以在“属性”窗口将其 DataSource 属性设置为数据源（如 DataSet），然后设置 DataMember 属性为数据源中的一个子列表（如 DataTable）；也可以直接将其 DataSource 属性设置为已配置好的 BindingSource 对象。

ListBox、ComboBox 等控件可以显示多行单列，如果要进行数据绑定，可以在“属性”窗口将其 DataSource 属性设置为数据源（如 DataSet），然后设置 DisplayMember 属性为数据源中的一个子列表（如 DataTable 中的某个字段）；也可以将其 DataSource 属性设置为已配置好的 BindingSource 对象，然后设置 DisplayMember 属性为 BindingSource 对象中的某个字段。

（2）在运行时进行复杂绑定。在运行时，如果要将 DataGridView 控件绑定到数据源，添加设置该控件的 DataSource 和 DataMember 属性的代码即可；如果要将 ListBox、ComboBox 等控件绑定到数据源，添加设置该控件的 DataSource 和 DisplayMember 属性的代码即可。

例如，将 listBox1 控件绑定到 dataSet11 数据集中 studentInfo 表的 class 字段，将 comboBox1 控件绑定到 bindingSource1（已绑定到 dataSet11 中 studentInfo 表）的 department 字段，可以编写代码如下：

```
listBox1.DataSource = this.dataSet11;
listBox1.DisplayMember = "studentInfo.class";
comboBox1.DataSource = bindingSource1;
comboBox1.DisplayMember = "department";
```

4．利用“数据源”窗口进行数据绑定

“数据源”窗口显示项目中的数据源，如数据库、Web 服务和对象。在“视图”菜单

中执行"其他窗口"→"数据源"命令（Visual Studio 2008 有单独的"数据"菜单），即可打开"数据源"窗口，如图 12.17 所示。

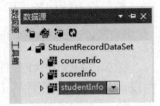

单击"数据源"窗口左上角的"添加新数据源"按钮或者单击中央的"添加新数据源"超链接，会弹出"数据源配置向导"对话框，按照提示进行操作，可以方便地添加数据源并创建数据集，然后以分层的树视图显示相关的表及其字段，如图12.18 所示。

图 12.17　"数据源"窗口

数据源配置的具体操作如下。

（1）在"数据源配置向导"对话框中，选择"数据库"类型。

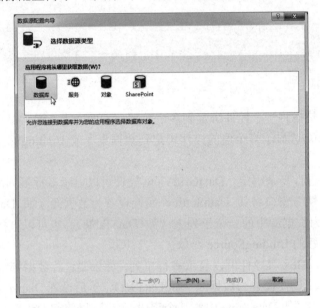

图 12.18　"数据源配置向导"对话框

（2）单击"下一步"按钮，在出现的对话框中选择"数据集"模型。

（3）单击"下一步"按钮，在出现如图 12.19 所示的"选择您的数据连接"对话框中单击"新建连接"按钮，在弹出的"添加连接"对话框中选择相应的数据源类型（如"Microsoft Access 数据库文件"）和数据库文件（如 StudentRecord.mdb），单击"确定"按钮。

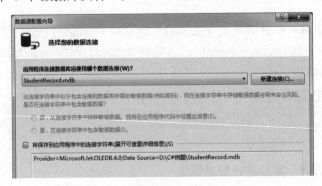

图 12.19　"选择您的数据连接"对话框

（4）单击"下一步"按钮，如果数据库文件不在当前项目的文件夹下，会弹出如图 12.20 所示的对话框，单击"是"按钮，将数据文件复制到项目中并修改连接。

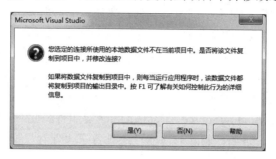

图 12.20 提示"是否将该文件复制到项目中"对话框

（5）此时的"数据源配置向导"对话框如图 12.21 所示，采用默认配置，保存连接字符串到应用程序配置文件 app.config 中。

图 12.21 "数据源配置向导"对话框

（6）单击"下一步"按钮，会弹出如图 12.22 所示的对话框，展开"表"和"视图"节点选中相应数据项，单击"完成"按钮，即可完成数据源的配置；此时，"数据源"窗口中新增了类似于图 12.17 中的数据集。

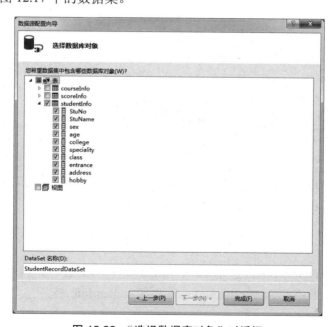

图 12.22 "选择数据库对象"对话框

　　使用"数据源"窗口，可以轻松地创建数据绑定控件。通过将数据集中的项（数据表或字段节点）从该窗口拖动到项目中的窗体上，即可创建数据绑定控件的用户界面；还可以通过将项从"数据源"窗口拖动到现有控件，来将现有控件绑定到数据。

　　如果将一个数据表节点从"数据源"窗口拖动到项目中的窗体上，会自动创建 DataGrid-View、BindingNavigator 控件及类型化 DataSet、BindingSource、DataAdapter 等组件；如果将一个数据表的某个字段节点从"数据源"窗口拖动到项目中的窗体上，一般会自动创建 TextBox（根据字段数据类型的不同，可能是其他类型的控件）、Label、BindingNavigator 控件及类型化 DataSet、BindingSource、DataAdapter 等组件。此时，BindingNavigator 控件除了原有的导航和操作（添加、删除）功能，还具备了"保存"操作功能。

提示：

> 设计器窗口打开时，可以设置数据表和字段节点的控件类型。选中节点之后，单击其右侧出现的下拉按钮，会弹出该节点的控件类型列表。数据表节点的默认类型是 DataGridView，如果设置为"详细信息"，那么将数据表节点拖放到窗体中后，该表中所有字段分别以默认字段类型的控件出现在窗体中，而不再是一个 DataGridView 控件；字段节点的默认控件类型与字段的数据类型相关，大多为 TextBox，也可以设置为 ComboBox、ListBox 等控件类型。

　　【例 12-8】 设计一个可以浏览、定位和编辑数据库中学生基本信息的程序，程序设计界面如图 12.23 所示。

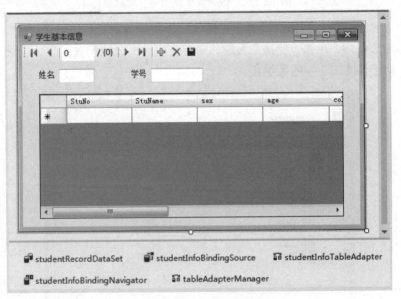

图 12.23　例 12-8 程序设计界面

　　使用 DataGridView、BindingNavigator 等控件进行界面设计，利用 BindingSource、DataSet 等组件访问数据库 StudentRecord.mdb 中的 studentInfo 表。

　　具体步骤如下：

（1）设计界面。新建一个 C#的 Windows 应用程序，项目名称设置为 StudentInfoData-Binding，利用"数据源"窗口配置好数据集 StudentRecordDataSet 后，从"数据源"窗口将数据表 studentInfo 拖放到窗体中自动生成一个绑定导航器、一个数据网格视图和其他组件，再分别将字段 StuName 和 StuNo 分别拖放到窗体中自动生成两个标签和两个文本框，然后按照图 12.23 所示调整控件位置和窗体尺寸。

（2）设置属性。在"解决方案资源管理器"窗口中选中 StudentRecord.mdb，在"属性"窗口中将"复制到输出目录"属性设置为"如果较新则复制"（如果项目中的数据库比输出目录 bin\Debug 中的数据库新，则复制到输出目录，从而保证输出目录中的数据库始终是最新的）。窗体和各个控件及组件的属性设置如表 12.14 所示。

表 12.14　例 12-8 对象的属性设置

对　　象	属　性　名	属　性　值
Form1	Text	学生基本信息
stuNameLabel	Text	姓名　　　　　　学号
stuNoLabel	DataBindings-Text	bindingSource1 - StuName
dataGridView1	Anchor	Top, Bottom, Left, Right

（3）编写代码。利用"数据源"窗口配置好数据集 StudentRecordDataSet 后，窗体中的所有对象都是通过"数据源"窗口的拖放操作自动创建，并自动进行了数据绑定，本程序无须编写任何代码即可实现所需功能。

（4）运行程序。单击"启动调试"按钮或按 F5 键运行程序，利用绑定导航器定位、增加和删除记录，在文本框和数据网格视图中编辑数据，最后单击绑定导航器中的"保存"按钮来保存增加、修改和删除操作的结果，程序运行界面如图 12.24 所示。

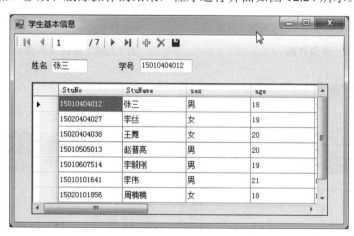

图 12.24　例 12-8 程序运行界面

12.5　综合示例

前面介绍了数据库、SQL 和 ADO.NET 的基础知识及如何利用 ADO.NET 访问数据库，下面通过一个综合示例来练习如何利用 ADO.NET 访问 SQL Server 数据库。

【**例 12-9**】 设计一个简单的学生档案管理系统。

利用 Label、TextBox、Button 等控件和 ADO.NET 相关组件及"数据源"窗口，设计一个 MDI 应用程序来访问 SQL Server 数据库 StudentRecord 以实现学生基本信息和成绩信息的管理，程序运行界面如图 12.25～图 12.33 所示。

示例说明：系统主要包括用户管理、个人信息管理、查询学生信息、编辑学生信息和查询成绩功能；系统由登录界面启动，输入正确的用户名、密码和身份后，才能进入主界面；根据用户身份的不同，可使用的功能不同（管理员不能编辑学生信息，行政人员不能进行用户管理，学生和任课教师不能编辑学生信息和进行用户管理，而且学生只能查询自己的基本信息和成绩）；系统所有数据存储在 SQL Server 数据库 StudentRecord 中，包括 UserInfo、studentInfo、scoreInfo 和 courseInfo 四个表。

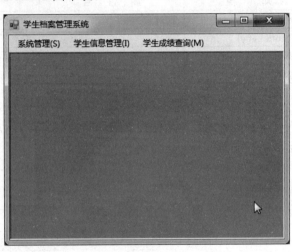

图 12.25　登录界面　　　　　　　图 12.26　系统主界面

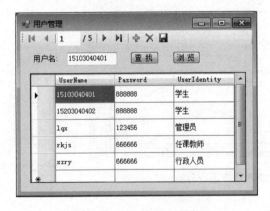

图 12.27　"用户管理"界面　　　　　图 12.28　"个人信息管理"界面

具体步骤如下：

新建一个 C#的 Windows 应用程序，项目名称设置为"学生档案管理系统"；将 Form1 重命名为"frmLogin"，在项目中再添加 8 个窗体——frmMain、frmUser、frmPersonal、 frmQuery- Info、frmQueryInfo2、frmEditInfo、frmQueryMark 和 frmQueryMark2；打开"数据源"窗口，利用"数据源配置向导"添加 SQL Server 数据库 StudentRecord 连接，同时在 app.config 中存储连接字符串，并创建数据集 StudentRecordDataSet（图 12.17）；分别为 9 个窗体设计界面并编写代码。

图 12.29　"查询学生基本信息"界面

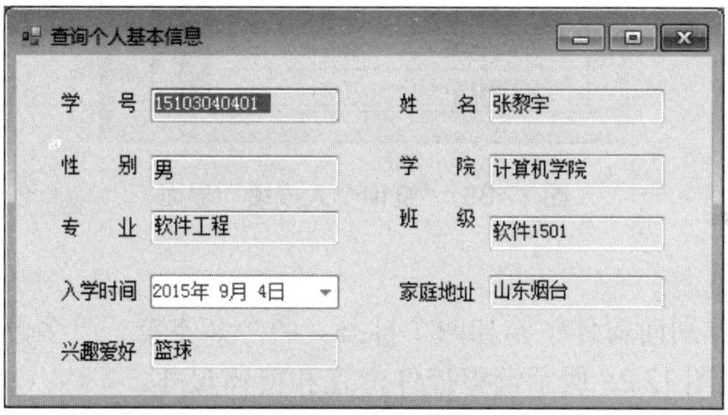

图 12.30　"查询个人基本信息"界面

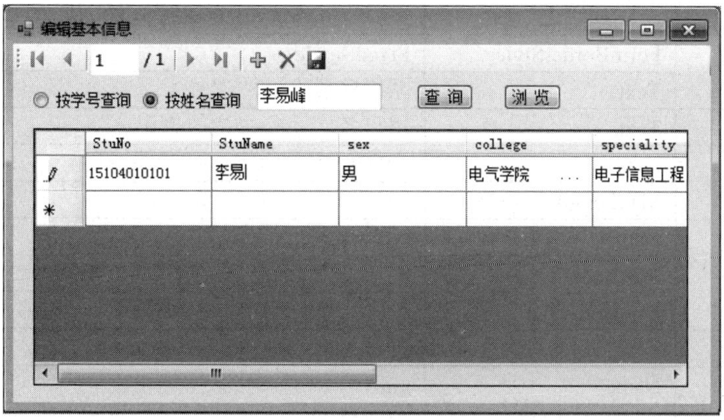

图 12.31　"编辑基本信息"界面

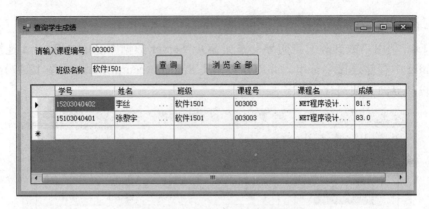

图 12.32 "查询学生成绩"界面

图 12.33 "查询个人成绩"界面

（1）登录窗体。

① 设计界面。分别向窗体中添加两个标签、两个文本框、一个分组框、4 个单选按钮和两个按钮，并按照图 12.25 所示调整控件位置和窗体尺寸。

② 设置属性。窗体和各个控件的属性设置如表 12.15 所示。

表 12.15　对象的属性设置

对　　象	属　性　名	属　性　值	
frmLogin	FormBorderStyle	FixedSingle	
	Text	系统登录	
label1, label2	Text	用户名	密码
textBox1	Name	txtUser	
	MaxLength	12	
textBox2	Name	txtPwd	
	MaxLength	8	
	PasswordChar	*	
groupBox1	Text	身份	
radioButton1	Name	radA	
	Text	管理员	
	Checked	True	

对　　象	属　性　名	属　性　值		
radioButton2	Name	radE	radS	radT
~radioButton4	Text	行政人员	学生	任课教师
button1, button2	Name	btnLogin	btnExit	
	Text	登　录	退　出	

③ 编写代码。首先，在代码窗口的顶部导入命名空间，代码如下：

```
using System.Data.SqlClient;
```

其次，在类 frmLogin 中声明静态变量，以便于"个人信息管理""查询个人基本信息"和"查询个人成绩"窗体访问：

```
public static string userName, password, userIdentity;
```

然后，为两个按钮添加 Click 事件处理程序：

```
private void btnLogin_Click(object sender, EventArgs e)
{
    //1 获取输入的用户名、密码和身份
    userName = txtUser.Text;
    password = txtPwd.Text;
    userIdentity = "";
    foreach (Control ctl in groupBox1.Controls)
    {
        RadioButton rad = (RadioButton)ctl;
        if (rad.Checked) userIdentity = rad.Text;
    }
    //2 访问数据库
    //读取配置文件 app.config 中的连接字符串；如果 ConfigurationManager 不识别，
    //需要在解决方案资源管理器的"引用"中添加 System.Configuration
    string connString = System.Configuration.ConfigurationManager.
        ConnectionStrings["学生档案管理系统.Properties.Settings.
        StudentRecordConnectionString"].ToString();
    //或者直接设置连接字符串 string connString = @"Data Source=.;
    //Initial Catalog = StudentRecord;Integrated Security=True";
    SqlConnection conn = new SqlConnection(connString);
    //获取用户名和密码匹配的行的数量的 SQL 语句
    string sql = String.Format("select count(*) from [UserInfo]
        where UserName='{0}' and Password='{1}' and UserIdentity=
        '{2}'", userName, password, userIdentity);
    try
    {
        conn.Open();//打开数据库连接
        SqlCommand comm = new SqlCommand(sql, conn); //创建命令对象
        int num = (int)comm.ExecuteScalar();//执行查询,返回匹配的行数
        if (num > 0)  //如果有匹配的行,则表明用户名和密码正确
        {
            frmMain mainForm = new frmMain();//创建主窗体对象
            //根据用户身份,设定可用系统功能
            switch (userIdentity)
            {
                case "管理员":
```

```
                            mainForm.mi22编辑基本信息.Visible = false;
                            break;
                    case "行政人员":
                            mainForm.mi11用户管理.Visible = false;
                            break;
                    case "任课教师":
                    case "学生":
                            mainForm.mi11用户管理.Visible = false;
                            mainForm.mi22编辑基本信息.Visible = false;
                            break;
                }
                mainForm.Show();//显示主窗体
                this.Hide(); //登录窗体隐藏
            }
            else
            {
                MessageBox.Show("用户名、密码或身份错误！", "登录失败",
                    MessageBoxButtons.OK, MessageBoxIcon.Warning);
            }
        }
        catch (Exception ex)
        {
            MessageBox.Show(ex.Message, "操作数据库出错",
                MessageBoxButtons.OK, MessageBoxIcon.Warning);
        }
        finally
        {
            conn.Close();//关闭数据库连接
        }
    }
    private void btnExit_Click(object sender, EventArgs e)
    {
        Application.Exit();
    }
}
```

（2）系统主窗体。

① 设计界面。向窗体中添加一个菜单。

② 设置属性。窗体和菜单的属性设置如表 12.16 所示。

表 12.16　主窗体对象的属性设置

对　　象	属 性 名	属　性　值
frmMain	IsMdiContainer	True
	Text	学生档案管理系统
	WindowState	Maximized
menuStrip1	Items	添加 3 个菜单项——mi1 系统管理、mi2 学生信息管理、mi3 学生成绩查询，其 Text 属性分别为：系统管理(&S)、学生信息管理(&I)、学生成绩查询(&M)
mi1 系统管理	DropDownItems	添加 4 个子菜单项——mi11 用户管理、mi12 个人信息管理、toolStripMenu Item1、mi14 退出系统，其 Text 属性分别为：用户管理、个人信息管理、–、退出系统
mi2 学生信息管理	DropDownItems	添加两个子菜单项——mi21 查询基本信息、mi22 编辑基本信息，其 Text 属性分别为：查询基本信息、编辑基本信息

③ 编写代码。首先，为窗体添加 FormClosing 事件处理程序：

```csharp
private void frmMain_FormClosing(object sender,
FormClosingEventArgs e)
{
    Application.Exit();
}
```

然后，分别为各个菜单项添加 Click 事件处理程序：

```csharp
private void mi11用户管理_Click(object sender, EventArgs e)
{
    frmUser frmSub = new frmUser();
    frmSub.MdiParent = this;  frmSub.Show();
}
private void mi12个人信息管理_Click(object sender, EventArgs e)
{
    frmPersonal frmSub = new frmPersonal();
    frmSub.MdiParent = this; frmSub.Show();
}
private void mi14退出系统_Click(object sender, EventArgs e)
{
    Application.Exit();
}
private void mi21查询基本信息_Click(object sender, EventArgs e)
{
    if (frmLogin.userIdentity == "学生")
    {
        frmQueryInfo2 frmSub = new frmQueryInfo2();
        frmSub.MdiParent = this;  frmSub.Show();
    }
    else
    {
        frmQueryInfo frmSub = new frmQueryInfo();
        frmSub.MdiParent = this;  frmSub.Show();
    }
}
private void mi22编辑基本信息_Click(object sender, EventArgs e)
{
    frmEditInfo frmSub = new frmEditInfo();
    frmSub.MdiParent = this; frmSub.Show();
}
private void mi3学生成绩查询_Click(object sender, EventArgs e)
{
    if (frmLogin.userIdentity == "学生")
    {
        frmQueryMark2 frmSub = new frmQueryMark2();
        frmSub.MdiParent = this;  frmSub.Show();
    }
    else
    {
        frmQueryMark frmSub = new frmQueryMark();
        frmSub.MdiParent = this;  frmSub.Show();
    }
}
```

（3）用户管理窗体。

① 设计界面。首先，从"数据源"窗口中将 UserInfo 数据表拖动到窗体上，会自动添加 userInfoDataGridView、userInfoBindingNavigator 控件及 studentRecordDataSet、userInfoBindingSource、userInfoTableAdapter、tableAdapterManager 组件；再将 UserInfo 数据表的 UserName 字段从"数据源"窗口拖动到窗体上，会自动添加 userNameLabel 和 userNameTextBox 控件；最后，为窗体添加两个按钮，并按照图 12.27 所示调整控件位置和窗体尺寸。

② 设置属性。窗体和各个控件的属性设置如表 12.17 所示。

表 12.17　用户管理窗体对象的属性设置

对　　象	属 性 名	属 性 值
frmUser	Text	用户管理
userNameLabel	Text	用户名：
userNameTextBox	MaxLength	12
userInfoDataGridView	Anchor	Top, Bottom, Left, Right
button1	Name	btnFind
	Text	查找
button2	Name	btnBrowse
	Text	浏览

③ 编写代码。分别为两个按钮添加 Click 事件处理程序：

```
private void btnFind_Click(object sender, EventArgs e)
{
    userInfoBindingSource.Filter = "UserName ='" +
        userNameTextBox.Text.Trim() + "'";
    //利用 Filter 属性筛选满足指定条件的数据
}
private void btnBrowse_Click(object sender, EventArgs e)
{
    userInfoBindingSource.Filter = "";
}
```

（4）个人信息管理窗体。

① 设计界面。首先，从"数据源"窗口中分别将 UserInfo 数据表的 3 个字段拖动到窗体上，会自动添加 3 个标签、3 个文本框、userInfoBindingNavigator 控件及相关组件，删除 userInfoBindingNavigator 控件；然后，为窗体添加两个标签、两个文本框和 3 个按钮，并按照图 12.28 所示调整控件位置和窗体尺寸。

② 设置属性。窗体和各个控件的属性设置如表 12.18 所示。

表 12.18　个人信息管理窗体对象的属性设置

对　　象	属 性 名	属 性 值
frmPersonal	FormBorderStyle	FixedSingle
	Text	个人信息管理
userNameLabel	Text	用户名：
userIdentityLabel	Text	身份：
passwordLabel	GenerateMember	True

续表

对　　象	属 性 名	属 性 值	
passwordLabel	Text	旧密码：	
	Visible	False	
Label1, Label2	Name	lblPwd1	lblPwd2
	Text	新密码：	新密码确认：
	Visible	False	
userNameTextBox, userIdentityTextBox	ReadOnly	True	
textBox1, textBox2	Name	txtPwd1	txtPwd2
passwordTextBox, txtPwd1, txtPwd2	PasswordChar	*	
	MaxLength	8	
	Visible	False	
button1	Name	btnModify	
	Text	修改密码	
button2，button3	Name	btnCancel	btnSave
	Text	取消	保存修改
	Visible	False	

③ 编写代码。在窗体的 Load 事件处理程序 frmPersonal_Load 中添加如下代码：

```csharp
private void frmPersonal_Load(object sender, EventArgs e)
{
    this.userInfoTableAdapter.Fill(this.studentRecordDataSet.UserInfo);
    userInfoBindingSource.Filter = "UserName ='" + frmLogin.
        userName.Trim() + "'";
    //只能显示和管理当前登录用户的信息
}
```

分别为 3 个按钮添加 Click 事件处理程序，具体代码如下：

```csharp
private void btnModify_Click(object sender, EventArgs e)
{   //显示用于修改密码的控件
    passwordTextBox.Visible = passwordLabel.Visible = true;
    txtPwd1.Visible = lblPwd1.Visible = true;
    txtPwd2.Visible = lblPwd2.Visible = true;
    btnSave.Visible = btnCancel.Visible = true;
    passwordTextBox.Text = txtPwd1.Text = txtPwd2.Text = "";
}
private void btnSave_Click(object sender, EventArgs e)
{
    if (passwordTextBox.Text.Trim() != frmLogin.password)
    {   //原始密码不正确
        MessageBox.Show("旧密码错误！", "密码错误", MessageBoxButtons.
            OK, MessageBoxIcon.Warning);
        passwordTextBox.Text = txtPwd1.Text = txtPwd2.Text = "";
        passwordTextBox.Focus();
    }
    else
    {//原始密码正确
        if (txtPwd1.Text.Trim() != txtPwd2.Text.Trim() || txtPwd1.
```

```
                    Text.Trim().Length == 0) //两次输入的新密码不一致或为空
            {
                MessageBox.Show("新密码的两次输入不一致或密码为空!", "密码错误",
                    MessageBoxButtons.OK, MessageBoxIcon.Warning);
                txtPwd1.Text = txtPwd2.Text = "";
                txtPwd1.Focus();
            }
            else
            {   //两次输入的新密码一致且不为空
                string newPWD = txtPwd1.Text.Trim();
                passwordTextBox.Text = newPWD;//修改绑定的密码框文本
                this.Validate();
                this.userInfoBindingSource.EndEdit();
                this.userInfoTableAdapter.Update(this.
                    studentRecordDataSet.UserInfo);
                MessageBox.Show("修改密码成功!", "密码操作",
                    MessageBoxButtons.OK);
                frmLogin.password = newPWD; //便于退出之前再次修改密码
                //隐藏用于修改密码的控件
                passwordTextBox.Visible= passwordLabel.Visible=false;
                txtPwd1.Visible = lblPwd1.Visible = false;
                txtPwd2.Visible = lblPwd2.Visible = false;
                btnSave.Visible = btnCancel.Visible= false;
            }
        }
    }
    private void btnCancel_Click(object sender, EventArgs e)
    {
        this.Close();
    }
```

（5）查询学生基本信息窗体。

① 设计界面。首先，从"数据源"窗口中将 studentInfo 数据表拖动到窗体上，会自动添加 studentInfoDataGridView、studentInfoBindingNavigator 控件及相关组件，删除 studentInfoBindingNavigator 控件中的后面 4 个工具项（分隔符、添加、删除、保存）；然后，为窗体添加 3 个单选按钮、一个文本框和两个按钮，并按照图 12.29 所示调整控件位置和窗体尺寸。

② 设置属性。窗体和各个控件的属性设置如表 12.19 所示。

表 12.19 查询学生基本信息窗体对象的属性设置

对　象	属　性　名	属　性　值
frmQueryInfo	Text	查询学生基本信息
studentInfoDataGridView	AllowUserToAddRows	False
	AllowUserToDeleteRows	False
	Anchor	Top, Bottom, Left, Right
	ReadOnly	True
radioButton1	Name	radNo
	Checked	True
	Text	按学号查询

续表

对　　象	属　性　名	属　性　值
radioButton2	Name	radName
	Text	按姓名查询
radioButton3	Name	radClass
	Text	按班级查询
textBox1	Name	txtQuery
button1	Name	btnQuery
	Text	查询
button2	Name	btnBrowse
	Text	浏览

③ 编写代码。分别为两个按钮添加 Click 事件处理程序：

```
private void btnQuery_Click(object sender, EventArgs e)
{ //模糊查询
    if(radName.Checked)
        studentInfoBindingSource.Filter = "StuName like '%" +
            txtQuery.Text.Trim() + "%'";
    else if(radNo.Checked)
        studentInfoBindingSource.Filter = "StuNo like '%" +
            txtQuery.Text.Trim() + "%'";
    else
        studentInfoBindingSource.Filter = "class like '%" +
            txtQuery.Text.Trim() + "%'";
}
private void btnBrowse_Click(object sender, EventArgs e)
{
    studentInfoBindingSource.Filter = "";
}
```

（6）查询个人基本信息窗体。

① 设计界面。首先，在"数据源"窗口中选中 studentInfo 数据表并单击右侧出现的下拉按钮，在弹出的下拉列表中选择"详细信息"选项；再从"数据源"窗口中将 studentInfo 数据表拖动到窗体上，会自动添加与 9 个字段对应的 9 个 Label、8 个 TextBox 和一个 DateTimePicker 对象，还有一个 studentInfoBindingNavigator 控件及 studentInfoBindingSource 等组件；然后，删除 studentInfoBindingNavigator 控件，并按照图 12.30 所示调整控件位置和窗体尺寸。

② 设置属性。窗体和各个控件的属性设置如表 12.20 所示。

表 12.20　查询个人信息窗体对象的属性设置

对　　象	属　性　名	属　性　值		
frmQueryInfo2	FormBorderStyle	FixedSingle		
	Text	查询个人基本信息		
9 个…Label	Text	学　号　　　姓　名　　　性　别 学　院　　　专　业　　　班　级 入学时间　　家庭地址　　兴趣爱好		
8 个…TextBox	ReadOnly	True		
entranceDateTimePicker	Enabled	False		

③ 编写代码。在窗体的 Load 事件处理程序 frmPersonal_Load 中添加如下代码：

```
private void frmQueryInfo2_Load(object sender, EventArgs e)
{
    //下面这行代码是自动生成的，将数据加载到表 studentInfo 中
    this.studentInfoTableAdapter.Fill(this.studentRecordDataSet.
        studentInfo);
    studentInfoBindingSource.Filter = String.Format("StuNo='{0}'",
        frmLogin.userName);   //学号=登录的用户名
}
```

（7）编辑基本信息窗体。

① 设计界面。首先，从"数据源"窗口中将 studentInfo 数据表拖动到窗体上，会自动添加 studentInfoDataGridView、studentInfoBindingNavigator 控件及相关组件；然后，为窗体添加两个单选按钮、一个文本框和两个按钮，并按照图 12.31 所示调整控件位置和窗体尺寸。

② 设置属性。窗体和各个控件的属性设置如表 12.21 所示。

表 12.21　编辑基本信息窗体对象的属性设置

对　　象	属　性　名	属　性　值
frmEditInfo	Text	查询基本信息
studentInfoDataGridView	Anchor	Top, Bottom, Left, Right
radioButton1	Name	radNo
	Checked	True
	Text	按学号查询
radioButton2	Name	radName
	Text	按姓名查询
textBox1	Name	txtQuery
button1	Name	btnQuery
	Text	查询
button2	Name	btnBrowse
	Text	浏览

③ 编写代码。分别为两个按钮添加 Click 事件处理程序，具体代码与查询学生基本信息窗体的代码相同。

（8）查询学生成绩窗体。

① 设计界面。分别向窗体中添加两个标签、两个文本框、两个按钮、一个数据网格视图和一个 BindingSource 组件，并按照图 12.32 所示调整控件位置和窗体尺寸。

② 设置属性。窗体和各个控件的属性设置如表 12.22 所示。

表 12.22　查询学生成绩窗体对象的属性设置

对　　象	属性名	属　性　值
frmQueryMark	Text	查询学生成绩
dataGridView1	Anchor	Top, Bottom, Left, Right
	Columns	添加 6 个列对象，其名称（Name 属性）依次为 StuNo、StuName、Class、CouId、CouName、score，其页眉文本（HeaderText 属性）依次为"学号、姓名、班级、课程号、课程名、成绩"，其 DataPropertyName 属性依次为 StuNo、StuName、class、CouId、CouName、score

对　　象	属性名	属　性　值	
dataGridView1	ReadOnly	True	
label1，label2	Text	请输入课程编号	班级名称
textBox1,textBox2	Name	txtCouId	txtClass
button1,button2	Name	btnQuery	btnBrowse
	Text	查询	浏览全部

③ 编写代码。首先，在代码窗口的顶部导入命名空间，代码如下：

```
using System.Data.SqlClient;
```

其次，在窗体的 Load 事件处理程序 frmQueryMark_Load 中添加如下代码：

```
private void frmQueryMark_Load(object sender, EventArgs e)
{
    string connString, sql;
    SqlConnection conn = new SqlConnection();
    SqlCommand comm = new SqlCommand();
    SqlDataAdapter da = new SqlDataAdapter();
    DataSet ds = new DataSet();
    //读取配置文件中的连接字符串
    connString = System.Configuration.ConfigurationManager.
        ConnectionStrings["学生档案管理系统.Properties.Settings.
        StudentRecordConnectionString"].ToString();
    conn.ConnectionString = connString;
    sql = String.Format("select scoreInfo.StuNo,StuName,[class],
        scoreInfo.CouId,CouName,score from [studentInfo],[courseInfo],
        [scoreInfo] where scoreInfo.StuNo=studentInfo.StuNo and
        scoreInfo.CouId=courseInfo.CouId");  //多表查询语句
    try
    {
        conn.Open();
        comm.Connection = conn;  comm.CommandText = sql;
        da.SelectCommand = comm;  da.Fill(ds);
        bindingSource1.DataSource = ds.Tables[0];
        dgvScores.DataSource = bindingSource1;
    }
    catch (Exception ex)
    {
        MessageBox.Show(ex.Message, "操作数据库出错", MessageBoxButtons.OK,
            MessageBoxIcon.Exclamation);
    }
    finally
    {
        conn.Close();
    }
}
```

然后，分别为两个按钮添加 Click 事件处理程序，代码如下：

```
private void btnQuery_Click(object sender, EventArgs e)
{
    string couId, cls;//课程号和班级名
    couId = txtCouId.Text.Trim();
    cls = txtClass.Text.Trim();
```

```
    //无条件查询
    if (couId == "" && cls == "")
        bindingSource1.Filter = "";
    //按照课程号精确查询
    if (couId != "" && cls == "")
        bindingSource1.Filter = String.Format("CouId='{0}'", couId);
    //按照班级名模糊查询
    if (couId == "" && cls != "")
        bindingSource1.Filter = String.Format("class like '%{0}%'", cls);
    //按照 2 个条件查询
    if (couId != "" && cls != "")
        bindingSource1.Filter = String.Format("CouId='{0}' and
            class like '%{1}%'", couId, cls);
}
private void btnBrowse_Click(object sender, EventArgs e)
{
    bindingSource1.Filter = "";
}
```

（9）查询个人成绩窗体。

① 设计界面。分别向窗体中添加两个标签、两个文本框、两个按钮、一个数据网格视图和一个 BindingSource 组件，并按照图 12.33 所示调整控件位置和窗体尺寸。

② 设置属性。窗体和各个控件的属性设置如表 12.23 所示。

表 12.23　查询个人成绩窗体对象的属性设置

对　象	属性名	属　性　值
frmQueryMark2	Text	查询个人成绩
dataGridView1	Name	dgvScore
	Anchor	Top, Bottom, Left
	Columns	添加两个列对象，其名称（Name 属性）依次为 CourseName、score，其页眉文本（HeaderText 属性）依次为"课程名、成绩"，其 DataPropertyName 属性依次为 CouName、score
	ReadOnly	True
label1，label2	Text	姓名　　　　学号
textBox1,textBox2	Name	txtName　　txtNo
	ReadOnly	True

③ 编写代码。首先，在代码窗口的顶部导入命名空间，代码如下：

```
using System.Data.SqlClient;
```

然后，在窗体的 Load 事件处理程序 frmQueryMark_Load 中添加如下代码：

```
private void frmQueryMark2_Load(object sender, EventArgs e)
{
    txtNo.Text=frmLogin.userName;//学号=登录的用户名
    string connString = System.Configuration.ConfigurationManager.
        ConnectionStrings["学生档案管理系统.Properties.Settings.
        StudentRecordConnectionString"].ToString();
    SqlConnection conn = new SqlConnection(connString);
    SqlCommand comm = new SqlCommand();
    SqlDataAdapter da = new SqlDataAdapter();
    DataSet ds = new DataSet();
```

```
    string sql = String.Format("select StuName from [studentInfo]
        where StuNo='{0}'",txtNo.Text);
    string sql2 = String.Format("select CouName,score from
        [scoreInfo],[courseInfo] where scoreInfo.StuNo='{0}' and
        courseInfo.CouId=scoreInfo.CouId", txtNo.Text);
    try
    {
        conn.Open();
        comm.Connection = conn;
        comm.CommandText = sql;
        txtName.Text = comm.ExecuteScalar().ToString();//查询学生姓名
        comm.CommandText = sql2;
        da.SelectCommand = comm;
        da.Fill(ds);
        dgvScore.DataSource = ds.Tables[0];
        dgvScore.Refresh();
    }
    catch (Exception ex)
    {
        MessageBox.Show(ex.Message, "操作数据库出错",
            MessageBoxButtons.OK, MessageBoxIcon.Exclamation);
    }
    finally
    {
        conn.Close();
    }
}
```

（10）运行程序。单击"启动调试"按钮或按 F5 键运行程序，按照提示进行操作，利用不同的身份登录系统，查看效果。

12.6　本章小结

本章主要介绍了数据库、SQL 和 ADO.NET 的基础知识及如何利用 ADO.NET 访问数据库，最后通过一个综合示例来练习利用 ADO.NET 访问数据库。

本章重点内容如下：
- 关系型数据库和 SQL 基础知识。
- ADO.NET 对象模型及访问数据库的两种模式。
- ADO.NET 五大对象的使用。
- BindingSource 组件和 BindingNavigator 控件的使用。
- 数据绑定与"数据源"窗口。

习　　题

1．选择题

（1）利用 ADO.NET 访问数据库，在联机模式下，不需要使用（　　）对象。

A．Connection　B．Command　C．DataReader　D．DataAdapter

（2）在脱机模式下，支持离线访问的关键对象是（　　）。

A．Connection　B．Command　C．DataAdapter　D．DataSet

（3）直接将一个 BindingNavigator 控件拖放到窗体中，该控件不具备（　　）功能。

A．定位　　　　B．保存　　　　C．添加　　　　D．删除

2．思考题

（1）简述 ADO.NET 五大核心对象的作用。

（2）简述 ADO.NET 对于数据库的两种存取模式。

（3）使用 SqlConnection 对象连接 SQL Server 数据库时，如果是本地服务器，连接字符串中的服务器名通常有哪几种写法？

（4）Command 对象有 3 个常用的成员方法，简述其名称及作用。

（5）简述数据绑定的概念及其两种绑定类型的含义。

（6）简述"数据源"窗口的作用。

3．上机练习题

设计一个简单的个人书籍管理系统，可以实现书籍的查询、添加、修改和删除功能，还可以实现书籍的外借和归还功能。

第 13 章

文件操作

　　文件管理是操作系统的一个重要组成部分，无论是哪一种操作系统，都必须实现文件的存储、读取、修改、分类、复制、移动、删除等操作。文件管理也是一个完整的应用软件不可缺少的功能，这是因为应用程序都会有保存、读取、修改、检索数据的需求，而所有这些操作都需要与应用程序的底层文件系统进行交互。.NET 框架提供了很多操作文件的工具，还提供了基于流的 I/O 操作方式。在 System.IO 命名空间中，基本包含了所有与 I/O 操作相关的类，利用它可以方便地编写 C#应用程序，实现文件的存储管理和读写等操作。

　　本章主要介绍.NET 框架提供的与文件和流操作相关的类，并介绍如何通过流的读写来实现文件的输入输出。

13.1　文件和流的概念

　　在程序设计中，文件（File）是一些具有永久存储性及特定顺序的字节组成的一个有序的、具有名称的集合，它保存在磁盘、光盘、磁带等各种存储设备上。通常情况下，文件按树状目录结构进行组织，为了管理一个文件，一般需要指定驱动器、目录路径和文件名。

　　在程序设计中，所谓流（Stream），就是连续传输的信息序列。它是一种有序流，因此相对于某一对象，通常把对象接收外界的信息输入（Input）称为输入流，相应地从对象向外界输出（Output）的信息称为输出流，合称输入/输出流（I/O Streams）。对象间进行信息或数据交换时，总是先将对象或数据转换为某种形式的流，再通过流进行传输，到达目的对象后再将流转换为对象数据。所以，可以把流看作是一种数据的载体，通过它可以实现数据交换和传输。

　　C#语言具有平台无关性，不允许程序直接访问 I/O 设备，对包括文件在内的设备的 I/O 操作是以流的形式实现的，流是进行数据读写操作的基本对象。通过流的概念，程序员可以把输入和输出的数据看作是一个字节序列的数据流，而不必关心具体设备的特定细节。.NET 中基于流的 I/O 操作方式，大大简化了开发人员的工作。

　　在 C#中，有两种类型的流：文本流（Text Stream）和二进制流（Binary Stream）。

　　（1）文本流。文本流是指在流中流动的数据是以字符的形式出现的。流中的每一个字符对应一个字节，用于存放对应的 ASCII 码值，因此文本流中的数据可以显示和打印出来，都是用户可以读懂的信息。文本流是一行行的字符，换行符表示这一行的结束。因此，所读写的字符与外部设备中的字符没有一一对应的关系，而且所读写的字符个数与外部设备中的也可以不同。

（2）二进制流。二进制流中的数据是按照二进制编码的方式来存放文件的。二进制数据也可在屏幕上显示，但其内容无法读懂。二进制流是由与外部设备中的内容一一对应的一系列字节组成的。使用二进制流时没有字符翻译过程，而且所读写的字节数也与外部设备中的相同。

在.NET 框架中，所有的输入和输出操作都要用到流。在 System.IO 命名空间中，包含了绝大部分与 I/O 操作相关的类。下面将重点介绍与文件管理和操作相关的类，以及如何利用它们来实现文件的读写。

13.2 文件的存储管理

.NET 框架所提供的文件系统操作的类大多位于 System.IO 命名空间中，常用的类有 DriveInfo、Directory、DirectoryInfo、Path、File、FileInfo 等，通过这些类可以浏览文件系统和执行相关操作（如移动、复制和删除文件）。

13.2.1 DriveInfo 类

文件必须保存在一个存储介质中，如硬盘、U 盘、光盘和软盘等。在 Windows 系统中，存储介质统称为驱动器。软盘是 A 或 B 驱动器，硬盘的每个分区称为一个驱动器（如 C、D），此外还有光盘驱动器、移动磁盘驱动器（如 U 盘、移动硬盘）及网络驱动器（网络中共享磁盘）等。

.NET 框架提供了 DriveInfo 类和 DriveType 枚举类型，以便于在程序中直接使用驱动器。DriveInfo 类提供了访问有关驱动器的信息的实例方法，使用 DriveInfo 类可以确定有关驱动器的信息，包括驱动器盘符、驱动器类型、驱动器上的可用空间等。DriveType 枚举类型定义了驱动器类型常数，使用 DriveType 枚举类型，可以辅助确定 DriveInfo 类实例的驱动器类型。

DriveInfo 类的常用属性成员如表 13.1 所示，常用的方法成员是 GetDrives，用于检索计算机上的所有逻辑驱动器的驱动器名称，并返回 DriveInfo 类型的数组。

表 13.1 DriveInfo 类的常用属性成员

属 性	说 明
AvailableFreeSpace	指示驱动器上的可用空闲空间量（以字节为单位），指 NTFS 磁盘配额
DriveFormat	获取文件系统的名称，如 NTFS 或 FAT32
DriveType	获取驱动器类型，取值 DriveType 枚举类型
IsReady	指示驱动器是否已准备好
Name	获取驱动器的名称
RootDirectory	获取驱动器的根目录
TotalFreeSpace	获取驱动器上空闲空间总量（以字节为单位）
TotalSize	获取驱动器上存储空间的总大小（以字节为单位）
VolumeLabel	获取或设置驱动器的卷标

DriveType 枚举类型的枚举值有 7 个：CDRom（光驱）、Fixed（固定磁盘，即硬盘）、Network（网络驱动器）、NoRootDirectory（没有根目录的驱动器）、Ram（RAM 磁盘，如内存）、Removable（可移动设备，如软盘、U 盘）和 Unknown（未知类型的驱动器）。

例如，要输出 NTFS 格式的硬盘驱动器的可用空闲空间大小，可编写代码如下：

```
DriveInfo[] drivers = DriveInfo.GetDrives();
foreach (DriveInfo dr in drivers)
{
    if(dr.DriveType==DriveType.Fixed && dr.DriveFormat=="NTFS")
        Console.WriteLine("在" + dr.Name + "驱动器上还有" +
            dr.AvailableFreeSpace + "字节的可用空闲空间。");
}
```

13.2.2　Directory 和 DirectoryInfo 类

Directory 和 DirectoryInfo 类是.NET 框架提供的用于目录管理的类。每个驱动器都有一个根目录，使用 "\" 表示，如 "C:\ "。创建在根目录中的目录称为一级子目录，在一级子目录中创建的目录称为二级子目录，依此类推。文件系统的目录结构，是一种树形结构。

Directory 和 DirectoryInfo 类的功能非常相似，利用它们，可以完成对目录及其子目录的创建、移动、删除等操作，甚至还可以定义隐藏目录和只读目录。两者的区别在于：Directory 类是一个静态类，其中提供的是静态方法，不能使用 new 关键字创建其对象；DirectoryInfo 类是一个需要实例化的类，该类的实例对象表示计算机上的某一目录。

Directory 类的常用静态方法如表 13.2 所示。

表 13.2　Directory 类的常用静态方法

方　　法	说　　明
CreateDirectory(string path)	按指定的路径创建所有目录和子目录
Delete(string path, bool recursive)	删除指定的目录，如果指示还可删除该目录中的任何子目录
Delete(string path)	从指定路径删除空目录
Exists(string path)	判断目录是否存在
GetCreationTime(string path)	获取目录的创建日期和时间
GetDirectories (string path)	获取指定目录中的子目录的名称列表
GetFiles (string path)	获取指定目录中的文件的名称列表
Move (string sourceDirName, string destDirName)	将目录及其内容移动到新位置，并可在新位置为目录重新命名

DirectoryInfo 类的属性成员有 Name（目录名称）、Exists（指示目录是否存在）、Parent（父目录）、Root（根目录），常用的方法成员有 Create（创建目录）、CreateSubDirectory（创建子目录）、Delete（删除目录）、GetDirectories（获取当前目录的子目录）、GetFiles（获取当前目录的文件列表）、MoveTo（移动目录）等。

由于 Directory 类的所有方法都是静态的，如果只想执行一个目录操作，使用 Directory 静态方法的效率比使用相应的 DirectoryInfo 实例方法更高。大多数 Directory 方法要求给出当前操作目录的路径，且 Directory 类的静态方法都执行安全检查。但是，如果打算多次重用某个目录对象，可考虑使用 DirectoryInfo 的相应实例方法，因为它并不总是需要安全检查。

【例 13-1】 使用 Directory 类。

本例使用 Directory 类的 GetFiles、GetDirectories、GetCurrentDirectory 和 Exists 等静态方法，通过递归算法列出给定目录（或当前目录）及其子目录中所有的文件。

```csharp
using System;
using System.IO;
namespace ex13_1
{
    class Program
    {
        public static void Main(string[] args)
        {
            if (args.Length == 0)
              ProcessDirectory(Directory.GetCurrentDirectory());
            else if (Directory .Exists(args[0]))
              ProcessDirectory(args[0]);
            else
              Console.WriteLine("{0}is not a valid directory.",args[0]);
            Console.ReadLine();
        }
        public static void ProcessDirectory(string path)
        {
            string[] files = Directory.GetFiles(path);
            foreach (string fileName in files)
                ProcessFile(fileName);
            string[] subdirectorys = Directory.GetDirectories(path);
            foreach (string subdirectory in subdirectorys)
                ProcessDirectory(subdirectory);   //递归调用
        }
        public static void ProcessFile(string path)
        {
            Console.WriteLine("Processed file '{0}'.", path);
        }
    }
}
```

单击"启动调试"按钮或按 F5 键运行程序，运行结果如图 13.1 所示。

图 13.1 例 13-1 程序运行结果

13.2.3 Path 类

.NET 框架提供了 Path 类，以便于在程序中管理文件和目录路径。所谓路径，就是文件或目录所在的位置。要检索某个文件，必须首先确定该文件的路径。

路径由驱动器盘符、目录名、文件名、文件扩展名和分隔符组成，有两种表示方法：一种是从驱动器的根目录开始书写，如 C:\Windows\System32\notepad.exe，这种路径称为绝对路径；另一种是从当前目录位置开始书写，如 System32\notepad.exe（假设当前目录为 C:\Windows），这种路径称为相对路径。

使用路径时要注意，C#将反斜杠"\"作为转义符。因此，当路径表示为字符串时，要使用两个反斜杠表示，如"C:\\Windows\\System32\\notepad.exe"。C#还允许在字符串前添加"@"标志，以提示编译器不要把"\"字符视作转义符，而是视作普通字符，如 @"C:\Windows\System32\notepad.exe"。

Path 类是一个静态类，可以用来操作路径的各个部分，如驱动器盘符、目录名、文件名、文件扩展名和分隔符等。Path 类的常用属性成员有 DirectorySeparatorChar（目录分隔符）、PathSeparator（路径分隔符）、VolumeSeparatorChar（卷分隔符）等，常用的方法成员有 GetDirecotryName（获取目录名）、GetExtension（获取文件扩展名）、GetFileName（获取文件名）、GetFullPath（获取完整路径）、HasExtension（确定路径是否包括文件扩展名）等。

例如，要输出路径 C:\Windows\System32\notepad.exe 中的目录名和文件名，可编写代码如下：

```
string path = @"C:\Windows\System32\notepad.exe";
Console.WriteLine(Path. GetDirectoryName(path));
Console.WriteLine(Path.GetFileName(path));
```

上述代码中，目录名为"C:\Windows\System32"，文件名为 notepad.exe。

提示：

> Path 类的大多数成员不与文件系统交互，并且不验证路径字符串指定的文件是否存在，但 Path 成员会验证指定路径字符串的内容。如果字符串包含无效的字符，则引发 ArgumentException 异常。

13.2.4　File 和 FileInfo 类

File 和 FileInfo 类是.NET 框架提供的用于文件管理的类，它们在功能上非常相似。使用 File 和 FileInfo 类，可以完成对文件的创建、删除、复制、移动和打开等操作，也可以获取和设置文件的有关信息，还可以协助创建 FileStream 流对象。两者的区别在于：File 类提供静态方法，而 FileInfo 类提供实例方法。

1．File 类

File 类是一个静态类，它通过一系列静态方法来提供对磁盘文件的操作功能（如创建、复制、删除、移动和打开文件），并协助创建 FileStream 对象。

File 类的主要方法成员有 Create（创建新文件）、Copy（复制文件）、Delete（删除文件）、Exists（判断文件是否存在）、Move（移动文件）、Open（打开文件）、Replace（替换文件）、

AppendAllText（将指定的文本追加到文件中，如果文件不存在则创建该文件）等。

例如，在 C 盘根目录下有一个名为 "a.txt" 的文件，如果要对该文件进行复制、移动、替换和删除操作，可编写代码如下：

```
File.Copy("C:\\a.txt", "C:\\b.txt" );         //将 a.txt 复制到 b.txt
if(File.Exists("D:\\a.txt"))                   //如果 D 盘的 a.txt 存在
    File.Replace("C:\\a.txt", "D:\\a.txt");//用 C 盘的 a.txt 替换 D 盘的 a.txt
else
    File.Move("C:\\a.txt", "D:\\a.txt");       //将 a.txt 移动到 D 盘
    File.Delete("C:\\b.txt");                  //删除 b.txt 文件
```

 提示：

> 在表示文件路径名的字符串中，如果只写出文件名而不写出完整的路径名，那么默认目录就是当前程序可执行文件所在的目录。对于 Windows 应用程序，可通过 Application 类的静态属性 StartupPath 来获得程序可执行文件所在的目录路径。

每个文件都有自己的属性信息，其中文件的创建时间、最近一次访问时间和最近一次修改时间，可通过如下方法进行读写：

```
//读取文件创建时间
DateTime dt1 = File.GetCreationTime("C:\\a.txt");
//设置文件创建时间
File.SetCreationTime("C:\\a.txt",dt1.AddDays(10));
//读取文件最近一次访问时间
Console.WriteLine(File.GetLastAccessTime("C:\\a.txt"));
//读取文件最近一次修改时间
Console.WriteLine(File.GetLastWriteTime("C:\\a.txt"));
File.SetLastAccessTime("C:\\a.txt",dt1);  //设置文件访问时间
File.SetLastWriteTime("C:\\a.txt",dt1);  //设置文件修改时间
```

文件的其他属性信息则可通过 File 类的 GetAttributes 方法来获得，该方法返回一个 FileAttributes 枚举值，其枚举值包括 Normal（普通文件）、Archive（存档文件）、ReadOnly（只读文件）、Hidden（隐藏文件）、Compressed（压缩文件）等。需要注意的是，一个文件的 FileAttributes 值可以是多个枚举值的"或"运算。例如，对于一个只读隐藏文件，GetAttributes 方法返回的值将是 FileAttributes.ReadOnly 或 FileAttributes.Hidden。

File 类还可用于读写文件内容，其中 ReadAllText 方法用于将文件所有内容读取为一个字符串，而 WriteAllText 方法则将字符串写入文件。例如：

```
File.WriteAllText("C:\\a.txt", "我爱北京天安门");
Console.WriteLine(File.ReadAllText("C:\\a.txt"));
```

为了进一步方便文本读写，File 类还提供了将文件各行依次读取到一个字符串数组的 ReadAllLines 方法，以及将字符串数组逐行写入文件的 WriteAllLines 方法。此外，File 类的 ReadAllBytes 方法可以将文件的所有字节读取到一个 byte 数组中，WriteAllBytes 方法则将一个 byte 数组写入到文件中。

2. FileInfo 类

与 File 类不同，FileInfo 类仅可用于实例化的对象。如果使用同一个对象执行多个操作，使用 FileInfo 类就比较有效，因为在构造 FileInfo 类的对象时将读取合适文件的身份认证和其他信息，无论对每个对象调用了多少方法，都不需要再次读取这些信息。而 File 类在调用每个静态方法时，需要多次检查文件的内容。

FileInfo 类的主要方法成员有 Create（创建新文件）、CopyTo（复制文件）、Delete（删除文件）、MoveTo（移动文件）、Open（打开文件）、Replace（替换文件）等。

例如，在 C 盘根目录下有一个名为"test.txt"的文件，如果要将该文件复制到 D 盘，可编写代码如下：

```
FileInfo file1 = new FileInfo(@"C:\test.txt");
filel.CopyTo(@"D:\test.txt");
```

上述代码段与以下代码具有相同的效果：

```
File.Copy(@"C:\test.txt", @"D:\test.txt");
```

第一个代码段执行的时间较长，因为需要实例化一个 FileInfo 对象 file1（但 file1 可以对同一个文件执行更多的操作）。在实例化 FileInfo 类的过程中，如果表示文件的路径不存在，系统就会抛出一个异常。FileInfo 类提供了 Exists 属性来确定文件路径是否存在，例如：

```
FileInfo file1 = new FileInfo(@"C:\test.txt");
Console.WriteLine(filel.Exists.ToString());
```

上述代码中，如果系统中存在"C:\test.txt"文件，那么将返回 true，否则返回 false。在确定了是否存在对应的文件之后，就可以使用许多属性来确定文件的信息，这些属性可以用来更新文件。表 13.3 列出了 FileInfo 类的主要属性成员。

表 13.3 FileInfo 类的主要属性成员

属 性	说 明
Attributes	获取或设置文件的属性
CreationTime	获取或设置文件的创建日期和时间
DirectoryName	获取文件目录的完整路径
Exists	判断文件是否存在
FullName	获取文件的完整路径
IsReadOnly	确定当前文件是否为只读
Length	获取文件的大小
Name	仅返回文件的名称，而不是完整的文件位置路径

13.3 文件的操作

文件在操作时表现为流，.NET 中文件的输入输出都要用到流。流分为输入流和输出流，通常输入流用于读取数据（如键盘和鼠标），输出流用于向外部目标写数据（如显示器的屏幕）。本章主要讨论的输入流和输出流仅限于磁盘文件。

流支持以下 3 个基本操作。

（1）读取（Read）：表示把数据从流传输到某种数据结构中。例如把数据从流输出到
byte 数组中。

（2）写入（Write）：表示把数据从某种数据结构传输到流中。例如把 byte 数组中的数
据传输到流中。

（3）定位（Seek）：表示在流中查询或重新定位当前位置。

在.NET 中，使用 System.IO 命名空间中的抽象基类 Stream 来代表流，其他表示流的
类都是从 Stream 类继承的。数据源可以是文本字符串，也可以是从网络或某个 I/O 端口上
的设备传来的数据原始字节。Stream 类的派生类处理原始字节，TextReader 和 TextWriter
类的派生类处理文本字符串。图 13.2 展示了与文件 I/O 和流密切相关的类。

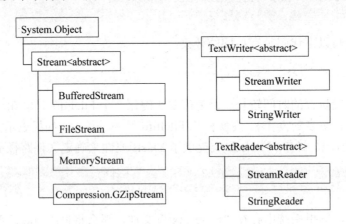

图 13.2　与文件 I/O 和流相关的类

13.3.1　Stream 类

Stream 类是流的抽象基类，定义了流的基本功能，该类定义了一些处理原始字节流的
范型成员，其作用是将数据抽象为独立于底层数据设备的字节流。这样，程序员就能把精
力集中在数据流上，而不用关注设备的特性。

1．Stream 类的常用属性

根据 I/O 设备的不同，不同的流可能只支持 Stream 类中定义的功能中的一部分。例如，
NetworkStream（网络流）不支持定位。通过使用 Stream 类及其派生类的 CanRead、CanWrite、
CanSeek 等属性，可以查询当前流所支持的操作。Stream 类的常用属性如表 13.4 所示。

表 13.4　Stream 类的常用属性

属　性　名	说　　明
CanRead	获取指示当前流是否支持读取的值
CanSeek	获取指示当前流是否支持查找功能的值
CanTimeout	获取一个值，该值确定当前流是否可以超时

续表

属 性 名	说 明
CanWrite	获取指示当前流是否支持写入功能的值
Length	获取用字节表示的流长度
Position	获取或设置流的当前位置
ReadTimeout	获取或设置一个值，该值确定流在超时前尝试读取多长时间
WriteTimeout	获取或设置一个值，该值确定流在超时前尝试写入多长时间

 提示：

所谓流的超时，是指在指定时间范围内如果没有对流进行读或写操作，当前流对象将自动失效。

2．Stream 类的常用方法

Stream 类提供了 Read、Write、Seek 等方法来支持流的基本操作，具体内容如下。

（1）public virtual void Close()。

【功能】 关闭当前流，并释放与之关联的所有资源。

（2）public abstract void Flush()。

【功能】 清除当前流的所有缓冲区，并将所有缓冲数据写入到基础设备。

（3）public abstract int Read(byte[ ] buffer，int offset，int count)。

【功能】 从当前流中读取最多 count 个字节，用它们顺序替换字节数组 buffer 的 offset 到(offset + count −1) 之间的元素值，并将此流中的位置提升读取的字节数，最后返回读取的总字节数。如果当前可用的字节数没有请求的字节数那么多，则总字节数可能小于请求的字节数；如果当前已到达流的末尾，则为 0。

（4）public virtual int ReadByte()。

【功能】 从当前流中读取一个字节，并将流内的位置向前推进一个字节，如果已到达流的末尾，则返回−1。

（5）public abstract void SetLength(long value)。

【功能】 将当前流的长度设置为 value。

（6）public abstract void Write (byte[ ] buffer，int offset，int count)。

【功能】 将字节数组 buffer 中从 offset 到 (offset + count−1)之间的元素值写入当前流，并将此流中的当前位置提升写入的字节数。

（7）public virtual void WriteByte(byte value)。

【功能】 将字节 value 写入流内的当前位置，并将流内位置向前推进一个字节。

（8）public abstract long Seek(long offset，SeekOrigin origin)。

【功能】 设置当前流中的位置并返回该位置。其中，参数 origin 用于获取新位置的参考点，offset 指示相对于 origin 参数的字节偏移量。origin 是 SeekOrigin 枚举类型的参数，该枚举类型定义了用于表示流中的参考点以供进行查找的枚举值常量，包括 Begin（指定流的开头）、Current（指定流内的当前位置）和 End（指定流的结尾）。

提示：

> C#中，I/O 操作都是在当前位置进行。新建一个流对象时，当前位置一般位于流
> 的起始位置，即 Position 属性值为 0。每次对流进行读写后，当前位置都会相应
> 改变，也可以使用 Position 属性或 Seek 方法有目的地改变流中的当前位置。

13.3.2　FileStream 类

FileStream 类是 Stream 的派生类，使用它可以创建一个文件流。FileStream 类可以对文件系统上的文件进行读取、写入、打开和关闭等操作，读写操作可以指定为同步或异步操作。而且，FileStream 类对输入、输出进行了缓冲，从而提高了处理的性能。

FileStream 类主要用于二进制文件的读写。要读写二进制文件，首先必须实例化一个 FileStream 对象。

1．FileStream 类的构造函数

创建一个 FileStream 对象，要调用其构造函数。为了创建不同属性的文件流，FileStream 类中定义了多种构造函数，表 13.5 列出了两种常用的构造函数。

表 13.5　FileStream 类两种常用的构造函数

构　造　函　数	说　　　明
FileStream (string , FileMode)	使用指定的路径和创建模式初始化 FileStream 类的新实例
FileStream(string , FileMode , FileAccess)	使用指定的路径、创建模式和读/写权限初始化 FileStream 类的新实例

两种构造函数中都要求提供一个 FileMode 类型参数，这是.NET 中定义的一个枚举类型，它指定了操作系统如何打开文件，以及把文件指针定位在哪里来完成后续的读写操作，其成员如表 13.6 所示。

表 13.6　FileMode 枚举成员

成　　员	说　　　明
Append	打开现有文件并移动到文件尾，或创建新文件；FileMode.Append 只能同 FileAccess.Write 一起使用，任何读尝试都将失败并引发 ArgumentException 异常
Create	指定操作系统应创建新文件，如果文件已经存在，它将被改写；等效于这样的请求：如果文件不存在，则等效于 CreateNew，否则等效于 Truncate
CreateNew	指定操作系统应创建新文件；如果文件已经存在，将引发 IOException 异常
Open	指定操作系统应打开现有文件；如果该文件不存在，则引发 FileNotFoundException 异常
OpenOrCreate	操作系统应打开文件(如果文件存在)，否则创建新文件
Truncate	打开一个已有的文件，删除文件内容，并把文件指针定位在文件开始处，但是保留文件的初始创建日期；如果文件不存在，将抛出异常

例如，以下代码调用第一种构造函数：

```
FileStream  fs1 = new FileStream(@"c:\file.txt", FileMode.OpenOrCreate);
```

第一种构造函数默认以只读方式打开文件。若需要规定不同的访问级别，则需要使用第二种构造函数，这种构造函数中需要 FileAccess 类型参数。

FileAccess 枚举类型定义了当前 FileStream 如何访问文件，其成员包括 Read（对文件的读访问）、ReadWrite（对文件的读访问和写访问）和 Write（对文件的写访问）。例如：

```
FileStream fs = new FileStream (@"C:\MyFiles\testB.txt",
    FileMode.Create, FileAccess.Write);
```

上述代码将在 C:\MyFiles 文件夹下创建一个只写的文件 testB.txt。

 提示：

> 由于在创建 FileStream 对象的过程中很可能会出现异常情况，因此在实例化 FileStream 类时应尽量使用 try 异常处理代码，以提高应用程序的容错能力。

2．使用 FileStream 对象读写字节

文件流是对物理文件的封装，如一个文件的内容可能分散在磁盘的多个地方，但通过 FileStream 对象仍可以进行连续的字节流读写，从字节流到物理存储的映射细节由 FileStream 对象隐藏。使用 FileStream 对象来读写字节，以进行文件的读、写、打开、关闭等操作。

例如，下面的代码创建了一个 FileStream 对象，通过该对象的 WriteByte 方法向文件中依次写入一组字节：

```
FileStream fs = new FileStream ("C:\\a.txt", FileMode.Create,
    FileAccess.ReadWrite);
for(byte x=1; x<=10; x++)
    fs.WriteByte(x) ;
fs.Close();
```

但是，这种方式只适合 ASCII 字符（对应编码在 0～255 之间），而不适合汉字等 Unicode 字符。

使用完 FileStream 对象后，一定要记住使用其 Close 方法来关闭文件流，这样才能保持文件的完整性。

关闭流会释放与它相关的系统资源，并允许其他应用程序为同一个文件设置新的流。在打开流和关闭流之间可以读写其中的数据，使用 ReadByte 和 Read 方法从文件中读取二进制数据，使用 WriteByte 和 Write 方法向文件中写入二进制数据。

ReadByte 方法是读取数据的最简单方式，它从流中读取一个字节并将其转换为一个 0～255 之间的整数，当读取到流的结尾时返回值–1。例如：

```
int iData = fs.ReadByte();
```

Read 方法可以一次从流中读取多个字节到一个数组中。它的返回值为实际读取的字节数，如果该值为 0，则表示已经读取到了流的结尾。下面的示例将从流 fs 中读取 10 个字节到数组 ByteArray 中：

```
byte[] ByteArray = new byte[10];
int ByteRead = fs.Read(ByteArray,0,10);
```

Read 方法中的第一个参数是传输进来的字节数组，用以接收 FileStream 对象中的数据；第二个参数是字节数组中开始写入数据的位置，它通常是 0，表示从数组起始处向数组写入数据；最后一个参数规定从文件中读出多少字节。

当需要向文件中写入数据时，就可以使用 WriteByte 和 Write 方法，这两个方法都没有返回值。写入数据的过程和读取数据的过程类似，WriteByte 方法将一个字节写入文件中，Write 方法则将一个字节数组写入文件中。

提示：

> 以 Stream 类为基类的流类还有 MemoryStream 类和 BufferedStream 类等。MemoryStream 类用于从内存读写字节流，这里内存相当于一个临时的外部物理存储库。BufferedStream 表示缓冲流，该对象包含一个缓冲区，用于缓存数据，从而减少对操作系统的调用次数。

【例 13-2】 使用 FileStream 对象读写字节。

本例中，使用 FileStream 创建文件流对象 fs 后，先使用 Write 方法将字节数组写入到文件，然后使用 ReadByte 方法按字节读取文件内容，并转换为字符型数据输出。具体代码如下：

```
using System;
using System.IO;
namespace ex13_2
{
    class Program
    {
        static void Main(string[] args)
        {
            try
            {
                FileStream fs = new FileStream(@"c:\my1.txt",
                    FileMode.OpenOrCreate, FileAccess.ReadWrite);
                byte[] bs = new byte[26];
                for(byte i = 0; i < 26; i++)
                    bs[i] = (byte)(65 + i);//'A'的ASCII码为65
                fs.Write(bs, 0, bs.Length); //将字节数组写入到文件
                //从文件中读取字节
                fs.Position = 0;
                for(int i = 0; i < fs.Length; i++)
                    Console.Write((char)fs.ReadByte());
                fs.Close();
            }
            catch(Exception ex)
            {
                Console.WriteLine(ex.Message);
            }
            Console.ReadLine();
        }
    }
}
```

单击"启动调试"按钮或按 F5 键运行程序，会输出 26 个大写字母。

13.3.3 StreamReader 和 StreamWriter 类

StreamReader 和 StreamWriter 类用于读写文本文件。不同于 Stream 的派生类，StreamReader 和 StreamWriter 类用于处理文本而不是原始字节。它们分别继承自抽象类 TextReader 和 TextWriter 类，而 TextReader 和 TextWriter 类则定义了将文本作为字符进行读写的方法。要注意的是，这些方法依靠底层的 FileStream 对象完成具体的数据传输。

FileStream 类只能处理原始字节，这使得它可以用来处理任何数据文件。但不能使用 FileStream 类将数据直接读写到字符串中，而必须将字符串转换为字节数组，或者进行相反的操作。StreamReader 和 StreamWriter 类提供了按文本模式读写数据的方式。如果编程人员知道某个文件中包含文本，就可以使用它们方便地进行文本读取操作。

使用 StreamReader 和 StreamWriter 类提供的方法，可以根据流的内容自动检测出停止读取文本的位置。例如，使用 StreamReader.ReadLine()方法可以一次读取一行文本，使用 StreamWriter.WriterLine()方法可以一次向文本文件中写入一行文本。在读取文件时，流能够自动确定下一个回车符的位置，并在该处停止读取。在写入文件时，流会自动把回车符和换行符添加到文本的尾部。

StreamReader 和 StreamWriter 类能够识别不同的编码模式，其默认编码为 UTF-8，而不是 ASCII。

1. 使用 StreamReader 读文本文件

StreamReader 对象用于从文件中读取文本，可以从底层 Stream 对象创建 StreamReader 对象实例，也可以指定编码规范参数。

（1）StreamReader 的构造函数。创建一个 StreamReader 对象，要调用其构造函数，StreamReader 类中定义了多种构造函数，常用构造函数的语法格式如下：

```
public StreamReader(string path)
public StreamReader(Stream stream)
public StreamReader(string path, bool detectEncoding)
public StreamReader(string path, Encoding encoding)
```

【参数说明】path，为指定的文件名（完整文件路径）初始化 StreamReader 类的新实例；stream，一个打开的流，主要是指 FileStream；detectEncoding，指示是否由 StreamReader 自动检测文件中使用的编码方式（默认为自动检测）；encoding，指定需要的编码方案，可取值包括 Unicode、BigEndianUnicode、UTF-8（默认值）、UTF-7 和 ASCII。

StreamReader 构造函数的参数必须包含一个流或者一个路径。下面是一些实例化 StreamReader 对象的常用方法。

① 最简单的构造函数只带有一个文件名参数。例如：

```
StreamReader sr = new StreamReader(@"C:\MyFiles\testA.txt");
```

② 如果希望自己来指定 StreamReader 对象的编码方式，可以使用带有编码方式的构

造函数。例如：

```
StreamReader sr = new StreamReader(@"C:\MyFiles\testA.txt", Encoding.ASCII)
```

③ 可以把 StreamReader 对象关联到 FileStream 上，这样就可以显式地指定是否创建文件和共享许可。例如：

```
Filestream fs = new FileStream(@"C:\MyFiles\testA.txt",
    FileMode.Open, FileAccess.Read, FileShare.None);
StreamReader sr = new StreamReader(fs);
```

（2）StreamReader 的常用方法。创建了 StreamReader 对象后，就可以使用它的方法，常用方法如表 13.7 所示。

表 13.7　StreamReader 的常用方法

方　　法	说　　明
close( )	关闭 StreamReader 及内在的流
Read( )	在文本流中读取下一个文本字符
Read(char[ ] buff,int index,int count)	将文本流中从 index 开始的最多 count 个字符读到字符数组中
ReadLine( )	从文本流中读取一行，并以字符串变量的形式返回，其中不包含标记该行结束的回车换行符
ReadToEnd( )	把流中从当前位置到结尾的部分读入一个独立的字符串

① 默认的 Read()方法可以把返回的字符转换为一个整数，当到达流的末尾时返回−1。例如：

```
int  num;
num = sr.Read();
while (num != -1)
{
    Console.WriteLine(num);
    num = sr.Read();
}
```

② Read ()的重载方法可以用一个偏移量把给定个数的字符读取到字符数组中，同时返回实际读取的字符个数。例如：

```
int num = 50;
char[] CharArray = new char[num];
int CharsRead = sr.Read(CharArray, 0, num);
```

如果文件中实际的字符数少于要读取的字符数，则 CharsRead 的值应小于 num。

③ 在用完 StreamReader 对象后同样应该关闭它，否则，文件将一直被锁定而不能执行其他的进程。例如：

```
sr.Close();
```

2. 使用 StreamWriter 写文本文件

StreamWriter 对象用于向文件中写入文本。与 StreamReader 一样，可以从底层 Stream 对象创建 StreamReader 对象实例，而且也能指定编码规范参数。创建 StreamWriter 对象后，它提供了许多写入字符数据的方法。

（1）StreamWriter 的构造函数。StreamWriter 构造函数与 StreamReader 构造函数使用的参数几乎完全相同，而且两者的工作方式也很相似。不同的是，StreamWriter 构造函数使用布尔值 append 参数而不是 detect 参数。常用构造函数的语法格式如下：

```
public StreamWriter(string path)
public StreamWriter(stream stream)
public StreamWriter(string path, bool append)
public StreamWriter(string path, bool append, Encoding encoding)
```

【参数说明】path，要打开的文件的路径和文件名；stream，先前创建的 Stream 对象，通常为 FileStream；append，若设置为 true，则把数据追加到文件末尾，若设置为 false，则覆盖该文件；encoding，指定字符写入文件时如何编码。

StreamWriter 构造函数的参数也必须包含一个流或者一个路径。下面是一些实例化 StreamWriter 对象的常用方法。

① 最简单的构造函数只带有一个文件名参数。例如：

```
StreamWriter  sw = new StreamWriter (@"C:\MyFiles\testA.txt");
```

② 可以使用带有编码方式的构造函数。例如，以下代码明确指定了使用系统默认的编码方式 UTF-8，并把数据追加到文件末尾：

```
StreamWriter sw = new StreamWriter(@"C:\MyFiles\testA.txt",
true,Encoding.UTF8Encoding);
```

③ 也可以把 StreamWriter 关联到一个文件流上，以获得打开文件的更多控制选项。例如：

```
FileStream fs = new FileStream(@"C:\MyFiles\testA.txt",
    FileMode.CreateNew, FileAccess.Write, FileShare.ShareRead);
StreamWriter sw = new StreamWriter(fs);
```

（2）StreamWriter 的常用方法。创建了 StreamWriter 对象后，就可以使用它的方法，常用方法如表 13.8 所示。

表 13.8　StreamWriter 的常用方法

方　　法	说　　明
close()	关闭 StreamWriter 和内在的流
Flush()	清理缓冲区，使所有缓冲数据写入数据源
Write()	向流中写入文本；有多种重载形式，可以向流中写入字符串，也可以写入单个字符和任何基本数据类型(如 int32、single 等)的文本表示
WriteLine()	向流中写入文本，并自动追加一个换行符；有多种重载形式

① 当向流中写入文本时，可以使用 Write()的重载方法之一。最简单的方式是写入一个字符，例如：

```
char aChar ='a';
sw.Write(aChar);
```

② 可以一次写入一个字符串。例如：

```
string aString = "Visual Studio";
sw.Write(aString);
```

③ 可以一次写入一个字符数组。例如：

```
char[ ]  CharArray = new char[10];
for(int i = 0; i < 10; i++)
    CharArray[i] = char.Parse(i.ToString());
sw.Write(CharArray);
```

④ 可以一次仅写入字符数组中的一部分。例如，将上例中的最后一段代码改为：

```
sw.Write(CharArray, 4, 5);
```

其中，第二个参数 4 为要写入字符数组的起始位置，第三个参数 5 为要写入的字符个数。

⑤ 在用完 StreamWriter 之后应该及时将其关闭。例如：

```
sw.Close();
```

【例 13-3】 文本的读写示例。

本例先使用 StreamWriter 创建对象 sw，然后使用 WriteLine()和 Write()方法将字符串写入到文件，最后使用 StreamReader 创建对象 sr，并使用 ReadLine()方法将文件内容输出。具体代码如下：

```
using System;
using System.IO;
namespace ex13_3
{
    class Program
    {
        public static void MyTextWriter(string file)
        {
            StreamWriter sw = new StreamWriter(file);
            sw.WriteLine("This is a text file");
            sw.Write("The date is :");
            sw.WriteLine(DateTime.Now);
            sw.Close();
        }
        public static void MyTextReader(string file)
        {
            if(!File.Exists(file))
            {
                Console.WriteLine("{0} is not exists.",file);
                return;
            }
            Console.WriteLine("Reading the contents from {0}...\n",
                file);
            StreamReader sr = new StreamReader(file);
            string text;
            while((text=sr.ReadLine())!=null)
                Console.WriteLine(text);
            sr.Close();
```

```
        }
        static void Main(string[] args)
        {
            string filename = "c:\\MyFile.txt";
            MyTextWriter(filename);
            MyTextReader(filename);
            Console.ReadLine();
        }
    }
}
```

单击"启动调试"按钮或按 F5 键运行程序，运行结果如图 13.3 所示。

图 13.3　例 13-3 程序运行结果

13.3.4　BinaryReader 和 BinaryWriter 类

FileStream 类主要用于二进制文件的读写，此外.NET 框架还提供了 BinaryReader 和 BinaryWriter 类，实现以二进制方式对文件进行 I/O 操作。与其他类不同的是，创建 BinaryReader 和 BinaryWriter 对象时，不能直接使用文件名，而应使用文件流。例如：

```
FileStream fs = new FileStream("Myfile.dat" , FileMode.Create);
BinaryWriter bw = new BinaryWriter(fs);
```

【例 13-4】　二进制文件读写示例。

本例中，使用 FileStream 创建文件流对象 fs 后，先使用 BinaryWriter 创建对象 bw，并使用 Write 方法将 0~9 的数字写入到文件，然后使用 BinaryReader 创建对象 br，并使用 ReadInt32 方法读取文件内容并输出。具体代码如下：

```
using System;
using System.IO;
namespace ex13_3
{
    class Program
    {
        static void Main(string[] args)
        {
            string filename = "c:\\Myfile.dat";
            FileStream fs = new FileStream(filename,FileMode.Create);
            BinaryWriter bw = new BinaryWriter(fs);
            for(int i = 0; i < 10; i++)
                bw.Write(i);
            bw.Close();
            fs.Close();
            fs = new FileStream(filename, FileMode.Open,FileAccess.Read);
            BinaryReader br = new BinaryReader(fs);
```

```
        for(int i = 0; i < 10; i++)
            Console.Write(" " + br.ReadInt32());
        Console.WriteLine();
        br.Close();
        fs.Close();
    }
}
}
```

单击"启动调试"按钮或按 F5 键运行程序，运行结果如图 13.4 所示。

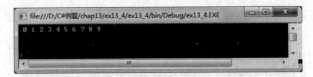

图 13.4　例 13-4 程序运行结果

　　该程序中使用了 BinaryWriter 类中定义的方法 Write，该方法与用于控制台输出的同名方法的意义并不相同，它是将各种类型的数据以二进制形式写入流。因此相应文件中的数据可以使用 BinaryReader 类中的方法以特定类型读出。本例中写入的是 int 型数据，所以调用了 BinaryReader 类中的方法 ReadInt32 将其读出。如果是其他类型，就需要调用相应方法。例如，读取 char 类型数据要用 ReadChar 方法，读取 float 类型数据要用 ReadSingle 方法。

13.4　本章小结

　　本章主要介绍了 .NET 类库中定义的一系列用于文件存储管理和读写操作的类。其中文件流是对物理文件的封装，而使用读写器可以方便地对文件流进行读写，读写的方式主要包括二进制方式和文本方式。

　　本章重点内容如下：

- 文件和流的概念。
- File 和 FileInfo 类。
- Stream 类和 FileStream 类及二进制字节文件的读写。
- StreamReader 和 StreamWriter 类及文本文件的读写。
- BinaryReader 和 BinaryWriter 类及二进制文件的 I/O 操作。

习　　题

1．选择题

（1）以下与文件操作相关的类中，（　　）类不是静态类。

　　A．DriveInfo　　　B．Path　　　　　　C．File　　　　　　D．Directory

（2）以下类中，一般不用于读写二进制文件的是（　　）。

A．FileStream　　B．BinaryReader　　C．BinaryWriter　　D．Stream

2．思考题

（1）文件与流有哪些区别？

（2）流有哪几种基本操作？

（3）在.NET 框架中，读写文本文件与二进制文件分别使用什么类？

3．上机练习题

（1）编写一个程序，判断用户指定的目录是否存在，如果不存在，则创建它。

（2）参考记事本，编写 Windows 应用程序，实现文件的打开、编辑和保存功能。

提示：

文本文件的编辑可使用 RichTextBox 控件实现，打开和保存使用相应的读写器实现。

第 14章

ActiveX 控件

ActiveX 控件是由软件提供商开发的可重用的软件组件。使用 ActiveX 控件可以快速实现小型的组件重用和代码共享，从而提高编程效率。本章主要介绍 ActiveX 控件的相关概念和创建方法，以及常见多媒体 ActiveX 控件的使用。

14.1 ActiveX 控件概述

ActiveX 技术是 Microsoft 提出的国际上通用的基于 Windows 平台的软件技术，其核心技术是 COM（Component Object Model，组件对象模型）。ActiveX 控件则是由 ActiveX 技术创建的一个或多个对象所组成的可重用控件。

14.1.1 ActiveX 控件简介

ActiveX 控件以前也称为 OLE 控件或 OCX 控件，它是一些软件组件或对象，可以将其插入到 Web 网页或其他应用程序中。例如，Flash 动画播放控件、音频视频播放控件、Web 浏览器控件等。

ActiveX 控件是一个动态链接库，由编程语言开发，但与开发平台无关。因此，用一种编程语言开发的 ActiveX 控件无须做任何修改，即可在另一种编程语言中使用，其效果如同使用 Windows 通用控件一样。开发 ActiveX 控件可以使用各种编程语言，如 C++、VB.NET、C#等。无论使用什么编程语言，ActiveX 控件一旦被开发出来，就与其开发时使用的编程语言无关了。

ActiveX 控件通常保存在.ocx 或.dll 文件中。ActiveX 控件不能单独运行，必须依赖某种应用程序，如 Windows 应用程序、Web 应用程序等，这些程序称为 ActiveX 控件的宿主程序。使用 ActiveX 控件时，编程人员无须知道这些组件是如何开发的，通常只需编写很少的代码，就可以完成宿主程序的设计。

14.1.2 在工具箱中添加 ActiveX 控件

默认情况下，Visual Studio.NET 的工具箱并不包含 ActiveX 控件。要使用 ActiveX 控件，必须先向工具箱中添加该控件，添加 ActiveX 控件需要通过"选择工具箱项"对话框进行操作。

在工具箱中需要在添加 ActiveX 控件的选项卡中右击，从弹出的快捷菜单中选择"选择项"命令，即可打开"选择工具箱项"对话框。在对话框中切换到"COM 组件"选项卡，该选项卡列出了所有可用的 ActiveX 控件，如图 14.1 所示。"COM 组件"选项卡中，每一项的左侧都有一个复选框，选中复选框表示将该项添加到工具箱。单击"确定"按钮完成所选项的添加，即可在工具箱中找到新增的 ActiveX 控件。

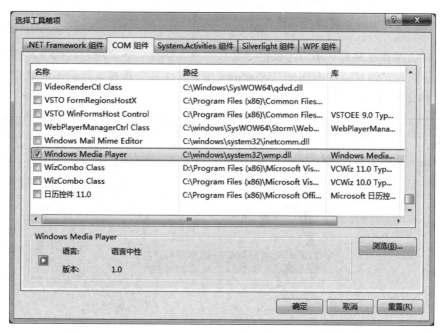

图 14.1 "选择工具箱项"对话框

在 ActiveX 控件被加入 Visual C#的工具箱时，Visual Studio.NET 其实对 ActiveX 控件进行了很多操作，而这些操作又都被 Visual C#隐藏了，使用者往往并不完全清楚。这些操作的作用就是把非托管的 ActiveX 控件转换成托管的控件，这些操作统称为"互操作"。在应用程序窗体中拖入 ActiveX 控件后，就会发现应用程序所在文件夹下的 bin 文件夹的 Debug 子文件夹中新增多个 dll 文件，这些文件就是 ActiveX 控件进行互操作转换后生成的。此时在 C#中使用的并不是 ActiveX 控件，而是由 ActiveX 控件进行互操作后得到的、可供.NET 平台使用的、功能与 ActiveX 控件相同的类库。也就是说，在 C#中不能直接使用 ActiveX 控件，而是使用经过互操作后转换的类库。

14.2 开发 ActiveX 控件

ActiveX 控件一旦被开发出来，编程人员在进行程序设计时就可以把它当作预装配组件，用于开发程序。在 C#中，开发 ActiveX 控件需要使用"Windows 窗体控件库"类型的项目。下面以开发"自动显示系统当前时间的标签控件"为例，介绍如何开发一个 ActiveX

控件。

14.2.1　创建 ActiveX 控件

创建 ActiveX 控件，一般需要经过创建项目、设计界面、编写代码和生成控件 4 个
步骤。

1．创建"Windows 窗体控件库"类型的项目

（1）启动 Visual Studio 2012，执行"文件"→"新建"→"项目"命令，打开"新建
项目"对话框，在该对话框中选择"Windows 窗体控件库"模板，然后输入名称和确定位
置，如图 14.2 所示。

图 14.2　"新建项目"对话框

（2）单击"确定"按钮，完成项目的创建，同时添加了一个名为 UserControl1.cs 的文
件。在"解决方案资源管理器"中右击该文件，从弹出的快捷菜单中选择"重命名"命令，
将该文件名改为 ctlSystemClock.cs，并在随后弹出的提示对话框（图 14.3）中单击"是"
按钮，对项目中所有引用 UserControl1 处执行重命名。

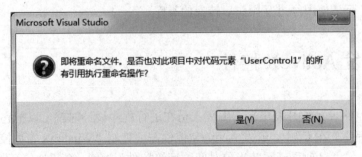

图 14.3　"提示执行重命名"对话框

2. 设计 ActiveX 控件的界面

设计 ActiveX 控件界面，就是将一个或多个 Windows 窗体控件或组件添加到 ActiveX 控件视图设计器中。

打开 ctlSystemClock 的设计视图，为其添加一个 Label 控件和 Timer 组件，并按照表 14.1 设置相关属性。

表 14.1　对象的属性设置

对　象	属 性 名	属 性 值
label1	Name	lblTime
	AutoSize	False
	Dock	Fill
	Font	宋体，12pt
	Text	当前时间
	TextAlign	MiddleCenter
timer1	Name	tmrSystem
	Enabled	True
	Interval	1000

ActiveX 控件的界面设计完成后，如图 14.4 所示。

3. 为 ActiveX 控件编写代码

（1）为计时器 tmrSystem 添加 Tick 事件处理程序，使标签 lblTime 显示系统当前时间。

双击 tmrSystem，切换到代码窗口，在 tmrSystem 的 Tick 事件处理程序中添加代码，具体代码如下：

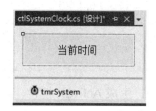

图 14.4　ctlSystemClock 的界面设计

```
private void tmrSystem_Tick(object sender,
EventArgs e)
{
    lblTime.Text = DateTime.Now.ToLongTimeString();
}
```

（2）为 ctlSystemClock 控件添加属性，便于用户设置标签 lblTime 的前景色、背景色、背景图像及其布局、边框和字体。

切换到代码窗口，找到语句"public partial class ctlSystemClock : UserControl"，在其下面的"{"后，添加如下代码：

```
//声明私有属性变量
private Color clockFC,clockBC;
private BorderStyle clockBS;
private Image clockBImage;
private ImageLayout clockBILayout;
private Font clockfont;
// 自定义属性
public Color ClockForeColor
{ //前景色
```

```
    get{  return clockFC; }
    set{  clockFC = value;  lblTime.ForeColor = clockFC; }
}
public Color ClockBackColor
{ //背景色
    get{  return clockBC; }
    set{  clockBC = value;  lblTime.BackColor = clockBC; }
}
public Image ClockBackgroundImage
{ //背景图像
    get{  return clockBImage;  }
    set{  clockBImage = value;  lblTime.BackgroundImage = clockBImage; }
}
public ImageLayout ClockBackgroundImageLayout
{ //背景图像布局
    get{  return clockBILayout; }
    set{  clockBILayout = value;
        lblTime.BackgroundImageLayout = clockBILayout;
    }
}
public BorderStyle ClockBorderStyle
{ //边框
    get{  return clockBS; }
    set{  clockBS = value;  lblTime.BorderStyle = clockBS; }
}
public Font ClockFont
{ //字体
    get{  return clockfont;  }
    set{  clockfont = value;  lblTime.Font = clockfont; }
}
```

4．生成 ActiveX 控件

在"解决方案资源管理器"中的"WinFormCtrlLibrary"项目上右击，从弹出的快捷菜单中执行"生成"命令，将生成一个扩展名为 dll 的动态链接库文件，ActiveX 控件就在这个文件中。

14.2.2 测试 ActiveX 控件

由于 ActiveX 控件不是独立的应用程序，必须寄宿在窗体之类的容器中，所以 Visual Studio 2012 提供了"用户控件测试容器"来对 ActiveX 控件进行测试。单击工具栏上的"启动调试"按钮或按 F5 键，会生成 ActiveX 控件并打开"用户控件测试容器"对话框，如图 14.5 所示。在该对话框中，可以设置 ActiveX 控件的相关属性并预览效果。

14.2.3 使用 ActiveX 控件

ActiveX 控件生成之后，就可以被宿主程序使用了。如果使用 ActiveX 控件的项目与创建 ActiveX 控件的项目在同一个解决方案中，当打开窗体设计器时，可以直接从工具箱顶部的"……组件"选项卡中看到该 ActiveX 控件（图 14.6），其使用方法与其他控件相同。

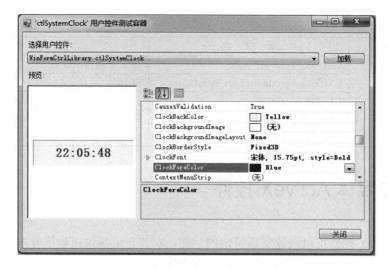

图 14.5 "用户控件测试容器"对话框

如果使用 ActiveX 控件的项目与创建 ActiveX 控件的项目不在一个解决方案中，默认情况下就无法在工具箱中找到该控件。这时，可以通过"选择工具箱项"对话框"COM 组件"选项卡右下方的"浏览"按钮（图 14.1），从"打开"对话框中找到该控件所在的 dll 文件，然后根据提示一步步操作即可在工具箱中添加 ActiveX 控件。

【例 14-1】 设计一个程序，使用之前生成的 ctlSystemClock 控件，程序设计界面如图 14.7 所示。

图 14.6 工具箱中的 ctlSystemClock 控件

图 14.7 例 14-1 程序设计界面

具体步骤如下：

（1）设计界面。为解决方案 WinFormCtrlLibrary 添加一个 C#的 Windows 窗体应用程序，项目名称设置为 TestActiveXControl，向窗体中添加一个 ctlSystemClock 控件，并按照图 14.7 所示调整控件位置和窗体尺寸。

（2）设置属性。窗体和控件的属性设置如表 14.2 所示。

（3）运行程序。在"解决方案资源管理器"中的 TestActiveXControl 项目上右击，从弹出的快捷菜单中选择"设为启动项目"命令，将该项目设置为启动项目。然后单击"启动调试"按钮或按 F5 键运行程序，运行界面类似于设计界面。

表 14.2 例 14-1 对象的属性设置

对　　象	属　性　名	属　性　值
Form1	Text	测试 ActiveX 控件 ctlSystemClock

续表

对　　象	属　性　名	属　性　值
ctlSystemClock1	ClockBackgroundImage	指定一幅背景图片
	ClockBackgroundImageLayout	Stretch
	ClockBorderStyle	Fixed3D
	ClockFont	宋体, 15.75pt, style=Bold
	ClockForeColor	Yellow

14.3　多媒体 ActiveX 控件

使用 ActiveX 控件可以快速实现特定的功能，本节介绍音频视频播放控件、Flash 动画播放控件和 Web 浏览器控件等多媒体 ActiveX 控件的使用。

要使用这几种多媒体控件，首先要在工具箱中添加这些控件。在工具箱中右击，从弹出的快捷菜单中选择"添加选项卡"命令，将新建的选项卡命名为"ActiveX 控件"；然后右击该选项卡，选择"选择项"命令，在打开的"选择工具箱项"对话框的"COM 组件"选项卡中，依次选中 Microsoft Web Browser、Shockwave Flash Object 和 Windows Media Player，单击"确定"按钮即可在工具箱中找到新增的 ActiveX 控件，如图 14.8 所示。

图 14.8　工具箱中的多媒体 ActiveX 控件

14.3.1　Windows Media Player 控件

Windows Media Player 控件可以实现多种音频与视频格式文件的播放，也可以播放 Flash 动画和图片文件。把 Windows Media Player 控件从工具箱拖放到窗体中，将创建一个 AxWindowsMediaPlayer 类型的对象。

Windows Media Player 控件自身带有播放、暂停、停止、静音、音量控制、双击全屏（退出全屏）等功能，通常编程人员只需关注如何获取要播放的媒体文件。可以通过设置对象的 URL 属性来获取媒体文件，URL 属性用于存储媒体文件的路径与名称。

【例 14-2】设计一个 Windows Media Player 播放器。

使用 Windows Media Player、MenuStrip 和 OpenFileDialog 控件进行设计，程序设计界面如图 14.9 所示。

图 14.9　例 14-2 程序设计界面

具体步骤如下：

（1）设计界面。新建一个 C# 的 Windows 应用程序，项目名称设置为 MyMediaPlayer，分别向窗体中添加一个 Windows Media Player 控件、一个菜单和一个打开文件对话框，并按照图 14.9 所示设计菜单和调整窗体尺寸。

（2）设置属性。窗体和各个控件的属性设置如表 14.3 所示。

表 14.3　例 14-2 对象的属性设置

对　　　象	属性名	属　性　值
Form1	Text	Windows Media Player 播放器
axWindowsMediaPlayer1	Name	axWMP
	Dock	Fill
menuStrip1	Items	设置"打开"、"关闭"、"全屏" 3 个菜单项的 Name 属性为 miOpen、miClose、miFull

（3）编写代码。分别为"打开""关闭""全屏"菜单项添加 Click 事件处理程序，具体代码如下：

```
private void miOpen_Click(object sender, EventArgs e)
{
    openFileDialog1.Filter = "视频文件(*.avi;*.wmv;*.dat; *.mpg;
    *.mov)|*.avi;*.wmv;*.dat;*.mpg;*.mov|音频文件(*.wav;
    *.mp3;*.au;*.midi;*.mid;*.wma)|*.wav;*.mp3;*.au;*.midi;
    *.mid;*.wma|所有文件(*.*)|*.*";
    if (openFileDialog1.ShowDialog() == DialogResult.OK)
    {
        string file = openFileDialog1.FileName;
        axWMP.URL = file;   //播放文件的路径和名称
        this.Text=file.Substring(file.LastIndexOf("\\")+1);
    }
}
private void miClose_Click(object sender, EventArgs e)
{
    axWMP.URL = null;
}
private void miFull_Click(object sender, EventArgs e)
{
    try
    { axWMP.fullScreen = true;  }
    catch (Exception ex)
    { MessageBox.Show(ex.Message, "全屏问题");  }
}
```

（4）运行程序。单击"启动调试"按钮或按 F5 键运行程序，选择"打开"命令打开一个视频或音频文件，然后进行暂停、播放等相关操作。

14.3.2　Shockwave Flash Object 控件

Shockwave Flash Object 控件可以实现 Flash 动画文件的播放。把 Shockwave Flash Object 控件从工具箱拖放到窗体中，将创建一个 AxShockwaveFlash 类型的对象。

Shockwave Flash Object 控件的主要属性是 Movie 与 Playing。Movie 属性用于保存播放文件的路径及名称；Playing 属性决定播放的状态，其值为 true 表示播放，false 表示暂停。

Shockwave Flash Object 控件的 Play 和 Stop()方法也可以设置播放的状态。

【例 14-3】 设计一个 Flash 播放器。

使用 Shockwave Flash Object、ListBox 和 Button 控件进行设计，Flash 文件存放在项目文件夹下的 bin\Debug\MediaFile 子文件夹中，程序运行界面如图 14.10 所示。

具体步骤如下：

（1）设计界面。新建一个 C#的 Windows 应用程序，项目名称设置为"MyFlashPlayer"，分别向窗体中添加一个 Shockwave Flash Object 控件、一个列表框和 3 个按钮，并按照图 14.10 所示调整控件位置和窗体尺寸。

图 14.10 例 14-3 程序运行界面

（2）设置属性。窗体和各个控件的属性设置如表 14.4 所示。

表 14.4 例 14-3 对象的属性设置

对 象	属 性 名	属 性 值		
Form1	Text	Flash 播放器		
axShockwaveFlash1	Name	axSF		
	Anchor	Top, Bottom, Left, Right		
listBox1	Items	GoodTea.swf ChristmasDay.swf Miss.swf		
button1～ button3	Name	btnPlayPause	btnPrev	btnNext
	Text	暂停	上一个	下一个

（3）编写代码。首先，在 Form1 类中声明一个成员变量，来获取应用程序的启动路径，代码如下：

```
// 应用程序的启动路径...\bin\Debug
string path = Application.StartupPath;
```

其次，双击窗体，在窗体的 Load 事件处理程序中，添加相应代码：

```
private void Form1_Load(object sender, EventArgs e)
{
    listBox1.SelectedIndex = 0;
    //获取要播放的文件路径...\bin\Debug\MediaFile\*.swf
    axSF.Movie = path+ "\\MediaFile\\" +listBox1.SelectedItem.
        ToString();
}
```

然后，双击列表框 listBox1，切换到代码视图，在 SelectedIndexChanged 事件处理程序中，添加相应代码：

```
private void listBox1_SelectedIndexChanged(object sender,
EventArgs e)
{
    axSF.Movie = path+ "\\MediaFile\\" +listBox1.SelectedItem.
        ToString();
```

```
            btnPlayPause.Text = "暂停";
}
```

最后，依次为三个按钮添加 Click 事件处理程序，并编写相应代码：

```
private void btnPlayPause_Click(object sender, EventArgs e)
{ // 播放与暂停
    if(btnPlayPause.Text=="播放")
    {
        axSF.Playing = true;  // 或者 axSF.Play();
        btnPlayPause.Text="暂停";
    }
    else
    {
        axSF.Playing = false;  //或者 axSF.Stop()
        btnPlayPause.Text="播放";
    }
}
private void btnPrev_Click(object sender, EventArgs e)
{ // 上一个
    if (listBox1.SelectedIndex > 0)
        listBox1.SelectedIndex -= 1;
    else
        listBox1.SelectedIndex = listBox1.Items.Count - 1;
}
private void btnNext_Click(object sender, EventArgs e)
{ // 下一个
    if (listBox1.SelectedIndex < listBox1.Items.Count - 1)
        listBox1.SelectedIndex += 1;
    else
        listBox1.SelectedIndex = 0;
}
```

（4）运行程序。单击"启动调试"按钮或按 F5 键运行程序，操作列表框或按钮查看效果。

14.3.3　Microsoft Web Browser 控件

Microsoft Web Browser 控件具有 IE 浏览器的功能，可以显示网页，也可以播放 Flash 动画和图片文件。把 Microsoft Web Browser 控件从工具箱拖放到窗体中，将创建一个 AxWebBrowser 类型的对象。

Microsoft Web Browser 控件主要用来显示指定的网页或文件，可以通过调用 Navigate(string uRL)方法来实现。Navigate 方法有一个字符串类型的参数，用于指定网址或本地路径。

【例 14-4】　设计一个简单的 Web 浏览器。

使用 Microsoft Web Browser、ComboBox 和 Button 控件进行设计，Flash 和图片文件存放在项目文件夹下的 bin\Debug\MediaFile 子文件夹中，程序运行界面如图 14.11 所示。

图 14.11　例 14-4 程序运行界面

具体步骤如下：

（1）设计界面。新建一个 C#的 Windows 应用程序，项目名称设置为 MyWebBrowser，分别向窗体中添加一个 Microsoft Web 浏览器、两个组合框和一个按钮，并按照图 14.11 所示调整控件位置和窗体尺寸。

（2）设置属性。窗体和各个控件的属性设置如表 14.5 所示。

表 14.5　例 14-4 对象的属性设置

对　象	属 性 名	属 性 值
Form1	Text	Web 浏览器
axWebBrowser1	Name	axWB
comboBox1	Name	cboFile
	Anchor	Top, Bottom, Left, Right
	DropDwonStyle	DropDownList
	Items	GoodTea.swf Kiya.jpg 西瓜.gif
comboBox2	Name	cboURL
	Anchor	Top, Left, Right
	Items	www.163.com www.sina.com.cn www.baidu.com
button1	Name	btnBrowse
	Anchor	Top, Right
	Text	浏览

（3）编写代码。首先，在 Form1 类中声明一个成员变量，来获取应用程序的启动路径，代码如下：

```
// 应用程序的启动路径…\bin\Debug
string path = Application.StartupPath;
```

其次，双击窗体，在窗体的 Load 事件处理程序中添加相应代码：

```
private void Form1_Load(object sender, EventArgs e)
{
    cboFile.SelectedIndex = 0;
    axWB.Navigate(path + "\\MediaFile\\" + cboFile.Text);
}
```

然后，依次为两个组合框添加 SelectedIndexChanged 事件处理程序，并编写相应代码：

```
private void cboFile_SelectedIndexChanged(object sender, EventArgs e)
{
    axWB.Navigate(path + "\\MediaFile\\" + cboFile.Text);
}
private void cboURL_SelectedIndexChanged(object sender,EventArgs e)
```

```
{
    axWB.Navigate(cboURL.SelectedItem.ToString());
}
```

最后，为按钮 btnBrowse 添加 Click 事件处理程序，并编写相应代码：

```
private void btnBrowse_Click(object sender, EventArgs e)
{
    cboFile.SelectedIndex = -1;
    axWB.Navigate(cboURL.Text);
}
```

（4）运行程序。单击"启动调试"按钮或按 F5 键运行程序，分别从两个组合框中选择文件和网址查看效果，然后在第二个组合框中输入一个网址，单击按钮查看效果。

提示：

> 由于使用多媒体 ActiveX 控件的程序经常在运行时调整窗体大小，因此在设计时需要合理设置窗体上各个控件的 Anchor 和 Dock 属性以优化界面布局。

14.4　本章小结

本章主要介绍了 ActiveX 控件的相关概念和开发方法，以及 Windows Media Player、Shockwave Flash Object 和 Microsoft Web Browser 三种多媒体 ActiveX 控件的使用。

本章重点内容如下：
- ActiveX 控件的相关概念和开发过程。
- Windows Media Player 控件。
- Shockwave Flash Object 控件。
- Microsoft Web Browser 控件。

习　　题

1．选择题

（1）创建 ActiveX 控件，需要使用（　　）项目模板。
　　A．WPF 应用程序　　　　　　　B．Windows 窗体控件库
　　C．Windows 窗体应用程序　　　D．类库

（2）Microsoft Web Browser 控件通过调用（　　）方法来显示指定的网页或文件。
　　A．Browse　　　B．Locate　　　C．Navigate　　　D．Open

2．思考题

（1）什么是 ActiveX 控件？
（2）创建 ActiveX 控件一般需要哪几个步骤？
（3）简述三种常见的多媒体 ActiveX 控件的作用。

3．上机练习题

设计一个 MDI 应用程序，可以播放音频视频文件，也可以播放 Flash 动画和图片文件，还可以访问指定的网站。

第15章
部署 Windows 应用程序

开发完应用程序之后，还不能将源代码交给用户使用，而是将其编译为可执行程序再交给用户使用。为了便于用户创建、更新或删除应用程序，通常使用 Visual Studio 2012 提供的部署功能为用户提供一个安装包。本章主要介绍部署 Windows 应用程序的两种不同的策略——Windows Installer 和 ClickOnce。

15.1 应用程序部署概述

部署是分发要安装到其他计算机上的已完成的应用程序或组件的过程。下面简要介绍一下 Visual Studio 2012 提供的部署功能。

15.1.1 Visual Studio 2012 提供的应用程序部署功能

Visual Studio 2012 为部署 Windows 应用程序提供两种不同的策略：使用 ClickOnce 技术发布应用程序，或使用 Windows Installer 技术通过传统安装来部署应用程序。

1. Windows Installer

Windows Installer 是使用较早的一种部署方式，它允许用户创建安装程序包并分发给其他用户，拥有此安装包的用户，只要按提示进行操作即可完成程序的安装，Windows Installer 在中小程序的部署中应用十分广泛。通过 Windows Installer 部署，将应用程序打包到 setup.exe 文件中，并将该文件分发给用户，用户可以运行 setup.exe 文件安装应用程序。

2. ClickOnce

ClickOnce 是 Visual Studio 2012 中的重要部署方式，它允许用户将 Windows 应用程序发布到 Web 服务器或网络共享文件夹，允许其他用户进行在线安装。通过 ClickOnce 部署，可以将应用程序发布到中心位置，然后用户再从该位置安装或运行应用程序。

ClickOnce 部署在以下 3 个方面比 Windows Installer 部署优越。

（1）更新应用程序的难易程度。使用 Windows Installer 部署，每次应用程序更新，用户都必须重新安装整个应用程序；使用 ClickOnce 部署，则可以自动提供更新，只有更改过的应用程序部分才会被下载，然后从新的并行文件夹重新安装完整的、更新后的应用程序。

（2）对用户的计算机的影响。使用 Windows Installer 部署时，应用程序通常依赖于共享组件，这就有可能发生版本冲突；而使用 ClickOnce 部署时，每个应用程序都是独立的，不会干扰其他应用程序。

（3）安全权限。Windows Installer 部署要求管理员权限并且只允许受限制的用户安装；而 ClickOnce 部署允许非管理员用户安装应用程序，并且仅授予应用程序所需要的那些代码访问安全权限。

ClickOnce 部署方式出现之前，Windows Installer 部署的这些问题有时会使开发人员决定创建 Web 应用程序，牺牲了 Windows 窗体丰富的用户界面和响应性来换取安装的便利。现在，利用 ClickOnce 部署的 Windows 应用程序则可以集这两种技术的优势于一身。

15.1.2　Windows Installer 和 ClickOnce 部署的比较

ClickOnce 部署与 Windows Installer 部署的功能比较，如表 15.1 所示。

表 15.1　ClickOnce 部署与 Windows Installer 部署的功能比较

功　　能	ClickOnce	Windows Installer
自动更新	是	是
安装后回滚	是	否
从 Web 更新	是	否
不影响共享组件或其他应用程序	是	否
授予的安全权限	仅授予应用程序所必需的权限（更安全）	默认授予"完全信任"权限（不够安全）
要求的安全权限	Internet 或 Intranet 区域（为 CD-ROM 安装提供完全信任）	管理员
应用程序和部署清单签名	是	否
安装时用户界面	一次提示	多步向导提示
安装程序集	是	否
安装共享文件	否	是
安装驱动程序	否	是（自定义操作）
安装到全局程序集缓存	否	是
为多个用户安装	否	是
向"开始"菜单添加应用程序	是	是
向"启动"组添加应用程序	否	是
向"收藏夹"菜单添加应用程序	否	是
注册文件类型	否	是
安装时注册表访问	受限	是
二进制文件修补	否	是
应用程序安装位置	ClickOnce 应用程序缓存	Program Files 文件夹

提示：

> 对于 Windows Installer，"自动更新"功能必须在应用程序代码中实现编程方式
> 的更新；对于 ClickOnce，"安装后回滚"功能可在"添加/删除程序"中实现回
> 滚，"安装时注册表访问"功能只有使用"完全信任"权限才能访问
> HKEY_LOCAL_MACHINE(HKLM)。

15.1.3　选择部署策略

表 15.1 将 ClickOnce 部署的功能与 Windows Installer 部署的功能进行了比较，程序管
理人员应根据不同的应用，选择不同的部署策略。选择部署策略时有几个因素要考虑：应
用程序类型、用户的类型和位置、应用程序更新的频率及安装要求。

在大多数情况下，ClickOnce 部署为最终用户提供更好的安装体验，而要求开发人员
花费的精力更少。ClickOnce 部署大大简化了安装和更新应用程序的过程，但是不具有
Windows Installer 部署可提供的更大灵活性，在某些情况下必须使用 Windows Installer 部署。

ClickOnce 部署的应用程序可自行更新，对于要求经常更改的应用程序而言是最好的
选择。虽然 ClickOnce 应用程序最初可以通过 CD-ROM 安装，但是用户必须具有网络连接
才能利用更新功能。

使用 ClickOnce 时，要使用发布向导打包应用程序并将其发布到网站或网络文件共享；
用户直接从该位置一步安装和启动应用程序。而使用 Windows Installer 时，要向解决方案
添加安装项目以创建分发给用户的安装程序包；用户运行该安装文件并按向导的步骤安装
应用程序。

 提示：

> Visual Studio.NET 中的部署工具旨在处理典型的企业部署需求，这些工具未涵
> 盖所有可能的部署方案。对于更高级的部署方案，可能需要考虑使用第三方部
> 署工具或软件分发工具，如 Systems Management Server(SMS)。

15.1.4　部署前的准备工作

在 Visual Studio.NET 中开发并调试完应用程序后，就可以部署应用程序了。一个应用
程序可以按两种方式进行编译：Debug 与 Release。Debug 模式的优点是便于调试，生成的
EXE 文件中包含许多调试信息，因而尺寸较大，运行速度较慢；而 Release 模式删除了这
些调试信息，运行速度较快。

一般在开发时采用 Debug 模式，而在最终发布时采用 Release
模式。Visual Studio 2012 中，可以在工具栏上直接选择 Debug 或
Release 模式，如图 15.1 所示。部署 Windows 应用程序之前，通常
需要以 Release 模式编译应用程序。

图 15.1　设置编译模式

提示：

> 在以 Release 模式编译程序之前，通常需要先设置 EXE 文件图标，部署时采用该图标作为桌面或开始菜单中应用程序快捷方式的图标。Visual Studio.NET 提供给 Windows 应用程序一个默认的 Windows 窗体图标，而许多程序中都有自己的图标。在 Visual Studio.NET 中可以方便地指定生成的 EXE 文件图标，其方法是从"项目"菜单中选择"属性"命令，然后在属性页中"应用程序"选项卡的"图标:"处指定一个图标文件。

15.2　使用 ClickOnce 部署 Windows 应用程序

使用 ClickOnce 部署技术可创建自行更新的基于 Windows 的应用程序，这些应用程序可以通过最低限度的用户交互来安装和运行。可以采用三种不同的方式发布 ClickOnce 应用程序：从网页发布、从网络文件共享发布或者从媒体（如 CD-ROM）发布。ClickOnce 应用程序可以安装在最终用户的计算机上，即使在该计算机脱机时也能在本地运行；也可以仅以联机模式运行，而不在最终用户的计算机上永久安装任何内容。

下面以例 12-9 的学生档案管理系统为例，介绍创建 ClickOnce 部署的三种方式。

15.2.1　将应用程序发布到 Web

以"从网页发布"的方式发布 ClickOnce 应用程序，可以将应用程序部署到 Web 上，用户通过 Web 浏览器安装应用程序。部署的具体步骤如下：

（1）打开要部署的应用程序"学生档案管理系统"，在"解决方案资源管理器"中右击项目，从弹出的快捷菜单中选择"发布"命令，打开发布向导，如图 15.2 所示。在该步骤中，指定要发布到的网站或 FTP 服务器，此处将位置设置为"http://localhost/StudentRecord/"。

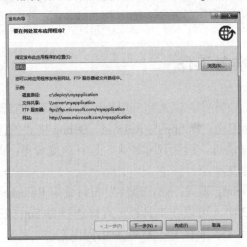

图 15.2　指定发布应用程序的位置

（2）单击"下一步"按钮，打开如图 15.3 所示的界面，指定应用程序发布后是否可以脱机使用，即脱机状态下是否可以安装应用程序，此处采用默认选项。

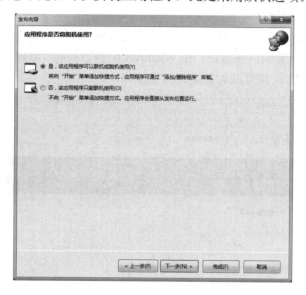

图 15.3　指定应用程序发布后是否可以脱机使用

（3）单击"下一步"按钮，打开如图 15.4 所示的发布准备就绪界面，其中说明了要发布到的 Web 位置。此时，Visual Studio 2012 自动将"http://localhost/StudentRecord/"中的"localhost"更改为本地机器名（此处为 lqx）。

图 15.4　发布准备就绪界面

（4）单击"完成"按钮，在 Visual Studio 2012 的状态栏会显示发布过程中的一些状态。如果发布正常，则显示如图 15.5 所示的 Web 安装界面，其中说明了应用程序的名称、版本和发行者。

（5）单击"安装"按钮，将下载 setup.exe，运行后会出现一个连接等待界面，然后可能会出现图 15.6 所示的运行提示。

（6）单击"安装"按钮，短暂的等待后就会出现应用程序的运行界面。在"开始"菜单中，可以找到刚才安装的应用程序；在 Windows 控制面板的"添加或删除应用程序"中，也可以找到该应用程序，并可以对其进行卸载操作。

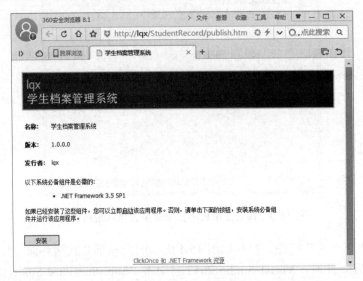

图 15.5   Web 安装界面

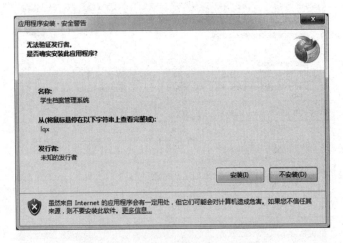

图 15.6   应用程序安装的安全警告

15.2.2　将应用程序发布到共享文件夹

以"从网络文件共享发布"的方式发布 ClickOnce 应用程序，可以将应用程序部署到共享文件夹，用户通过共享文件夹来安装应用程序。部署的具体步骤如下：

（1）打开要部署的应用程序，在"解决方案资源管理器"中右击项目，在弹出的快捷菜单中选择"发布"命令，打开发布向导，在文本框内输入共享文件路径，如图 15.7 所示。在该步骤中，指定要发布到的共享文件夹，其格式为"\\服务器名\文件夹名"。

（2）单击"下一步"按钮，打开如图 15.8 所示的界面，指定应用程序发布后如何安装。此处采用默认选项，用户从共享文件安装应用程序。

图 15.7　指定发布应用程序的位置

图 15.8　指定应用程序发布后如何安装

（3）单击"下一步"按钮，打开如图 15.3 所示的界面，指定应用程序发布后是否可以脱机使用，此处采用默认选项。

（4）单击"下一步"按钮，打开如图 15.9 所示的发布准备就绪界面。

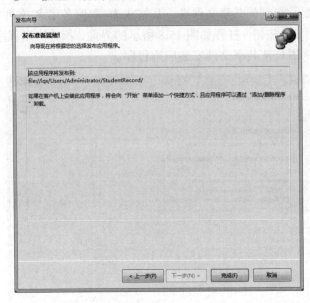

图 15.9　发布准备就绪界面

（5）单击"完成"按钮，如果发布正常，则会在共享文件夹下生成相关文件和文件夹，并显示如图 15.10 所示的安装界面，该界面与图 15.5 所示的 Web 安装界面类似，仅地址栏中的路径不同。

（6）单击"安装"按钮，可以进行应用程序的安装。

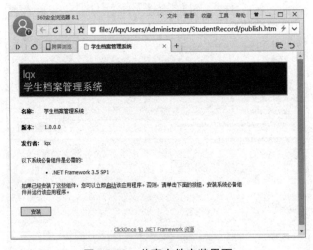

图 15.10　共享文件安装界面

15.2.3　将应用程序发布到媒体

以"从媒体发布"的方式发布 ClickOnce 应用程序，可以将应用程序部署到 CD-ROM

或 DVD-ROM，来提供应用程序的安装光盘。部署的具体步骤如下：

（1）打开要部署的应用程序，在"解决方案资源管理器"中右击项目，在弹出的快捷菜单中选择"发布"命令，打开发布向导，在文本框内输入（或者单击"浏览"按钮选择）一个本地文件夹路径，如图 15.11 所示。

图 15.11　指定发布应用程序的位置

（2）单击"下一步"按钮，打开如图 15.12 所示的界面，指定应用程序发布后如何安装。此处采用默认选项，用户从 CD-ROM 或 DVD-ROM 安装应用程序。

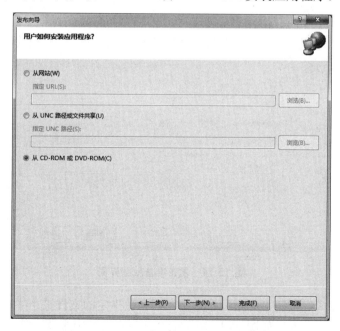

图 15.12　指定应用程序发布后如何安装

（3）单击"下一步"按钮，打开如图 15.13 所示的界面，指定应用程序是否检查更新，默认不检查更新。

（4）单击"下一步"按钮，打开发布准备就绪界面，如图 15.14 所示。

图 15.13　指定应用程序是否检查更新

图 15.14　发布准备就绪界面

（5）单击"完成"按钮，如果发布正常，则会在指定的文件夹下生成光盘安装需要的相关文件和文件夹，并弹出如图 15.15 所示的文件列表，其中主要文件是 setup.exe。

（6）双击 setup.exe 文件，可以进行应用程序的安装。将图 15.15 中的文件列表刻录到

CD-ROM 或 DVD-ROM，即可完成安装光盘的制作。

提示：

利用项目属性页中的"发布"选项卡（图 15.16），也可以用三种不同的方式发布 ClickOnce 应用程序。在发布前，还可以查看或设置要发布的应用程序文件、系统必备组件、更新选项和发布选项（发布语言、发行者名称、产品名称等），而且允许设置版本信息。利用项目属性页中的"发布"选项卡，可以通过"发布向导"发布应用程序，也可以直接发布应用程序。

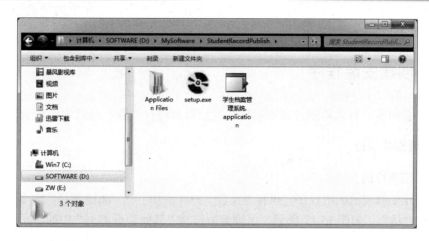

图 15.15 媒体安装文件界面

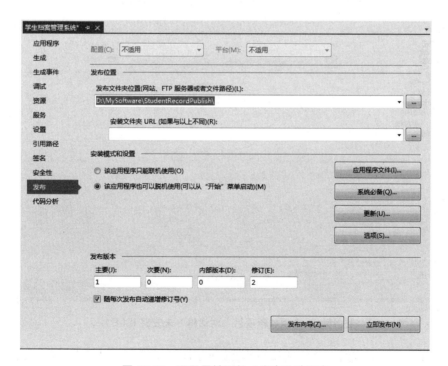

图 15.16 项目属性页的"发布"选项卡

15.3　使用 Windows Installer 部署 Windows 应用程序

使用 Windows Installer 部署技术可创建要分发给用户的安装程序包，这是通过向解决方案中添加安装项目来实现的。在生成该项目时，将会创建一个分发给用户的安装文件；用户通过向导来运行安装文件和执行安装步骤，以安装应用程序。

Visual Studio 2012 使用 InstallShield Limited Edition（简称 ISLE）来实现 Windows Installer 部署。下面仍然以例 12-9 的学生档案管理系统为例，介绍如何使用 Windows Installer 部署 Windows 应用程序。

15.3.1　创建安装程序

创建安装程序，首先要创建安装项目，然后对其进行设置，最后生成安装项目。

1. 创建安装项目

创建安装项目的具体步骤如下：

（1）打开要部署的应用程序，执行"文件"→"添加"→"新建项目"命令，打开"添加新项目"对话框，如图 15.17 所示。项目类型选择"其他项目类型"中的"安装和部署"，模板选择"启用 InstallShield Limited Edition"，根据提示下载并安装 ISLE，同时在"添加新项目"对话框中选择"取消"按钮，并关闭 Visual Studio 2012。

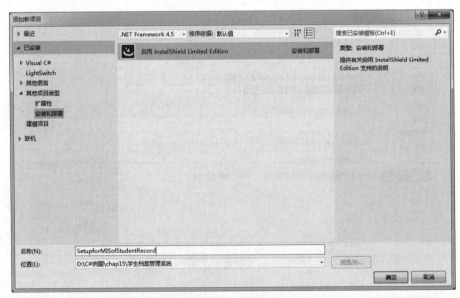

图 15.17　"添加新项目"对话框（未安装 ISLE）

（2）ISLE 安装完成后，重新打开要部署的应用程序，执行"文件"→"添加"→"新建项目"命令，打开"添加新项目"对话框。项目类型选择"其他项目类型"中的"安装和部署"，模板选择 InstallShield Limited Edition Project，修改安装项目的名称（一般命名
为"应用程序名+Setup"，此处为 MISofStudentRecordSetup），确定安装项目的位置，如图
15.18 所示。

图 15.18 "添加新项目"对话框（安装 ISLE 后）

（3）单击"确定"按钮即可完成安装项目的添加，并出现如图 15.19 所示的 project
assistant 窗口，同时可以在"解决方案资源管理器"中看到该安装项目。

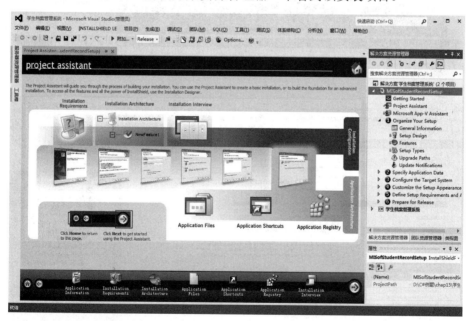

图 15.19 project assistant 窗口

2. 设置安装项目

在如图 15.19 所示的 project assistant 窗口中，利用下方的一组按钮可以很容易地设置

部署项目，这组按钮分别表示应用程序信息、安装需求、安装架构、应用程序文件、快捷方式、注册表和安装界面。

（1）选择 Application Information（应用程序信息）选项，会打开如图 15.20 所示的窗口，在该窗口中填写公司名称、程序名称、版本号、公司网址等应用程序信息。然后单击左侧的 General Information 项，会打开如图 15.21 所示的窗口，在该窗口中填写基本信息。其中，Setup Language 表示安装语言，需要设置为简体中文，否则安装路径中不能含有中文；INSTALLDIR 表示程序默认安装路径；Default Font 表示默认字体；Publisher 表示发布者；Publisher/Product URL 表示发布者或公司的网址。

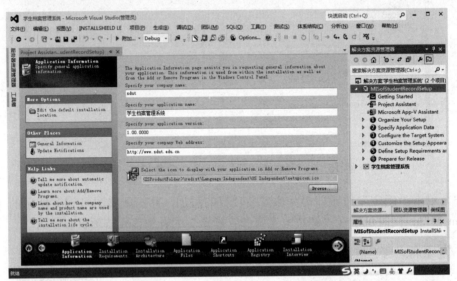

图 15.20　Application Information 窗口

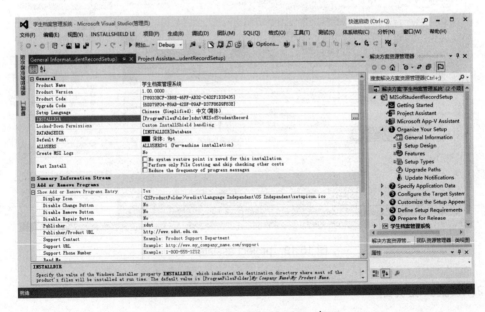

图 15.21　General Information 窗口

（2）切换回 project assistant 窗口，选择 Installation Requirements（安装需求）选项，会打开如图 15.22 所示的窗口，可以设置操作系统要求和必备软件需求。选中 Yes 单选按钮并选择指定的操作系统，然后再选中 Yes 单选按钮并选择.NET Framework 4.5 以便一起打包。

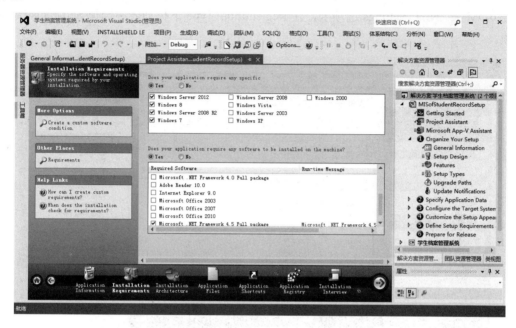

图 15.22　Installation Requirements 窗口

（3）选择 Installation Architecture（安装架构）选项，会打开如图 15.23 所示的窗口。该功能不属于 InstallShield Limited Edition，需要升级成完整版才能使用，所以跳过该步骤。

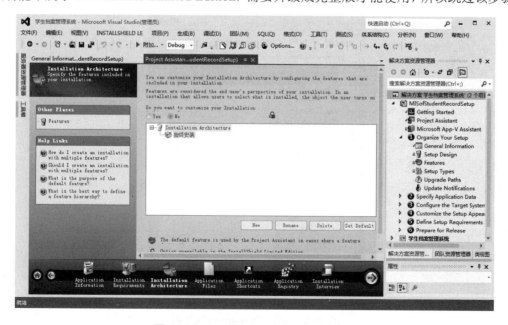

图 15.23　Installation Architecture 窗口

（4）选择 Application Files（应用程序文件）选项，会打开如图 15.24 所示的窗口，单击右下方的 Add Files 按钮，添加 bin\Release 文件夹下的 exe 和 dll 文件。如果是 OCX（OLE Control eXtension，对象链接和嵌入控件扩展）或 ActiveX 等需要注册的 dll 文件，则需要在文件上右击，在弹出的快捷菜单中选择 Properties 选项，会打开如图 15.25 所示的对话框，选择 COM & .NET Settings 选项卡，在 Registration Type 下拉列表中选择 Self-registration 选项。

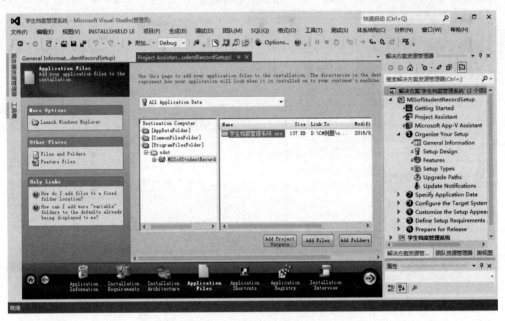

图 15.24　Application Files 窗口

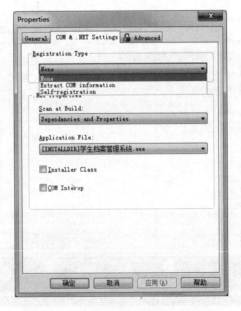

图 15.25　File Properties 对话框

（5）选择 Application Shortcuts（应用程序快捷方式）选项，会打开如图 15.26 所示的窗口，可以设置开始菜单和桌面的快捷方式。单击 Rename 按钮可以给快捷方式重命名，单击左侧的 Create an uninstallation shortcut 项可以创建卸载的快捷方式。

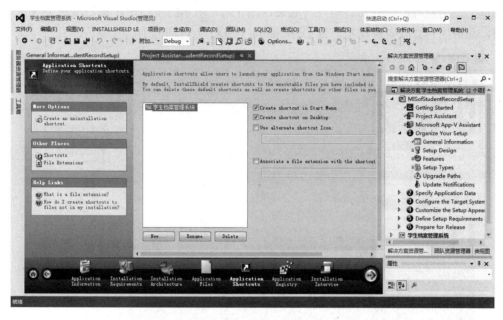

图 15.26　Application Shortcuts 窗口

（6）选择 Application Registry（应用程序注册表）选项，会打开如图 15.27 所示的窗口，可以设置注册表信息。选中 Yes 单选按钮后，可以利用右键菜单中的 New→Key 命令填写注册表信息，默认为 No，不需要写注册表信息。

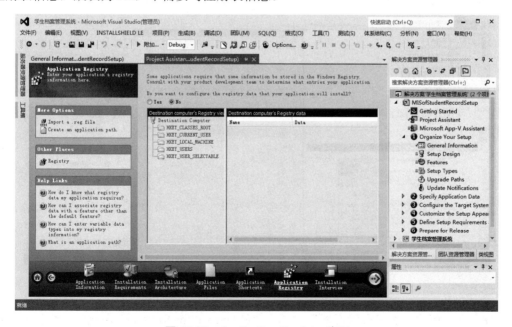

图 15.27　Application Registry 窗口

（7）选择 Installation Interview（安装界面）选项，会打开如图 15.28 所示的窗口，可以进行安装界面的配置。单击左侧的 Dialogs 项，会打开如图 15.29 所示的窗口，根据需要选择和配置安装步骤的对话框，如背景图、版权、说明等，通常需要选中 Destination Folder 复选框，让用户可以选择安装路径。如果在图 15.28 所示的窗口中，第三项选中 Yes 单选按钮，允许用户修改安装位置，则 Destination Folder 会自动选中。

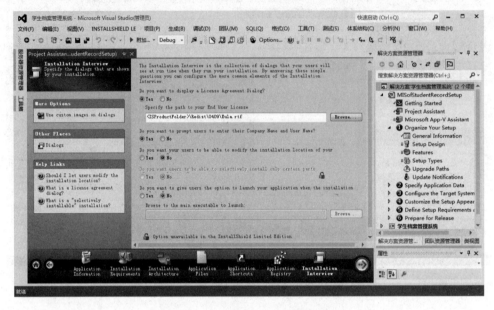

图 15.28   Installation Interview 窗口

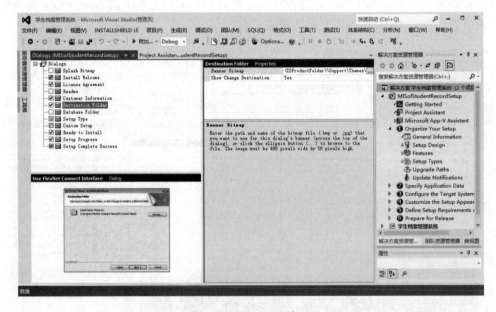

图 15.29   Dialogs 窗口

（8）在"解决方案资源管理器"中单击"⑥Prepare for Release"左侧的三角形按钮展开其子项，双击 Releases 项，会打开如图 15.30 所示的窗口，在该窗口中单击左侧的

SingleImage 项，在中间选择 Setup.exe 选项卡，把 InstallShield Prerequisites Location 设置为 Extract From Setup.exe。至此，完成了部署项目的相关设置。

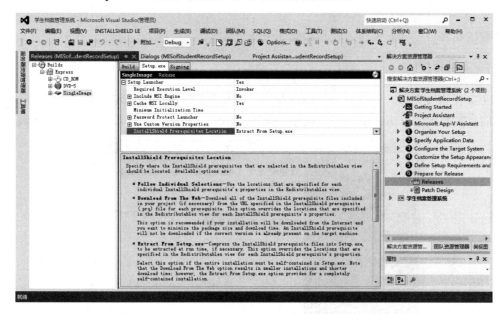

图 15.30　Releases 窗口

 提示：

> 如果要把.NET Framework 一起打包进程序，可以在"解决方案资源管理器"中单击"②Specify Application Data"左侧的三角形按钮展开其子项，双击 Redistributables 选项，选中 Microsoft .NET Framework 4.5 Full 复选框后，会自动联网下载。

3. 生成安装项目

创建完安装项目后，在 Visual Studio 2012 的"生成"菜单中会有一个"生成"命令，本例为"生成 MISforStudentRecordSetup"命令。选择该菜单命令，在应用程序窗体的状态栏会显示生成安装项目过程中的一些状态。该过程需要短暂的时间，如果生成成功，就完成了安装程序的创建，在安装项目文件夹 MISforStudentRecordSetup 下的 Express\SingleImage\DiskImages\DISK1 文件夹中可以看到 setup.exe 文件。

 提示：

> （1）在"解决方案资源管理器"中右击安装项目，从弹出的快捷菜单中选择"生成"命令，也可以生成安装项目。
> （2）生成项目期间，不允许进入 Express\SingleImage\DiskImages\DISK1 文件夹，该文件夹会被锁定，如果在文件资源管理器中打开了这个文件夹，则生成项目会报错。

15.3.2　测试安装程序

测试安装程序分安装、运行和卸载 3 个环节。

1．安装程序

在安装项目文件夹中找到 setup.exe 文件，双击该文件将启动安装程序，打开如图 15.31 所示的安装向导。单击"下一步"按钮，按照提示一步步操作，即可完成程序的安装。

图 15.31　学生档案管理系统安装向导

2．运行程序

单击"开始"按钮，在菜单中选择"学生档案管理系统"命令，即可打开应用程序窗口，可以测试应用程序的运行效果。

3．卸载程序

使用 Windows Installer 安装的应用程序，可以通过 Windows 控制面板中的"卸载或更改程序"窗口实现应用程序的卸载。

经过安装、运行、卸载 3 个环节，测试安装程序完成。

15.4　本章小结

本章主要介绍了部署 Windows 应用程序的两种不同的策略——ClickOnce 和 Windows Installer，程序管理人员应根据不同的应用，选择不同的部署策略。

本章重点内容如下：

- Visual Studio 2012 提供的应用程序部署功能。
- 如何选择部署策略。
- 使用 ClickOnce 部署 Windows 应用程序的三种方式。
- 使用 Windows Installer 部署 Windows 应用程序。

习　题

1. 选择题

（1）下列选项中，不属于 ClickOnce 发布方式的是（　　）。

    A．从网页发布　　　　　　B．从媒体发布

    C．从本地磁盘发布　　　　D．从网络文件共享发布

（2）ClickOnce 比 Windows Installer 部署优越，不包括（　　）方面。

    A．更新难易程度　　　　　B．安装速度

    C．安全权限　　　　　　　D．对用户计算机的影响

2. 思考题

（1）什么是部署？

（2）分别简述 ClickOnce 三种发布方式的作用。

3. 上机练习题

设计一个简单的访问 Access 数据库的 Windows 应用程序，然后分别使用 ClickOnce（三种方式）和 Windows Installer 部署该程序。

图书资源支持

感谢您一直以来对清华版图书的支持和爱护。为了配合本书的使用，本书提供配套的资源，有需求的读者请扫描下方的"书圈"微信公众号二维码，在图书专区下载，也可以拨打电话或发送电子邮件咨询。

如果您在使用本书的过程中遇到了什么问题，或者有相关图书出版计划，也请您发邮件告诉我们，以便我们更好地为您服务。

我们的联系方式：

地　　址：北京海淀区双清路学研大厦 A 座 707

邮　　编：100084

电　　话：010－62770175－4604

资源下载：http://www.tup.com.cn

电子邮件：weijj@tup.tsinghua.edu.cn

QQ：883604(请写明您的单位和姓名)

用微信扫一扫右边的二维码，即可关注清华大学出版社公众号"书圈"。

资源下载、样书申请

书圈